广州番禺职业技术学院国家"双高"建设项目成果

全国云财务职业教育集团高等职业教育团体教学标准

大数据与会计专业群
教学标准

主　编　杨则文
副主编　刘　飞　刘水林
　　　　林祖乐　蔡宏标

中国财经出版传媒集团
中国财政经济出版社

图书在版编目（CIP）数据

大数据与会计专业群教学标准／杨则文主编．-- 北京：中国财政经济出版社，2022.6
ISBN 978 - 7 - 5223 - 1370 - 2

Ⅰ．①大… Ⅱ．①杨… Ⅲ．①数据处理－课程标准－高等学校－教学参考资料 ②会计学－课程标准－高等学校－教学参考资料 Ⅳ．①TP274 ②F230

中国版本图书馆 CIP 数据核字（2022）第 068455 号

责任编辑：陈　冰　　　　　责任校对：胡永立
封面设计：卜建辰　　　　　责任印制：张　健

大数据与会计专业群教学标准
DASHUJU YU KUAIJI ZHUANYEQUN JIAOXUE BIAOZHUN

中国财政经济出版社 出版
URL：http：//www.cfeph.cn
E - mail：cfeph@ cfeph.cn

（版权所有　翻印必究）

社址：北京市海淀区阜成路甲 28 号　邮政编码：100142
营销中心电话：010 - 88191522
天猫网店：中国财政经济出版社旗舰店
网址：https：//zgczjjcbs.tmall.com
北京鑫海金澳胶印有限公司印刷　各地新华书店经销
成品尺寸：185mm×260mm　16 开　32 印张　778 000 字
2022 年 6 月第 1 版　2022 年 6 月北京第 1 次印刷
定价：98.00 元
ISBN 978 - 7 - 5223 - 1370 - 2
（图书出现印装问题，本社负责调换，电话：010 - 88190548）
本社质量投诉电话：010 - 88190744
打击盗版举报热线：010 - 88191661　QQ：2242791300

大数据与会计专业群教学标准
编写委员会

主任委员

杨则文

副主任委员

刘　飞　　刘水林　　林祖乐　　鲁银花　　徐建宁　　蔡宏标

委员

黄　玑　　陈贺鸿　　杨　柳　　郭嗣彦　　赵茂林　　夏焕秋
李　福　　刘　云　　郝雯芳　　黄丽丽　　欧阳丽华　钟晓玲
谢慕龄　　裴小妮　　李其骏　　盛国穗　　杜　方　　洪钒嘉
许一平　　杜素音　　李枳葳　　王心如　　吴　娜　　邓华丽
陆明祥　　贾芳琳　　彭　静　　任碧峰　　邓永平　　邹吉艳
杜连雄　　刘　皇　　王　慧　　朱晓婷

开发单位

广州番禺职业技术学院
全国云财务职业教育集团
北京东大正保科技有限公司
正誉企业管理（广东）集团股份有限公司
正誉智能财务产业学院

前言 | Preface

《国家职业教育改革实施方案》（简称"职教20条"）全文8568字，"标准"一词出现35次，是文件少有的高频词之一。按照《中华人民共和国标准化法》的规定，教学标准可以分为国家标准、行业标准、地方标准、团体标准和企业（或单位）标准。多层次教学标准的制定和实施是当前职业教育的难点和痛点，建立完善的职业教育标准体系对于推进职业教育改革具有十分重要的意义。本书是广州番禺职业技术学院在国家"双高"院校建设中基于自身教学改革实践联合行业企业共同制定的学校教学标准，也是新专业目录实施后大数据与会计专业群公开出版的第一本教学标准。经全国云财务职业教育集团审定，同意作为面向集团成员单位的推荐性标准。

"职教20条"开宗明义指出我国当前职业教育存在的主要问题是"标准不够健全、企业参与办学的动力不足"，提出到2022年要"建成覆盖大部分行业领域、具有国际先进水平的中国职业教育标准体系""严把教学标准和毕业学生质量标准两个关口。将标准化建设作为统领职业教育发展的突破口""发挥标准在职业教育质量提升中的基础性作用""持续更新并推进专业目录、专业教学标准、课程标准、顶岗实习标准、实训条件建设标准（仪器设备配备规范）建设和在职业院校落地实施""及时将新技术、新工艺、新规范纳入教学标准和教学内容"。因此，本书的出版恰逢其时。

2021年教育部印发了新版《职业教育专业目录》，这是对我国职业教育教学标准体系的顶层设计，适应了新一代信息技术发展对职业教育人才培养的需要，有力地推动了新一轮专业教学标准和课程标准的建设，推进了教学内容和教学条件的升级。新版专业目录对财会类专业名称进行了前所未有的重大调整，"会计""财务管理""审计专业"分别更名为"大数据与会计""大数据与财务管理""大数据与审计"；"财政""税务"专业合并后更名为"财税大数据应用"。这对全国职业院校财经类专业建设和发展来说，既是机遇也是挑战。

职业教育与区域经济和地方产业共生共长，快速发展的经济为职业教育改革提供良好的外部环境，高水平的职业教育为地方经济社会发展提供强有力的人才支撑。中共中央、国务院印发的《粤港澳大湾区发展规划纲要》提出，粤港澳大湾区的首要定位是建设"充满活力的世界级城市群""依托香港、澳门作为自由开放经济体和广东作为改革开放排头兵的优势，继续深化改革、扩大开放，在构建经济高质量发展的体制机制方面走在全国前列、发挥示范引领作用，加快制度创新和先行先试，建设现代化经济体系，更好融入全球市场体系"。粤港澳大湾区金融体系完善、财会行业发达，为地处大湾区几何中心的广州番禺职业技术学院提供了财会类专业改革的良好环境。学校立项为国家"双高"建设院校又为财会类专业的建设和发展提供了机会和压力。

本校大数据与会计专业群包括大数据与会计、会计信息管理和大数据与审计三个专业，面向粤港澳大湾区企事业单位培养能胜任财会类岗位群所需要的掌握大数据技术的会计审计人才。大数据与会计专业侧重财务信息的生成与运用，注重会计职业能力的全方面发展，培养能够利用大数据等新一代信息技术进行会计核算、成本管理、税务管理、财务管理，帮助企业创造价值的会计人才；会计信息管理专业侧重财务信息的收集、整理、分析和运用，培养能在财会行业岗位熟练运用大数据、人工智能、移动互联、云计算、物联网和区块链等技术进行财务数据分析、会计信息系统运维的会计人才；大数据与审计专业侧重财务信息的质量保障，培养能利用现代信息技术进行内部审计、政府审计和社会审计，确保企事业单位会计信息质量的审计人才。

人才培养的落脚点是课程体系、教学内容、教学条件和教学实施，处于改革探索前沿地区的专业教学标准应当在通用教学标准的基础上体现一定的探索性和引领作用。本校大数据与会计专业群教学标准应当与粤港澳大湾区的经济发展、会计职能演变、新技术应用和新的财务管理模式相适应。基于上述考虑我们重构了专业群课程体系，实现了专业群内三个专业的重新定位和分工。

第一，新一代信息技术在财会工作中的广泛应用要求财会类专业进行新一轮技术升级。伴随着财会智能化时代的到来，移动互联、大数据、人工智能与实体经济深度融合，对传统财务人员的岗位能力和职业素养提出了更高要求。财务人员不仅要掌握传统的财会基本知识和技能，更需要掌握运用大数据分析工具、人工智能技术进行核算和管理的能力。为此，我们开设了"大数据技术基础""大数据会计基础""大数据审计基础""财务机器人应用与开发""Python财务应用""Uipath RPA助理认证""Python与量化投资分析""ERP项目实施及维护"等课程，涵盖了新一代信息技术在财会领域的主要应用场景。

　　第二，会计职能向管理会计转型要求人才培养由"核算型"向"管理型"转变。财政部印发的《会计改革与发展"十四五"规划纲要》指出：会计职能在"十三五"期间的转型实现突破，在"十四五"期间，将进一步加强对企业管理会计应用的政策指导、经验总结和应用推广。《管理会计基本指引》提出"管理会计应嵌入单位相关领域、层次、环节，以业务流程为基础，利用管理会计工具方法，将财务和业务等有机融合"。为此，我们开设了"业务财务会计""战略管理会计""业财管理信息系统应用""大数据财务分析""财务决策（教学企业项目）""纳税筹划""企业财税顾问"等课程，强化了预算管理、成本管理、税务管理、资金管理、绩效管理和内部控制等职能，体现了会计信息处理智能化背景下会计人员向管理会计转型的要求。

　　第三，财务共享中心的大量涌现要求按照新的财会社会分工和岗位分工形式组织教学内容。财务共享将标准化、同质化、重复性的记账、算账、报账与财务管理适度分离。将企业财务划分为战略财务、共享财务和业务财务。其中共享财务通过专业化运作模式，承担集中核算和资金监控职能，重点负责对会计信息的处理和分析，着眼会计科目、核算流程、信息平台、数据标准、银行支付、绩效报表等方面。为适应这一转变，我们开设了"共享财务会计""智能化财务管理""智能化成本核算与管理""智能化税费核算与管理""云财务应用（教学企业项目）"等课程，促进会计人员深入业务一线、提供有效信息、实现全价值链财务管理支持、协调财务运营，实现数据处理与数据运用的精细化分工。

　　经过课程体系重构，三个专业互相支撑互为补充，形成了既能共享专业群课程资源又能体现各专业特色的课程体系。专业群平台课体现的是课程资源的专业群共享，专业核心课程体现的是各专业自身的职业能力指向。专业综合技能课既有群共享的课程也有各专业独有的课程，体现的是在分课程学习基础上的综合训练。选修课程三个专业互相打通，并与金融专业群共享，使学校的财经类专业教学资源得到更好的利用，也为学生提供了更多的选择。各专业核心课程既是专业群课程体系的构成部分，同时也在共享的前提下自成体系。例如：大数据与会计专业课程体系主构架为"3＋3＋4"，即3门基础知识和技能支撑课程："大数据会计基础""财务机器人应用与开发""业财管理信息系统应用"；3门对应基本会计岗位的课程："业务财务会计""共享财务会计""战略管理会计"；4门面向特定服务对象或领域的课程："智能化税费核算与管理""智能化成本核算与管理""智能化财务管理""大数据财务分析"。这10门具有内在逻辑联系的课程构成了大数据与会计专业的课程体系。

本校大数据与会计专业群是学校国家"双高"建设项目十个重点建设专业群之一，是广东省省级高水平专业群；拥有国家级骨干专业、国家教学名师、国家级教学成果奖、国家精品在线开放课程、省级示范专业、省级一类品牌专业、省级优秀教学团队和省级实训基地等荣誉；本校学生在会计技能国赛中7次获奖，排名全国第四；十几年来高职专科招生分数线长期高于当地本科线，就业率和就业质量一直稳居大湾区同类专业前列；在不断的改革和探索中，积累了丰富经验和大量教学成果。

本书系统梳理了大数据与会计专业群标准建设的最新成果，具体内容包括三部分：一是专业教学标准，包括大数据与会计、会计信息管理和大数据与审计三个专业的教学标准；二是课程标准，包括7门平台课程、16门核心课程、5门综合实践课程和24门拓展课程共52门课程标准；三是适应专业群国际化需要同步推出课程英文简介（另册出版）。

本书由全国云财务职教集团成员单位校企合作编写，广州番禺职业技术学院杨则文教授任主编，刘飞、刘水林、林祖乐、蔡宏标任副主编，黄玑、陈贺鸿、杨柳、郭嗣彦、赵茂林、夏焕秋、李福、刘云、郝雯芳、黄丽丽、欧阳丽华、钟晓玲、谢慕龄、裴小妮、李其骏、盛国穗、杜方、洪钒嘉、许一平、杜素音、李枳葳、王心如、吴娜、邓华丽、陆明祥、贾芳琳、彭静、任碧峰、邓永平、邹吉艳、杜连雄、刘皇、王慧、朱晓婷及各课程组其他相关教师参与了课程标准的开发和本书编写（排名不分先后）。北京东大正保科技有限公司徐建宁、正誉企业管理（广东）集团股份有限公司鲁银花参与编写和审稿。

本书的出版，既为集团成员单位大数据与会计专业群建设和教学改革提供了一套系统完整的执行标准，同时也为兄弟院校大数据与会计专业群建设提供了可供借鉴的样本，同时也是大数据与会计专业群"双高"建设成果的展示。

书中错漏之处，欢迎读者批评指正。相关建议请发至电子邮箱：caihb@ gzp-yp. edu. cn。

编者
2022年6月

目 录 | Contents

第一部分

专业教学标准

大数据与会计专业教学标准

一、专业名称及代码

专业名称：大数据与会计

专业代码：530302

二、入学要求

全日制普通中学高中毕业生；职业中学、中专、技校毕业生。

三、修业年限

基本学制为三年，实行弹性学制，学生总修业时间（不含休学）不超过六年。

四、职业面向

职业面向见表1-1-1。

表1-1-1　　　　　　　大数据与会计专业职业面向分析表

所属专业大类（专业类）	所属专业大类（专业类）代码	对应行业	主要职业类别	主要岗位类别	职业资格和技能证书推荐
财经商贸大类（财务会计类）	53（5303）	会计、审计及税务服务	会计专业人员	企业会计核算和监督 企业业财流程管控和经营决策支持 企业财务数据分析和运用 企业财务和成本管理 企业税务管理	• 初级会计专业技术资格证书 • 财务共享服务职业技能等级证书 • 金税财务应用职业技能等级证书 • 财务数字化应用职业技能等级证书 • 智能财税职业技能等级证书 • 业财一体信息化应用职业技能等级证书 • 数字化管理会计职业技能等级证书

五、培养目标

本专业培养理想信念坚定，德、智、体、美、劳全面发展，具有一定的科学文化水平，良好的人文素养、职业道德和创新意识，精益求精的工匠精神，较强的就业能力和可持续发展的能力，掌握业务财务、共享财务、战略财务、成本管理、智能财税、大数据技术应用、财务机器人应用与开发等相关知识和业财一体化处理、财务云共享业务处理、税费申报与管理、成本核算与管理、大数据财务分析与决策等相关技术技能，适应粤港澳大湾区企事业单位及会计中介机构等发展需要，面向会计行业的会计职业群，能够从事会计核算与管理、税务核算与管理、成本核算与管理、大数据财务分析、财务机器人应用与开发等工作的高素质、复合型、发展型、创新型技术技能人才。

六、培养规格

1. 素质

（1）思想政治素质：树立马克思主义的世界观、人生观、价值观，拥护中国共产党的领导，拥护社会主义制度，热爱祖国，热爱中华民族，具有中国特色社会主义道路自信、理论自信、制度自信、文化自信，积极践行社会主义核心价值观。

（2）职业素质：具有良好的职业态度和职业道德修养，具有正确的择业观和创业观；坚持职业操守，爱岗敬业、诚实守信、办事公道、服务群众、奉献社会；具备从事职业活动所必需的基本能力和管理素质；脚踏实地、严谨求实、勇于创新。

（3）人文素养与科学素质：具有融合传统文化精华、当代中西文化潮流的宽阔视野；具有文理交融的思维能力和科学精神；具有健康、高雅、勤勉的生活工作情趣；具有适应社会核心价值体系的审美立场和方法能力；奠定个性鲜明、善于合作的个人成长成才的素质基础。

（4）身心素质：具有一定的体育运动和生理卫生知识，养成良好的锻炼身体、讲究卫生的习惯，掌握一定的运动技能，达到国家规定的体育健康标准；具有坚韧不拔的毅力、积极乐观的态度、良好的人际关系、健全的人格品质。

（5）创新创业素质：关注本专业领域的发展动态，具有服务他人、服务社会的情怀；积极参与，乐于分享，敢于担当，具有良好的沟通能力与领导力；掌握创新思维基本技法，具有良好的分析能力、主动解决问题的意识与建构策略方案的能力；思维活跃、行动积极，具有自我成就意识。

2. 知识

（1）熟悉与本专业相关的法律法规以及支付与安全等相关知识。

（2）掌握会计、经济、财政等基础知识。

（3）掌握最新企业会计准则相关知识。

（4）掌握业务财务会计、共享财务会计、战略管理会计知识。

（5）掌握税费核算与管理、成本核算与管理、企业财务管理知识。

（6）掌握大数据技术基础知识。

（7）掌握业财管理信息系统、大数据财务分析、财务机器人应用与开发相关知识。

3. 能力

（1）具备良好的语言、文字表达能力和沟通能力。

（2）具备文字、表格、图像的计算机处理能力。

（3）具备云会计核算能力，能够融业务于财务，在准确进行会计核算的同时，为业务部门提供必要的财务服务。

（4）具备纳税事务处理能力，能够正确计算、申报各种税费并进行相应的会计处理，能够进行基本的纳税筹划和纳税风险控制。

（5）具备一定的战略管理会计能力，能够利用常见管理会计工具帮助企业进行财务、业务信息的处理、分类、分析、输出，提供企业决策所需的信息。

（6）具备一定的成本管理能力，能够合理选择产品成本核算方法，帮助企业核算、分析、控制成本。

（7）具备一定的财务管理能力，能够运用财务管理的基本原理和方法进行中小微企业筹资、投资及营运方案的分析。

（8）具备一定的财务机器人开发与应用能力，能简单利用财务机器人处理企业业务。

（9）具备一定的大数据抓取与分析能力，能够撰写财务分析报告。

七、课程设置

本专业课程设置分为公共基础课程和专业课程两类。

（一）公共基础课

本专业开设的公共基础课包括公共基础必修课和公共基础选修课。

1. 公共基础必修课

本专业开设的公共基础必修课共14门，见表1-1-2。

表1-1-2　　　　　　　　　　　公共基础必修课

序号	课程名称	学分	学时	课程目标	主要内容
1	思想道德与法治	3	54	针对大学生开展马克思主义的世界观、人生观、价值观教育，使学生成长为自觉担当民族复兴大任的时代新人	人生的青春之问；坚定理想信念、弘扬中国精神、践行社会主义核心价值观；明大德守公德严私德、尊法学法守法用法

续表

序号	课程名称	学分	学时	课程目标	主要内容
2	毛泽东思想和中国特色社会主义理论体系概论	4	72	掌握毛泽东思想和中国特色社会主义理论体系的基本原理，提高分析问题的能力，成为中国特色社会主义合格建设者和可靠接班人	新民主主义革命理论、社会主义改造理论、社会主义建设道路初步探索理论成果；邓小平理论；"三个代表"重要思想；科学发展观；习近平新时代中国特色社会主义思想
3	形势与政策	1	48	了解国内外重大时事，全面认识和正确理解党的基本路线、重大方针和政策，认清国际国内形势发展的大局和大趋势，全面正确地认识党和国家面临的形势和任务，激发爱国热情，增强民族自信心和社会责任感，珍惜和维护稳定大局，确立建设有中国特色社会主义的理想和信念	国内形势及政策；国际形势及对外政策；根据中宣部、教育部和省委宣传部、省委高校工作委员会和省教育厅的有关精神，针对学生思想实际，统一进行的规定教育内容；学生关心的社会热点难点问题
4	当代大学生国家安全教育	1	18	深入理解和准确把握总体国家安全观，牢固树立国家利益至上的观念，增强自觉维护国家安全意识，具备维护国家安全的能力	政治安全、国土安全、军事安全、经济安全、文化安全、社会安全、科技安全、网络安全、生态安全、资源安全、核安全、海外利益安全以及太空、深海、极地、生物等不断拓展的新型领域安全
5	军事技能	2	112	了解掌握基本军事技能，增强国防观念、国家安全意识和忧患危机意识，弘扬爱国主义精神、传承红色基因、提高学生综合国防素质	共同条令教育、分队的队列动作、现地教学；轻武器射击、战术；格斗基础、战场医疗救护、核生化防护、战备规定、紧急集合、行军拉练、野外生存、识图用图、电磁频谱监测
6	军事理论	2	36	掌握军事基础知识，增强国防观念、国家安全意识和忧患危机意识，激发爱国热情，弘扬爱国主义精神、传承红色基因、提高学生综合国防素质	国防法规、国防建设、武装力量、国防动员；国家安全形势、国际战略形势；外国军事思想、中国古代军事思想、当代中国军事思想；新军事革命、机械化战争、信息化战争；信息化作战平台、综合电子信息系统、信息化杀伤武器
7	大学生健康与安全教育	2	36	树立健康与安全意识，掌握维护健康与安全的知识和技能，提高应对健康与安全风险的能力，增强维护全民健康与安全的社会责任感	健康生活方式、疾病预防、心理健康、性与生殖健康、安全应急与避险；心理健康与身体健康的关系，自我心理调适与技能，缓解不良情绪的基本方法，维护良好人际关系与有效交流的方法，珍爱生命

续表

序号	课程名称	学分	学时	课程目标	主要内容
8	体育	6	90	通过合理的体育教育和科学的体育锻炼，达到增强体质、增进健康，培养终身体育意识，促进学生全面发展	学生以身体练习为主要手段，以体育与健康知识、技能和方法为主要学习内容；通过身体活动，将思想品德教育，文化科学教育，生活与运动技能教育有机结合，促进身心和谐发展
9	体能测试	0.5	18	通过体能测试对学生体质健康进行量化综合评定，激励学生积极进行身体锻炼，促进学生体质健康发展	通过对学生身高、体重、肺活量、坐立体前屈、立定跳远、50米、1分钟仰卧起坐（女）、引体向上（男）、800米跑（女）、1000米跑（男）等进行测试，对学生体质状况和体育锻炼效果进行评价，指导学生科学开展体育活动和锻炼
10	劳动专题教育	1	16	理解和形成马克思主义劳动观，牢固树立劳动最光荣、劳动最崇高、劳动最伟大、劳动最美丽的观念，养成良好劳动习惯	劳动精神专题教育、劳模精神专题教育、工匠精神专题教育
11	劳动	2	56	通过劳动实践，体会劳动创造美好生活，劳动不分贵贱；热爱劳动，尊重普通劳动者，培养勤俭、奋斗、创新、奉献的劳动精神；具备满足生存发展需要的基本劳动能力，形成良好的劳动习惯	分为校内劳动实践和校外劳动实践两部分。校内劳动实践包括：实训室、课室、洗手间、楼道、周边草坪及指定区域的清洁；校外劳动实践包括：暑假自主参加实习、实训或其他有益于身心发展的劳动实践
12	职业规划与就业指导	2	38	激发大学生职业生涯发展的自主意识，树立正确的就业观，促使大学生理性地规划自身未来的发展，并努力在学习过程中自觉地提高就业能力和生涯管理能力	正确认识自我，适应大学生活；职业与成才的关系，职业生涯规划的意义与基本内容；如何做好职业生涯规划，职业生涯规划书的制作；就业形势分析，就业政策；求职准备与求职技巧，就业权益保护等
13	创新创业基础	2	32	培养学生创新意识，树立创新强国的理念，掌握开展创新创业活动所需的相关知识，锻炼学生发现问题并创新地解决问题的能力	通过痛点分析、创新性地寻找解决方案、商业模式分析等步骤，从0到1开发一个创新创业项目，撰写商业计划书并完成路演
14	人工智能与信息技术基础	3.5	60	掌握计算机信息技术基本原理及应用；掌握Office办公软件的应用；掌握人工智能的基本概念、基本理论与方法、推理机制和智能问题求解技术；掌握人工智能在各种场景的应用；培养运用办公软件解决本专业及相关领域实际问题的能力	计算机原理；Word文档排版；Excel数据处理；PPT设计与制作；人工智能的历史与发展；人工智能机器感知、机器学习、深度学习及神经网络；人工智能的主要应用（物体识别、人脸识别、语音识别、无人驾驶等）；云计算、大数据、区块链、物联网等基本原理及应用案例；人工智能技术未来概述

2. 公共基础选修课

公共基础选修课包括全校性公共选修课和综合素质课外训练项目。

本专业开设的公共基础选修课共4门,见表1-1-3。

表1-1-3 公共基础选修课

序号	课程名称	学分	学时	课程目标	主要内容
1	马克思主义中国化进程与青年学生使命担当	1	20	认清马克思主义在不同时代的具体形态;强化学生使命担当;深化对习近平新时代中国特色社会主义思想的理解	19世纪科学社会主义的创立;"五四"精神;新中国建立、社会主义建设;改革开放时代;中国特色社会主义新时代;新时代我国社会主要矛盾;建设美丽中国;中国特色社会主义文化自信;构建人类命运共同体;中国共产党领导等,并关联青年使命
2	公共艺术选修课	2	32	强化普及艺术教育,推进文化传承创新,引领学生树立正确的审美观念、陶冶高尚的道德情操、塑造美好心灵	开设音乐、美术、舞蹈、戏剧、戏曲、影视、书法等公共艺术课程,重点突出公共艺术课程的实践性
3	综合素质公共选修课	5	80	扩大学生的知识面、完善学生知识能力结构,培养和发展学生的兴趣和潜能	自我管理与学习能力、问题思考与解决能力、团队协作与执行能力、人际交往与沟通能力、组织领导与决策能力、职业发展与创新能力、中华文化与历史传承、科学与科技、社会与文化、经济管理与法律基础、艺术鉴赏与审美体验等11类课程
4	综合素质课外实践项目	8	0	培养学生德智体美劳全面发展的综合实践能力	思想政治与道德素质、社会实践与志愿服务、职业技能、科学技术、创新创业、文化艺术与身心发展、社团活动与社会工作、国际交流、辅修专业学习等九大类的第二课堂实践活动或竞赛活动

(二)专业课

1. 专业群平台课

本专业开设的专业群平台课共7门,见表1-1-4。

表 1 - 1 - 4   专业群平台课

序号	课程名称	学分	学时	课程目标	主要内容
1	经济学基础	2.5	42	以价格理论为核心,培养学生运用经济学基本原理分析经济现象的能力,为后续专业课程的学习奠定理论基础	供求原理、弹性分析、生产理论、成本分析、市场结构理论、要素分配理论、外部性和公共产品、国民收入决定理论、通货膨胀和失业理论、经济增长模型、财政政策与货币政策等
2	大数据会计基础	4	72	培养学生财务会计核算方法和账务处理技巧,运用管理会计方法解决实际问题,运用大数据思维培养数据信息素养	走进大数据会计时代、单位经济活动与会计信息、企业会计信息处理基础、企业典型业务分析与管理、企业典型业务数据的会计处理、财务会计报告编制、管理会计报告编制、会计信息运用、会计信息质量保证
3	业务财务会计	6	108	以制造业为背景,培养学生按照《企业会计准则》等政策法规对企业日常经济业务进行会计核算和业财管控的能力	采购业务、销售业务、投融资业务、费用报销业务、薪酬业务、资本业务、利润形成与分配业务流程的核算与管理,财务会计报告、业务层和部分经营层管理会计报告编制
4	共享财务会计	2.5	48	基于企业财务共享中心工作环境及工作内容,培养学生利用财务机器人处理财务共享中心业务的能力	财务共享中心工作准备、票据识别与云处理、共享业务智能核算、共享业务处理智能分析、智能税务申报与稽核、会计档案管理
5	业财管理信息系统应用	4	72	利用业财管理信息系统对企业的日常经济业务进行核算和处理,培养学生业财融合业务处理的思维和能力	系统管理、基础档案设置、系统初始化、总账管理;采购与付款业务、销售与收款业务、固定资产管理、出纳资金业务、其他日常业务的信息化处理;期末处理、编制会计报表
6	会计基本技能	2	56	重在培养学生点钞、速算、速录、互联网办公软件日常应用等财经必备技能,为学生在未来的工作中提升工作效率打下基础	运用小键盘或者计算器进行翻打传票数据录入;运用键盘快速录入中英文;单指单张和多指多张点钞;财经数码字书写规范;互联网办公软件日常应用
7	Excel 在财务中的应用	3.5	64	结合财务岗位工作需求,培养学生运用 Excel 解决财务工作中的数据整理、运算、汇总、分析的能力	员工薪酬核算、账务处理与分析、往来账款管理、固定资产管理、编制会计报表、进销存数据分析、筹资与投资决策分析这 7 个财务场景下的 Excel 常用功能、函数、图表等内容

2. 专业核心课

本专业开设的专业核心课共6门，见表1-1-5。

表1-1-5　　　　　　　　　　　　　　专业核心课

序号	课程名称	学分	学时	课程目标	主要内容
1	智能化税费核算与管理	5	90	以税费核算与管理岗位任务为背景，培养学生税费核算与管理能力，实现与税费核算与管理岗位的对接	增值税、消费税、关税、企业所得税、个人所得税、资源类税收、财产类税收、行为目的类税收的会计核算，处理各种税务关系，防范税务风险，管控税费成本
2	智能化成本核算与管理	5	90	以制造业为背景，培养学生利用智能化平台计算产品成本、分析和控制企业成本费用的能力	依托智能化平台运用品种法等方法归集和分配各种要素费用并处理相关账务，编制和分析成本报表；在成本性态分析的基础上运用标准成本法、作业成本法、定额成本法、目标成本法控制产品成本
3	智能化财务管理	3	54	以中小企业财务管理岗位任务为背景，培养学生利用智能化平台的财务管理工具，提高企业融资、投资、运营、分配、风险管理等方面的数据建模能力，为分析与决策提供依据	运用智能化平台的财务管理工具，通过建立融资决策模型、项目投资现金流预算模型、往来账分析模型、库存智能管理模型、资金运用模型、风险决策分析模型等，培养学生运用多种智能分析工具进行财务管理的能力
4	战略管理会计	3	54	培养学生运用管理会计基本工具和方法为企业经营预测、战略分析和决策、企业绩效等管理活动提供财务数据上的支持	合理选择管理会计工具和方法帮助企业进行战略管理、预算管理、营运管理、绩效管理，编制决策层和部分经营层管理会计报告
5	大数据财务分析	3.5	64	能够利用大数据技术进行企业财务分析，为评估经营风险、改善业绩质量、优化财务现金流结构提供决策依据	依托大数据分析平台掌握财务分析方法运用、公司经营、财务、行业数据搜集整理，解读财务报表，构建业财一体化财务能力指标分析体系和杜邦分析模型，最终撰写财务大数据分析报告，为企业经营管控、管理决策提供依据
6	财务机器人应用与开发	3	54	了解财务机器人的基本原理；培养学生利用财务机器人处理会计业务的能力和开发简单财务机器人的能力	发票处理机器人、纳税申报机器人、资金结算机器人、费用报销机器人、报表编制机器人、购销存业务机器人的跨平台应用；财务业务流程及场景的需求分析和设计规划；财务机器人组件、变量的调试；财务机器人的开发

3. 专业综合技能（含实践）课

本专业开设的专业综合技能（含实践）课共4门，见表1-1-6。

表1-1-6　　　　　　　专业综合技能（含实践）课

序号	课程名称	学分	学时	课程目标	主要内容
1	企业所得税汇算清缴（教学企业项目）	1	28	培养学生调整企业应税所得及填报企业所得税汇算清缴系列表格并进行汇算清缴申报的能力	填报企业所得税年度纳税申报表，包括基础信息表，收入、成本支出明细表及期间费用明细表；纳税调整类明细表；企业所得税弥补亏损明细表；税收优惠类明细表；汇总纳税企业明细表等
2	财务决策（教学企业项目）	1	28	通过虚拟运营管理一家工业企业，培养学生账务处理能力、财务决策能力、税收筹划能力和风险管控能力	依托财务决策平台仿真业务，完成工业企业三个月生产经营管理决策、企业日常资金收付及账务处理、期末成本核算和电子纳税申报
3	云财务应用（教学企业项目）	7	196	引入企业真实业务，培养学生利用智能化共享财务平台独立处理企业全盘账务及报税的能力	财务云平台初始设置，原始单据整理、审核、扫描与上传，发票智能抓取，记账凭证智能录入与审核，税务智能申报与审核，凭证装订与归档
4	顶岗实习与毕业调研	16	448	培养学生运用专业知识解决实际工作问题的能力，提升学生写作水平	完成企业财务岗位工作任务，结合实习企业及实习岗位具体工作情况撰写周记及调研报告

4. 专业拓展课

本专业开设的专业拓展课共108门，见表2-1-2（P48-84）。

（三）职业技能等级（资格）证书

学生获得以下职业技能等级（资格）证书（经提交证书原件验证），可获得本专业相关1门或多门专业课程学分，见表1-1-7。

表1-1-7　　　　职业技能等级（资格）证书与专业课程学分置换表

序号	证书名称	证书等级	颁证单位	置换课程名称	学分
1	智能审计	初级	中联集团教育科技有限公司	智能审计（初级）	2
2	智能审计	中级	中联集团教育科技有限公司	智能审计（中级）	2
3	智能审计	高级	中联集团教育科技有限公司	智能审计（高级）	2
4	财务共享服务	初级	北京东大正保科技有限公司	财务共享服务（初级）	2
5	财务共享服务	中级	北京东大正保科技有限公司	财务共享服务（中级）	2

续表

序号	证书名称	证书等级	颁证单位	置换课程名称	学分
6	财务共享服务	高级	北京东大正保科技有限公司	财务共享服务（高级）	2
7	金税财务应用	初级	航天信息股份有限公司	金税财务应用（初级）	2
8	金税财务应用	中级	航天信息股份有限公司	金税财务应用（中级）	2
9	金税财务应用	高级	航天信息股份有限公司	金税财务应用（高级）	2
10	财务数字化应用	初级	新道科技股份有限公司	财务数字化应用（初级）	2
11	财务数字化应用	中级	新道科技股份有限公司	财务数字化应用（中级）	2
12	财务数字化应用	高级	新道科技股份有限公司	财务数字化应用（高级）	2
13	智能财税	初级	中联集团教育科技有限公司	智能财税（初级）	2
14	智能财税	中级	中联集团教育科技有限公司	智能财税（中级）	2
15	智能财税	高级	中联集团教育科技有限公司	智能财税（高级）	2
16	业财一体信息化应用	初级	新道科技股份有限公司	业财一体信息化应用（初级）	2
17	业财一体信息化应用	中级	新道科技股份有限公司	业财一体信息化应用（中级）	2
18	业财一体信息化应用	高级	新道科技股份有限公司	业财一体信息化应用（高级）	2
19	数字化管理会计	初级	上海管会教育培训有限公司	数字化管理会计（初级）	2
20	数字化管理会计	中级	上海管会教育培训有限公司	数字化管理会计（中级）	2
21	数字化管理会计	高级	上海管会教育培训有限公司	数字化管理会计（高级）	2
22	企业财务与会计机器人应用	初级	厦门科云信息科技有限公司	企业财务与会计机器人应用（初级）	2
23	企业财务与会计机器人应用	中级	厦门科云信息科技有限公司	企业财务与会计机器人应用（中级）	2
24	企业财务与会计机器人应用	高级	厦门科云信息科技有限公司	企业财务与会计机器人应用（高级）	2
25	初级会计师	初级	财政部	初级会计师考证（初级会计实务）	2
26	初级会计师	初级	财政部	初级会计师考证（经济法基础）	2

八、教学进程总体安排

本专业教育教学活动时间安排见表1-1-8。

表1-1-8   教育教学活动时间安排表

序号	教育教学活动		各学期时间分配（周）						合计
			一	二	三	四	五	六	
1	教学活动时间	理论教学、实践教学、职业技能等级（资格）考证培训	16	18	18	18	18	16	104
2	其他教育活动时间	考核	1	1	1	1	1		5
3		机动		1	1	1	1	3	7
4		入学教育、军事技能训练	2						2
5		毕业教育、毕业离校						1	1
合　　计			19	20	20	20	20	20	119

九、实施保障

（一）师资队伍

1. 队伍结构

学生数与本专业专任教师数比例不高于25∶1，双师素质教师占教师比例一般不低于60%，专任教师队伍要考虑职称、年龄，形成合理的梯队结构。

2. 专任教师

专任教师应具有高校教师资格；有理想信念、有道德情操、有扎实学识、有仁爱之心；具有会计等相关专业本科及以上学历；具有扎实的本专业相关理论功底和实践能力；具有较强信息化教学能力，能够开展课程教学改革和科学研究；有每5年累计不少于6个月的企业实践经历。

3. 专业带头人

专业带头人原则上应具有副高级以上职称，能够较好地把握会计学科前沿发展动态，能广泛联系行业企业，了解行业企业对本专业人才的需求实际，教学设计、专业研究能力强，组织开展教科研工作能力强，在本区域或本领域具有一定的专业影响力。

4. 兼职教师

兼职教师主要从与本专业相关的行业企业聘任。要求具备良好的思想政治素质、职业道德和工匠精神，具有扎实的专业知识和丰富的实际工作经验，具有中级及以上相关专业职称，能承担专业课程教学、实习实训指导和学生职业发展规划指导等教学任务。

（二）教学设施

1. 专业教室基本条件

专业教室一般配备黑（白）板、多媒体计算机、投影设备、音响设备，互联网接入或WiFi环境，并实施网络安全防护措施；安装应急照明装置并保持良好状态，符合紧急疏散要求，标志明显，保持逃生通道畅通无阻。

2. 校内实训室基本要求（见表1-1-9）

表1-1-9　　　　　　　　　　　　　校内实训室基本要求

序号	实训室名称	工位数	功　　能	主要设备
1	ERP财务应用实训室	48	运用ERP财务软件核算和管理企业日常经济业务	49台电脑、1台投影仪、教学软件
2	大数据财务管理实训室	48	运用大数据财务管理软件学习企业融资、投资、采购、生产及销售管理	49台电脑、2台投影仪、1个电子显示屏、教学软件
3	智能财务实训室	48	运用智慧财务软件处理企业财税业务	49台电脑、1台投影仪、教学软件
4	大数据技术应用实训室	48	运用Python、Power BI学习大数据的采集、清洗、可视化处理等	49台电脑、1台投影仪、教学软件
5	财务大数据分析实训室	48	运用大数据技术对业务财务数据进行多维度、多层次的可视化分析	49台电脑、1台投影仪、教学软件
6	财务机器人应用与开发实训室	48	运用Uipath等软件开发财务机器人批量处理发票验证、税务申报、往来对账、银行业务管理等标准化流程化财务工作	49台电脑、1台投影仪、教学软件
7	财务云共享中心	56	运用智能财务云协同管理平台处理真实企业财税业务	57台电脑、教学软件、财务云协同管理平台
8	区块链财务应用实训室	48	运用区块链财务仿真平台学习区块链技术在费用结算业务、商品采购业务、商品销售业务、税务处理业务中的应用等	49台电脑、1台投影仪、教学软件
9	大数据审计实训室	48	运用大数据审计软件训练和提高学生智能化处理审计业务的能力	49台电脑、1台投影仪、教学软件

3. 校外实训/实习基地基本要求

配备有满足本专业教学需要的校外实习基地，包括会计师事务所、财务服务公司和工商企业。能开展会计核算与管理、财务审计、企业所得税汇算清缴、代理记账、报税、工商代理和会计档案整理等会计实习工作。

4. 支持信息化教学方面的基本要求

具有可利用的数字化教学资源库、文献资料、常见问题解答等信息化条件；鼓励教师开发并利用信息化教学资源、教学平台，创新教学方法，引导学生利用信息化教学条件自主学习，提升教学效果。

（三）教学资源

1. 教材选用基本要求

教材应符合《职业院校教材管理办法》等文件的规定和要求，探索使用新型活页式、工作手册式教材并配套信息化资源。禁止不合格的教材进入课堂。

2. 图书文献配备基本要求

图书文献配备能满足人才培养、专业建设、教科研等工作的需要，方便师生查询、借阅。专业类图书文献主要包括：有关财会专业理论、技术、方法、思维以及实务操作类图书等。

3. 数字教学资源配置基本要求

建设、配备与本专业有关的音视频素材、教学课件、数字化教学案例库、虚拟仿真软件、数字教材等专业教学资源库，要求种类丰富、形式多样、使用便捷、动态更新，能满足教学要求。

（四）教学方法

1. 项目教学法

项目教学法是以工作任务为依据设计教学项目，以学生为活动主体实施项目的教学方法，也就是将教学内容融入项目实施过程的一种教学方法。项目教学法是以学生为中心的教学模式，这种教学模式中学生是主动的学习者，教师是学生学习的指导者。每个项目的实施都有一个明确的任务、一个完整的过程，能够取得一个标志性成果。

2. 课堂讲授法

课堂讲授法是教师通过口头语言向学生描绘情境、叙述事实、解释概念、论证原理和阐明规律的教学方法。该方法以教师的语言作为主要媒介系统，连贯地向学生讲授基础知识、基本理论或基本流程，帮助学生理解并准确掌握相关知识技能，特别是各个知识技能点之间的有机联系和逻辑关系。

3. 任务驱动法

以职业能力养成为核心，通过设计不同场景的项目任务来组织教学，从获取信息到制订步骤，再到决策和付诸行动，直至检查、反思与评估，完成一个完整的工作过程。教师只扮演一个"咨询者""协调者"和"观察员"的角色，引导学生自主学习，向学生提供资源、给予建议和操作指导，可加深学生对基础知识和基本技能的掌握，也有助于学生职业判断能力、决策能力的提升和团队合作精神的培养。

4. 情境教学法

在教学过程中，教师有目的地引入或采用虚拟企业、虚拟职能部门、虚拟业务流程等现代技术手段，将教学内容以视频、动漫等方式展示，提高学习的现场感、趣味性，激发学生的情感，使学生能够尽快适应、了解和掌握将来所从事工作必备的知识和技能，直至熟悉可能遇到的各种方法，帮助学生做出正确的决策，有效调动学生学习的主动性、积极性和创造性，培养学生职业能力。

5. 案例教学法

案例教学法包括讲解案例法和讨论案例法两种。讲解案例法，是将案例教学融入传统的讲授教学法之中的一种方法。教学中使用的案例，通常是针对课程知识体系中的重点、难点问题设计的，也称"知识点案例"。讨论案例法，是以学生课堂讨论为主，案例是学生讨论的主题，学生通过对案例的剖析，提出各自的解决方案，并予以充分讨论。

6. 启发式教学法

启发式教学是根据教学目的和内容，通过设计启发、诱导型问题，引导学生养成多思考、善思考、勤思考的习惯，将问题解决贯穿于教学的每一环节，启迪学生思考，活跃学生思维，促进学生身心发展，提高学生学习的主动性、积极性和创造性，更好地激发学生的学习兴趣，加深对课程内容的理解。

（五）学习评价

本专业针对不同教学与实践内容，构建多元化评价体系和模式。评价内容包括学生的知识掌握情况、实践操作能力、学习态度和基本职业素质等方面，突出对学生专业能力的考核评价。课程考核采用过程考核和结果考核相结合的评价方法，科学合理地评价学生学习的效果，引导学生注重学习过程，提高学生的学习兴趣。

基本技能课程以过程化考核、标准化的机考与现场操作考核为主进行评价考核；课证融合课程主要以证代考进行评价考核；项目式课程体现项目驱动、实践导向特征，体现理论与实践或操作的结合，按项目实践活动任务完成情况评定（总结答辩与实操以合理比例评价考核）；校外顶岗实习采用校内专业教师评价、校外兼职教师评价、实习单位鉴定三项评价相结合，对专业技能、工作态度、工作纪律等方面进行全面评价。

（六）质量管理

根据学院机构设置情况，健全各级专业教学管理机构，明确职责，同时建立健全覆盖专业教学全过程的教学管理规章制度。具体包括人才培养的市场调研及培养方案的制订与修订，专业教学团队建设、课程建设、教材建设，网络教学资源建设，校内外实训实习基地建设，学生认知实习、专业实训、顶岗实习等专业社会实践活动的开展，对毕业生的跟踪调查以及社会服务与产学研合作等主要内容，以满足教学管理的需要。积极采用现代管理技术开展教学管理工作，切实保障教学管理工作的严格执行与教学管理措施的贯彻到位，保证人才培养质量，全面实现人才培养目标。

十、毕业要求

学生通过规定修业年限的学习，修满专业标准所规定的学分，达到专业人才培养目标和培养规格的要求以及《国家学生体质健康标准》相关要求，准予毕业，颁发毕业证书。

（一）学分要求

本专业按学年学分制安排课程，学生最低要求修满总学分130学分。

必修课要求修满104学分，占总学分的80.01%。

其中：公共基础课要求修满32学分，占总学分的24.62%；

专业课要求修满72学分，占总学分的55.39%。

选修课要求修满26学分，占总学分的20%。

其中：公共基础课（含公共艺术课）要求修满16学分，占总学分的12.31%；

专业课要求修满10学分，占总学分的7.69%。

允许学生通过学分认定和转换获得学分，具体认定和转换办法见《广州番禺职业技术学院学分认定和转换工作管理办法（试行）》

（二）体能测试要求

体能测试成绩达到《国家学生体质健康标准（2014年修订）》要求。测试成绩按毕业当年学年总分的50%与其他学年总分平均得分的50%之和进行评定，成绩未达50分者按结业或肄业处理。

十一、附录

（一）大数据与会计专业课程设置

表 1-1-10　　　　　　　　　　课程设置总表

课程性质	课程编号	课程名称	课程属性	学分	理论学时	实践学时	总学时	周学时	考核方式评价	开设学期
公共基础课	05010124921	体育	必修	2	30	0	30	2	考查	1
	0601010755	军事技能	必修	2	0	112	112	56	考查	1
	0601010783	劳动专题教育	必修	1	16	0	16	4	考试	1
	0601011623	大学生健康与安全教育	必修	2	36	0	36	4	考试	1

续表

课程性质	课程编号	课程名称	课程属性	学分	理论学时	实践学时	总学时	周学时	考核方式评价	开设学期
公共基础课	0601012110	军事理论	必修	2	36	0	36	4	考查	1
	1101010251	创新创业基础	必修	2	16	16	32	2	考查	1
	1001016431	思想道德与法治	必修	3	48	6	54	2	考试	1~2
	0601010761	劳动	必修	2	0	56	56	8	考查	1~4
	1001014052	形势与政策	必修	1	32	16	48	2	考查	1~4
	0601011326	职业规划与就业指导	必修	2	16	22	38	2	考查	1, 2, 4, 5
	0501011135	体能测试	必修	0.5	0	18	18	6	考试	1, 3, 5
	0401016434	当代大学生国家安全教育	必修	1	18	0	18	2	考查	2
	05010124922	体育	必修	2	0	30	30	2	考查	2
	0701016429	人工智能与信息技术基础	必修	3.5	30	30	60	4	考试	2
	05010124923	体育	必修	2	0	30	30	2	考查	3
	1001010818	毛泽东思想和中国特色社会主义理论体系概论	必修	4	64	8	72	2	考试	3~4
		小计		32.0	342	344	686			
公共基础课	1002014825	马克思主义中国化进程与青年学生使命担当	公选	1	20	0	20	2	考查	
		公共艺术选修课必选		2	32	0	32			
		其他公共选修课必选		5	80	0	80			
		综合素质课外训练项目必选		8	0	0	0			
		小计		16	132	0	132			
专业群平台课（专业基础课）	0101012077	经济学基础	必修	2.5	42	0	42	3	考试	1
	0101016869	大数据会计基础	必修	4	50	22	72	5	考试	1
	0101015597	会计基本技能	必修	2	0	56	56	2	考查	1~5
	0101016888	业务财务会计	必修	6	60	48	108	6	考试	2

续表

课程性质	课程编号	课程名称	课程属性	学分	理论学时	实践学时	总学时	周学时	考核方式评价	开设学期
专业群平台课（专业基础课）	01010155741	Excel 在财务中的应用	必修	3.5	30	34	64	2	考试	3～5
	0101016873	共享财务会计	必修	2.5	20	28	48	3	考试	3
	0101016886	业财管理信息系统应用	必修	4	28	44	72	4	考试	3
	小计			24.5	230	232	462			
专业核心课	0101016895	智能化成本核算与管理	必修	5	50	40	90	5	考试	3
	0101016897	智能化税费核算与管理	必修	5	50	40	90	5	考试	2
	0101016865	财务机器人应用与开发	必修	3	30	24	54	5	考查	4
	0101016867	大数据财务分析	必修	3.5	32	32	64	4	考试	5
	0101016889	战略管理会计	必修	3	30	24	54	4	考试	5
	0101016891	智能化财务管理	必修	3	34	20	54	4	考试	5
	小计			22.5	226	180	406			
专业综合技能（含实践）课	0101010689	企业所得税汇算清缴（教学企业项目）	必修	1	0	28	28	6	考查	3
	0101015604	云财务应用（教学企业项目）	必修	7	0	196	196	28	考查	4
	0101014634	财务决策（教学企业项目）	必修	1	0	28	28	28	考查	5
	0201011713	顶岗实习与毕业调研	必修	16	0	448	448	28	考查	6
	小计			25.0	0	700	700			
	专业拓展课			（详见表 2-1-1 专业群课程总表）						
	小计（选 10 个学分）			10			180			
	合计（130 学分）			130			2566			

（二）大数据与会计专业学时学分比例

各类课程学时学分比例统计见表 1 – 1 – 11。

表 1 – 1 – 11　　　　　　　　各类课程学时学分比例统计表

课程类别		小计		小计	
		学时	比例	学分	比例
必修	公共基础课	686	26.73%	32	24.62%
必修	专业群平台课（专业基础课）	462	18.00%	24.5	18.85%
必修	专业核心课	406	15.82%	22.5	17.31%
必修	专业综合技能（含实践）课	700	27.28%	25	19.23%
选修	专业拓展课	180	7.01%	10	7.69%
选修	公共选修课	132	5.14%	16	12.31%
合计		2566	100%	130	100%
理论实践比	理论教学	1020	39.75%		
	实践教学	1546	60.25%		
合计		2566	100%		

会计信息管理专业教学标准

一、专业名称及代码

专业名称：会计信息管理

专业代码：530304

二、入学要求

全日制普通中学高中毕业生；职业中学、中专、技校毕业生。

三、修业年限

基本学制为三年，实行弹性学制，学生总修业时间（不含休学）不超过六年。

四、职业面向

职业面向见表 1 - 2 - 1

表 1 - 2 - 1　　　　　会计信息管理专业职业面向分析表

所属专业大类（专业类）	所属专业大类（专业类）代码	对应行业	主要职业类别	主要岗位类别	职业资格和技能证书
财经商贸大类（财务会计类）	53（5303）	会计、审计及税务服务	会计专业人员	• 会计核算和监督 • ERP 实施与维护 • PBI 数据分析 • RPA 实施与维护 • 财务信息系统规划与管理	• 初级会计专业技术资格证 • 财务共享服务职业技能等级证书 • 金税财务应用职业技能等级证书 • 财务数字化应用职业技能等级证书 • 业财一体信息化应用职业技能等级证书 • 企业财务与会计机器人应用职业技能等级证书 • 数字化管理会计职业技能等级证书 • 智能财税职业技能等级证书

五、培养目标

本专业培养理想信念坚定，德、智、体、美、劳全面发展，具有一定的科学文化水平，良好的人文素养、职业道德和创新意识，精益求精的工匠精神，较强的就业能力和可持续发展的能力，掌握大数据技术、大数据会计、业务财务、共享财务、业财信息管理、税费申报与管理等相关知识以及大数据工具的应用、ERP 项目实施及维护、财务大数据分析、财务机器人应用与开发、业财管理信息系统设计应用等相关技术技能，适应粤港澳大湾区现代制造业和现代服务业等产业和产业高端发展需要，面向各类企事业单位、ERP 软件企业及其渠道伙伴、财税服务业、财务共享服务中心等行业的会计专业人员职业群，能够从事会计核算与监督、ERP 项目实施及维护、BI 数据分析、财务机器人项目实施、业财管理信息系统的规划等工作的高素质、复合型、发展型、创新型技术技能人才。

六、培养规格

1. 素质

（1）思想政治素质：树立马克思主义的世界观、人生观、价值观，拥护中国共产党的领导，拥护社会主义制度，热爱祖国，热爱中华民族，具有中国特色社会主义道路自信、理论自信、制度自信、文化自信，积极践行社会主义核心价值观。

（2）职业素质：具有良好的职业态度和职业道德修养，具有正确的择业观和创业观。坚持职业操守，爱岗敬业、诚实守信、办事公道、服务群众、奉献社会；具备从事职业活动所必需的基本能力和管理素质；脚踏实地、严谨求实、勇于创新。

（3）人文素养与科学素质：具有融合传统文化精华、当代中西文化潮流的宽阔视野；具有文理交融的科学思维能力和科学精神；具有健康、高雅、勤勉的生活工作情趣；具有适应社会核心价值体系的审美立场和方法能力；奠定个性鲜明、善于合作的个人成长成才的素质基础。

（4）身心素质：具有一定的体育运动和生理卫生知识，养成良好的锻炼身体、讲究卫生的习惯，掌握一定的运动技能，达到国家规定的体育健康标准；具有坚韧不拔的毅力、积极乐观的态度、良好的人际关系、健全的人格品质。

（5）创新创业素质：关注本专业领域的发展动态，具有服务他人、服务社会的情怀；积极参与，乐于分享，敢于担当，具有良好的沟通能力与领导力；掌握创新思维基本技法，具有良好的分析能力、主动解决问题的意识与建构策略方案的能力；思维活跃、行动积极，具有自我成就意识。

2. 知识

（1）熟悉与本专业相关的法律法规以及支付与安全等相关知识。

（2）掌握会计、经济、统计、金融、管理等基础知识。

（3）掌握大数据技术基础、大数据会计基础

（4）掌握业务财务会计、共享财务会计、战略管理会计等会计相关知识。

（5）掌握税费申报与管理、智能财税知识。

（6）掌握办公自动化、Python 数据处理、PBI 数据分析、RPA 流程自动化等数据处理相关的知识。

（7）掌握业财管理信息系统设计应用、ERP 项目实施及维护等信息系统设计、实施、使用、维护相关专业知识。

3. 能力

（1）具备良好的语言、文字表达能力和沟通能力。

（2）具备文字、表格、图像的计算机处理能力。

（3）具备云会计核算能力，能够融业务于财务，在准确进行会计核算的同时，为业务部门提供必要的财务服务。

（4）具备纳税事务处理能力，能够正确计算、申报各种税费并进行相应的会计处理，能够进行基本的纳税筹划和纳税风险控制。

（5）具备数据处理与可视化分析能力，能够利用常见大数据技术工具（如 Python、PBI）帮助企业对业务财务数据进行数据获取、数据预处理、多维度分析和可视化展示。

（6）具备 ERP 系统的实施、使用和维护能力，能够对客户进行需求分析，通过蓝图规划、系统安装、调试维护，最终完成 ERP 项目的项目交付；能够熟练操作 ERP 软件处理各种财税业务，可以对各种常见的故障问题进行处理和维护。

（7）具备一定的财务流程设计能力，能够依照企业管理决策所需信息和企业内部控制基本方法进行业务财务流程多维度的设计。

（8）具备一定的财务机器人开发与应用能力，能简单利用财务机器人处理企业业务。

七、课程设置

本专业课程设置分为公共基础课程和专业课程两类。

（一）公共基础课

本专业开设的公共基础课包括公共基础必修课和公共基础选修课。

1. 公共基础必修课

本专业开设的公共基础必修课与大数据与会计专业相同，共 14 门，见表 1 - 1 - 2。

2. 公共基础选修课

公共基础选修课包括全校性公共选修课和综合素质课外训练项目。

本专业开设的公共基础选修课与大数据与会计专业相同，共 4 门，见表 1 - 1 - 3。

（二）专业课

1. 专业群平台课

本专业开设的专业群平台课与大数据与会计专业相同，共 7 门，见表 1 - 1 - 4。

2. 专业核心课

本专业开设的专业核心课共 6 门，见表 1 - 2 - 2。

表 1 - 2 - 2　　　　　　　　　　专业核心课

序号	课程名称	学分	学时	课程目标	主要内容	备注
1	大数据技术基础	3.5	64	掌握大数据技术基础包括 sql 数据库基础、Python 基础，为后续 ERP 实施及维护、财务大数据分析等相关课程的学习打下基础	大数据基础技术，包括 SQL 数据库基础知识：select、insert、delete、update 基本语句等；Python 基础知识：Python 数据类型、流程控制、函数、爬虫、pandas 数据分析、可视化展示	
2	智能化税费核算与管理	5	90	以税费核算与管理岗位任务为背景，培养学生税费核算与管理能力，实现与税费核算与管理岗位的对接	增值税、消费税、关税、企业所得税、个人所得税、资源类税收、财产类税收、行为目的类税收的会计核算；处理各种税务关系，防范税务风险，管控税费成本	
3	财务大数据分析	3.5	64	利用自助式 PBI 工具（Power BI）采集获取业务财务数据，进行数据清洗、整理和建模，通过可视化图形对数据进行多维度、多层次的分析	大数据初体验、数据采集与处理（数据采集、数据清洗、数据整理、数据建模）、财报指标分析、收入洞察分析、费用利润考核、存货分析、可视化报表的制作与发布	
4	Python 财务应用	2.5	48	应用 Python 工具进行数据建模、数据分析及可视化等，以实现财务工作办公自动化，业财数据分析、财务预算、财务预测与决策	Python 职工薪酬核算、Python 固定资产核算与分析、Python 客户往来核算与管理、Python 资金核算、Python 财务指标分析、Python 投资决策与管理、Python 成本核算与分析、Python 预算管理、Python 绩效管理以及 Python 财务预算与预测	
5	财务机器人应用与开发	3	54	了解财务机器人的基本原理；培养学生利用财务机器人处理会计业务的能力和开发简单财务机器人的能力	发票处理机器人、纳税申报机器人、资金结算机器人、费用报销机器人、报表编制机器人、购销存业务机器人的跨平台应用；财务业务流程及场景的需求分析和设计规划；财务机器人组件、变量的调试；财务机器人的开发	
6	ERP 项目实施及维护	3	54	完成 ERP 实施各阶段的具体工作，能自主进行 ERP 系统的日常维护工作	ERP 实施规划、ERP 项目规划设计、ERP 软件安装及部署、解决和排除常见系统平台、数据环境、经济业务、系统升级等故障处理、ERP 系统安全管理	

3. 专业综合技能（含实践）课

本专业开设的专业综合技能（含实践）课共 4 门，见表 1 - 2 - 3。

表 1 - 2 - 3　　　　　　　　　专业综合技能（含实践）课

序号	课程名称	学分	学时	课程目标	主要内容
1	企业所得税汇算清缴（教学企业项目）	1	28	培养学生调整企业应税所得及填报企业所得税汇算清缴系列表格并进行汇算清缴申报的能力	填报企业所得税汇算清缴系列表格，如基础信息表，收入、成本支出明细表及期间费用明细表；纳税调整类明细表；企业所得税弥补亏损明细表；税收优惠类明细表；汇总纳税企业明细表等
2	ERP 实施顾问（教学企业项目）	1	28	通过完成实际工作岗位上的任务，培养学生具备 ERP 实施顾问组织能力、沟通能力、预见能力及项目实施技巧	演讲训练、顾问情商训练、面向客户的有效沟通、ERP 项目规划设计、ERP 项目实施技巧、ERP 系统维护、客户化开发
3	云财务应用（教学企业项目）	7	196	引入企业真实业务，培养学生利用智能化共享财务平台独立处理企业全盘账务及报税的能力	财务云平台初始设置，原始单据整理、审核、扫描与上传，发票智能抓取，记账凭证智能录入与审核，税务智能申报与审核，凭证装订与归档
4	顶岗实习与毕业调研	16	448	通过顶岗实习和撰写毕业调研报告，培养学生运用专业知识解决实际工作问题的能力，提升学生写作水平	完成企业财务岗位工作任务，结合实习企业及实习岗位具体工作情况撰写周记及调研报告

4. 专业拓展课

本专业开设的专业拓展（含专业群综合项目）课与大数据与会计专业相同，共 108 门，见表 2 - 1 - 2（P48 - 84）。

（三）职业技能等级（资格）证书

学生获得相关职业技能等级（资格）证书（经提交证书原件验证），可获得本专业相关 1 门或多门专业课程学分，见表 1 - 1 - 7。

八、教学进程总体安排

本专业教育教学活动时间安排，见表 1 - 2 - 4。

表 1 - 2 - 4　　　　　　　　　　教育教学活动时间安排表

序号	教育教学活动		各学期时间分配（周）						合计
			一	二	三	四	五	六	
1	教学活动时间	理论教学、实践教学、职业技能等级（资格）考证培训	16	18	18	18	18	16	104
2	其他教育活动时间	考核	1	1	1	1	1		5
3		机动		1	1	1	1	3	7
4		入学教育、军事技能训练	2						2
5		毕业教育、毕业离校						1	1
合　计			19	20	20	20	20	20	119

九、实施保障

（一）师资队伍

1. 队伍结构

学生数与本专业专任教师数比例不高于 25∶1，双师素质教师占教师比例一般不低于 60%，专任教师队伍要考虑职称、年龄，形成合理的梯队结构。

2. 专任教师

专任教师应具有高校教师资格；有理想信念、有道德情操、有扎实学识、有仁爱之心；具有会计等相关专业本科及以上学历；具有扎实的本专业相关理论功底和实践能力；具有较强信息化教学能力，能够开展课程教学改革和科学研究；有每 5 年累计不少于 6 个月的企业实践经历。

3. 专业带头人

专业带头人原则上应具有副高级以上职称，能够较好地把握会计学科前沿发展动态，能广泛联系行业企业，了解行业企业对本专业人才的需求实际，教学设计、专业研究能力强，组织开展教科研工作能力强，在本区域或本领域具有一定的专业影响力。

4. 兼职教师

兼职教师主要从与本专业相关的行业企业聘任。要求具备良好的思想政治素质、职业道德和工匠精神，具有扎实的专业知识和丰富的实际工作经验，具有中级及以上相关专业职称，能承担专业课程教学、实习实训指导和学生职业发展规划指导等教学任务。

（二）教学设施

1. 专业教室基本条件

专业教室一般配备黑（白）板、多媒体计算机、投影设备、音响设备，互联网接入或

WiFi 环境，并实施网络安全防护措施；安装应急照明装置并保持良好状态，符合紧急疏散要求，标志明显，保持逃生通道畅通无阻。

2. 校内实训室基本要求

本专业共享专业群校内实训室。校内实训室基本要求见表 1 - 1 - 9。

3. 校外实训/实习基地基本要求

配备有满足本专业教学需要的校外实习基地。包括工商企业、财务软件供应商、财务服务公司和会计师事务所。能开展 ERP 实施与维护、财务数据分析、财务机器人应用与维护、会计核算与管理、代理记账、报税和会计档案整理等会计实习工作。

4. 支持信息化教学方面的基本要求

具有可利用的数字化教学资源库、文献资料、常见问题解答等信息化条件；鼓励教师开发并利用信息化教学资源、教学平台，创新教学方法，引导学生利用信息化教学条件自主学习，提升教学效果。

（三）教学资源

1. 教材选用基本要求

教材应符合《职业院校教材管理办法》等文件的规定和要求，探索使用新型活页式、工作手册式教材并配套信息化资源。禁止不合格的教材进入课堂。

2. 图书文献配备基本要求

图书文献配备能满足人才培养、专业建设、教科研等工作的需要，方便师生查询、借阅。专业类图书文献主要包括：有关财会专业理论、技术、方法、思维以及实务操作类图书等。

3. 数字教学资源配置基本要求

建设、配备与本专业有关的音视频素材、教学课件、数字化教学案例库、虚拟仿真软件、数字教材等专业教学资源库，要求种类丰富、形式多样、使用便捷、动态更新，能满足教学需要。

（四）教学方法

1. 项目教学法

项目教学法是以工作任务为依据设计教学项目，以学生为活动主体实施项目的教学方法，也就是将教学内容融入项目实施过程的一种教学方法。项目教学法是以学生为中心的教学模式，这种教学模式中学生是主动的学习者，教师是学生学习的指导者。每个项目的实施都有一个明确的任务、一个完整的过程，能够取得一个标志性成果。

2. 课堂讲授法

课堂讲授法是教师通过口头语言向学生描绘情境、叙述事实、解释概念、论证原理和阐明规律的教学方法。该方法以教师的语言作为主要媒介系统，连贯地向学生讲授基础知识、基本理论或基本流程，帮助学生理解并准确掌握相关知识技能，特别是各个知识技能点之间的有机联系和逻辑关系。

3. 任务驱动法

以职业能力养成为核心，通过设计不同场景的项目任务来组织教学，从获取信息到制订步骤，再到决策和付诸行动，直至检查、反思与评估，完成一个完整的工作过程。教师只扮演一个"咨询者""协调者"和"观察员"的角色，引导学生自主学习，向学生提供资源、给予建议和操作指导，可加深学生对基础知识和基本技能的掌握，也有助于学生职业判断能力、决策能力的提升和团队合作精神的培养。

4. 情境教学法

在教学过程中，教师有目的地引入或采用虚拟企业、虚拟职能部门、虚拟业务流程等现代技术手段，将教学内容以视频、动漫等方式展示，提高学习的现场感、趣味性，激发学生的情感，使学生能够尽快适应、了解和掌握将来所从事工作必备的知识和技能，直至熟悉可能遇到的各种方法，帮助学生做出正确的决策，有效调动学生学习的主动性、积极性和创造性，培养学生职业能力。

5. 案例教学法

案例教学法包括讲解案例法和讨论案例法两种。讲解案例法，是将案例教学融入传统的讲授教学法之中的一种方法。教学中使用的案例，通常是针对课程知识体系中的重点、难点问题设计的，也称"知识点案例"。讨论案例法，是以学生课堂讨论为主，案例是学生讨论的主题，学生通过对案例的剖析，提出各自的解决方案，并予以充分讨论。

6. 启发式教学法

启发式教学是根据教学目的和内容，通过设计启发、诱导型问题，引导学生养成多思考、善思考、勤思考的习惯，将问题解决贯穿于教学的每一环节，启迪学生思考，活跃学生思维，促进学生身心发展，提高学生学习的主动性、积极性和创造性，更好地激发学生的学习兴趣，加深对课程内容的理解。

（五）学习评价

本专业在以提升岗位职业能力为重心的基础上，突出"能力本位"，针对不同教学与和实践内容，构建多元化评价体系和模式。评价内容应包括学生的知识掌握情况、实践操作能力、学习态度和基本职业素质等方面，突出对能力的考核评价方式，体现对综合素质的评价。课程考核采用过程考核和目标考核相结合的评价方法，科学合理地评价学生学习的效果，也使学生更注重学习过程，提高学生的学习兴趣。

基本技能课程以过程化考核、标准化的机考与现场操作考核为主进行评价考核；课证融合课程主要以证代考进行评价考核；项目式课程体现项目驱动、实践导向特征，体现理论与实践或操作的结合，按项目实践活动任务完成情况评定（总结答辩与实操以合理比例评价考核）；校外顶岗实习采用校内专业教师评价、校外兼职教师评价、实习单位鉴定三项评价相结合，对专业技能、工作态度、工作纪律等方面进行全面评价。

（六）质量管理

根据学院机构设置情况，健全各级专业教学管理机构，明确职责，同时建立健全覆盖专业教学全过程的教学管理规章制度。具体包括人才培养的市场调研及培养方案的制订与修订，专业教学团队建设、课程建设、教材建设，网络教学资源建设，校内外实训实习基地建设，学生认知实习、专业实训、顶岗实习等专业社会实践活动的开展，对毕业生的跟踪调查以及社会服务与产学研合作等主要内容，以满足教学管理的需要。积极采用现代管理技术开展教学管理工作，切实保障教学管理工作的严格执行与教学管理措施的贯彻到位，保证人才培养质量，全面实现人才培养目标。

十、毕业要求

学生通过规定修业年限的学习，修满专业标准所规定的学分，达到专业人才培养目标和培养规格的要求以及《国家学生体质健康标准》相关要求，准予毕业，颁发毕业证书。

（一）学分要求

本专业按学年学分制安排课程，学生最低要求修满总学分128学分。

必修课要求修满102学分，占总学分的79.69%。

其中：公共基础课要求修满32学分，占总学分的25%；

专业课要求修满70学分，占总学分的54.68%。

选修课要求修满26学分，占总学分的20.31%。

其中：公共基础课（含公共艺术课）要求修满16学分，占总学分的12.5%；

专业课要求修满10学分，占总学分的7.81%。

允许学生通过学分认定和转换获得学分，具体认定和转换办法见《广州番禺职业技术学院学分认定和转换工作管理办法（试行）》

（二）体能测试要求

体能测试成绩达到《国家学生体质健康标准（2014年修订）》要求。测试成绩按毕业当年学年总分的50%与其他学年总分平均得分的50%之和进行评定，成绩未达50分者按结业或肄业处理。

十一、附录

（一）会计信息管理专业课程设置

课程设置总见表1-2-5。

表 1 – 2 – 5　　　　　　　　　　　课程设置总表

课程性质	课程编号	课程名称	课程属性	学分	理论学时	实践学时	总学时	周学时	考核方式评价	开设学期
公共基础课	05010124921	体育	必修	2	30	0	30	2	考查	1
	0601010755	军事技能	必修	2	0	112	112	56	考查	1
	0601010783	劳动专题教育	必修	1	16	0	16	4	考试	1
	0601011623	大学生健康与安全教育	必修	2	36	0	36	4	考试	1
	0601012110	军事理论	必修	2	36	0	36	4	考查	1
	1101010251	创新创业基础	必修	2	16	16	32	2	考查	1
	1001016431	思想道德与法治	必修	3	48	6	54	2	考试	1 ~ 2
	0601010761	劳动	必修	2	0	56	56	8	考查	1 ~ 4
	1001014052	形势与政策	必修	1	32	16	48	2	考查	1 ~ 4
	0601011326	职业规划与就业指导	必修	2	16	22	38	2	考查	1, 2, 4, 5
	0501011135	体能测试	必修	0.5	0	18	18	6	考试	1, 3, 5
	0401016434	当代大学生国家安全教育	必修	1	18	0	18	2	考查	2
	05010124922	体育	必修	2	0	30	30	2	考查	2
	0701016429	人工智能与信息技术基础	必修	3.5	30	30	60	4	考试	2
	05010124923	体育	必修	2	0	30	30	2	考查	3
	1001010818	毛泽东思想和中国特色社会主义理论体系概论	必修	4	64	8	72	2	考试	3 ~ 4
		小计		32.0	342	344	686			
公共基础课	1002014825	马克思主义中国化进程与青年学生使命担当	公选	1	20	0	20	2	考查	
		公共艺术选修课必选		2	32	0	32			
		综合素质公共选修课必选		5	80	0	80			
		综合素质课外训练项目必选		8	0	0	0			
		小计		16	132	0	132			

续表

课程性质	课程编号	课程名称	课程属性	学分	理论学时	实践学时	总学时	周学时	考核方式评价	开设学期
专业群平台课（专业基础课）	0101012077	经济学基础	必修	2.5	42	0	42	3	考试	1
	0101016869	大数据会计基础	必修	4	50	22	72	5	考试	1
	0101015597	会计基本技能	必修	2	0	56	56	2	考查	1～5
	0101016888	业务财务会计	必修	6	60	48	108	6	考试	2
	01010155741	Excel 在财务中的应用	必修	3.5	30	34	64	2	考试	3～5
	0101016873	共享财务会计	必修	2.5	20	28	48	3	考试	3
	0101016886	业财管理信息系统	必修	4	28	44	72	4	考试	3
	01010155742	Excel 在财务中的应用	必修	1.5	12	14	26	3	考试	4
	01010155743	Excel 在财务中的应用	必修	0.5	4	6	10	2	考试	5
		小计		24.5	230	232	462			
专业核心课	0101016870	大数据技术基础	必修	3.5	30	34	64	4	考试	2
	0101016897	智能化税费核算与管理	必修	5	50	40	90	5	考试	3
	0101016861	Python 财务应用	必修	2.5	20	28	48	3	考试	3
	0101016865	财务机器人应用与开发	必修	3	30	24	54	3	考查	4
	0101016860	ERP 项目实施及维护	必修	3	24	30	54	3	考查	4
	0101015577	财务大数据分析	必修	3.5	30	34	64	6	考试	5
		小计		20.5	184	190	374			
专业综合技能（含实践）课	0101010689	企业所得税汇算清缴（教学企业项目）	必修	1	0	28	28	6	考查	3
	0101015604	云财务应用（教学企业项目）	必修	7	0	196	196	28	考查	4
	0101014634	ERP 实施顾问（教学企业项目）	必修	1	0	28	28	28	考查	5
	0201011713	顶岗实习与毕业调研	必修	16	0	448	448	28	考查	6
		小计		25.0	0	700	700			
		专业拓展课		（详见表 2-1-1 专业群课程总表）						
		小计（选 10 个学分）		10			180			
		合计（130 学分）		128			2534			

（二）会计信息管理专业学时学分比例

各类课程学时学分比例统计见表1-2-6。

表1-2-6　　　　　　　各类课程学时学分比例统计表

课程类别		小计		小计	
		学时	比例	学分	比例
必修	公共基础课	686	27.07%	32	25%
必修	专业群平台课（专业基础课）	462	18.23%	24.5	19.14%
必修	专业核心课	374	14.76%	20.5	16.02%
必修	专业综合技能（含实践）课	700	27.62%	25	19.53%
选修	专业拓展课	180	7.1%	10	7.81%
选修	公共选修课	132	5.21%	16	12.5%
合计		2566	100%	128	100%
理论实践比	理论教学	978	38.60%		
	实践教学	1556	61.40%		
合计		2534	100%		

大数据与审计专业教学标准

一、专业名称及代码

专业名称：大数据与审计
专业代码：530303

二、入学要求

全日制普通中学高中毕业生；职业中学、中专、技校毕业生

三、修业年限

基本学制为三年，实行弹性学制，学生总修业时间（不含休学）不超过六年。

四、职业面向

职业面向见表 1 - 3 - 1。

表 1 - 3 - 1　　　　　　　大数据与审计专业职业面向分析表

所属专业大类（专业类）	所属专业大类（专业类）代码	对应行业	主要职业类别	主要岗位类别（或技术领域）	职业资料和技能证书
财经商贸大类（财务会计类）	53（5303）	会计、审计及税务服务	审计专业人员	注册会计师审计、政府审计、内部审计、智能化审计系统的应用与维护	• 初级会计专业技术资格证 • 智能审计职业技能等级证书 • 财务共享服务职业技能等级证书 • 金税财务应用职业技能等级证书 • 财务数字化应用职业技能等级证书 • 智能财税职业技能等级证书 • 业财一体信息化应用职业技能等级证书

五、培养目标

本专业培养理想信念坚定，德、智、体、美、劳全面发展，具有一定的科学文化水平，良好的人文素养、职业道德和创新意识，精益求精的工匠精神，较强的就业能力和可持续发展的能力，掌握审计、财会、税务、相关法律等专业知识和能力，适应粤港澳大湾区现代服务产业和产业高端发展需要，面向财务审计、税务审计、企业内审、税务管理、会计核算与管理领域，面向会计、审计及税务服务行业的会计职业群，能够从事会计、审计、税务会计等工作的高素质、复合型、发展型、创新型技术技能人才。

六、培养规格

1. 素质

（1）思想政治素质：树立马克思主义的世界观、人生观、价值观，拥护中国共产党的领导，拥护社会主义制度，热爱祖国，热爱中华民族，具有中国特色社会主义道路自信、理论自信、制度自信、文化自信，积极践行社会主义核心价值观。

（2）职业素质：具有良好的职业态度和职业道德修养，具有正确的择业观和创业观；坚持职业操守，爱岗敬业、诚实守信、办事公道、服务群众、奉献社会；具备从事职业活动所必需的基本能力和管理素质；脚踏实地、严谨求实、勇于创新。

（3）人文素养与科学素质：具有融合传统文化精华、当代中西文化潮流的宽阔视野；具有文理交融的科学思维能力和科学精神；具有健康、高雅、勤勉的生活工作情趣；具有适应社会核心价值体系的审美立场和方法能力；奠定个性鲜明、善于合作的个人成长成才的素质基础。

（4）身心素质：具有一定的体育运动和生理卫生知识，养成良好的锻炼身体、讲究卫生的习惯，掌握一定的运动技能，达到国家规定的体育健康标准；具有坚忍不拔的毅力、积极乐观的态度、良好的人际关系、健全的人格品质。

（5）创新创业素质：关注本专业领域的发展动态，具有服务他人、服务社会的情怀；积极参与，乐于分享，敢于担当，具有良好的沟通能力与领导力；掌握创新思维基本技法，具有良好的分析能力、主动解决问题的意识与建构策略方案的能力；思维活跃、行动积极，具有自我成就意识。

2. 知识

（1）掌握必备的思想政治理论、科学文化基础知识和中华优秀传统文化知识；

（2）掌握财经应用文写作、经济应用数学、专业外语、计算机应用等基础知识；

（3）掌握我国现行与本专业相关的财经法律法规以及财经基础知识（经济、财政、金融、企业管理、市场营销等）。

（4）掌握企业财务会计实务、企业成本核算与管理、企业财务管理、财务报表分析、管理会计实务等相关的专业理论知识；

（5）掌握大数据审计基础、智能化财务审计、绩效审计、经济责任审计、企业内部控制等相关的专业理论知识；

（6）掌握纳税实务、纳税检查等相关的专业理论知识；

（7）掌握大数据技术基础知识。

3. 能力

（1）具有探究学习、终身学习、分析问题和解决问题的能力；

（2）具有良好的语言、文字表达能力和沟通能力；

（3）具有协作能力、社交能力、创新能力；

（4）具有文字、表格、图像等计算机处理能力和信息技术应用能力；

（5）具备审计工作基本技能，掌握审计软件操作，并运用审计方法进行财务审计、绩效审计、经济责任审计，获取审计证据，编制审计工作底稿，出具审计报告；

（6）具备测试与评价企业内部控制的能力；

（7）具备企业财务会计核算能力和财务报表分析能力；

（8）具备纳税申报和纳税检查能力。

（9）具备一定的大数据抓取与分析能力，能够撰写财务分析报告。

七、课程设置

本专业课程设置分为公共基础课程和专业课程两类。

（一）公共基础课

本专业开设的公共基础课包括公共基础必修课和公共基础选修课。

1. 公共基础必修课

本专业开设的公共基础必修课与大数据与会计专业相同，共14门，见表1-1-2。

2. 公共基础选修课

公共基础选修课包括全校性公共选修课和综合素质课外训练项目。

本专业开设的公共基础选修课与大数据与会计专业相同，共4门，见表1-1-3。

（二）专业课

1. 专业群平台课

本专业开设的专业群平台课与大数据与会计专业相同，共7门，见表1-1-4。

2. 专业核心课

本专业开设的专业核心课共6门，见表1-3-2。

表 1 – 3 – 2　　　　　　　　　　　　　专业核心课

序号	课程名称	学分	学时	课程目标	主要内容
1	大数据审计基础	3	54	以审计准则及其应用指引为基础，结合大数据基础知识，搭建审计知识的基本概念框架，为后续课程学习打下基础	审计的产生与发展、审计目标、审计准则、审计证据与审计工作底稿、重要性与审计风险、审计过程、大数据在审计领域的运用
2	智能化财务审计	3.5	66	以事务所真实审计业务为背景，利用智能化工具，培养学生实施控制测试与实质性程序、审计调整与出具审计报告的能力	货币资金、应收款项、实物资产、借款与应付款项、所有者权益、营业收入与成本费用等主要报表项目的控制测试与实质性程序、完成审计工作与出具审计报告
3	税法	6	108	理解税法理论知识，能熟练运用税法知识和技能进行规范纳税，具备依法诚信纳税观念和税收风险意识	以税收实体法和程序法为主要内容，包括：增值税法、消费税法、企业所得税法、个人所得税法、资源税法、财产税法、行为目的税法、关税法、国际税法和税收征管法
4	经济法	3	54	掌握与会计和审计岗位相关的经济法律知识，使工作沿着法制的轨道合规经营，适应初始就业岗位的需要	公司法、合伙企业法、民法典、反不正当竞争法、消费者权益保护法、产品质量法、知识产权法、会计法、审计法、劳动合同法、仲裁和诉讼法等企业常用的经济法律知识
5	财务成本管理	5	90	以财务成本管理岗位为背景，培养学生成本核算、成本管理、财务管理能力，以及勤俭节约、提高效益的职业素养	产品成本计算、成本预测、成本决策、全面预算、成本控制、业绩评价、财务管理基本原理、财务估值、筹资管理、投资管理、营运资本管理、利润分配管理
6	企业内部控制	3	54	学习中小企业常用内部控制应用指引，能根据企业经济业务和内控目标进行风险识别、分析和管控	认知企业内部控制、企业创立的控制、人力资源管理的控制、全面预算管理的控制、筹资活动的控制、投资活动的控制、采购与付款的控制、销售与收款的控制、资产管理的控制、财务报告的控制

3. 专业综合技能（含实践）课

本专业开设的专业综合技能（含实践）课共4门，见表1-3-3。

表1-3-3 专业综合技能（含实践）课

序号	课程名称	学分	学时	课程目标	主要内容
1	云财务应用（教学企业项目）	7	196	引入企业真实业务，培养学生运用财务云平台独立处理企业全盘账务及报税的能力	财务云平台初始化设置；票据分析整理、审核、扫描与上传；发票智能提取与凭证生成；记账凭证录入与审核；税务申报与核查；凭证装订、传递与归档
2	企业所得税汇算清缴（教学企业项目）	1	28	培养学生调整企业应税所得及填报企业所得税汇算清缴系列表格并进行汇算清缴申报的能力	填报企业所得税年度纳税申报表，包括基础信息表、收入和成本支出明细表及期间费用明细表、纳税调整类明细表、企业所得税弥补亏损明细表、税收优惠类明细表、汇总纳税企业明细表等
3	信息化审计（教学企业项目）	1	28	培养学生利用审计软件处理报表项目实质性程序以及出具审计报告的能力	审计业务的承接；审计计划；业务风险评估与应对；货币资金、应收款项、实物资产、借款与应付款项、所有者权益、营业收入与成本费用等报表项目工作底稿的编制
4	顶岗实习与毕业调研	16	448	通过顶岗实习和撰写毕业调研报告，培养学生运用专业知识解决实际工作问题的能力，提升学生写作水平	完成企业财务岗位工作任务，结合实习企业及实习岗位具体工作情况撰写周记及调研报告

4. 专业拓展课

本专业开设的专业拓展（含专业群综合项目）课与大数据与会计专业相同，共108门，见表2-1-2（P48-84）。

（三）职业技能等级（资格）证书

学生获得相关职业技能等级（资格）证书（经提交证书原件验证），可获得本专业相关1门或多门专业课程学分，见表1-1-7。

八、教学进程总体安排

本专业教育教学活动时间安排，见表1-3-4。

表 1 – 3 – 4　　　　　　　　　　　教育教学活动时间安排表

序号	教育教学活动		各学期时间分配（周）						合计
			一	二	三	四	五	六	
1	教学活动时间	理论教学、实践教学、职业技能等级（资格）考证培训	16	18	18	18	18	16	104
2	其他教育活动时间	考核	1	1	1	1	1		5
3		机动		1	1	1	1	3	7
4		入学教育、军事技能训练	2						2
5		毕业教育、毕业离校						1	1
合　　计			19	20	20	20	20	20	119

九、实施保障

（一）师资队伍

1. 队伍结构

学生数与本专业专任教师数比例不高于 25∶1，双师素质教师占教师比例一般不低于 60%，专任教师队伍要考虑职称、年龄，形成合理的梯队结构。

2. 专任教师

专任教师应具有高校教师资格；有理想信念、有道德情操、有扎实学识、有仁爱之心；具有会计、审计等相关专业本科及以上学历；具有扎实的本专业相关理论功底和实践能力；具有较强信息化教学能力，能够开展课程教学改革和科学研究；有每 5 年累计不少于 6 个月的企业实践经历。

3. 专业带头人

专业带头人原则上应具有副高级以上职称，能够较好地把握会计、审计行业当前状况及未来发展趋势，能广泛联系行业企业，了解行业企业对本专业人才的需求实际，教学设计、专业研究能力强，组织开展教科研工作能力强，在本区域或本领域具有一定的专业影响力。

4. 兼职教师

兼职教师主要从与本专业相关的行业企业聘任。要求具备良好的思想政治素质、职业道德和工匠精神，具有扎实的专业知识和丰富的实际工作经验，具有中级及以上相关专业职称，能承担专业课程教学、实习实训指导和学生职业发展规划指导等教学任务。

（二）教学设施

1. 专业教室基本条件

专业教室一般配备黑（白）板、多媒体计算机、投影设备、音响设备，互联网接入或WiFi环境，并实施网络安全防护措施；安装应急照明装置并保持良好状态，符合紧急疏散要求，标志明显，保持逃生通道畅通无阻。

2. 校内实训室基本要求

本专业共享专业群实训室，校内实训室基本要求见表1-1-9。

3. 校外实训/实习基地基本要求

配备有满足本专业共有教学需要的校外实习基地。包括会计师事务所、财务服务公司和工商企业。能开展审计、企业所得税汇算清缴、代理记账、报税、代理报税和企业年检业务等会计实习工作。

4. 支持信息化教学方面的基本要求

具有可利用的数字化教学资源库、文献资料、常见问题解答等信息化条件；鼓励教师开发并利用信息化教学资源、教学平台，创新教学方法，引导学生利用信息化教学条件自主学习，提升教学效果。

（三）教学资源

1. 教材选用基本要求

教材应符合《职业院校教材管理办法》等文件的规定和要求，探索使用新型活页式、工作手册式教材并配套信息化资源。禁止不合格的教材进入课堂。

2. 图书文献配备基本要求

图书文献配备能满足人才培养、专业建设、教科研等工作的需要，方便师生查询、借阅。专业类图书文献主要包括：有关财会、审计和大数据专业理论、技术、方法、思维以及实务操作类图书等。

3. 数字教学资源配置基本要求

建设、配备与本专业有关的音视频素材、教学课件、数字化教学案例库、虚拟仿真软件、数字教材等专业教学资源库，要求种类丰富、形式多样、使用便捷、动态更新，能满足教学需要。

（四）教学方法

1. 项目教学法

项目教学法是以工作任务为依据设计教学项目，以学生为活动主体实施项目的教学方法，也就是将教学内容融入项目实施过程的一种教学方法。项目教学法是以学生为中心的教学模式，这种教学模式中学生是主动的学习者，教师是学生学习的指导者。每个项目的实施都有一个明确的任务、一个完整的过程，能够取得一个标志性成果。

2. 课堂讲授法

课堂讲授法是教师通过口头语言向学生描绘情境、叙述事实、解释概念、论证原理和阐明规律的教学方法。该方法以教师的语言作为主要媒介系统，连贯地向学生讲授基础知识、基本理论或基本流程，帮助学生理解并准确掌握相关知识技能，特别是各个知识技能点之间的有机联系和逻辑关系。

3. 任务驱动法

以职业能力养成为核心，通过设计不同场景的项目任务来组织教学，从获取信息到制订步骤，再到决策和付诸行动，直至检查、反思与评估，完成一个完整的工作过程。教师只扮演一个"咨询者""协调者"和"观察员"的角色，引导学生自主学习，向学生提供资源、给予建议和操作指导，可加深学生对基础知识和基本技能的掌握，也有助于学生职业判断能力、决策能力的提升和团队合作精神的培养。

4. 情境教学法

在教学过程中，教师有目的地引入或采用虚拟企业、虚拟职能部门、虚拟业务流程等现代技术手段，将教学内容以视频、动漫等方式展示，提高学习的现场感、趣味性，引起学生一定的态度体验，激发学生的情感，使学生能够尽快适应、了解和掌握将来所从事工作必备的知识和技能，直至熟悉可能遇到的各种方法，帮助学生做出正确的决策，有效调动学生学习的主动性、积极性和创造性，培养学生职业能力。

5. 案例教学法

案例教学法包括讲解案例法和讨论案例法两种。讲解案例法，是将案例教学融入传统的讲授教学法之中的一种方法。教学中使用的案例，通常是针对课程知识体系中的重点、难点问题设计的，也称"知识点案例"。讨论案例法，是以学生课堂讨论为主，案例是学生讨论的主题，学生通过对案例的剖析，提出各自的解决方案，并予以充分讨论。

6. 启发式教学法

启发式教学是根据教学目的和内容，通过设计启发、诱导型问题，引导学生养成多思考、善思考、勤思考的习惯，将问题解决贯穿于教学的每一环节，启迪学生思考，活跃学生思维，促进学生身心发展，提高学生学习的主动性、积极性和创造性，更好地激发学生的学习兴趣，加深对课程内容的理解。

（五）学习评价

本专业在以提升岗位职业能力为重心的基础上，突出"能力本位"，针对不同教学与和实践内容，构建多元化评价体系和模式。评价内容应包括学生的知识掌握情况、实践操作能力、学习态度和基本职业素质等方面，突出对能力的考核评价方式，体现对综合素质的评价。课程考核采用过程考核和目标考核相结合的评价方法，科学合理地评价学生学习的效果，也使学生更注重学习过程，提高学生的学习兴趣。

基本技能课程以过程化考核、标准化的机考与现场操作考核为主进行评价考核；课证融合课程主要以证代考进行评价考核；项目式课程体现项目驱动、实践导向特征，体现理论与实践或操作的结合，按项目实践活动任务完成情况评定（总结答辩与实操以合理比例评价考核）；校外顶岗实习采用校内专业教师评价、校外兼职教师评价、实习单位鉴定三项评价相结合，对专业技能、工作态度、工作纪律等方面进行全面评价。

（六）质量管理

根据学院机构设置情况，健全各级专业教学管理机构，明确职责，同时建立健全覆盖专业教学全过程的教学管理规章制度。具体包括人才培养的市场调研及培养方案的制订与修订，专业教学团队建设、课程建设、教材建设、网络教学资源建设和校内外实训实习基地建设，学生认知实习、专业实训、顶岗实习等专业社会实践活动的开展，对毕业生的跟踪调查以及社会服务与产学研合作等主要内容，以满足教学管理的需要。积极采用现代管理技术开展教学管理工作，切实保障教学管理工作的严格执行与教学管理措施的贯彻到位，保证人才培养质量，全面实现人才培养目标。

十、毕业要求

学生通过规定修业年限的学习，修满专业标准所规定的学分，达到专业人才培养目标和培养规格的要求以及《国家学生体质健康标准》相关要求，准予毕业，颁发毕业证书。

（一）学分要求

本专业按学年学分制安排课程，学生最低要求修满总学分131学分。

必修课要求修满105学分，占总学分的80.15%。

其中：公共基础课要求修满32学分，占总学分的24.43%；

专业课要求修满73学分，占总学分的55.72%。

选修课要求修满26学分，占总学分的19.85%。

其中：公共基础课（含公共艺术课）要求修满16学分，占总学分的12.21%；

专业课要求修满10学分，占总学分的7.63%。

允许学生通过学分认定和转换获得学分，具体认定和转换办法见《广州番禺职业技术学院学分认定和转换工作管理办法（试行）》

（二）体能测试要求

体能测试成绩达到《国家学生体质健康标准（2014年修订）》要求。测试成绩按毕业当年学年总分的50%与其他学年总分平均得分的50%之和进行评定，成绩未达50分者按结业或肄业处理。

十一、附录

（一）大数据与审计专业课程设置

课程设置见表 1 - 3 - 5。

表 1 - 3 - 5　　　　　　　　　课程设置总表

课程性质	课程编号	课程名称	课程属性	学分	理论学时	实践学时	总学时	周学时	考核方式评价	开设学期
公共基础课	05010124921	体育	必修	2	30	0	30	2	考查	1
	0601010755	军事技能	必修	2	0	112	112	56	考查	1
	0601010783	劳动专题教育	必修	1	16	0	16	4	考试	1
	0601011623	大学生健康与安全教育	必修	2	36	0	36	4	考试	1
	0601012110	军事理论	必修	2	36	0	36	4	考查	1
	1101010251	创新创业基础	必修	2	16	16	32	2	考查	1
	1001016431	思想道德与法治	必修	3	48	6	54	2	考试	1, 2
	0601010761	劳动	必修	2	0	56	56	8	考查	1 ~ 4
	1001014052	形势与政策	必修	1	32	16	48	2	考查	1 ~ 4
	0601011326	职业规划与就业指导	必修	2	16	22	38	2	考查	1, 2, 4, 5
	0501011135	体能测试	必修	0.5	0	18	18	6	考试	1, 3, 5
	0401016434	当代大学生国家安全教育	必修	1	18	0	18	2	考查	2
	05010124922	体育	必修	2	0	30	30	2	考查	2
	0701016429	人工智能与信息技术基础	必修	3.5	30	30	60	4	考试	2
	05010124923	体育	必修	2	0	30	30	2	考查	3
	1001010818	毛泽东思想和中国特色社会主义理论体系概论	必修	4	64	8	72	2	考试	3 ~ 4
		小计		32.0	342	344	686			

续表

课程性质	课程编号	课程名称	课程属性	学分	理论学时	实践学时	总学时	周学时	考核方式评价	开设学期
公共基础课	1004017161	马克思主义中国化进程与青年学生使命担当	公选	1	24	0	24	2	考查	
		公共艺术选修课必选		2	32	0	32			
		综合素质公共选修课必选		5	80	0	80			
		综合素质课外训练项目必选		8	0	0	0			
	小计			16	136	0	136			
专业群平台课（专业基础课）	0101012077	经济学基础	必修	2.5	42	0	42	3	考试	1
	0101016869	大数据会计基础	必修	4	50	22	72	5	考试	1
	0101015597	会计基本技能	必修	2	0	56	56	2	考查	1~5
	0101016888	业务财务会计	必修	6	60	48	108	6	考试	2
	01010155741	Excel在财务中的应用	必修	3.5	30	34	64	2	考试	3~5
	0101016873	共享财务会计	必修	2.5	20	28	48	3	考试	3
	0101016886	业财管理信息系统应用	必修	4	28	44	72	4	考试	3
	小计			24.5	230	232	462			
专业核心课	0101016871	大数据审计基础	必修	3	42	12	54	3	考试	2
	0101016885	税法	必修	6	60	48	108	6	考试	2
	0101016864	财务成本管理	必修	5	60	30	90	5	考试	3
	0101016893	智能化财务审计	必修	3.5	36	30	66	4	考试	3
	0101013530	经济法	必修	3	54	0	54	4	考试	4
	0101016883	企业内部控制	必修	3	36	18	54	6	考试	5
	小计			23.5	288	138	426			

续表

课程性质	课程编号	课程名称	课程属性	学分	理论学时	实践学时	总学时	周学时	考核方式评价	开设学期
专业综合技能（含实践）课	0101010689	企业所得税汇算清缴（教学企业项目）	必修	1	0	28	28	4	考查	4
	0101010690	信息化审计（教学企业项目）	必修	1	0	28	28	4	考查	4
	0101015604	云财务应用（教学企业项目）	必修	7	0	196	196	28	考查	5
	0201011713	顶岗实习与毕业调研	必修	16	0	448	448	28	考查	6
	小计			25.0	0	700	700			
	专业拓展课		详见表 2-1-1"专业群课程总表"							
	小计（选 10 个学分）			10			180			
	合计（131 学分）			131			2577			

（二）大数据与审计专业学时学分比例

各类课程学时学分比例见表 1-3-6。

表 1-3-6　　　　　　　　各类课程学时学分比例统计表

课程类别		小计		小计	
		学时	比例	学分	比例
必修	公共基础课	686	26.62%	32	24.43%
必修	专业群平台课（专业基础课）	462	17.93%	24.5	18.70%
必修	专业核心课	417	16.18%	23.5	17.94%
必修	专业综合技能（含实践）课	700	27.16%	25	19.08%
选修	专业拓展课	132	5.12%	16	12.21%
选修	公共选修课	180	6.98%	10	7.63%
合计		2577	100%	131	100.00%
理论实践比	理论教学	1103	42.80%		
	实践教学	1474	57.20%		
合计		2577	100%		

第二部分

专业课程库简介

财经学院专业课程体系

课程体系构架见表 2-1-1。

表 2-1-1　　　广州番禺职业技术学院财经学院课程体系构架表

<table>
<tr><td rowspan="17">财经学院专业课程体系</td><td rowspan="2">专业群平台课</td><td>大数据与会计专业群平台课</td><td>经济学基础、大数据会计基础、业务财务会计、共享财务会计、业财管理信息系统、Excel 财务应用、会计基本技能</td></tr>
<tr><td>金融服务与管理专业群平台课</td><td>经济学基础、金融学基础、金融科技基础、大数据金融应用、会计基础与实务、大数据财务分析、证券投资实务、保险实务</td></tr>
<tr><td rowspan="6">专业核心课</td><td>大数据与会计专业核心课</td><td>大数据财务分析、战略管理会计、财务机器人应用与开发、智能化成本核算与管理、智能化税费核算与管理、智能化财务管理</td></tr>
<tr><td>大数据与审计专业核心课</td><td>大数据审计基础、智能化财务审计、税法、经济法、财务成本管理、企业内部控制</td></tr>
<tr><td>会计信息管理专业核心课</td><td>大数据技术基础、Python 财务应用、财务大数据分析、ERP 项目实施与维护、智能化税费核算与管理、财务机器人应用与开发</td></tr>
<tr><td>金融服务与管理专业核心课</td><td>国际金融基础、商业银行综合柜台业务、银行信贷实务、个人理财业务、公司理财、商业银行会计、金融服务英语口语</td></tr>
<tr><td>国际金融专业核心课</td><td>国际金融基础、国际贸易实务、外汇交易实务（双语）、国际结算业务（双语）、国际金融函电（双语）、金融英语、个人理财业务</td></tr>
<tr><td>金融科技应用专业核心课</td><td>大数据金融应用、区块链金融应用、Python 量化投资分析、金融数字化营销、互联网金融支付、智能投顾与家庭理财</td></tr>
<tr><td rowspan="3">综合实践课</td><td>大数据与会计专业群综合实践课</td><td>企业所得税汇算清缴（教学企业项目）、云财务应用（教学企业项目）、顶岗实习与毕业调研</td></tr>
<tr><td>金融服务与管理专业群综合实践课</td><td>金融产品营销与服务（教学企业项目）、金融数据处理（教学企业项目）、顶岗实习与毕业调研</td></tr>
<tr><td>分专业综合实践课</td><td>财务决策（教学企业项目）（大数据与会计）、信息化审计（教学企业项目）（大数据与审计）、ERP 实施顾问（教学企业项目）（会计信息管理）</td></tr>
<tr><td rowspan="3">专业选修课</td><td>共享上述平台课和核心课</td><td>以上 68 门课程中的 39 门提供给其他专业选修</td></tr>
<tr><td>以证代考选修课</td><td>财务共享服务、金税财务应用、业财一体信息化应用、智能财税、数字化管理会计、金融智能投顾、Uipath RPA 助理认证等 39 门</td></tr>
<tr><td>职业能力拓展课</td><td>中小企业投融资、纳税筹划、区块链财务应用、企业财税顾问、行政事业单位会计、大数据与统计基础、公司战略与风险管理等 36 门</td></tr>
</table>

大数据与会计专业群课程总表

大数据与会计专业群课程汇总见表 2 – 1 – 2。

表 2 – 1 – 2 大数据与会计专业课程总表

序号	课程类别	专业或专业群	课程名称	学分	总学时	理论学时	实践学时	课程性质理论/实践	课程目标	主要内容	开课学期 大数据与会计	开课学期 会计信息管理	开课学期 大数据与审计
1			经济学基础	2.5	42	42	0	纯理论	以价格理论为核心，培养学生运用经济学基本原理分析经济现象的能力，为后续专业课程的学习奠定理论基础	供求原理；弹性分析；生产理论；成本分析；市场结构理论；要素分配理论；外部性和公共产品；国民收入决定理论；通货膨胀和失业理论；经济增长模型；财政政策与货币政策等	1	1	1
2	大数据与会计专业群专业群平台课		大数据会计基础	4	72	50	22	理论+实践	培养学生财务会计核算方法和账务处理技巧，运用管理会计方法解决实际问题，运用大数据思维培养数据信息素养	走进大数据会计时代，企业会计信息与大数据会计，单位经济活动与会计信息，企业会计信息处理基础，企业典型业务数据的会计处理、财务会计报告编制，管理会计报告编制，会计信息运用，会计信息质量保证	1	1	1
3			业务财务会计	6	108	60	48	理论+实践	以制造业为背景，培养学生按照《企业会计准则》等政策法规对企业日常经济业务进行会计处理的能力	采购业务、销售业务、投融资业务、费用报销业务、薪酬业务、资本业务核算与分析，利润形成与分配业务处理；财务报告编制	2	2	2

续表

序号	课程类别	专业或专业群	课程名称	学分	总学时	理论学时	实践学时	课程性质/理论实践	课程目标	主要内容	开课学期 大数据与会计专业	开课学期 会计信息管理	开课学期 大数据与审计
4			共享财务会计	2.5	48	20	28	理论+实践	基于企业财务共享中心工作环境及工作内容，培养学生利用财务共享中心业务处理的能力	财务共享中心工作准备；票据识别与云处理；共享业务智能核算；共享业务处理与智能业务分析；智能税务申报与稽核；会计档案管理	3	3	3
5	专业群平台课	大数据与会计专业群	业财管理信息系统应用	4	72	28	44	理论+实践	利用业财管理信息管理系统对中小型企业的日常经济业务进行核算和处理，培养学生具备业财融合业务处理的思维和能力	系统管理；基础档案设置；系统初始化；总账管理；采购与付款业务；销售与收款业务；固定资产管理；出纳资金业务；其他日常业务；期末处理；编制会计报表	3	3	3
6			会计基本技能	2	56	0	56	纯实践	重在培养学生点钞、速算、速录、互联网办公软件日常应用等财经必备技能，为学生在未来的工作中提升工作效率打下基础	运用小键盘或者计算器进行翻打传票数据录入；运用键盘快速录入中英文；单指单张和多指多张点钞法；数码字书写规范；互联网办公软件日常应用	1-5	1-5	1-5
7			Excel在财务中的应用	3.5	64	30	34	理论+实践	结合财务岗位工作需求，培养学生运用Excel解决财务工作中的数据整理、运算、汇总、分析的能力	员工薪酬核算、账务处理与分析、往来账款管理、固定资产管理、编制会计报表，进销存数据分析、筹资与投资决策分析7个财务场景下的Excel常用功能、函数、图表等内容	3-5	3-5	3-5

续表

序号	课程类别	专业/专业群	课程名称	学分	总学时	理论学时	实践学时	课程性质/理论/实践	课程目标	主要内容	开课学期 大数据与会计	会计信息管理	大数据与审计
1	专业核心课	大数据与会计专业	智能化税费核算与管理	5	90	50	40	理论+实践	以税费核算与管理岗位任务为背景，培养学生税费核算能力，实现与税费核算与管理岗位的对接	增值税、消费税、关税、个人所得税、资源类税收、企业所得税、财产类税收，行为目的类税收的会计核算，处理各种税务关系，防范税务风险，管控税费成本	3		
2			智能化成本核算与管理	5	90	50	40	理论+实践	以制造业为背景，培养学生利用智能化平台计算产品成本、分析成本和控制企业成本费用的能力	依托智能化平台运用品种法等方法归集分配各种要素费用并进行相关账务、编制和分析成本报表；在成本性态分析的基础上运用标准成本法、作业成本法、定额成本法、目标成本法编制产品成本，编制和分析成本报表	2		
3			智能化财务管理	3	54	34	20	理论+实践	以中小企业财务管理岗位任务为背景，培养学生利用智能化平台的财务管理工具，提高企业投融资、运营、分配、风险管理等方面的数据分析与决策能力，为分析与决策提供依据	运用智能化平台的财务管理工具，通过建立融资决策模型、项目投资现金流预算模型、往来账分析模型、库存风险分析模型、资金管理模型等，培养学生运用多种智能分析工具进行财务管理的能力	5		

续表

序号	课程类别	专业或专业群	课程名称	学分	总学时	理论学时	实践学时	课程性质/理论实践	课程目标	主要内容	开课学期 大数据与会计	开课学期 会计信息管理	开课学期 大数据与审计
4	专业核心课	大数据与会计专业	大数据财务分析	3.5	64	32	32	理论+实践	能够利用大数据技术进行经营风险，为评估质量、改善经营业绩，优化财务现金流等结构提供决策依据	依托大数据分析平台掌握财务分析方法运用，公司经营、财务、行业数据搜集整理，解读财务报表，构建企业一体化财务能力指标分析体系和杜邦分析模型，最终撰写财务大数据分析报告，为企业经营管理提供依据	5		
5			战略管理会计	3	54	30	24	理论+实践	运用管理会计基本工具和方法为企业经营预测、战略分析和决策，企业绩效评价等管理活动提供财务数据上的支持	合理选择管理会计工具和方法帮助企业进行战略管理、营运管理、预算管理、绩效管理、编制管理会计报告	5		
6			财务机器人应用与开发	3	54	30	24	理论+实践	了解财务机器人的基本原理；培养学生利用财务机器人处理简单财务业务和开发简单财务机器人的能力	发票处理机器人、资金结算机器人、纳税申报机器人、费用报销机器人、购销存业务机器人、报表编制机器人的跨平台应用；财务业务流程及场景的需求分析和设计规划；财务机器人的组件、变量的调试；财务机器人的开发	4		

续表

序号	课程类别	专业或专业群	课程名称	学分	总学时	理论学时	实践学时	课程性质理论/实践	课程目标	主要内容	开课学期 大数据与会计	开课学期 会计信息管理	开课学期 大数据与审计
1	专业核心课	会计信息管理专业	大数据技术基础	3.5	64	30	34	理论+实践	掌握大数据技术基础包括sql数据库基础，Python基础，为后续ERP实施及运维、财务大数据分析等相关课程内容的学习打下基础	大数据基础技术，包括SQL数据库基础知识：SELECT、INSERT、DE-LETE、UPDATE基本语句等；Python基础知识：Python数据类型、流程控制、函数、爬虫、Pandas数据分析、可视化展示		2	
2			Python财务应用	2.5	48	20	28	理论+实践	应用Python工具进行数据建模，数据分析及可视化等，以实现财务工作办公自动化、业财数据预测与决策	Python职工薪酬核算、Python固定资产核算、Python客户往来核算与管理、Python资金核算、Python财务指标分析、Python投资决策分析、Python成本核算与管理、Python绩效管理、Python财务预算与预测		3	
3			财务大数据分析	3.5	64	30	34	理论+实践	利用自助式BI工具采集获取业务财务数据，进行数据清洗、整理和建模，通过可视化图形对数据进行多维度、多层次的分析	大数据初体验；数据采集与处理（数据采集、数据清洗、数据整理、数据建模）；财报指标分析；收入分析；费用成本分析；存货分析；可视化报表的制作与发布		5	
4			智能化税费核算与管理	5	90	50	40	理论+实践	以税务会计岗位任务为背景，培养学生缴纳税业务会计核算与纳税申报能力，实现与税务会计岗位的对接	增值税、消费税、关税、企业所得税、个人所得税、资源类税收、财产行为类税收的会计核算；处理各种税务关系；帮助企业进行必要的税收筹划		2	

续表

序号	课程类别	专业或专业群	课程名称	学分	总学时	理论学时	实践学时	课程性质/理论实践	课程目标	主要内容	开课学期 大数据与会计	开课学期 会计信息管理会计	开课学期 大数据与审计
5	专业核心课	会计信息管理专业	财务机器人应用与开发	3	54	30	24	理论+实践	了解财务机器人的基本原理；培养学生利用财务机器人处理会计业务的能力和开发简单财务机器人的能力	发票处理机器人、纳税申报机器人、资金结算机器人、费用报销机器人、购销存业务机器人的跨平台应用；财务业务流程及场景的需求分析和设计规划；财务机器人组件、变量的调试；财务机器人的开发		3	
6		会计信息管理专业	ERP项目实施及维护	3	54	24	30	理论+实践	完成ERP实施各阶段的具体工作，能自主进行ERP系统的日常维护工作	ERP实施规划；ERP软件安装及部署；解决和排除常见系统常环境、经济业务、系统升级等故障处理；ERP系统安全管理		4	
1		大数据与审计专业	大数据审计基础	3	54	42	12	理论+实践	以审计准则及其应用指引为基础，结合大数据知识基础知识，搭建审计知识的基本概念框架，为后续课程学习打下基础	审计的产生与发展、审计准则、审计证据与审计风险、审计目标、审计工作底稿、重要性与审计过程、大数据在审计领域的运用			2

续表

序号	课程类别	专业或专业群	课程名称	学分	总学时	理论学时	实践学时	课程性质 理论/实践	课程目标	主要内容	开课学期 大数据与会计	开课学期 会计信息管理	开课学期 大数据与审计
2			智能化财务审计	3.5	66	36	30	理论+实践	以事务所真实审计业务为背景，利用智能化工具，培养学生实施控制测试与实质性测试程序，审计调整与出具审计报告的能力	货币资金、应收款项、实物资产、所有者权益、营业收款与应付款项等主要报表项目的控制与实质性测试，完成审计工作与出具审计报告			3
3	专业核心课	大数据与审计专业	税法	6	108	60	48	理论+实践	理解税法理论知识，能熟练运用税法知识和技能进行规范纳税，具备依法诚信纳税观念和税收风险意识	以税收实体法和程序法为主要内容，包括：增值税法、消费税法、资源税法、所得税法、个人所得税法、财产税法、行为目的税税法和相关税法的基本要素，税款的计算、纳税申报和征收；国际税收，税收征管法			2
4			经济法	3	54	54	0	纯理论	掌握与会计和审计岗位相关的经济法律知识，使员工作运行在法制的轨道经营，适应初始就业岗位的需要	公司法、合伙企业法、民法典、反不正当竞争法、消费者权益保护法、产品质量法、知识产权法、审计法、劳动合同法、仲裁和诉讼法等企业常用的经济法律知识			4
5			财务成本管理	5	90	60	30	理论+实践	以财务成本管理岗位为背景，培养学生成本核算、成本管理、财务管理能力，以及勤俭节约、提高效益的职业素养	产品成本计算；成本预测；成本决策；全面预算；成本控制；业绩评价；财务管理基本原理；投资管理；营运资本筹资管理；利润分配管理			3

续表

序号	课程类别	专业或专业群	课程名称	学分	总学时	理论学时	实践学时	课程性质理论/实践	课程目标	主要内容	开课学期		
											大数据与会计	会计信息管理	大数据与审计
6	专业核心课	大数据与审计专业	企业内部控制	3	54	36	18	理论+实践	学习中小企业常用内部控制应用指引，能根据企业经济业务和内控目标进行风险识别、分析和管控	认知企业内部控制、企业创立的控制、人力资源管理的控制、全面预算管理的控制、筹资活动的控制、投资活动的控制、采购与付款的控制、销售收款的控制、资产管理的控制、财务报告的控制	5		5
1	专业综合实践课	大数据与会计专业群	财务决策（教学企业项目）	1	28	0	28	纯实践	通过虚拟运营管理一家工业企业，培养学生账务处理能力、财务决策能力、税收筹划能力和风险管控能力	依托财务决策平台仿真业务，完成工业企业三个月生产经营管理决策，企业日常资金收付及账务处理、期末成本核算和电子纳税申报	5		
2			企业所得税汇缴（教学企业项目）	1	28	0	28	纯实践	培养学生调整企业应所得税及填报企业所得税汇清缴系列表格并进行汇清缴申报的能力	填报企业所得税年度纳税申报表，包括基础信息表、收入明细表、成本支出明细表、期间费用明细表、企业所得税弥补亏损明细表、纳税调整类明细表、税收优惠类明细表、汇总纳税企业明细表等	3	4	4
3			云财务应用（教学企业项目）	7	196	0	196	纯实践	引入企业真实业务，培养学生利用智能化共享平台独立处理企业全盘账务及报税的能力	财务云平台初始化设置；原始单据整理、审核、扫描与上传、发票智能提取抓取；记账凭证智能录入与审核；税务智能申报与审核；凭证装订与归档	4	5	5

续表

序号	课程类别	专业群成专业课	课程名称	学分	总学时	理论学时	实践学时	课程性质 理论/实践	课程目标	主要内容	开课学期 大数据与会计专业	开课学期 会计信息管理	开课学期 大数据与审计
4	专业综合实践课	大数据与会计专业群成专业课	信息化审计（教学企业项目）	1	28	0	28	纯实践	培养学生利用审计软件处理报表项目实质性程序以及出具审计报告的能力	审计业务的承接；审计计划；业务风险评估与应对、货币资金、应收款项、存量资产、借款与应付款项、所有者权益、营业收入与成本费用等报表项目工作底稿的编制			5
5	专业综合实践课	大数据与会计专业群成专业课	ERP实施顾问（教学企业项目）	1	28	0	28	纯实践	通过完成实际工作岗位上的任务，培养学生具备ERP实施顾问组织能力、沟通能力、预见能力及项目实施技巧	演讲训练，顾问情商训练；面向客户的有效沟通；ERP项目实施管理；ERP系统维护；客户化开发		5	
1	专业拓展课	专业选修课	智能化成本核算与管理	2.5	48	36	12	理论+实践	以制造业为背景，培养学生利用智能化平台核算企业产品成本、分析和控制企业成本费用的能力	依托智能化平台，运用品种法等方法归集和分配各种费用并处理相关账务，编制和分析成本报表；在成本性态分析的基础上运用标准成本法、定额成本法、目标成本法控制产品成本	4-6	2-6	
2	专业拓展课	专业选修课	ERP项目实施及维护	3	54	24	30	理论+实践	完成ERP实施各阶段的具体工作，能自主进行ERP系统的日常维护工作	ERP实施规划；ERP软件安装及部署；解决和排除常见系统平台、数据环境、经济业务、系统升级等故障处理；ERP系统安全管理	4-6		

续表

序号	课程类别 专业或专业群	课程名称	学分	总学时	理论学时	实践学时	课程性质 理论/实践	课程目标	主要内容	开课学期 大数据与会计	会计信息管理	大数据与审计
3		Python与量化投资分析	3	54	27	27	理论+实践	以大数据、云计算为工具，对证券投资、基金投资、期货投资进行分析、实战	证券投资分析；证券基金投资分析；期货投资分析的分析方法、投资流程；具体案例	4-6	4-6	4-6
4	专业选修课	战略管理会计	2	36	18	18	理论+实践	运用管理会计基本工具和方法为企业预测、决策、分析、控制、评价等管理活动提供财务数据上的支持	合理选择管理会计工具和方法帮助企业进行战略管理、预算管理、营运管理、绩效管理，编制管理会计报告		4-6	
5	专业拓展课	财务机器人应用与开发	2	36	18	18	理论+实践	了解财务机器人的基本原理；培养学生利用财务机器人处理业务和开发简单财务机器人的能力	发票处理机器人、资金结算机器人、报表编制机器人、纳税申报机器人、费用报销机器人、购销存业务机器人的跨平台应用；财务业务流程及场景的需求分析和设计规划；财务机器人组件、变量的调用；财务机器人的开发	3-6		3-6
6		大数据审计基础	2	36	18	18	纯理论	以《审计准则》及其《应用指引》为基础，结合大数据基础知识，搭建审计知识的基本概念框架，为后续课程学习打下基础	审计的产生与发展、审计目标、审计准则、审计证据与审计工作底稿、重要性与审计风险、审计过程、大数据在审计领域的运用			3-6

续表

序号	课程类别	专业或专业群	课程名称	学分	总学时	理论学时	实践学时	课程性质 理论/实践	课程目标	主要内容	开课学期 大数据与会计	开课学期 会计信息管理	开课学期 大数据与审计
7			智能化财务审计	2.5	48	24	24	理论+实践	以事务所真审计业务为背景，利用智能化工具，培养学生实施控制测试与实质性程序、审计调整与出具审计报告的能力	货币资金、应收款项、实物资产、营业收款与应付款项、所有者权益、借入与成本费用等主要报表项目的控制测试与实质性程序、完成审计工作与出具审计报告	4-6	4-6	
8	专业拓展课	专业选修课	大数据技术基础	2	36	18	18	理论+实践	掌握大数据技术基础包括SQL数据库基础，为后续ERP实施及维护、财务大数据分析等相关课程的学习打下基础	大数据基础技术，包括SQL数据库基础知识：select, insert, delete, update基本语句等	3-6		3-6
9			业财一体信息系统设计应用	2	36	18	18	理论+实践	应用现代会计信息系统，按照企业管理决策所需信息，进行业务财务初始设计与多维度的一体化设计处理	预算业务内容与制度设计；采购业务内容与制度设计；生产经营内容与制度设计；销售业务内容与制度设计；研发业务内容与制度设计等	4-6		4-6

续表

序号	课程类别 专业或专业群	课程名称	学分	总学时	理论学时	实践学时	课程性质 理论/实践	课程目标	主要内容	开课学期 大数据与会计	会计信息管理	大数据与审计
10		智能化财务管理	2	36	18	18	理论+实践	以中小企业财务管理岗位任务为背景，培养学生利用智能化平台的财务管理工具，提高企业融资、投资、运营、分配、风险等方面的数据建模能力，为分析与决策提供依据	运用智能化平台的财务管理工具，通过建立融资决策模型、项目投资现金流预算模型、任来账运用模型、库存智能管理模型、资金运用模型、风险决策分析模型等，培养学生运用多种智能工具进行财务管理的能力	4-6		
11	专业选修课 专业拓展课	经济法	2.5	48	48	0	纯理论	掌握与会计岗位相关的经济法律知识，使工作沿着法治的轨道运行，防范基本法律风险	《公司法》《合伙企业法》《合同法》《反不正当竞争法》《消费者权益保护法》《产品质量法》《民法》《知识产权法》《劳动合同法》《仲裁和诉讼法》等企业常用的经济法律知识	2-6	2-6	
12		企业内部控制	2	36	18	18	理论+实践	将内部控制与企业财务管理的相关内容联系起来，运用内部控制基本方法，设计各项内部控制制度	内部控制基础；货币资金内部控制；采购业务内部控制；实物资产内部控制；销售业务内部控制；筹资业务内部控制；对外投资内部控制；工程项目内部控制；担保业务内部控制；成本费用内部控制	4-6	4-6	

续表

序号	课程类别	专业群或专业	课程名称	学分	总学时	理论学时	实践学时	课程性质 理论/实践	课程目标	主要内容	开课学期 大数据与会计	开课学期 会计信息管理	开课学期 大数据与审计
13	专业选修课		大数据财务分析	2.5	48	24	24	理论+实践	利用自助式 BI 工具采集获取业务财务数据，进行数据处理和建模，整理可视化图形对数据进行多维度、多层次的分析	大数据初体验；数据采集与数据处理（数据建模）；数据采集、数据清洗、数据整理；财报指标分析；收入洞察分析；存货分析；可视化报表的制作与发布；费用利润考核		4 - 6	4 - 6
14			财务大数据分析	2	36	18	18	理论+实践	基于决策信息，提供分析加工后的信息决策支持，对通过清洗整理后的财务业务数据进行多维度、多层次的分析	大数据初体验；数据采集与处理；经营分析；财务分析；信息风险预警；分析报告的编制	4 - 6		4 - 6
15	专业拓展课		证券投资实务	2	36	24	12	理论+实践	理解证券市场的运作机制和规则，能进行初步证券投资分析，掌握证券风险防范的基本方法	证券投资基础知识；看盘和操作；市场运行规则；证券风险和收益；证券市场估值；行情研判；证券市场监管		3 - 6	3 - 6
16			金融学基础	2	36	36	0	纯理论	掌握金融学基础知识、基本理论，对现代金融有全面的了解和较为深刻的认识	货币与信用基础理论和基础知识；金融学基础知识；商业银行；非银行金融中介机构；中央银行；通货膨胀和通货紧缩；货币政策基本理论等	2 - 6	2 - 6	

续表

序号	课程类别 专业或专业群	课程名称	学分	总学时	理论学时	实践学时	课程性质 理论/实践	课程目标	主要内容	开课学期 大数据与会计合计	开课学期 会计信息管理	开课学期 大数据与审计
17		保险实务	2	36	18	18	理论＋实践	掌握保险业务基本理论知识，初步具备保险从业作技能和职业素养	认知风险；了解保险职能、保险市场等从业前基础知识；掌握保险合同的业务处理；熟悉人身保险规划；掌握人身险和财产险主要险种的展业、核保、理赔和售后服务等	2-6	2-6	2-6
18	专业选修课	国际金融基础	2	36	36	0	纯理论	掌握扎实的国际金融基础知识、基本理论，对国际金融有全面的了解和较为深刻的认识	外汇与汇率；外汇折算与进出口报价；外汇风险管理；国际收支；国际货币体系；国际金融市场；国际金融机构和国际融资等	2-6	2-6	2-6
19	专业拓展课	金融英语	2	36	36	0	纯理论	培养学生金融专业英语听说读写能力，在英语教学的背景下对现代金融提供的各类服务有所了解	学习金融领域的专业英语词汇，阅读具有初级难度的金融题材阅读文章和财经新闻；学习专业英语基本翻译技巧；掌握相关金融知识并用英语解释重要金融概念及简单的金融题材问题；运用所学做简单的金融题材文章翻译	3-6	3-6	3-6
20		金融服务英语口语	2	36	18	18	理论＋实践	胜任银行网点涉外业务处理，掌握必备英语沟通和交流技能	将银行大堂最典型的业务分成11项教学项目，以完成具体业务为课程学习内容，学生在模拟实际工作过程中学习和掌握外语应用技能，掌握银行员工处理涉外金融业务的能力	3-6	3-6	3-6

续表

序号	课程类别（专业或专业群）	课程名称	学分	总学时	理论学时	实践学时	课程性质 理论/实践	课程目标	主要内容	开课学期（大数据与会计）	开课学期（会计信息管理）	开课学期（大数据与审计）
21	专业拓展课 专业选修课	国际结算业务	2	36	18	18	理论+实践	掌握国际结算的主要业务和相关融资业务，熟悉业务操作中的基本步骤和方法及相关国际惯例	票据业务；汇款业务；托收业务；信用证业务；信用证融资业务；支付方式的组合应用和银行保函	3-6 3-6	3-6	
22		外汇交易实务	2	36	18	18	理论+实践	培养学生国际金融市场敏感度，提升学生处理外汇交易业务的能力，同时培养学生严谨细致、敬业合作的职业素养	外汇交易基础；外汇交易平台操作；外汇市场面分析；区域货币基本面分析；外汇交易技术面分析；衍生工具交易；外汇交易收益测算与管理；外汇交易策略运用；风险管理	3-6 3-6	3-6	
23		银行信贷实务	2	36	18	18	理论+实践	熟悉信贷业务基础知识，培养学生处理信贷业务工作能力	信贷业务及管理岗位认知；信贷业务模拟系统操作；担保贷款分析及风险防范方法；个人贷款业务；企业贷款业务；贷后检查、管理及不良贷款处置等	3-6 3-6	3-6	
24		个人理财业务	2	36	18	18	理论+实践	面向银行、保险、证券、理财等金融机构的个人客户经理岗位，培养学生面向个人客户从事理财业务的基本知识和操作技能	分析和诊断客户财务状况；熟悉和开展银行理财业务；熟悉和开展保险理财业务；熟悉和开展证券理财业务；设计综合理财方案	3-6 3-6	3-6	

续表

序号	课程类别	专业或专业群	课程名称	学分	总学时	理论学时	实践学时	课程性质 理论/实践	课程目标	主要内容	开课学期 大数据与会计	开课学期 会计信息管理	开课学期 大数据与审计
25			金融科技基础	3	54	54	0	纯理论	了解金融科技的最新理论概念，掌握金融科技各类应用技术和业务的流程，能进行金融科技产品的操作	金融科技领域中的各项业务的理论基础和技能操作，包括区块链金融、大数据金融、人工智能金融、云计算金融、数字化金融营销、金融科技政策合规等	3-6	3-6	3-6
26	专业拓展课	专业选修课	商业银行会计	3	54	24	30	理论+实践	应用会计的基本理论及基本方法，结合银行业务特点，审核业务凭证、规范进行凭证传递及业务核算	银行会计从业准备；个人存款业务核算；个人贷款业务核算；对公存款业务核算；对公贷款业务核算；支付结算业务核算；银行同清算往来业务核算；损益核算；银行财务报表的编制	3-6	3-6	3-6
27			期货投资实务	2	36	18	18	理论+实践	了解期货领域最新理论概念，掌握国内外期货市场的运行，期货业务的流程，以及期货投资操作的工具	期货领域中各项业务的理论基础和技能操作，包括期货发展历史、国内外期货市场、期货交易、期货合同、期货商品交割、期货投资保值、期货投资机策略、期货套利策略、期货相关监管政策等	3-6	3-6	3-6
28			互联网金融支付	2	36	18	18	理论+实践	了解互联网金融支付的最新理论概念，掌握互联网金融支付各类通道的流程，能进行主流支付平台的操作	互联网金融支付领域中的各项业务的理论基础和技能操作，包括人民银行第三支付结算体系、银行网络支付、移动互联网终端支付、微信支付、支付宝平台支付生态圈、互联网金融支付法律合规等	4-6	4-6	4-6

续表

序号	课程类别	专业或专业群	课程名称	学分	总学时	理论学时	实践学时	课程性质理论/实践	课程目标	主要内容	开课学期 大数据与会计	开课学期 会计信息管理	开课学期 大数据与审计
29	专业选修课		商业银行综合柜台业务	2	36	18	18	理论+实践	训练处理商业银行综合柜台各项业务的能力，达到我国主要商业银行综合柜员考核标准的要求，符合银行实际工作中的柜员标准	岗前准备；储蓄存款业务；对公存款业务；贷款业务；银行卡业务；支付结算业务；代理业务；日终处理	3-6	3-6	3-6
30			证券投资分析	2	36	18	18	理论+实践	分析股市的总体趋势、市场热点和个股走势，实时解读大盘，选择合理适当的证券买卖策略	证券投资分析基础准备；证券投资分析；证券市场的技术分析；证券投资的实时解盘与证券投资风险；证券资产组合	2-6	2-6	2-6
31			基金投资实务	2	36	18	18	理论+实践	具备基金销售类岗位对学生的职业能力要求和参加基金从业资格考试的基础条件	基金的买卖流程；不同类型基金投资技巧；基金服务及评估；基金投资风险及基金监管要求	3-6	3-6	3-6
32	专业拓展课		国际贸易实务	2.5	45	25	20	理论+实践	认识和熟悉国际贸易业务的基本流程，初步具备从事国际贸易业务的基本知识与职业素养	出口贸易中业务交易前的准备；交易条件的磋商；出口合同的签订；出口合同的履行	2-6	2-6	2-6
33			金融数据处理（教学企业项目）	2	36	0	36	纯实践	掌握数据处理的基本知识，具备数据处理的初级技能，掌握金融数据软件的熟练应用	应用wind数据库查询股票相关的信息；应用wind数据查询行业相关的信息；应用excel处理导出的信息；数据填补、数据清洗、数据统计等	3-6	3-6	3-6

续表

序号	课程类别	专业或专业群	课程名称	学分	总学时	理论学时	实践学时	课程性质理论/实践	课程目标	主要内容	开课学期		
											大数据与会计	会计信息管理	大数据与审计
34			金融产品营销与服务（教学企业项目）	1.5	36	0	36	纯实践	通过引进真实的金融产品，培养学生金融产业产品的营销能力	本课程是将金融机构真实的金融理财产品引入教学之中，学生在熟悉银行、保险、证券等金融机构的主要理财产品的类型、特点以及当前市场状况的基础上，组织学生从事金融产品营销、个人理财服务	3-6	3-6	3-6
35	专业选修课		财务共享服务（初级）	2	36	18	18	理论+实践	通过财务共享服务平台的应用，培养学生具备财税核算能力、服务办理能力以及职业判断和应变能力	期初建账、票据录入、财税审核、纳税申报、档案管理；企业设立变更注销办理、发票申请、社保公积金办理；智能识别、智能记账、智能审核	3-6	3-6	3-6
36	专业拓展课		财务共享服务（中级）	2	36	18	18	理论+实践	通过共享管理类平台协同应用与管理类工作，培养学生具备协同应用能力、流程再造与智能工具设计开发能力	采购与付款核算；销售与收款核算；商旅与费用核算；薪酬核算；资金结算；业务流程管理；财务机器人功能设计；财务机器人功能原型设计；财务机器人开发沟通	3-6	3-6	3-6
37			财务共享服务（高级）	2	36	18	18	理论+实践	通过管理辅助类工作，培养学生具备数据管理分析处理能力、运营管理标准设计开发能力以及信息系统平台开发能力	数据统计与分析；服务标准设计与满意度评价；运营信息系统规划；财务信息系统建设与可视化分析平台搭建；日常数据监控	3-6	3-6	3-6

续表

序号	课程类别	专业或专业群	课程名称	学分	总学时	理论学时	实践学时	课程性质理论/实践	课程目标	主要内容	开课学期(大数据与会计)	(会计信息管理)	(大数据与审计)
38	专业选修课		金税财务应用（初级）	2	36	18	18	理论+实践	借助电子政务系统和增值税发票税控平台，培养学生信息系统应用能力和财税数据事务处理能力和财税数据搜索整理能力	工商登记；税务登记；金税盘发行与发票申领；发票日常管理（发票登记管理、税控开票和自助开票和抄税终端机操作）；Excel财税基础应用（财税工作表格式设计、数据汇总与分析、图表制作、函数应用）	3-6	3-6	3-6
39			金税财务应用（中级）	2	36	18	18	理论+实践	借助纳税申报系统和财务管理软件，培养学生职业判断力、财税核算能力和财税数据分析能力	企业税务信息监督与管理；业财税融合下的账务处理（筹资、资产管理、销售、取得经营成果等环节中税务处理；财税报表生成（复核财务报表、生成纳税申报表、报表数据处理与分析）	3-6	3-6	3-6
40			金税财务应用（高级）	2	36	18	18	理论+实践	借助纳税申报、财务管理软件和财务风险预警系统，培养学生重大信息披露能力、财税价值发现和财税管理决策能力	年度税务报表编制；企业税务规划（企业设立税务规划、商品采购销售税务规划、薪酬重组税务规划）；企业税务规划；信用管理（发票风险识别、经营环节税务风险预警）；企业税务融资；企业税务采购融资；企业税务销售；企业税务经营预警	3-6	3-6	3-6
41	专业拓展课		财务数字化应用（初级）	2	36	18	18	理论+实践	通过财务数字化平台的实际应用，培养学生职业判断能力、基础应用能力和财务数字化处理能力	财务数字化平台基础数据维护及档案管理；财务数字化平台财务业务处理（采购与应收、销售、费控、固定资产、其他业务）；税务云应付付款、其他业务）；税务云增值税业务处理（开票与受票、增值税管理；资金结算业务处理；报表编制	3-6	3-6	3-6

续表

序号	课程类别	专业或专业群	课程名称	学分	总学时	理论学时	实践学时	课程性质（理论/实践）	课程目标	主要内容	开课学期 大数据与会计	开课学期 会计信息管理	开课学期 大数据与审计
42			财务数字化应用（中级）	2	36	18	18	理论+实践	通过财务数字化平台协同应用与管理类备课工作，培养学生具备协同应变能力和复杂业务处理能力，内部风险应对	财务数字化平台管控数据设置；财务数字化平台财务业务管理；税务云业务管理；企业管理；资金流动性管理报表编制	3-6	3-6	3-6
43	专业拓展课	专业选修课	财务数字化应用（高级）	2	36	18	18	理论+实践	通过管理（决策）辅助类备课工作，培养学生具备财务数据收集、处理、分析以及决策辅助能力和税务风险防控能力	财务共享服务典型流程设计；企业全面预算管理；税务云管理；资金集中管理；财务大数据分析	3-6	3-6	3-6
44			智能财税（初级）	2	36	18	18	理论+实践	通过初级代理实务、外包服务和企业管家平台的应用，培养学生票据处理、纳税申报、会计核算及财税管理能力	代理实务，含中小微企业发票开具，票据整理制单，财税审核，小规模纳税人和一般纳税人纳税收申报，外包服务，含票据、财务核算，纳税申报和工资社保外包；含企业设立变更，资金管理，税务管理，人力资源管理	3-6	3-6	3-6
45			智能财税（中级）	2	36	18	18	理论+实践	通过代理实务、外包服务和企业管家平台的应用，培养学生处理复杂业务会计核算、财税筹划能力	复杂特殊业务财务核算，业财审核，代理，外包和会计主办；创业计划与指导，财务预警和税务咨询，政策咨询与服务，企业内部控制，政策咨询与服务	3-6	3-6	3-6

续表

序号	课程类别	专业或专业群	课程名称	学分	总学时	理论学时	实践学时	课程性质/理论/实践	课程目标	主要内容	开课学期 大数据与会计	开课学期 会计信息管理	开课学期 大数据与审计
46	专业拓展课	专业选修课	智能财税（高级）	2	36	18	18	理论+实践	通过初级代理实务、外包服务和企业管家平台应用，培养学生具备税际实务应用及投融资筹划务筹划能力	基于大数据和数据挖掘技术的财务预测、财务分析、决策，控制以及运营、风险管控；企业内控咨询与服务、税务筹划、投融资筹划等智能财税财经综合管理	3-6	3-6	3-6
47			业财一体信息化应用（初级）	2	36	18	18	理论+实践	培养学生具备基础应用及系统维护能力、职业判断能力和业财协同基础业务处理能力	业财一体信息化平台基础设置与维护；期初数据录入、总账、应收收付、采购、增值税、出纳、固定资产、薪资福利、合同；采购销售业务报表等基本业务账务处理	3-6	3-6	3-6
48			业财一体信息化应用（中级）	2	36	18	18	理论+实践	培养学生具备系统管理应用及系统沟通能力、内部风险应变能力和业态协同复杂业务处理能力	业财一体信息化平台业务流程设置及参数配置；业务流程权限设置；业财期初数据维护；网上银行；应付；网上报销；薪资福利；合同；采购销售业务分析；月末结账；务报表编制与分析	3-6	3-6	3-6
49			业财一体信息化应用（高级）	2	36	18	18	理论+实践	培养学生具备需求挖掘和整理能力；流程设计能力；业财一体信息化平台实施及使用培训能力	预算管理流程设计与参数配置；资金管理流程设计与参数配置；成本管理流程设计与参数配置；利润业务参数配置；电商业务参数配置；委外业务参数配置；进出口业务参数配置；所得税业务处理与纳税筹划	3-6	3-6	3-6

续表

序号	课程类别 专业或专业群	课程名称	学分	总学时	理论学时	实践学时	课程性质 理论/实践	课程目标	主要内容	开课学期 大数据与会计	会计信息管理	大数据与审计
50		数字化管理会计（初级）	2	36	18	18	理论+实践	培养学生具备资金管理、供应链数据管控、成本控制、财务报告分析等数字化管理会计基础能力	资金收支管控及分析；采购数据分析；存货数据分析与管控；销售数据分析与管控；生产成本控制与数字化管控；财务报告数据分析；盈利能力分析；营运能力分析；偿债能力分析以及管理会计信息系统应用	3-6	3-6	3-6
51	专业拓展课 专业选修课	数字化管理会计（中级）	2	36	18	18	理论+实践	培养学生具备企业全面预算管理、投资融资管理、营运管理、成本管理、管理数字化管控等综合管控能力	企业预算编制；预算分析；预算考核；营运计划制订；营运计划调整；成本分析；成本预测；定价决策分析；生产决策；自制、外购和业务外包成本决策；成本控制；成本考核；投资管理；融资管理	3-6	3-6	3-6
52		数字化管理会计（高级）	2	36	18	18	理论+实践	培养学生具备企业战略管理、内部控制、风险管理、绩效管理、管理数字化综合决策能力	企业战略分析；战略制定；战略实施；风险识别；风险评估；风险应对策略；风险预警分析；绩效计划执行；绩效计划实施；建立管理会计报告体系；管理会计报告编制与分析；管理会计报告评价与优化	3-6	3-6	3-6
53		企业财务与会计机器人应用（初级）	2	36	18	18	理论+实践	理解企业财务与会计机器人应用原理，掌握财务办公文档模板制作、费用业务、任未业务账务处理建模	企业财务与会计机器人应用原理认识；Excel与Word等模版制作及上传；费用业务账务处理建模；任未业务账务处理建模等	3-6	3-6	3-6

续表

序号	课程类别		课程名称	学分	总学时	理论学时	实践学时	课程性质/理论、实践	课程目标	主要内容	开课学期		
	专业或专业群										大数据与会计	会计信息管理	大数据与审计
54			企业财务与会计机器人应用（中级）	2	36	18	18	理论＋实践	培养在任务领域利用数据平台、财务机器人完成账务处理和业务处理的智能化处理能力	企业财务与会计机器人采购环节账务处理建模；生产环节账务处理建模；销售环节账务处理建模及期末事项处理	3－6	3－6	3－6
55	专业选修课	专业拓展课	企业财务与会计机器人应用（高级）	2	36	18	18	理论＋实践	培养利用企业财务与会计机器人处理特殊业务、费用数据和税务数据分析与报表分析能力	企业财务与会计机器人特殊业务账务建模；费用数据分析、税务数据分析与控制；财务报表分析与报告等	3－6	3－6	3－6
56			智能审计（初级）	2	36	18	18	理论＋实践	通过智能审计服务平台的应用，培养学生了解被审计单位及其环境、审计证据收集、审计工作底稿编制等工作能力	审计内容查询；审计环境初步识别；审计证据获取与加工；审计程序实施；审计工作底稿编制、整理与归档等工作	3－6	3－6	3－6
57			智能审计（中级）	2	36	18	18	理论＋实践	通过智能审计服务平台的应用，培养学生具备了解被审计单位及其环境，实施控制测试和实质性程序，差异分析、调整及总体复核等工作能力	审前尽职调查；被审计单位及其环境识别；被审计单位内部控制了解；实施控制测试与实质性程序；审计调整项目计算平衡；报表差异分析及调整；财务报表合理性总体复核等	3－6	3－6	3－6

续表

序号	课程类别	专业或专业群	课程名称	学分	总学时	理论学时	实践学时	课程性质（理论/实践）	课程目标	主要内容	开课学期 大数据与会计	开课学期 会计信息管理	开课学期 大数据与审计
58			智能审计（高级）	2	36	18	18	理论+实践	通过智能审计服务平台的应用，培养学生能够完成审计项目全过程的分析、复核、管控工作等能力	审计业务承接；风险评估及审计计划制订；特殊事项处理；完成阶段审计工作与审计报告编制；企业全过程审计监督与合理化建议等企业内部审计；经济管理效益情况审计等专项审计	3－6	3－6	3－6
59	专业拓展课	专业选修课	金融产品数字化营销（中级）	2	36	18	18	理论+实践	以客户全生命周期为轴，以金融业务核心产品为范例，设计全场景数字营销化训练，在实操中掌握金融数字化营销的理论知识和实操工具	金融产品数字化营销运用；客户信息、客户关系管理获取与分析；金融产品客户化营销价值提升；金融产品数字化营销方案设计与实施；特定情景的数字化营销方案调整与优化	2－5	2－5	
60			金融智能投顾（中级）	2	36	18	18	理论+实践	通过面向金融服务专业领域的资产配置、理财顾问、金融顾问等岗位，确保能够使用结合人工智能、大数据等技术更加符合各方需求的理财规划和资产配置方案	掌握股票、债券、信托等各类理财产品综合知识；理解掌握智能获客和智能客服，学习单项理财规划APP的各主要功能和应用场景；掌握理财顾问开展基于智能投顾平台的客户精准化营销；能够对知识和工具的整合和运用，实现对服务人群的咨询服务	3－6	3－6	3－6

续表

序号	课程类别	专业或专业群	课程名称	学分	总学时	理论学时	实践学时	课程性质/理论/实践	课程目标	主要内容	开课学期 大数据与会计	开课学期 会计信息管理	开课学期 大数据与审计
61	专业拓展课	专业选修课	家庭理财规划（中级）	2	36	18	18	理论+实践	通过学习家庭理财规划的各项内容，使学生能够根据客户需求设计理财规划合理方案，提高学生的综合财规划能力	分析及评价客户家庭财务状况；家庭现金消费及信贷规划；家庭保险规划；家庭投资规划；家庭住房规划以及养老规划；制订综合合理财规划方案并监督客户执行，帮助客户实现其财务目标	3-6 3-6	3-6 3-6	3-6 3-6
62			初级会计师考证（初级会计实务）	2	36	36	0	纯理论	在学习方法、备考策略等方面对学生进行指导，并培养学生在初级会计师岗位上处理会计实务的能力	会计概述；资产、负债、所有者权益、收入、费用和利润的确认与账务处理；编制三大财务报表；管理会计概述；成本核算与计算；政府会计基础	2 和 4	2 和 4	2 和 4
63			初级会计师考证（经济法基础）	2	36	36	0	纯理论	在学习方法、备考策略等方面对学生进行指导，使学生掌握会计和税收等法律制度	会计法律制度；支付结算法律制度；增值税、消费税、企业所得税、个人所得税、其他税收法律制度；税收征收法律制度；社会保障法律制度；劳动合同与社会保障法律制度	2 和 4	2 和 4	2 和 4
64			证券从业资格——金融市场基础知识	2	36	36	0	纯理论	通过梳理考试大纲知识点、考题训练等指导学生备考证券资格从业考试的"金融市场基础知识"科目	金融市场体系；中国多层次资本市场；证券发行主体；股票；债券；证券投资基金；金融衍生工具和金融风险管理等	2-6 2-6	2-6 2-6	2-6 2-6

续表

序号	课程类别	专业或专业群	课程名称	学分	总学时	理论学时	实践学时	课程性质 理论/实践	课程目标	主要内容	开课学期 大数据与会计	开课学期 会计信息管理	开课学期 大数据与审计
65			证券从业资格——证券市场基本法律法规	2	36	36	0	纯理论	通过梳理考试大纲知识点、考题训练等指导学生备考证券从业资格考试的"证券市场基本法律法规"科目	掌握证券市场法律法规的层次；掌握《证券法》和《公司法》的调整范围、宗旨和主要内容；熟悉《证券投资基金法》的调整范围、宗旨和主要内容，熟悉《刑法》对证券犯罪的主要规定；宗旨和主要调整范围、宗旨和主要内容；掌握《反洗钱法》的调整范围、宗旨和主要内容	3-6	3-6	3-6
66	专业拓展课	专业选修课	期货从业资格——期货基础知识	2	36	36	0	纯理论	通过系统学习期货基础知识，使学生达到通过期货从业资格考试的水平	期货及衍生品概述；期货市场组织结构与期货投资者；期货合约与期货交易制度；期货保值；套期期权；外汇期货及利率衍生品；股指期货及其他权益类衍生品；期货价格分析	3-6	3-6	3-6
67			期货从业资格——期货法律法规	2	36	36	0	纯理论	通过梳理考试大纲知识点、考题训练等指导学生备考基金从业资格考试的"基金法律法规、职业道德与业务规范"科目	金融；资产管理与投资基金；证券投资基金概述；证券投资基金的类型；证券投资基金的监管；基金职业道德；基金的信息披露，交易与登记；基金的募集；基金销售行为规范及信息管理；基金客户服务；基金管理人的内部控制；基金管理人的合规管理	3-6	3-6	3-6

续表

序号	课程类别	专业或专业群	课程名称	学分	总学时	理论学时	实践学时	课程性质 理论/实践	课程目标	主要内容	开课学期 大数据与会计	开课学期 会计信息管理	开课学期 大数据与审计
68			基金从业资格——基金基础知识	2	36	36	0	纯理论	通过梳理考试大纲知识点、考题训练等指导学生备考基金从业资格考试的"证券投资基金基础知识"科目	投资管理基础；权益投资；固定收益投资；衍生工具；另类投资；投资者需求与投资管理流程；投资组合管理；投资交易与风险管理等	3-6	3-6	3-6
69	专业拓展课	专业选修课	基金从业资格——基金法律法规	2	36	36	0	纯理论	通过梳理考试大纲知识点、考题训练等指导学生备考基金从业资格考试的"基金法律法规、职业道德与业务规范"科目	金融、资产管理与投资基金；证券投资基金概述；证券投资基金的类型；证券投资基金的监管；基金职业道德；基金的募集、交易与登记；基金客户和销售机构；基金的信息披露；基金销售行为规范及信息管理；基金管理人公司治理和风险管理；基金管理人的内部控制；基金管理人的合规管理	3-6	3-6	3-6
70			人身保险理赔证书（初级）	2	36	18	18	理论+实践	掌握人身险理赔专业知识，达到初级理赔人员从业标准，取得初级人身保险理赔证书	保险的要素与功能；人身保险的种类；人身保险理赔的概念；理赔业务流程；较低保额案件业务处理；理赔业务受理；理赔案件调查；理赔客户服务	3-6	3-6	3-6
71			人身保险理赔证书（中级）	2	36	18	18	理论+实践	掌握人身险理赔专业知识，达到中级理赔人员从业标准，取得中级人身保险理赔证书	人身保险理赔相关的法律知识；较高保额及疑难案件业务处理；身故理赔；残废理赔；重大疾病保险理赔；理赔质量管理	3-6	3-6	3-6

续表

序号	课程类别	专业或专业群	课程名称	学分	总学时	理论学时	实践学时	课程性质理论/实践	课程目标	主要内容	开课学期 大数据与会计	开课学期 大数据与会计信息管理	开课学期 大数据与审计
72			人身保险理赔证书（高级）	2	36	18	18	理论+实践	掌握人身险理赔专业知识，在取得中级证书基础上，达到取得高级理赔人员从业标准，取得高级人身保险理赔证书	人身保险理赔相关的医学知识；高保额及疑难、重大案件业务处理；理赔质量管理；理赔协谈技巧；反欺诈工作方法	3-6	3-6	3-6
73		专业选修课	助理理财规划师考证	2	36	36	0	纯理论	培养学生理财规划基础知识以及理财规划专业能力，以便于顺利地通过助理理财规划师的考试	理财规划基础；财务与会计；宏观经济分析；金融基础；税收规划；现金及消费支出规划；家庭投资规划；退休养老规划；家庭分配及遗产传承规划；理财规划流程及案例	3-6	3-6	3-6
74		专业拓展课	行政事业单位会计	2	36	24	12	理论+实践	掌握行政单位、事业单位的会计核算基本方法	政府会计准则；平行记账；行政事业单位资产、负债、净资产、收入、费用的会计核算；预算收入、预算支出和预算结余的会计核算及会计报表编制	2-6	2-6	2-6
75			出纳实务	1	28	0	28	纯实践	结合出纳岗位工作内容，培养学生核算和管理企业货币资金的能力，实现与企业出纳岗位的对接	出纳工作交接管理；库存现金结算与管理；支票、本票、汇兑、网银、信用证等常见结算方式的设置与风险管控；货币资金清查；日记账的设置与登记；资金日报表的编制；货币资金缺额管理；内部控制与余缺管理	2-6	2-6	2-6

续表

序号	课程类别	专业或专业群	课程名称	学分	总学时	理论学时	实践学时	课程性质理论/实践	课程目标	主要内容	大数据与会计	会计信息管理	大数据与审计
											开课学期		
76	专业拓展课	专业选修课	大数据与统计基础	2	36	36	0	纯理论	运用统计理论、方法和大数据分析技术，分析社会经济现象的数量规律、关系和变化规律，提高数据分析能力	统计基本概念；统计调查方案设计；数据搜集；数据的整理与展示；数据特征的描述；抽样分布；参数估计；假设检验；相关分析与回归分析；时间序列分析与预测；统计指数；统计报告与可视化数据分析报告	2-6	2-6	2-6
77			会计英语	2	36	18	18	理论+实践	通过双语教学，培养学生识别英文账、证、表，运用英文处理企业基本会计业务的能力	会计要素、会计循环；流动性资产与非流动性资产；流动性负债与非流动性负债；所有者权益；商品销售与现金流量；资产负债表、利润表	2-6	2-6	2-6
78			中小企业投融资	2	36	18	18	理论+实践	结合资金管理岗位工作内容，培养学生运用资金学会利用各类工具进行投融资能力	中小企业投融资；借贷融资；债券融资；权益融资；供应链融资；贸易融资；融资租赁融资；互联网融资；政策性投资；企业短期投资；企业长期投资；企业投融资风险管理	2-6	2-6	2-6
79			纳税筹划	2	36	36	0	纯理论	以熟识企业办税业务为基础，培养学生熟练掌握纳税筹划的方法，更好地适应税务会计岗位的需要	增值税的纳税筹划；消费税的纳税筹划；所得税的纳税筹划；其他税种的纳税筹划；企业生命周期的纳税筹划；纳税筹划的风险管理等	3-6	3-6	3-6

续表

序号	课程类别（专业或专业群）	课程名称	学分	总学时	理论学时	实践学时	课程性质（理论/实践）	课程目标	主要内容	开课学期（大数据与会计 / 会计信息管理 / 大数据与审计）
80		区块链金融应用	2	36	18	18	理论+实践	以企业典型业务为主线，提供高仿真的链上工作环境、业务流程、业务数据，培养业务思维融合的能力和业务重塑能力	构建链上环境（联盟链+私有链）；业务观察体验（智能合约、数字签名、时间戳、分布式记账）；自主探究实验（费用、采购、销售、税务、高新企业案例）；区块链上防伪、溯源与防截、区块链报表	3-6　3-6　3-6
81	专业选修课	行业会计比较	2	36	24	12	理论+实践	在了解会计基本理论基础上，培养学生胜任特定行业会计核算岗位的能力	商品流通企业、房地产开发企业、交通运输企业、旅游服务餐饮企业等行业经营管理特点；各行业典型经济业务的会计处理方法	3-6　3-6　3-6
82	专业拓展课	公司战略与风险管理	2	36	36	0	纯理论	让学生对公司战略与风险管理的概念、理论和方法有基本的认识，培养学生的战略管理意识	战略管理；战略分析；战略选择；战略实施；财务战略；内部控制；风险管理原则	4-6　4-6　4-6
83		会计制度设计	2	36	36	0	纯理论	培养学生根据会计法规和准则，设计和选择中小企业需要的会计制度的能力	会计组织系统、会计科目、会计核算系统、货币资金业务程序的设计；采购与付款业务程序的设计；销售与收款业务程序设计；会计电算化制度的设计	4-6　4-6　4-6

续表

序号	课程类别 专业或专业群	课程名称	学分	总学时	理论学时	实践学时	课程性质 理论/实践	课程目标	主要内容	开课学期 大数据与会计	会计信息管理	大数据与审计
84	专业选修课	Python 基础	2	36	18	18	理论+实践	掌握 Python 语言的基础语法和具备基础的计算思维与编程思想	包括大数据及 Python 概述，Python 开发环境搭建，Python 数据类型，函数、文件等，控制流程语句，基础操作，文件操作等内容，最终能完成数据分析与可视化等内容，完成"职工信息管理"，"理财收益计算"、"应收款计算"、"销售数据分析与可视化"和"销售业绩统计"项目代码的编写和调试	3～6		3～6
85	专业拓展课	Python 财务应用	2	36	18	18	理论+实践	应用 Python 工具进行数据建模、数据分析及可视化等，以实现财务办公自动化、业财数据分析、财务预算、财务预测与决策	Python 职工薪酬核算、Python 固定资产核算与分析、Python 客户往来核算与管理、Python 资金核算、Python 财务管理、Python 投资决策与分析、Python 成本核算与分析、Python 绩效管理、Python 预算管理以及 Python 财务预算与预测	4～6		4～6
86		Uipath RPA 助理认证	2	36	18	18	理论+实践	通过 RPA 开发技能的培养，指导学生针对 Uipath RPA 助理认证的备考	针对 Uipath RPA 助理认证考试内容，结合财务典型业务，主要学习 Uipath 的流程自动化知识和技能，包括：RPA 部署、自动化流程设计及维护，以及 UiPath Studio、UiPath Orchestrator、UiPath Robots 的应用	4～6	4～6	4～6

续表

序号	课程类别	专业或专业群	课程名称	学分	总学时	理论学时	实践学时	课程性质理论/实践	课程目标	主要内容	开课学期 大数据与会计	开课学期 会计信息管理	开课学期 大数据与审计
87			会计职业道德	1.5	24	24	0	纯理论	以会计职业道德的主要内容为核心，引导学生初步养成会计职业操守和职业素养	爱岗敬业、诚实守信、廉洁自律、客观公正、坚持准则、提高技能、参与管理、强化服务等	2-6	2-6	2-6
88	专业拓展课	专业选修课	用友财务管理	1.5	36	0	36	纯实践	主要培养学生运用用友财务软件设置账套、处理日常业务、生成财务报表的能力	运用用友财务软件新建账套、设置基础档案、总账、报表管理；固定资产管理系统；薪资管理系统；应收款管理和应付款管理系统	3-6	3-6	3-6
89			用友供应链管理	1.5	36	0	36	纯实践	主要培养学生运用用友供应链管理系统处理企业采购业务、销售业务、库存管理和存货核算业务的能力	供应链各子系统初始设置、基础档案设置、总账管理、销售管理、采购管理以及存货核算	3-6	3-6	3-6
90			企业财税顾问	1.5	36	0	36	纯实践	以代理记账公司财税顾问同岗位工作内容为背景，培养学生利用电话进行财务营销及解决客户财税问题的能力	电话营销技巧；客户心理分析；商务沟通与礼仪；财税分析；客户信息管理；服务质量管理等	4-6	4-6	4-6
91			智能财务核算（教学企业项目）	1	28	0	28	纯实践	通过虚拟企业财务工作环境与工作内容，培养学生运用财务机器人等智能化工具处理、分析企业财税业务的能力	设置票据会计、业务会计、审核会计、财务主管四个岗位，应用财务机器人处理小型企业中不同行业企业财税业务	4-6	4-6	4-6

续表

序号	课程类别		课程名称	学分	总学时	理论学时	实践学时	课程性质 理论/实践	课程目标	主要内容	开课学期		
											大数据与会计	会计信息管理	大数据与审计
92			审计案例分析	1	18	18	0	纯理论	通过学习部分经典及热门审计案例，使学生更好地理解审计相关理论，并启发引导学生思考案例所含的深层次的问题	财务报表项目审计，包括一些主要报表项目可能出现的错报方式及其原因分析，对此注册会计师应采用哪些审计方法应对；经典审计案例、热点审计案例分析	4－6	4－6	4－6
93	专业拓展课	专业选修课	财政与金融	2	36	36	0	纯理论	通过学习财政与金融的基本理论、基本制度和基本业务知识，了解社会实践中财政、金融现状、功能和表现，关注社会宏观经济政策与宏观经济现象的关系，为学生学习会计工作的关和职业知识，提高对宏观经济现象的认知，提升综合素质打下一定的理论基础	公共财政、财政收入、财政支出、财政预算；货币与货币政策、金融机构、财融市场、货币市场、货币供求、财政政策与货币政策等	2－6	2－6	2－6
94			职业英语基础	2	36	36	0	纯理论	掌握英语学习的方法和策略，具有较强的英语听、说、读、写、译能力，能够运用英语在日常生活和职业领域开展交际活动	以职场共核情境英语为主线，以若干个子情境学习任务为导向，构建英语"基础英语＋职业英语"融合进阶式英语学习模式，涵盖词汇拓展、句型巩固、项目设计和职场情境演绎等内容	2－6	2－6	2－6

续表

序号	课程类别	专业或专业群	课程名称	学分	总学时	理论学时	实践学时	课程性质理论/实践	课程目标	主要内容	开课学期 大数据与会计	开课学期 会计信息管理	开课学期 大数据与审计
95		专业选修课	职业英语应用	2	36	36	0	纯理论	掌握英语学习的方法和策略，具有较强的英语听、说、读、写、译能力，能够运用英语在日常生活和职业领域开展交际活动	以职场共核情境英语为主线，以若干个子情境学习任务为导向，构建"基础英语+职业英语"融合进阶式英语学习模式，涵盖词汇拓展、句型巩固、项目设计和职场情境演练等内容	2—6	2—6	2—6
96		专业拓展课	财经应用文写作	2	36	18	18	理论+实践	使学生掌握财经应用文写作的基本知识，能够独立完成财经类公文、日常文书、通用类文书等的写作	财经类通知、通报、请示、批复、函、计划、总结、演讲稿、调查报告等常用文种的基本知识和写作要求，培养学生能写能说的技能和素质	2—6	2—6	2—6
97			金融风险管理	2	36	18	18	理论+实践	对金融风险管理的概念、理论和方法有基本的认识，培养学生的战略与风险管理意识	本利率风险；汇率风险；信用风险；市场风险；操作风险；国家风险等各类性风险的概念、识别以及管理方法	3—6	3—6	3—6
98			金融信托与租赁	2	36	18	18	理论+实践	配合金融资产多元化发展，旨在拓宽学生专业知识，旨在培养具有扎实的理论知识，又置得金融信托租赁业务，能够理论联系实际的大学生	金融信托总论；信托关系及其设立；我国信托经营范围及传统信托；财产信托与个人信托；信托代理业务；金融租赁的种类及优点；金融租赁管理；租赁资金管理；金融租赁风险及税收管理	4—6	4—6	4—6

续表

序号	课程类别	专业或专业群	课程名称	学分	总学时	理论学时	实践学时	课程性质/理论实践	课程目标	主要内容	开课学期		
											大数据与会计	大数据与会计信息管理	大数据与审计
99			银行管理	2	36	18	18	理论+实践	课程学习，达到银行业资格证初级级管理水平，具备与任职岗位匹配的履职能力	结合银行从业资格考证初级教材，紧扣考试大纲以及题型要求，帮助理解金融基础知识、银行基层管理人员应知应会的经济金融基础知识，银行业经营管理各类能力等，并在此基础上提高对银行各类业务的熟练掌握能力	3-6	3-6	3-6
100	专业拓展课	专业选修课	区块链金融应用	2	36	18	18	理论+实践	通过课堂教学结合实践应用，使学生了解区块链领域发展以及典型应用案例，掌握区块链的主要理论和传统金融业务基本理论模式，能够把社会生活中，思维融入到区块链系统中，把区块链应用到实际问题	通过理论与实践相结合的方式让学生能够初步掌握区块链的基础知识，并借助游戏化、仿真模拟实现的实现原理、应用模式及运营机制深对区块链技术加	3-6	3-6	3-6
101			大数据金融应用	2	36	18	18	理论+实践	了解大数据技术的发展及在金融领域中的关于大数据在金融领域风控、大数据金融数据欺诈、大数据挖掘等经典应用案例，掌握大数据金融的主要知识、基本理论和业务运行模式，把大数据技术应用到金融行业系统中，解决实际问题	大数据金融应用在智慧职教上有专门的课程资源，还有即将出版的书籍。围绕大数据应用在银行、证券、保险、互联网金融的各个领域的应用展开，设计的实训部分能够让学生有参与感	3-6	3-6	3-6

续表

序号	课程类别 专业或专业群	课程名称	学分	总学时	理论学时	实践学时	课程性质 理论/实践	课程目标	主要内容	开课学期 大数据与会计	开课学期 会计信息管理	开课学期 大数据与审计
102	专业选修课	互联网金融营销	2	36	18	18	理论+实践	能以创新方式有效地提升顾客价值，学生在本课程中通过具体项目的实施来构建互联网金融营销的理论知识，掌握并发展相关的职业技能和能力	互联网金融对整个商业生态和传统金融业都带来颠覆性的影响，本课程从互联网金融视角，以基于产品的营销、场景的营销为主线，内容的营销为主，能让同学们更直观地掌握互联网金融营销的基本知识、技能与操作流程	3－6	3－6	3－6
103	专业拓展课	投资学基础	2	36	36	0	纯理论	通过本课程的学习，掌握基本原理，对现代金融投资产品有全面、系统的认识和较为深刻的了解，系统掌握货币市场、股票市场、债券市场、基金市场等市场基本范畴及其体系	本课程是为培养学生掌握投资基本知识、基础理论和基本技能而设置的选修课程。课程围绕投资定义、投资产品定义等展开，债券市场、股票市场、货币市场等金融投资产品进行讲述	3－6	3－6	3－6
104	专业拓展课	金融法	2	36	36	0	纯理论	掌握与金融法有关的基本知识与金融理论，了解现实生活中涉及金融的领域，如银行业、证券业、保险业、货币市场等，并能够利用所学的知识解答金融领域实践中的法律问题	金融法概论；中央银行法律制度；商业银行法律制度；政策性银行行为法律制度；非银行金融机构法律制度；货币市场法律制度；证券市场法律制度；保险业法律规范等	3－6	3－6	3－6

续表

序号	课程类别	专业或专业群	课程名称	学分	总学时	理论学时	实践学时	课程性质 理论/实践	课程目标	主要内容	开课学期 大数据与会计	开课学期 会计信息管理	开课学期 大数据与审计
105	专业拓展课	专业选修课	管理学原理	2	36	36	0	纯理论	熟悉管理活动的一般规律、基本原理和基本方法，具备运用管理的基本原理和方法对管理进行有效的综合管理能力和管理技巧，提高学生的管理素质和管理技能	管理的含义、管理者的分类及其技能要求、管理的职能；西方管理思想的主要观点；决策的含义和类型、决策的影响因素；计划的过程、计划工作的基本类型、计划编制与执行；组织的含义、组织结构形式、组织结构设计；改善人际沟通的方法；领导理论；激励理论；控制的基本原则	2—6	2—6	2—6
106			高等经济数学	2.5	48	48	0	纯理论	能够获得相关专业课及高等数学应用的基础，学习适应未来工作及进一步发展所必需的数学知识	经济模型中涉及的函数、极限和连续、一元函数微分学、积分学、二元函数微积分学、矩阵与线性方程组的基本理论，掌握函数极限，微分、积分，解线性方程组	2—6	2—6	2—6
107			绩效审计	2	36	36	0	纯理论	掌握绩效审计的程序和方法，能够对投资情况、经营情况、经费支出情况进行分析，并提出相应的意见与建议	绩效审计方法、程序、指标体系、评价过程、证据搜集，工作过程、评价方法，证据搜集、具体案例	3—6	3—6	3—6
108			当代世界经济政治与国际关系	2	36	36	0	纯理论	通过本课程学习，开阔学生视野，加深学生对外开放政策的理解，提高学生对中国发展机遇与挑战的认识	当代世界政治经济和国际关系的基本情况；当代世界经济、政治、外交关系发展演变的重大特征、趋势和基本规律；运用马克思主义的立场、观点和方法去研究世界政治、经济和国际关系的新情况、新变化、新问题	2—6	2—6	2—6

第三部分

课程标准

"经济学基础"课程标准

课程名称：经济学基础
课程类型：专业群平台课
学　　时：42
学　　分：2.5
适用专业：大数据与会计、大数据与审计、会计信息管理等

一、课程定位

本课程是大数据与会计、大数据与审计等专业开设的专业群平台课；属于必修课。

本课程是为培养学生掌握经济学常识、经济学基本原理和经济学分析方法而设置的理论性课程，为大数据与会计专业群的学习提供理论支撑。课程以宏微观经济分析为主线，围绕供求理论、消费者行为理论、生产和成本理论、市场结构及厂商行为理论、要素市场和收入分配理论、宏观经济数据、宏观经济分析和宏观经济政策等，使学生系统掌握经济学的思维方式和分析方法，为其专业学习和专业实践奠定坚实的理论根基。经济学基础知识的掌握和经济学思维方式的养成，将十分有利于大数据与会计专业群的学生走向未来职场以及将来的进一步深造。

本课程后续课程包括："管理会计基础""企业财务会计""税务会计""企业财务分析""成本核算与管理""企业财务管理""财务软件应用"等。

二、课程设计思路

1. 总体思路

本课程以实际应用的需要为导向，以宏微观经济学基本理论为基础，强调知识性、系统性、趣味性和方法论，突出实用性，训练和培养学生的经济学思维。通过这门课的学习，学生能灵活运用经济学知识和原理，分析、解释各种经济现象，并能运用经济学的原理和方法处理一些个体经济决策问题，也能理解和阐释一些宏观经济决策和政策问题。

2. 强调基础

本课程不涉及中高级经济学理论和模型，对数学不提出过高要求，基本以中学数学为学

习基础，从而降低了学习难度，但保持了经济学基础知识和基本原理的完整，使学生足以掌握经济学的基本分析框架和主要工具。初等数学、微积分初步、统计初步、办公软件（Excel 等）等，要求学生不仅要熟悉、理解，还能运用这些初级数理工具开展经济学分析。

3. 融入思政元素

在掌握经济学基础知识和基本原理的基础上，突出强调，要以习近平中国特色社会主义思想为指导，密切联系中国国情和中国经验，批判学习，正确理解和分析中外经济生活及现象。

三、课程目标

通过准确把握课程定位，理清课程设计思路，有针对性地选择适用的教学内容，科学安排课程内容结构，全面建设立体化的教学资源。通过本课程的学习，使学生系统掌握经济学的基础知识和基本原理，并能灵活运用经济学分析工具分析经济现实问题。学生通过本课程的学习和训练，能够为专业知识和专业技能的后续学习打好基础。

1. 知识目标

（1）熟悉经济学十大原理；

（2）理解微观经济分析和宏观经济分析的方法；

（3）理解实证分析和规范分析的方法；

（4）掌握经济学的核心概念；

（5）掌握供求分析框架；

（6）掌握弹性分析工具；

（7）熟悉并掌握宏观经分析的主要指标；

（8）熟悉并掌握宏微观经济分析的主要工具；

（9）了解宏观经济调控的主要目标和手段等。

2. 能力目标

（1）能运用经济学概念和方法分析资源配置问题；

（2）能运用简单的经济模型分析、解释微观及宏观的经济现象；

（3）能绘制经济学图形说明经济学的一些基本原理；

（4）能运用经济学原理分析经济活动及其变化；

（5）能查阅、运用一些公开的经济数据，发现并分析一些经济现实问题；

（6）能在实习、实训和生活中，自觉运用经济学基本原理和工具等。

3. 素质目标

（1）熟悉中国国情，并能结合中国国情进行经济分析；

（2）理解中国特色社会主义市场经济的特殊性和市场经济的共性；

（3）提高学生的思想理论水平，具备批判学习西方经济学理论和思想的初步能力；

（4）培养和增强学生的理论觉悟、文化自豪的情怀等。

四、教学内容要求及学时分配

序号	教学单元	教学内容	教学要求		学时
			知识和素养要求	技能要求	
1	经济学导论	1. 经济学十大原理 2. 像经济学家一样思考 3. 相互依存性与贸易的好处	1. 稀缺性、资源配置和经济学 2. 经济学十大原理 3. 微观分析、宏观分析规范分析、实证分析 4. 机会成本、边际成本 5. 绝对优势、比较优势与专业化分工及贸易 6. 资源配置的效率和资源分配的公平 **思政点**：把握中国特色社会主义特征；正确看待中国经济体制；正确看待中国改革开放	1. 能举例说明经济学主要概念：稀缺性、机会成本、边际量、规范分析、实证分析等 2. 能运用经济学十大原理分析经济生活中常见的一些现象 3. 能分析比较市场经济、计划经济和混合经济的不同 4. 能绘制生产可能性曲线 5. 能运用经济模型（循环流量图和生产可能性曲线）分析经济问题 6. 能分析自由贸易的利益和保护贸易的损失	6
2	市场如何运行	1. 供给与需求的市场力量 2. 弹性及其应用 3. 供给、需求与政府政策	1. 需求定理、需求表、需求函数、需求曲线 2. 需求量变动和需求移动 3. 供给定理、供给表、供给函数、供给曲线 4. 供给量变动和供给移动 5. 供求均衡及其变动（市场机制、供求机制、价格机制和"看不见的手"） 6. 需求价格弹性及其他弹性 7. 供给价格弹性及其他弹性 8. 政府干预市场的方式和效应 **思政点**：正确理解社会主义市场经济中的市场力量；正确理解社会主义市场经济运行规律；正确理解社会主义市场经济中的政府干预行为；科学分析社会主义市场经济运行法则	1. 能绘制需求曲线并能运用需求曲线分析市场需求（需求量变动和需求移动） 2. 能绘制供给曲线并能运用供给曲线分析市场供给（供给量变动和供给移动） 3. 能运用供求曲线分析均衡及均衡的变动 4. 能运用供求曲线分析政府干预市场的行为（价格上限、价格下限、物价补贴、税收等） 5. 能计算和分析需求弹性、供给弹性	8
3	生产成本	1. 生产函数 2. 生产成本 3. 规模经济	1. 总成本、平均成本、边际成本；固定成本、变动成本 2. 总产量、平均产量、边际产量 3. 总收益、平均收益、边际收益 4. 机会成本、经济利润、会计利润 5. 生产函数	1. 能绘制成本曲线、收益曲线 2. 能运用生产函数进行投入产出分析 3. 能运用成本收益曲线分析企业行为 4. 能正确计算成本、收益	6

续表

序号	教学单元	教学内容	教学要求		学时
			知识和素养要求	技能要求	
			6. 短期成本、长期成本 7. 规模经济、规模不经济 **思政点**：正确认识社会主义市场经济中的成本、利润、生产函数以及成本变动规律；结合国情，分析思考社会主义市场经济中的规模经济和规模不经济现象		
4	产业组织	1. 竞争市场上的企业 2. 垄断	1. 竞争和竞争市场 2. 垄断和垄断的形成 3. 竞争市场价格、垄断价格和利润最大化 4. 沉没成本 5. 竞争利润、垄断利润 6. 企业进入和退出；市场准入和市场壁垒 7. 竞争、垄断和市场福利 8. 竞争市场的短期和长期 **思政点**：正确看待社会主义市场经济中的竞争和垄断；分析社会主义市场经济中竞争企业的行为、垄断行为；正确看待社会主义市场经济中竞争和垄断并存的客观原因	1. 能区分竞争和垄断 2. 能分析竞争企业的行为 3. 能分析竞争市场 4. 能分析垄断者的行为和后果 5. 能理性看待和分析竞争与垄断	6
5	宏观经济数据	1. 一国收入的衡量 2. 生活费用的衡量	1. 经济循环流量图 2. 国内生产总值及其计算方法 3. 国内生产总值构成 4. 国内生产总值平减指数及真实国内生产总值 5. 净出口 6. 消费物价指数、生产物价指数和通货膨胀率 7. 名义利率和实际利率	1. 能运用循环流量图分析宏观经济总体情况 2. 能运用国内生产总值分析一国经济产出 3. 能运用物价指数分析通货膨胀等宏观经济问题 4. 能正确计算国内生产总值 5. 能正确计算净出口 6. 能正确计算消费者物价指数和国内生产总值平减指数 7. 能正确计算通货膨胀率 8. 能正确计算实际利率等 9. 能结合国情，分析中国的国内生产总值 10. 能结合当地情况，分析各地本地生产总值 11. 能结合国情，分析中国的消费物价指数	6

续表

序号	教学单元	教学内容	教学要求		学时
			知识和素养要求	技能要求	
6	宏观经济分析	1. 生产与增长 2. 储蓄、投资和金融体系 3. 失业 4. 货币增长与通货膨胀 5. 总需求与总供给	1. 一国生产率及生产率决定因素 2. 一国经济增长及经济增长的源泉 3. 短期经济波动和长期经济增长 4. 国民收入账户、储蓄和投资、资本形成和金融体系 5. 失业的衡量和失业原因 6. 最低工资和效率工资理论 7. 通货膨胀理论 8. 通货膨胀成本 9. 总需求与总供给模型 **思政点：**了解中国改革开放前后贫富的原因；了解改革开放后中国经济增长原因；正确看待社会主义中国存在的失业问题；正确看待中国市场经济中的货币和通货膨胀现象、短期波动现象及增长现象等	1. 能分析不同国家的贫富原因 2. 能分析各国经济增长原因 3. 能分析各国经济中的失业问题 4. 能分析各国经济中的货币和通货膨胀现象 5. 能分析各国经济中的短期波动现象 6. 能预测各国经济的未来走向	6
7	宏观调控	1. 收入分配政策 2. 产业政策 3. 财政政策 4. 货币政策	1. 洛伦兹曲线、基尼系数和公平分配 2. 收入分配政策种类和选择 3. 产业政策含义、类型及工具 4. 货币政策及工具 5. 财政政策及工具 6. 宏观调控目标 7. 逆向调节和相机抉择	1. 能分析和衡量贫富差距 2. 能分析贫富分化的原因 3. 能分析收入分配政策的经济、社会影响 4. 能比较分析不同经济发展模式 5. 能围绕中国的产业政策争论，提出自己的见解 6. 能运用总需求总供给模型分析货币政策和财政政策 7. 能正确看待中国特色社会主义的贫富差距现象 8. 能推测中国经济未来的稳定宏观经济的政策 9. 能正确看待和评价中国曾采取的宏观经济政策	4

五、教学条件

1. 师资条件

承担该课程的师资需要经济学理论功底深厚的教师，一般应由副高以上职称的专业教师或拥有经济学博士学位的专业教师承担课程的教学任务。

2. 教材及教学参考书

选用曼昆著、梁小民译的《经济学基础》最新版作为主教材。教学参考书为曼昆《经济学基础》或《经济学原理》最新版的学习指南、学习手册和习题解答。

3. 教学资源

（1）开发智慧职教课程和电子化教材。本课程应建立和使用智慧职教课程资源库，根据不同学校、不同教学班的教学需求，建立个性化的智慧职教云课堂，线上与线下相结合。

（2）立足现有条件，进一步完善教学基础设施，保证教学效果的提高和教学改革的推进。

4. 教学实施条件

（1）配备多媒体教室。

（2）建设课程教学资源网站，将各种教学资源集中统一管理，形成课程教学资源中心。

（3）开发和利用网络课程资源，充分利用 Flash 演示、视频演示、电子书籍、电子期刊、数据库、数字图书馆、教育网站和电子论坛等网上信息资源，不断增加教学资源的品种，不断提高教学资源的针对性。

六、教学方法

本课程是一门理论课程，在教学组织上，采取班级教学为主，个人学习和小组协作学习为辅的方法。在教学实施方面，利用多媒体教室提供的教学条件，结合智慧职教云课堂，采取讲练结合、线上与线下相结合的混合教学模式。具体到课堂上，主要采取讲练结合、学练结合的方法，充分发挥学生自主学习的主动性，同时尝试一些新的教学方法，充分调动学生主动学习的热情。

1. 教学模式

讲练结合、线上与线下相结合的混合教学模式。

2. 教学方法

本课程虽属于理论性课程，但由于经济学自身的现实性和适用性，所以必须结合现实和应用开展教学，应主要采用"讲练结合"和"学练结合"的方法，适当试验一些新的教学理念和方法。

3. 教学手段

（1）讲练结合。学生预习、老师精讲、课堂及课后强化训练的结合方式。在课堂里，老师主要讲重点、难点，引导学生进行归纳和总结，老师再做重点讲评。

（2）学练结合。学生分组学习、学生分组汇报和演讲，老师引导全程并进行点评，使学生在组织汇报、演讲内容过程中能得到锻炼，在实际汇报、演讲过程中也能得到锻炼；老师在整个过程中的引导、提醒、点评、考核，也能使学生得到启发和提高。

（3）新教学法尝试。如云课堂、慕课、微课、翻转课堂、公开课、案例教学、双语教学、做中学、任务驱动、问题引导等教学法，都可以在实际教学过程中大胆尝试，但应保持在一个适度范围内，以保证正常教学的顺利开展。

4. 课程思政实施策略

教学过程中教师积极引导学生提升职业素养，提高职业道德，达到知识、技能和态度的有机统一。详见本课程教学内容和教学安排表。

七、教学重点难点

1. 教学重点

教学重点：市场如何运行、生产成本、产业组织、宏观经济数据和宏观经济分析。

教学建议：对于本课程教学重点，将学时主要分配在这些章节，运用混合教学模式开展教学，综合运用各种教学方法和教学资源，针对性地实施。

2. 教学难点

教学难点：生产可能性边界、弹性分析、福利分析、产业组织分析和宏观经济分析。

教学建议：强化练习，重点通过学生做和老师讲评逐步消化。

八、教学评价

课程主要考核学生知识目标、能力目标和素养目标的达标情况。理论知识的掌握情况主要通过期末闭卷考试进行考核，占总成绩的50%～60%；能力目标主要通过对学生提交的学习完成情况进行考核（课堂作业、课后作业等），占总成绩的30%～40%；素养目标主要通过对出勤及课堂表现进行考核，占总成绩的10%。

九、编制说明

1. 编写人员

课程负责人：陆明祥　广州番禺职业技术学院（执笔）

课程组成员：梁穗东　广州番禺职业技术学院

诸智武　广州番禺职业技术学院

杜素音　广州番禺职业技术学院

邹吉艳　广州番禺职业技术学院

杨　丽　广州番禺职业技术学院

任新立　广州番禺职业技术学院

李枳葳　广州番禺职业技术学院

2. 审核人员

刘　飞　广州番禺职业技术学院

杨则文　广州番禺职业技术学院

"大数据会计基础" 课程标准

课程名称：大数据会计基础、财务会计基础、会计学基础、会计基础
课程类型：专业群平台课
学　　时：72 学时
学　　分：4 学分
适用专业：大数据与会计、大数据与审计、会计信息管理

一、课程定位

课程依据企业财会、税务、审计工作岗位对从业人员的会计基础理论知识要求开设，主要学习大数据会计的基本原理、企业经济业务流程的核算和管控原理、基本会计核算方法、企业日常业务及企业期末业务数据的基本账务处理和报告，为进一步学习对应会计岗位的课程打下坚实基础，养成"诚信为本、操守为重、坚持准则、不做假账"的会计职业道德。本课程是大数据与会计专业群的平台课，是专业群的入门课和专业基础课。后续课程有业务财务会计、共享财务会计、战略管理会计、业财管理信息系统应用、大数据财务分析、智能化财务审计、智能化税费申报与管理等。

二、设计思路

本课程的设计分三部分进行：第一步，把学生带入门，学习会计的"语言"及会计大数据，包括会计的基本知识和基本方法；第二步，以企业业务为依托，以实际工作任务为驱动，以会计的基本理论与基本方法为核心，以会计工作流程为主线，以会计凭证、账簿、报表为载体，以理论与实践相结合为手段，通过教、学、练结合的方式，利用仿真业务环境与企业真实账证资料循序渐进地组织教学内容；第三步，通过结合企业经济业务流程的管控和对会计信息的报告与使用，使会计基本理论知识得到深层次的认识，提升学生对会计职业的理解能力。

课程积极引导学生提升职业素养，培养职业道德与正确的人生观、世界观，使学生养成"诚信为本、操守为重、坚持准则、不做假账"的会计职业道德；通过会计核算方法的学习，增强学生对工匠精神的认识，树立脚踏实地的工作意识；通过分组学习与实操，培养学生协作共进、和而不同的团队意识；通过学习会计凭证、账簿和报表，培养学生精益求精的工匠精神及公正和诚信的社会主义核心价值观。

三、课程目标

课程旨在培养学生胜任企业会计岗位的能力，具体包括知识目标、技能目标和素质目标。

1. 知识目标

（1）了解财务会计、管理会计和会计大数据的产生和发展；

（2）理解企业日常经济业务的工作过程和业务流程；

（3）熟悉大数据会计的工具与方法；

（4）掌握会计的基本理论、基本核算方法和基本的账务处理技巧；

（5）掌握会计要素、会计科目、会计账户和借贷记账法；

（6）掌握会计分录、账户分类、会计凭证、会计账簿、账务处理程序和财产清查的方法；

（7）熟悉会计档案管理办法和发票管理办法；

（8）掌握财务会计报告和管理会计报告的基本内容和要求；

（9）熟悉会计信息的运用和质量保证方法；

（10）掌握智能管理会计基础与基本方法；

（11）掌握会计大数据技术与分析方法；

（12）熟悉企业会计准则和小企业会计准则。

2. 技能目标

（1）能对企业主要经济业务进行会计职业判断；

（2）能填制和审核会计凭证；

（3）能结合企业经济业务设置会计科目和会计账户；

（4）能运用借贷记账法对企业筹资、采购、生产、销售、利润形成与分配业务进行会计核算；

（5）能根据企业经济业务登记会计账簿；

（6）能运用财产清查方法对企业资产进行财产清查；

（7）能编制财务报表和管理会计报告；

（8）能结合大数据进行智能会计分析；

（9）能结合会计信息对业务流程进行管控。

3. 素质目标

（1）能具有数字思维、数字敏感及用数字提供决策建议的职业素养；

（2）能具备"诚信为本、操守为重、坚持准则、不做假账"的职业操守；

（3）能保持"爱岗敬业，谨慎细心"的工作态度；

（4）能弘扬"精益求精，追求卓越"的工匠精神；

（5）能遵守"协作共进，和而不同"的合作原则。

四、教学内容要求及学时分配

序号	教学单元	教学内容	教学要求		学时
			知识和素养要求	技能要求	
1	走进大数据会计时代	1. 财务会计 2. 管理会计 3. 大数据时代的会计	1. 了解财务会计的产生与发展 2. 掌握大数据时代会计的基本概念 3. 掌握会计对象、会计目标、会计职能和会计基本假设 4. 熟悉管理会计的产生与发展 5. 掌握管理会计的目标与职能、要素与方法和指引体系 6. 掌握大数据概念和基本特征，熟悉大数据对会计行业的影响 7. 掌握业财融合和财务共享理论，熟悉财务共享中心的类别和作用 8. 掌握财务机器人和人工智能理论 9. 掌握会计分工组织形式、会计职业道德 10. 了解税务会计的特定服务对象及其与财务会计的关系	1. 能描述管理会计与财务会计的区别与联系，能说明财务会计和管理会计服务的对象、产生的背景及发展 2. 能描述大数据时代会计的重大变革和未来发展前景 3. 能对财务共享、业财融合、智能会计、大数据、财务机器人做出简要说明	6
2	单位经济活动与会计信息	1. 企业经济活动 2. 政府经济活动 3. 会计信息	1. 掌握各类企业组织形式及结构 2. 掌握制造业主要经济活动及资金运动 3. 掌握政府收入和政府支出的基本流程，了解政府采购和国库集中支付 4. 掌握会计信息及其使用者 5. 掌握会计信息质量要求 6. 掌握经济业务与会计信息的关系，增强学生对工匠精神的认识	1. 能分清企业组织形式 2. 能厘清制造业主要活动及其资金运动 3. 能厘清政府主要活动及其资金运动 4. 能初步认识会计报表涉及的经济活动信息	6
3	企业会计信息处理基础	1. 会计信息处理流程 2. 会计信息处理方法 3. 会计信息管理基础 4. 大数据处理工具	1. 掌握账务处理程序 2. 掌握会计信息系统、ERP及供应链原理 3. 掌握6大会计要素 4. 掌握会计等式原理 5. 掌握借贷复式记账法原理，了解单式记账、复式记账、三式	1. 能梳理账务处理程序图 2. 能把企业经济业务的资金运动归类为各类会计要素 3. 能运用会计等式原理解释企业资金运动 4. 能把企业经济业务的资金运动归类为各类会计科目	12

续表

序号	教学单元	教学内容	教学要求		学时
			知识和素养要求	技能要求	
			簿记和多维数据支持 6. 掌握会计科目和会计账户分类 7. 掌握管理会计基本框架 8. 熟悉常用大数据处理工具 9. 树立实事求是、严谨认真的工作态度	5. 能把企业经济业务的资金运动归类为各会计账户 6. 能厘清管理会计基本框架 7. 能认知 Excel、Python、Power BI、Pandas 等大数据处理工具	
4	企业典型业务分析与管理	1. 筹资业务分析与管理 2. 采购业务分析与管理 3. 生产业务分析与管理 4. 销售业务分析与管理 5. 利润形成与分配业务分析与管理	1. 掌握筹资业务流程、业务原始凭证及融资管理理论 2. 掌握采购业务流程、业务原始凭证及预算管理理论 3. 掌握生产业务流程、业务原始凭证及成本管理理论 4. 掌握销售业务流程、业务原始凭证及营运管理理论 5. 掌握利润形成与分配业务流程、业务原始凭证及绩效和风险管理理论	1. 能识别企业典型业务的原始凭证 2. 能厘清企业典型业务的业务流程 3. 能运用战略管理、融资管理、预算管理、成本管理、营运管理、绩效管理和风险管理等方法分析企业典型业务	12
5	企业典型业务数据的会计处理	1. 筹资业务数据的会计处理 2. 采购业务数据的会计处理 3. 生产业务数据的会计处理 4. 销售业务数据的会计处理 5. 利润形成与分配业务数据的会计处理	1. 掌握筹资业务数据的会计处理、凭证审核及账簿生成 2. 掌握采购业务数据的会计处理、凭证审核及账簿生成 3. 掌握生产业务数据的会计处理、凭证审核及账簿生成 4. 掌握销售业务数据的会计处理、凭证审核及账簿生成 5. 掌握利润形成与分配业务数据的会计处理、凭证审核及账簿生成 6. 熟悉违反税务政策规定，增强法制观念和依法纳税意识 7. 掌握填制和审核记账凭证、登记和生产会计账簿的方法，树立实事求是、严谨认真的工作态度	1. 能进行股东投入资金和银行借款业务的会计核算 2. 能进行采购固定资产业务的会计核算 3. 能进行采购原材料、发出原材料业务的会计核算 4. 能进行应付职工薪酬业务的会计核算 5. 能进行制造费用业务的会计核算 6. 能进行销售收入、销售成本、销售税费业务的会计核算 7. 能进行利润形成和分配业务的会计核算 8. 能编制各类经济业务的会计分录、填制及审核各经济业务的记账凭证 9. 能登记及生成各类会计账簿	18

续表

序号	教学单元	教学内容	教学要求		学时
			知识和素养要求	技能要求	
6	财务会计报告编制	1. 财务会计报告编制准备 2. 资产负债表的编制 3. 利润表的编制 4. 现金流量表的编制	1. 掌握财产清查方法，培养学生实事求是、爱岗敬业、诚信待人的工作态度 2. 掌握期末会计调整 3. 掌握对账与结账方法 4. 掌握会计报告编制前的准备工作 4. 掌握财务报表的分类及其编制方法，培养学生精益求精的工匠精神及公正和诚信的社会主义核心价值观	1. 能清查企业库存现金、银行存款、存货 2. 能编制各类清查表格 3. 能编制企业期末调整的会计分录 4. 能运用大数据原理进行对账与结账 5. 能编制会计报表	5
7	管理会计报告编制	1. 管理会计报告编制准备 2. 业务层管理会计报告的编制 3. 经营层管理会计报告的编制 4. 战略层管理会计报告的编制	1. 熟悉《管理会计应用指引第801号——企业管理会计报告》的主要内容 2. 掌握管理会计报告的类别和功能 3. 熟悉业务层、经营层和战略层管理会计报告的基本格式和主要内容	1. 能编制简易的战略管理报告、综合业绩报告、价值创造报告、经营分析报告、风险分析报告、重大事项报告、例外事项报告 2. 能编制简易的全面预算管理报告、投资分析报告、项目可行性报告、融资分析报告、盈利分析报告、资金管理报告、成本管理报告、绩效评价报告 3. 能编制简易的研究开发报告、采购业务报告、生产业务报告、配送业务报告、销售业务报告、售后服务业务报告、人力资源报告	5
8	会计信息运用	1. 企业财务分析 2. 财务数据可视化 3. 会计预测与决策	1. 掌握企业财务分析方法 2. 掌握财务数据可视化原理 3. 掌握资金需要量、成本、利润的预测与决策 4. 掌握预测方法和决策程序	1. 能根据企业财务数据进行财务分析 2. 能将财务数据可视化 3. 能梳理预测方法和决策程序	4
9	会计信息质量保证	1. 会计规范 2. 会计准则 3. 会计监督 4. 会计工作管理规范	1. 掌握会计规范体系 2. 掌握企业会计准则、政府会计准则 3. 掌握单位内部监督、政府职能部门监督、社会服务机构监督 4. 掌握会计基础工作规范、信息化工作规范、档案管理办法和企业内部控制基本规范 5. 树立坚持准则的职业道德，培养法治社会主义核心价值观	1. 能分清会计规范体系 2. 能运用会计基础工作规范进行会计工作管理 3. 能运用会计信息化工作规范进行会计工作管理 4. 能运用会计档案管理办法进行会计档案管理 5. 能运用企业内部控制规范进行会计工作管理	4

五、教学条件

1. 师资队伍

（1）专任教师

具有扎实的会计功底和一定的会计业务岗位经历，具有一定的大数据技术操作能力，熟悉大数据理论知识、会计准则和国家税收法律法规知识。

能够熟练进行会计凭证、账簿和报表的处理，熟练运用借贷记账法对企业业务进行账务处理，能编制会计报表和管理会计报告。

能够运用各种教学手段和教学工具指导学生进行会计知识学习和开展企业会计业务实践教学。

（2）兼职教师

现任企业会计人员及会计师事务所、税务师事务所或财税代理记账公司人员，能进行填制和审核会计凭证、登记会计账簿、编制会计报表、税费计算与申报等内容的教学。

现任企业财务经理、财务主管，能进行管理会计基础理论和方法、编制管理会计报告、会计大数据基础理论和方法等内容的教学。

2. 实践教学条件

（1）理实一体化实训室。建议在一体化专业实训室或智慧教室进行教学，需要每个座位配置一台电脑，网络应流畅，能播放在线教学视频。有条件的情况下应配备与本课程相适应的智能化教学软件。

（2）教学软件平台。配备大数据会计基础教学平台、模拟电子纳税申报平台等，可在机上进行无纸化账务处理。借助教学软件虚拟真实企业的生产环境、生产工艺流程及相关单据，帮助学生学习会计账务处理及大数据财务分析。

（3）实训工具设备。配备纳税工作所需的办公文具，如办公设施、票据、打印机、扫描仪、计算器、文件柜及各种日用耗材，配置网络及计算机设备。

（4）仿真实训资料。配备工业企业一个月的会计业务原始凭证，配备空白的记账凭证、会计账簿和会计报表。

（5）实训指导资料。配备企业会计准则、会计档案管理办法、发票管理办法等相关文档。

3. 教材选用与编写

教材应符合《职业院校教材管理办法》等文件规定和要求，使用新形态立体化教材，探索新型活页式、工作手册式教材并配套信息化资源。教材编写应以本课程标准为依据，充分体现任务引领、实践导向的设计思想，将企业会计工作分解成若干典型的工作项目，按成本会计岗位职责和工作项目完成过程来组织教材内容。教材内容应体现新技术、新工艺、新规范，贴近中小微会计核算与管理需求。

（1）教材是完成教学过程、达到教学目标的手段和媒介，在编写过程中应充分体现本课程项目设计的理念，依据本课程标准采用任务驱动型模式进行编写。

（2）教材应按企业会计的工作内容、操作流程的先后顺序、理解掌握程度的难易程度等进行编写。

（3）教材编写应根据高职高专学生的特点，从培养技能型人才出发，内容安排上要深入浅出、适度、够用、突出实用，语言组织要简明扼要、科学准确、通俗易懂，形式上应图文并茂、可操作性强，配备大量的实务题，使学生能够在学习完理论知识后及时地得到相应的技能训练。

（4）教材内容应体现先进性、准确性、通用性和实用性，要将最新的会计准则及税法知识及时地纳入教材，使教材更贴近本专业的发展和实际需要。

（5）教材中的活动设计内容要具体，并在实训室环境下具有可操作性。教材中的案例可以采用企业真实案例，提高学生对业务操作的仿真度。

（6）建议采用包含大数据基础、财务会计基础和管理会计基础内容的教材。

4. 教学资源及平台

（1）线上教学资源。支持混合教学和 MOOC 开放的公共教学资源库或自建教学资源。建议利用智慧职教等平台建设教学资源库和在线开放课程，为实施线上线下混合教学提供条件。建议采用智慧职教平台广州番禺职业技术学院刘水林主持的会计专业群教学资源库"大数据会计基础"课程资源和浙江金融职业学院孔德兰主持的"基础会计"中国大学 MOOC。

（2）线上教学平台。采用符合国家有关互联网平台条件的公共教学平台。建议使用智慧职教等教学平台，利用职教云建设在线课程，设计教学活动；利用云课堂实施课堂教学。借助职教云强大的学习活动分析功能关注和分析学生的学习情况，及时解决学生学习中的短板问题。

六、教学方法

1. 项目教学法

项目教学法是以工作任务为依据设计教学项目，以学生为活动主体实施项目的教学方法，也就是将教学内容融入项目实施过程的一种教学方法。项目教学法是以学生为中心的教学模式，这种教学模式中学生是主动的学习者，教师是学生学习的指导者。每一个项目的实施有一个明确的任务，有一个完整的过程，能够取得一个标志性成果。

2. 课堂讲授法

课堂讲授法是教师通过口头语言向学生描绘情境、叙述事实、解释概念、论证原理和阐明规律的教学方法。该方法以教师的语言作为主要媒介系统，连贯地向学生讲授基础知识、基本理论或基本流程，帮助学生理解并准确掌握相关知识技能，特别是各个知识技能点之间的有机联系和逻辑关系。

3. 任务驱动法

以职业能力养成为核心，通过设计不同场景的项目任务来组织教学，从获取信息到制定步骤，再到决策和付诸行动，直至检查、反思与评估，完成一个完整的工作过程。教师只扮演一个"咨询者""协调者"和"观察员"的角色，引导学生自主学习，向学生提供资源、给予建议和操作指导，可加深学生对基础知识和基本技能的掌握，也有助于学生职业判断能力、决策能力的提升和团队合作精神的培养。

4. 情境教学法

在教学过程中，教师有目的地引入或采用虚拟企业、虚拟职能部门、虚拟业务流程等现代技术手段，将教学内容以视频、动漫等方式展示，提高学习的现场感、趣味性，引起学生一定的态度体验，激发学生的情感，使学生能够尽快适应、了解和掌握将来所从事的工作所必备的知识和技能，直至熟悉可能遇到的各种方法，帮助学生做出正确的决策，有效调动学生学习的主动性、积极性和创造性，培养学生职业能力。

5. 案例教学法

教学案例包括讲解型案例和讨论型案例两种。讲解案例法，是将案例教学融入传统的讲授教学法之中的一种方法。教学中使用的案例通常是针对课程知识体系中的重点、难点问题设计的，也称"知识点案例"。讨论案例法，是以学生课堂讨论为主，案例是学生讨论的主题，学生通过对案例的剖析，提出各自的解决方案，并予以充分讨论。

6. 启发式教学法

启发式教学是根据教学目的和内容，通过设计启发、诱导型问题，引导学生养成多思考、善思考、勤思考的习惯，将问题解决贯穿于教学的每一环节，启迪学生思考，活跃学生思维，促进学生身心发展，提高学生学习的主动性、积极性和创造性，更好地激发学生的学习兴趣，加深对课程内容的理解。

7. 线上线下混合教学法

本课程课时量不能完全满足理论与实践同步推进的一体化教学需要，应充分利用在线课程培养学生自主学习能力，把基本理论知识的学习放在课外解决，课堂主要解决关键知识点存在的问题，完成实训任务。教师要利用好线上课程，设计课前、课中、课后环节，利用云课堂布置和批改、评讲作业，为学生打造移动课堂。

七、重点难点

1. 教学重点

教学重点：新设企业业务的会计处理、企业日常业务的会计处理、企业期末业务的会计处理。

教学建议：结合仿真企业业务实训资料，在实训中让学生掌握原始凭证的审核、填制记账凭证、登记会计账簿、编制会计报表等会计核算方法，进一步掌握会计要素、会计等式、会计科目、会计账户、借贷记账法、财产清查等核心知识技能点，让学生在学中做，在做中学。

2. 教学难点

教学难点：会计大数据、智能会计分析、智能会计检查。

教学建议：通过选择合适的大数据会计基础平台，让学生体验会计大数据与智能会计；通过引入适当的案例资料，训练学生养成数字思维；通过引入财务机器人，让学生体验大数据时代的会计核算；通过进入财务云共享中心，让学生真实体验会计大数据。

八、教学评价

本课程主要考核学生知识目标、技能目标及素质目标的达标情况。理论知识的掌握情况主要通过期末闭卷考试进行考核，占总成绩的 50%；技能目标主要通过对学生提交的工作成果的完成情况进行考核，占总成绩的 25%；素质目标主要通过对线下出勤与课堂表现、线上学习、团队合作情况进行考核，占总成绩的 25%。

九、编制说明

1. 编写人员

课程负责人：刘水林　广州番禺职业技术学院（执笔）

课程组成员：刘　飞　广州番禺职业技术学院

　　　　　　黄丽丽　广州番禺职业技术学院

　　　　　　谢慕龄　广州番禺职业技术学院

　　　　　　李其骏　广州番禺职业技术学院

　　　　　　钟晓玲　广州番禺职业技术学院

　　　　　　纪玉华　广州财盛财税服务有限公司

2. 审核人员

　　　　　　杨则文　广州番禺职业技术学院

　　　　　　陈焯华　广州业勤会计师事务所

"业务财务会计"课程标准

课程名称：业务财务会计、企业财务会计
课程类型：专业群平台课
学　　时：108 学时
学　　分：6 学分
适用专业：大数据与会计专业、大数据与审计专业、会计信息管理专业

一、课程定位

　　课程依据业财一体化背景下企业会计核算和业财管控岗位的知识技能和素质要求开设，主要学习对制造企业日常经济业务进行会计核算、分析协调和流程管控，对外报送财务会计报告，对内报送业务层管理会计报告和经营层部分管理会计报告。为企业利益相关者提供企业财务信息，为企业经营管理层、业务层提供业务财务信息服务和决策支持，助力企业改善经营提升效率和有效规避经营风险。本课程是大数据与会计专业、大数据与审计专业和会计信息管理专业开设的专业群平台课程，属于必修课。前置课程为大数据会计基础，后续课程为业财管理信息系统应用、共享财务会计、教学企业项目（云财务应用）、大数据财务分析。

二、设计思路

　　本课程设计基于项目课程的教学理念，以典型岗位工作项目为载体，以任务驱动组织教学进程，采用理实一体化的课堂形式，以项目成果作为主要学习成果。课程以 1 家制造业企业的生产经营活动为教学情境，结合企业财务核算和业财协同业务处理岗位职责要求，与企业合作开发 9 个典型的经济业务核算和管理项目，每个项目分解成若干的模块。学生学习的过程即实际工作的过程，学习任务基于工作任务，将理论知识和实践操作有机结合，在理实一体化教学中强化理论知识，锤炼岗位技能，提升职业素养。

　　本课程借鉴"业财税融合成本管控职业技能等级标准"初级、中级考证要求，"数字化管理会计职业技能等级标准"初级、高级考证要求，借鉴其对筹资业务、采购业务、存货成本、生产业务、销售业务的核算、分析和管控职业技能要求，选取部分内容融入课程之中，实现课证融通，增强学生职业技能。

课程设计注重会计职业道德建设，将"诚信为本，操守为重，坚持准则，不做假账"贯彻始终；结合课程各项目的工作任务，在学习和实践中，引导学生建立职业认同感，循序渐进，到树立积极主动、吃苦耐劳的职业态度，再到形成精益求精、严谨专注的职业精神，确立明确的职业理想。

三、课程目标

课程旨在培养学生胜任企业会计核算和业财管控岗位的能力，具体包括知识目标、技能目标和素质目标。

1. 知识目标

（1）理解会计的职能和业务财务的岗位职责；

（2）熟悉《会计法》《企业会计准则》《会计基础工作规范》和《管理会计应用指引第801号——企业管理会计报告》等法律法规和工作规范；

（3）熟悉企业筹资、投资、采购、生产、销售、费用报销和利润分配等业务流程；

（4）掌握各会计要素的确认、计量、记录和报告的方法；

（5）熟悉资产负债表、利润表、现金流量表的结构和编制方法；

（6）理解筹资、投资、采购、生产、销售和利润分配等业务活动的经营目标和会计信息需求，掌握经营层和业务层管理会计报告的主要内容。

2. 技能目标

（1）能熟练运用会计职业判断能力分析企业日常经济业务；

（2）能够完成筹资、投资、采购、生产、销售、费用报销和利润分配等日常经济业务的会计处理和业财一体化管控；

（3）能够在深刻理解业务流程的基础上准确把握会计信息的处理流程，确保会计信息相关、可靠、及时、可理解；

（4）能融合税法、经济法、财务管理等方面知识，分析、协调、解决会计核算和业务流程管控中的问题；

（5）能发挥会计控制、预测、决策和评价职能，有机融合财务和业务活动，实现对业务流程的管控；

（6）能熟练编制资产负债表、利润表、现金流量表等财务报告；

（7）能及时、高效完成经营层和业务层管理会计报告的编制、报送、使用和评价，为企业经营管理提供有用的业务、财务信息。

3. 素质目标

（1）能具备"诚信为本，操守为重，坚持准则，不做假账"的职业道德；

（2）能建立职业认同感；

（3）能树立积极主动、吃苦耐劳的职业态度；

（4）能形成精益求精、严谨专注的职业精神；

（5）能确立明确的职业理想。

四、教学内容要求及学时分配

序号	教学单元	教学内容	教学要求		学时
			知识和素养要求	技能要求	
1	认知业务财务会计	1. 企业经济业务 2. 业务财务会计的认知	1. 识别企业经济业务活动及业务流程 2. 理解业务财务会计职能 3. 理解业务财务的岗位职责、区分核算财务与业务财务的区别 4. 理解业财融合的基础 5. 认同财务职业，为培养爱岗敬业的匠人精神奠定基础		4
2	筹资业务核算与管理	1. 认识筹资业务 2. 权益性筹资业务核算与管理 3. 债务性筹资业务核算与管理	1. 细列资金筹集方式，了解各资金筹集方式的特点 2. 辨别权益性筹资、债务性筹资业务相关会计科目的使用，结合管理需求，合理设置明细科目 3. 形成"诚信为本，操守为重，坚持准则，不做假账"的职业道德	1. 结合内部控制规范、资金需求、资金筹集成本等情况，配合决策者制定融资方案 2. 为筹资业务必备的相关资料，正确办理筹资业务 3. 根据筹资业务流程，熟练权益性筹资、债务性筹资的会计核算 4. 编制和报送融资分析报告	10
3	投资业务核算与管理	1. 认识投资业务 2. 对内投资（固定资产）业务核算与管理 3. 对内投资（无形资产）业务核算与管理 4. 对内投资（投资性房地产）业务核算与管理 5. 对外投资业务核算与管理	1. 理解固定资产、无形资产、投资性房地产不同取得方式（含融资租赁）下，价值构成 2. 理解对外投资的种类和业务特点，辨别各投资业务计量属性应用 3. 辨别对外投资和对内投资相关会计科目的使用，结合管理需求，合理设置明细科目	1. 结合战略与预算信息，编制投资分析报告，为企业业务部门投资决策提供资金、销售和生产等相关信息支持 2. 能根据对内投资流程，熟练固定资产、无形资产、投资性房地产的会计核算 3. 能根据对外投资流程，熟练金融产品会计核算，了解长期股权投资会计核算 4. 编制和报送投资分析报告	16
4	采购业务核算与管理	1. 认识采购业务 2. 采购结算业务核算与管理 3. 采购业务核算与管理 4. 其他方式取得物料的业务核算与管理	1. 理解采购方式（含直接采购和招标采购）及其业务流程，协助业务部门完成采购业务，并发挥监督和控制职能 2. 细列结算方式、特点及相关会计科目的使用，结合管理需求，合理设置明细科目	1. 能结合物料需求和采购业务流程，协同相关业务部门进行供应商信用和商品价格调研，制定采购计划，依据"性价比"综合权衡供应商 2. 能协同业务部门完成采购合同中结算方式、定价和发票等条	8

续表

序号	教学单元	教学内容	教学要求		学时
			知识和素养要求	技能要求	
			3. 熟悉原材料、周转材料定义及价值构成 4. 区分实际成本法和计划成本法 5. 意识从"满足制度要求"到"满足经营需求"转变 6. 树立积极主动的意识,善于思考与探索,及时发现和解决供应业务中的问题	款制订 3. 根据采购业务流程,熟练进行物料采购的会计核算 4. 能协同业务部门验收物料及进行相关管理,并编制和报送采购业务报告,完成供应商考核评价	
5	生产业务核算与管理	1. 认识生产业务 2. 物料消耗业务核算与管理 3. 薪酬业务核算与管理 4. 成品入库业务核算与管理	1. 理解生产业务及流程,了解生产过程中企业的资源投入及关键控制点 2. 辨别生产过程相关会计科目的使用,结合管理需求,合理设置明细科目 3. 掌握生产过程中料工费的会计处理方法 4. 树立积极主动、吃苦耐劳的职业态度	1. 结合企业各种规章制度,能根据销售计划和商品库存情况,协同业务部门编制生产计划表 2. 根据生产业务流程、结合发出存货单价、存货计价方法,熟练领用物料的会计核算 3. 根据预算执行情况,协同业务部门考核绩效,完成薪酬业务的会计核算 4. 根据生产业务流程,熟练产品成本费用的归集、分摊、入库会计核算 5. 能结合企业生产、销售实际情况、预算数据,编制和报送生产业务报告	14
6	销售业务核算与管理	1. 认识销售业务 2. 收入业务核算与管理 3. 销售结算业务核算与管理 4. 成本业务核算与管理	1. 理解销售模式及销售业务流程,理解销售业务关键控制点 2. 细列结算方式及相关会计科目的使用,结合管理需求,合理设置明细科目 3. 熟悉不同销售模式下收入、成本确认标准与计量规则 4. 能与业务部门建立良好关系,具备沟通技巧、协作能力,有效传递信息	1. 能结合内部控制规范,协同业务部门开展客户信用调研和商品价格调研,制定销售方案,计算销售毛利率,控制回款风险 2. 能协同业务部门完成销售合同中结算方式、销售定价信用期限和发票等条款制定 3. 根据销售业务的合同条款、发票和结算单据等资料,完成收入相关的会计核算 4. 结合业务部门提供的相关单据,完成成本结转相关的会计核算 5. 根据销售业务情况,编制销售毛利率和客户综合评价等销售业务报告,协同业务部门编制配送业务报告	18

续表

序号	教学单元	教学内容	教学要求		学时
			知识和素养要求	技能要求	
7	费用业务核算与管理	1. 认识费用业务 2. 期间费用业务核算与管理 3. 税费业务核算与管理	1. 熟悉费用发生的业务场景，理解费用管控流程 2. 辨别费用相关会计科目的使用，结合管理需求，合理设置明细科目 3. 根据相关税收政策要求，准确计算相关税费 4. 具备组织策划、学习和推广的能力，能主动学习、敢于创新，发现并解决经营问题 5. 形成精益求精、严谨专注的职业精神	1. 能结合内部控制制度和费用管理制度，准确判断费用合法性、合规性和合理性 2. 根据报销凭证和审批流程，完成费用相关会计核算 3. 根据税费的确认、申报和缴纳流程，完成相应的会计核算 4. 能协同业务部门编制和报送研究开发报告、售后服务报告	10
8	资产处置与期末业务核算与管理	1. 资产处置业务核算与管理 2. 财产清查业务核算与管理 3. 资产减值业务核算与管理	1. 细列资产处置种类，熟悉各种资产处置业务的流程与关键控制点 2. 熟悉财产清查方法与处理流程 3. 熟悉资产减值的确认与计量方法 4. 具备专业判断与综合决策能力	1. 能结合内部控制制度和资产管理制度，协同业务部门制定资产处置方案，并完成相应会计核算 2. 结合内部控制制度和财产清查制度完成财产清查工作，按照授权批准流程对盘盈、盘亏结果进行会计核算，并编制清查报告 3. 结合资产减值情况，进行会计核算 4. 能进行期末结账，编制和报送资金管理报告、协同业务部门报送人力资源报告	8
9	利润形成和分配业务核算与管理	1. 认识利润形成 2. 所得税业务核算与管理 3. 利润分配业务核算与管理	1. 熟悉利润形成的主要业务关系 2. 掌握营业利润、利润总额和净利润的计算方法 3. 具备"诚信为本，操守为重，坚持准则，不做假账"的职业道德	1. 熟练结转利润、所得税费用业务的会计核算 2. 提供利润分配相关决策支持，并完成利润分配的会计核算 3. 结合预算情况，提供成本业绩指标、收入业绩指标、利润业绩指标考核结果，提供绩效考核所需的支持服务 4. 编制和报送盈利分析报告	6

续表

序号	教学单元	教学内容	教学要求		学时
			知识和素养要求	技能要求	
10	会计报告的编制与报送	1. 认识会计报告 2. 财务会计报告的编制与使用 3. 业务层和经营层管理会计报告的编制与使用	1. 理解会计报告的含义、种类、作用 2. 熟悉资产负债表、利润表、现金流量表的结构和编制方法 3. 理解筹资、投资、采购、生产、销售和利润分配等业务活动的经营目标和会计信息需求，设计经营层和业务层管理会计报告 4. 具有全局视角，熟悉行业态势，能站从全局性的视角提供决策支持服务 5. 确立明确的职业理想	1. 熟练编制和报送资产负债表、利润表、现金流量表等财务报表 2. 能及时、高效完成经营层和业务层管理会计报告的编制、报送、使用和评价，为企业经营管理提供有用的业务、财务信息，支持其做出决策 3. 能够为相关业务部门和经营部门解读会计报告	12

五、教学条件

1. 师资队伍

（1）专任教师。要求具有扎实的财务会计理论功底和一定企业会计核算和业财管控岗位经历，熟悉国家会计法律法规和企业账务处理流程；能够熟练掌握各企业经济业务的处理、会计信息报告的编制，熟练操作财务信息平台，能示范演示各经济业务的核算流程和业务流程关键控制活动；能够运用各种教学手段和教学工具指导学生进行财务知识学习和开展企业业务财务实践教学。

（2）兼职教师。①现任企业财务核算人员，要求能进行设置会计账户、处理经济业务会计核算、编辑和报送财务报告和管理报告等内容的教学；②现任业财管控岗位人员，要求能够进行结合业务部门所需的决策支持，配合完成各经营分析、资源配置和风险管控等方面的教学。

2. 实践教学条件

（1）理实一体化实训室。建议在一体化专业实训室或智慧教室进行教学，需要每个座位配置一台电脑，网络应流畅，能播放在线教学视频。有条件的情况下应配备与本课程相适应的智能化教学软件。

（2）教学软件平台。模拟业财一体信息化平台、仿真产供销研业务平台等，可在机上进行无纸化财务实务操作。借助教学软件虚拟真实企业的生产环境、生产工艺流程及相关单据，帮助学生学习智能化核算和管理。

（3）实训工具设备。配备纳税工作所需的办公文具，如办公设施、票据、打印机、扫描仪、计算器、文件柜及各种日用耗材，配置具有业财信息管理功能的网络及计算机设备。

（4）实训指导资料。配备财务实务操作手册，相关法律、法规、制度等文档。

3. 教材选用与编写

教材应符合《职业院校教材管理办法》等文件的规定和要求，探索使用新型活页式、工作手册式教材并配套信息化资源。教材编写应以本课程标准为依据，充分体现任务引领、实践导向的设计思想，将企业的生产经营活动开发为典型的经济业务管理的子项目，每个子项目分解成若干任务，根据课堂任务设定学习情境，学生学习的过程即实际工作的过程，学生学习成果即工作成果，将理论知识和实践操作有机结合。教材内容应体现新技术、新工艺、新规范，贴近中小微企业财务核算和管理需求。

（1）教材是完成教学过程、达到教学目标的手段和媒介，在编写过程中应充分体现本课程项目设计的理念，依据本课程标准采用任务驱动型模式进行编写。

（2）教材应按企业经济业务核算与管理的工作内容、操作流程的先后顺序、理解掌握的难易程度等进行编写。

（3）教材编写应根据高职高专学生的特点，从培养技能型人才出发，内容安排上要深入浅出、适度够用、突出实用，语言组织要简明扼要、科学准确、通俗易懂，形式上应图文并茂、可操作性强，配备大量的实务题，使学生能够在学习完理论知识后及时地得到相应的技能训练。

（4）教材内容应体现先进性、准确性、通用性和实用性，要将最新的会计准则及管理会计前沿知识及时纳入教材，使教材更贴近本专业的发展和实际需要。

（5）教材中的活动设计内容要具体，并在实训室环境下具有可操作性。教材中的案例可以采用企业真实案例，提高学生业务操作的仿真度。

4. 教学资源及平台

（1）线上教学资源。支持混合教学和 MOOC 开放的公共教学资源库或自建教学资源。建议利用智慧职教等平台建设教学资源库和在线开放课程，为实施线上线下混合教学提供条件。建议采用智慧职教平台广州番禺职业技术学院谢慕龄主持的会计专业群教学资源库"业务财务会计"课程资源。

（2）线上教学平台。采用符合国家有关互联网平台条件的公共教学平台。建议使用智慧职教等教学平台，利用职教云建设在线课程，设计教学活动；利用云课堂实施课堂教学。借助职教云强大的学习活动分析功能关注和分析学生的学习情况，及时解决学生学习中的短板问题。

六、教学方法

1. 项目教学法

项目教学法是以工作任务为依据设计教学项目，以学生为活动主体实施项目的教学方法，也就是将教学内容融入项目实施过程的一种教学方法。项目教学法是以学生为中心的教学模式，这种教学模式中学生是主动的学习者，教师是学生学习的指导者。每个项目的实施都有一个明确的任务、一个完整的过程，能够取得一个标志性成果。

2. 课堂讲授法

课堂讲授法是教师通过口头语言向学生描绘情境、叙述事实、解释概念、论证原理和阐明规律的教学方法。该方法以教师的语言作为主要媒介系统，连贯地向学生讲授基础知识、基本理论或基本流程，帮助学生理解并准确掌握相关知识技能，特别是各个知识技能点之间的有机联系和逻辑关系。

3. 任务驱动法

任务驱动法是以职业能力养成为核心，通过设计不同场景的项目任务来组织教学，从获取信息到制订步骤，再到决策和付诸行动，直至检查、反思与评估，完成一个完整的工作过程。教师只扮演一个"咨询者""协调者"和"观察员"的角色，引导学生自主学习，向学生提供资源、给予建议和操作指导，可加深学生对基础知识和基本技能的掌握，也有助于学生职业判断能力、决策能力的提升和团队合作精神的培养。

4. 情境教学法

在运用情境教学法进行教学过程中，教师有目的地引入或采用虚拟企业、虚拟职能部门、虚拟业务流程等现代技术手段，将教学内容以视频、动漫等方式展示，提高学习的现场感、趣味性，激发学生的情感，使学生能够尽快适应、了解和掌握将来所从事的工作所必备的知识和技能，直至熟悉可能遇到的各种方法，帮助学生做出正确的决策，有效调动学生学习的主动性、积极性和创造性，培养学生职业能力。

5. 案例教学法

案例教学法包括讲解案例法和讨论案例法两种。讲解案例法，是将案例教学融入传统的讲授教学法之中的一种方法。教学中使用的案例通常是针对课程知识体系中的重点、难点问题设计的，也称"知识点案例"。讨论案例法，是以学生课堂讨论为主，案例是学生讨论的主题，学生通过对案例的剖析，提出各自的解决方案，并予以充分讨论。

6. 启发式教学法

启发式教学是根据教学目的和内容，通过设计启发、诱导型问题，引导学生养成多思考、善思考、勤思考的习惯，将问题解决贯穿于教学的每一环节，启迪学生思考，活跃学生思维，促进学生身心发展，提高学生学习的主动性、积极性和创造性，更好地激发学生的学习兴趣，加深对课程内容的理解。

7. 分工协作教学法

在各经济业务管理的学习阶段，可以按工作内容将学生分组，也可以按工作流程将学生分组，比如原始凭证处理、记账凭证处理、总账处理、明细账处理等。通过分组学习，培养学生分工协作能力。

8. 线上线下混合教学法

本课程课时量不能完全满足理论与实践同步推进的一体化教学需要，应充分利用在线课程培养学生自主学习能力，把基本理论知识的学习放在课外解决，课堂主要解决关键知识点存在的问题，完成实训任务。教师要利用好线上课程，设计课前、课中、课后环节，利用云课堂布置和批改、评讲作业，为学生打造移动课堂。

七、教学重点难点

1. 教学重点

教学重点：采购业务核算与管理、生产业务核算与管理、销售业务核算与管理、利润业务核算与管理、会计报表的编制与报送。

教学建议：贯彻项目式教学于课程之中，以任务情景为导入，增加学生兴趣和工作责任感，融合"教、学、做、评"为一体，理论学习和实践操作有机组合；结合线上资源和线下课堂，以学生为中心，实行因材施教，给学生解决个性化疑问。

2. 教学难点

教学难点：筹资业务核算与管理、销售业务核算与管理、会计报告的编制与报送。

教学建议：结合真实案例，组织学生以小组形式完成任务，促进学生交流合作；结合"1＋X"职业技能等级证书的标准内容以及仿真实训软件，有机组合理论学习和实践操作，组织学生多角度学习难点知识。

八、教学评价

本课程主要考核学生知识目标、技能目标及素质目标的达标情况。理论知识的掌握情况主要通过期末闭卷考试进行考核，占总成绩的 40%；技能目标主要通过对学生提交的工作成果的完成情况进行考核，占总成绩的 30%；素质目标主要通过对线下出勤与课堂表现、线上学习、团队合作情况进行考核，占总成绩的 30%。

九、编制说明

1. 编写人员

课程负责人：谢慕龄　广州番禺职业技术学院（执笔）

课程组成员：黄丽丽　广州番禺职业技术学院

　　　　　　刘　云　广州番禺职业技术学院

　　　　　　赵　静　厦门网中网软件有限公司

　　　　　　罗　颖　正保财务云共享科技（广东）有限公司

2. 审核人员

　　　　　　杨则文　广州番禺职业技术学院

　　　　　　夏焕秋　广州番禺职业技术学院

"共享财务会计"课程标准

课程名称：共享财务会计
课程类型：专业群平台课
学　　时：48 学时
学　　分：2.5 学分
适用专业：大数据与会计、大数据与审计、会计信息管理

一、课程定位

随着移动互联网、云计算、大数据、智能化等信息技术带来的企业财务组织形式的变革，依托信息技术，以财务业务流程处理为基础，以优化组织结构、规范流程、提升效率、减低运营成本或创造价值为目的财务共享服务应运而生。《财政部关于全面推进管理会计体系建设的指导意见》也明确提出，鼓励大型企业和企业集团充分利用专业化分工和信息技术优势，建立财务共享服务中心，加快会计职能转变和管理会计工作的有效开展。财务共享作为财务转型的重要抓手，出现了企业集团共享中心和社会共享中心两种模式。本课程依据财务转型对会计人员专业素质和专业能力的要求开设，主要学习利用云平台和财务机器人等智能财务工具，从事共享会计核算、纳税申报、会计档案管理等工作，进而培养财务共享专业人才。该课程的前置课程为"大数据会计基础""业务财务会计""智能化税费核算与管理""智能化成本核算与管理""财务机器人应用与开发""企业所得税汇算清缴（教学企业项目）"，后续课程为"云财务应用（教学企业项目）"、顶岗实习与毕业调研。

二、课程设计思路

本课程的总体设计思路是：以财务共享中心规范化、标准化的岗位工作流程为基础，基于"业财税"深度一体化的智能共享平台和财务机器人等数字技术的应用，按照"项目课程"思路，将财务共享中心岗位工作转化为学习项目，将工作任务转化为学习任务，并遵循成果导向原则，以职业能力培养为目标，通过财务共享中心工作流程驱动、完成流程化的工作任务，循序渐进地引导学生认知财务共享，进而掌握财务共享领域的技能要求；通过真实的岗位工作情境和真实工作任务的完成，实现教学过程工作化和工作过程学习化。具体如下：

（1）本课程以财务共享中心真实工作项目为载体，以完成岗位工作为目标，以完成岗位工作任务所需职业能力为依据，按照岗位工作流程设置课程结构，并根据工作任务特点组织课程的教学实施。本课程的课程结构以财务共享模式下共享财务工作流程为线索，设计了财务共享中心工作准备、财务共享中心票据整理、共享业务处理、共享纳税申报、共享中心资料归档等的学习项目，做到课岗融合，当项目结束时，工作任务随之完成并获取相应的标志性工作成果，实现专业技能培养目标。本课程在通过与共享财会岗位要求完全相同的实际操作中，培养学生的职业意识，提高职业素质，形成工作能力，为其即将从事的财会工作打下坚实基础，使其成为理实结合的财会专业人才。

（2）借鉴"财务共享服务实务"初级、中级"1＋X"证书考证要求，选取部分内容融入本课程之中。

（3）教学过程中将"保守秘密、诚实守信、遵纪守法、合规、责任和担当"贯穿全课程，以促进学生健全、高尚人格的塑造和培养，将"术""道"相结合，既注重专业技能的学习，更要注重职业素养和品德的教育，实现育德任务"润物细无声"。

三、课程目标

课程以财务共享中心岗位业务操作为抓手，通过企业真实的业务活动和工作任务，培养学生熟练进行会计核算、稽核、纳税申报等专业技能，使学生能够达到财务共享中心财务会计工作的任职条件，符合直接上岗的任职要求，实现与岗位的对接。具体包括知识目标、技能目标和素质目标。

1. 知识目标

（1）了解财务共享中心组织架构和岗位设置；

（2）熟悉共享中心平台各模块功能；

（3）熟悉财务共享中心财务共享工作流程；

（4）掌握智能核算的初始设置；

（5）掌握票据整理和审核的规范要求；

（6）掌握各类共享业务的处理流程和操作规范；

（7）掌握各税种的计算和共享纳税申报流程；

（8）熟悉财务共享中心资料归档事宜。

2. 技能目标

（1）能正确完成财务共享中心智能核算的初始设置；

（2）能确定财务共享中心各岗位工作职责和工作规范；

（3）能体验大数据、人工智能、移动互联网等新技术在财务共享模式下的应用；

（4）能操作真实的财务共享中心平台系统，完成财务共享模式下的各类业务流程操作；

（5）能完成各税费的共享申报和申报表数据的稽核工作；

（6）能够按照审核工作的规范要求，运用审核的方法和技巧进行财务审核和修正；

（7）能正确完成财务资料的打印、整理、流转、归档事宜。

3. 素质目标

（1）能够遵守职业道德规范、保守秘密，具有较强的服务意识；

（2）能遵守财经纪律、工作积极主动，有较强的责任心，做到工作尽职尽责；

（3）熟悉国家税收法律、财经法规，具有依法诚信纳税意识，做到讲诚信、勇担当、尽职责；

（4）具有大局意识及团结互助的协作精神。

四、教学内容要求及学时分配

序号	教学单元	教学内容	教学要求		学时
			知识和素养要求	技能要求	
1	财务共享认知	1. 财务共享产生的背景及发展历程 2. 财务共享中心的分类 3. 财务共享服务中心的组织架构和岗位设置	1. 了解财务共享产生的背景 2. 了解财务共享的发展历程 3. 了解财务共享中心的分类 4. 熟悉集团管控型财务共享服务中心的组织架构和岗位设置 5. 掌握服务型财务共享服务中心的组织架构和岗位设置		2
2	财务共享中心工作准备	1. 共享中心平台认知 2. 企业信息建档 3. 共享中心智能核算初始设置	1. 了解共享中心平台各功能模块 2. 熟悉财务共享中心财务共享工作流程 3. 掌握企业建档需收集的信息 4. 掌握财务共享中心会计科目设置原则 5. 掌握期初数据录入注意事项 **思政点**：能够遵守职业道德规范、保守秘密、强化服务意识	1. 能够完成与相关单位沟通协调事宜 2. 能根据企业信息建立客户档案 3. 能在共享中心平台完成新增会计科目 4. 能在共享中心平台完成期初数据录入 5. 能核查和修正期初数据	4
3	财务共享中心票据整理	1. 票据的识别 2. 票据的审核 3. 票据的扫描上传 4. 票据数据的线上采集	1. 掌握票据整理工作规范要求 2. 掌握票据不同的分类方式 3. 掌握票据审核要点 4. 掌握票据扫描注意事项 5. 掌握线上采集票据要领 **思政点**：遵守财经纪律、工作积极主动，有较强的责任心，做到尽职尽责，确保票据安全	1. 能确定财务共享中心票据整理岗位工作清单 2. 能确定财务共享中心票据整理岗位工作职责 3. 能读懂票据信息进行票据分类 4. 能正确审核单据的真实性、完整性、合法性和合理性 5. 能在共享中心平台完成票据上传工作 6. 能在共享中心平台完成线上票据的信息采集工作	4

续表

序号	教学单元	教学内容	教学要求		学时
			知识和素养要求	技能要求	
4	采购票据的账务处理	1. 采购共享业务处理流程 2. 采购共享业务智能核算的设置 3. 采购发票的登记 4. 采购业务智能核算	1. 掌握采购共享业务处理流程 2. 熟悉采购发票的种类 3. 掌握采购共享业务智能核算不同设置的区别 4. 掌握采购发票登记注意事项 5. 掌握采购业务智能核算的规范要求	1. 能准确描述采购共享业务处理流程 2. 能识别采购类业务常见票据 3. 能根据采购共享业务的需要进行设置 4. 能正确登记采购发票 5. 能正确核算采购共享业务	2
5	销售票据的账务处理	1. 销售共享业务处理流程 2. 销售共享业务智能核算的设置 3. 销售发票的登记 4. 销售业务智能核算	1. 掌握销售共享业务处理流程 2. 掌握销售共享业务智能核算不同设置的区别 3. 掌握销售发票登记注意事项 4. 掌握销售业务智能核算的规范要求	1. 能准确描述销售共享业务处理流程 2. 能识别销售类业务常见票据 3. 能根据销售共享业务的需要进行设置 4. 能正确登记销售发票 5. 能正确核算销售共享业务	2
6	货币资金的账务处理	1. 货币资金共享业务处理流程 2. 银行账单智能核算的习惯设置 3. 银行账单的登记 4. 货币资金业务智能核算	1. 掌握货币资金共享业务处理流程 2. 掌握银行账单智能核算不同设置的区别 3. 掌握银行账单登记注意事项 4. 掌握货币资金业务智能核算的规范要求	1. 能准确描述货币资金共享业务处理流程 2. 能识别货币资金业务常见票据 3. 能进行银行账单智能核算的习惯设置 4. 能正确登记银行账单 5. 能正确核算货币资金共享业务 6. 能根据共享平台影像单据核算	2
7	职工薪酬共享业务核算	1. 职工薪酬共享业务处理流程 2. 制作工资表 3. 职工薪酬智能核算的设置 4. 职工薪酬业务智能核算	1. 掌握职工薪酬共享业务处理流程 2. 掌握工资表各部分的含义 3. 掌握职工薪酬业务智能核算的规范要求	1. 能准确描述职工薪酬共享业务处理流程 2. 能正确制作工资表 3. 能正确核算职工薪酬共享业务	2
8	费用共享业务核算	1. 费用共享业务处理流程 2. 费用业务录入规范要求 3. 费用的种类及内容 4. 费用业务智能核算	1. 掌握费用共享业务处理流程 2. 掌握费用的种类及内容 3. 掌握费用业务智能核算的规范要求	1. 能准确描述费用共享业务处理流程 2. 能准确判断费用所属种类 3. 能识别费用业务常见票据 4. 能根据费用业务录入规范进行费用智能核算的设置 5. 能正确核算费用共享业务	2

续表

序号	教学单元	教学内容	教学要求		学时
			知识和素养要求	技能要求	
9	成本共享业务核算	1. 成本共享业务处理流程 2. 共享平台存货功能模块设置 3. 成本业务智能核算	1. 掌握成本共享业务处理流程 2. 掌握存货功能模块设置要点 3. 掌握成本业务智能核算的规范要求	1. 能准确描述成本共享业务处理流程 2. 能根据存货计价方法计算发出存货成本 3. 能根据客户类型进行成本功能模块设置 4. 能正确核算成本共享业务	2
10	期末共享业务核算	1. 期末业务智能核算流程 2. 期末业务的内容界定 3. 期末业务处理的规范要求 4. 期末业务的智能核算	1. 掌握期末业务智能核算流程 2. 掌握期末业务包含的内容 3. 掌握期末业务智能核算规范要求	1. 能准确描述期末业务智能核算流程 2. 能按照相关政策法规和财务制度正确核算期末共享业务	2
11	财务共享中心业务分析	1. 采购共享业务智能分析 2. 销售共享业务智能分析 3. 货币资金共享业务智能分析 4. 薪酬共享业务智能分析 5. 费用共享业务智能分析 6. 成本共享业务智能分析 7. 期末共享业务智能分析 8. 财务报表智能分析	1. 掌握共享平台票据的分析要点 2. 掌握财务共享中心业务核算标准 3. 掌握7类共享业务智能核算分析路径和分析方法 4. 掌握主要账户的审核方法和技巧 5. 掌握财务报表审核要点 **思政点：**遵纪守法、甄别不规范票据	1. 能识别共享平台票据，并对其合法性、完整性、合理性等进行分析 2. 能对智能核算的凭证进行账证、账账核对 3. 能够按照审核的工作规范要求，运用审核的方法和技巧对主要账户和账户勾稽关系进行分析 4. 能对分析出的错误进行及时纠正或上报处理	8
12	商品劳务流转税和附加税智能申报与稽核	1. 增值税及附加税智能申报 2. 消费税及其他税智能申报 3. 商品劳务流转税和附加税申报稽核	1. 掌握小规模纳税人增值税及附加税的计算及纳税申报流程 2. 掌握一般纳税人增值税及附加税的计算及纳税申报的流程 3. 掌握消费税和其他税申报流程 **思政点：**了解国家税收法律，树立依法诚信纳税意识，做到讲诚信、勇担当、尽职责	1. 能依据相关政策法律，正确计算小规模纳税人和一般纳税人当期应纳税额 2. 能完成小规模纳税人和一般纳税人增值税和附加税共享智能申报 3. 能完成消费税和其他税共享智能申报 4. 能复核申报表数据的准确性，并能修改、调整差异	4

续表

序号	教学单元	教学内容	教学要求		学时
			知识和素养要求	技能要求	
13	个人所得税智能申报与稽核	1. 个人所得税申报基础 2. 个人所得税智能申报流程 3. 个人所得税申报稽核	1. 掌握个人所得税申报基础 2. 掌握个人所得税申报表填制方法 3. 掌握个人所得税的申报流程 **思政点：**熟悉国家法律法规，做到爱岗敬业、诚实守信、坚持原则	1. 能依据相关政策法律，正确计算个人所得税税额 2. 能完成个人所得税智能共享申报 3. 能复核申报表数据的准确性，并能修改、调整差异	2
14	企业所得税智能申报与稽核	1. 企业所得税申报基础 2. 企业所得税申报表填制方法 3. 企业所得税申报流程 4. 企业所得税申报稽核	1. 掌握企业所得税的申报基础 2. 掌握企业所得税申报表勾稽关系和填制方法 3. 掌握企业所得税申报流程 **思政点：**熟悉国家法律、财经法规，做到遵纪守法、依法纳税	1. 能依据相关政策法律，正确计算企业所得税税额 2. 能完成企业所得税季度智能共享申报 3. 能完成企业所得税智能共享汇算清缴 4. 能复核申报表数据的准确性，并能修改、调整差异 5. 能根据税收优惠政策为企业合理节税	6
15	财务共享中心资料归档	1. 会计资料的打印 2. 会计资料的整理 3. 会计资料的装订 4. 会计资料的流转	1. 熟悉共享中心资料归档业务流程 2. 熟悉共享平台资料打印的规范要求 3. 熟悉会计资料整理的规范要求 4. 掌握会计资料流转程序及注意事项	1. 能正确完成共享平台打印设置 2. 能按照档案管理工作的规范要求，完整打印会计资料 3. 能根据资料整理的规范要求完成资料整理 4. 能正确装订会计资料 5. 能绘制会计资料建档清单 6. 能完成会计资料的接受、内部传递和归档	4

五、教学条件

1. 师资队伍

（1）专任教师。要求具有扎实的财务会计理论功底和一定的财务会计岗位经历，熟悉财务共享中心岗位工作流程、内容和岗位工作职责；对于财务共享服务有一定的理论知识，并具备一定的财务共享服务中心工作经验；能够在任务驱动下，采用案例教学法、角色扮演法、启发式教学法和工作经验分享等进行共享财务会计的教学。

（2）兼职教师。企业财务会计相关岗位工作人员，要求具有较强的业务能力；具有一定的教学能力和教学素养，能够结合企业实际业务完成共享财务会计实践教学；具有丰富的财务共享中心实践工作经验，能进行理票、共享智能核算、共享智能审核、共享智能纳税申报等业务操作的示范教学。

2. 实践教学条件

（1）教学场所。本课程需要使用网络接入、移动互联网信号畅通理实一体化实训室。实训室应配置电脑、文具盒、打印机、扫描仪、计算器等财务共享服务工具，能够营造云化的财务共享业务处理工作环境。

（2）教学软件平台。财务共享服务信息系统，如财务云协同管理平台、唯易账务处理等系统；第三方平台，如网络银行、电子税局等。借助真实的共享操作平台，帮助学生学习共享财务会计的业务处理、审核等相关工作。

（3）实训材料。真实的企业案例资料和业务单据。

（4）实训指导资料。配备岗位工作手册、标准化的业务处理工作规范、考核评分表等文档。

3. 教材选用与编写

教材应符合《职业院校教材管理办法》等文件的规定和要求，探索使用新型活页式、工作手册式教材并配套信息化教学资源。具体如下：

（1）教材编写应以本课程标准为依据，充分体现任务引领、工作导向的设计思想。能将财务共享服务中心的会计工作按照工作过程的逻辑顺序分解成典型的学习项目，按真实的岗位操作规程组织教材内容。

（2）教材应与企业财务共享服务中心实际使用的共享信息系统相结合，表达应通俗易懂、图文并茂，准确、精炼、科学，具有可操作性。

（3）教材内容应体现先进性、通用性、实用性，要将财务共享服务中心的最新技术、工具、管理理念等及时地纳入教材，教材内容应包括财务共享服务中心典型的主要岗位和相关业务，使教材更贴近实际。

（4）教材中的案例采用企业真实案例，提高业务操作的仿真度，增强学生真实的岗位认知。

（5）教材应配备完备的教学资源，形成课程教学资源库，实现多媒体资源的共享，提高课程资源利用效率。

4. 教学资源及平台

（1）线上教学资源。利用智慧职教等平台建设课程教学资源库和在线开放课程，教学资源包括教学视频、操作视频、实训案例、题库等，为实现线上线下混合教学提供条件。

（2）线上教学平台。使用智慧职教等教学平台，利用职教云等建设在线开放课程，设计课程教学活动；利用云课堂实施课堂教学。借助职教云的学习活动分析功能及时了解学生的学习情况，进而及时解决学生学习中的问题，并通过建立答疑区、讨论区、分享区等，促使学生的交互式学习，进而取得较好的学习效果。

（3）真实的实训材料。本课程以校企合作的财务共享中心真实的业务资料作为课程实训资料，提高学生真实的岗位认知，实现"零距离"上岗。

六、教学方法

1. 案例教学法

本课程以财务共享服务中心的一个真实客户的业务数据为教学案例，完成从企业信息建档、期初设置、会计资料整理、不同类型共享业务的智能核算、审核、纳税申报、归档等工作。通过案例教学，让学生更直观地认知岗位工作，进而培养学生具备一定的财务共享服务中心主要核算岗位实操能力。

2. 角色扮演法

财务共享中心岗位角色扮演是一种实践性教学法，是基于探索性和协作性的学习模式，既强调学生的认识主体作用，又充分发挥教师的主导作用。岗位角色扮演教学法把学生作为学习主体，以角色工作任务为驱动，通过真实的业务处理，把死板的理论办成灵活的应用。通过教师的引导、点拨，使学生能理解更深刻、掌握更扎实，而且能充分调动学生学习的积极性、主动性，有利于真正培养学生的创新能力、实践能力和解决问题能力，增长学生独立意识和协作精神。同时，角色扮演法一方面有利于学生在工作中进行换位思考，另一方面也有利于学生从不同角度得到技能的全面训练。

3. 任务驱动法

本课程以职业能力的养成为核心，根据财务共享模式下的财务组织、岗位职责及岗位工作流程，用任务驱动的方式来组织课堂教学。按照分组、分岗、轮岗的共享财务全流程学习模式，既培养个人职业能力，也锻炼集体荣誉感和团队合作精神。同时通过工作任务的完成，使得学生获得职业成就感，增强职业自信。

4. 启发式教学法

在教学中注重贯彻启发式教学原则，引导学生养成勤于思考、独立思考及独立寻找解决问题方法的习惯。将设问答疑常贯穿于课堂，活跃学生的思维，提高学生学习的积极性、主动性，进而加深对课程知识和技能的理解。

5. 项目教学法

项目教学法改变了传统的教学模式，突出学生的主体地位，有效发挥教师的指导作用，通过项目教学，激发学生的学习兴趣，培养学生的团队意识、探究意识和创新能力，提高学生的综合素质，帮助学生取得扎实的实践技能，争取实现学生学习和就业的"零距离"。

6. 线上线下混合教学法

本课程课时量不能完全满足理实一体化的教学需要，应充分利用在线课程培养学生自主学习能力，把基本理论知识的学习放在课外线上解决，课堂主要解决关键知识点存在的问题，完成岗位工作任务。教师要利用好线上课程，设计课前、课中、课后环节，为学生打造便利的移动课堂，以满足教学需要。

七、教学重点难点

1. 教学重点

教学重点：共享业务智能核算、共享业务处理分析、共享中心税务申报。

教学建议：借助财务共享中心共享平台，通过分组、分岗的教学安排，让学生在熟悉岗位工作内容、岗位工作任务、岗位工作规范和岗位工作流程的基础上，进行共享业务的真实操作，并在实操过程强化学生对知识的理解和掌握，做到理实一体化、学习工作化，进而熟练掌握共享业务智能核算、共享业务处理分析及共享中心税务申报等内容。

2. 教学难点

教学难点：共享业务智能核算、共享业务处理分析。

教学建议：通过典型工作案例的解析，引导学生深刻理解岗位工作要领和工作规范；通过学生学习工作经验分享，让学生相互促进、共同成长。通过教师的讲解和对学生业务操作的点评，引发学生探索解决问题的思路和办法，进而更好地掌握在共享业务智能核算、共享业务处理分析中遇到的难点问题。

八、教学评价

本课程考核分为知识、技能和素养三部分。知识目标达成情况主要通过期末闭卷考试进行考核，占总成绩的40%；技能目标达成情况主要通过学生在财务共享平台业务处理工作成果，从完成的工作数量和工作质量两个方面进行考核，占总成绩的40%；素养目标主要从学习态度、课堂表现、团队合作、线上学习等情况进行考核，占总成绩的20%。

九、编制说明

1. 编写人员

课程负责人：刘　云　广州番禺职业技术学院（执笔）

课程组成员：刘　飞　广州番禺职业技术学院

　　　　　　欧阳丽华　广州番禺职业技术学院

　　　　　　周燕颜　正誉企业管理（广东）集团股份有限公司

2. 审核人员

　　　　　　杨则文　广州番禺职业技术学院

　　　　　　罗　颖　正誉企业管理（广东）集团股份有限公司

"业财管理信息系统应用" 课程标准

课程名称：业财管理信息系统应用

课程类型：专业群平台课

学　　时：72 学时

学　　分：4 学分

适用专业：会计信息管理、大数据与会计、大数据与审计

一、课程定位

本课程依据企业财务会计岗位的专业能力要求开设，主要学习利用业财管理信息系统对中小型企业的日常经济业务进行核算和处理，在此基础上了解企业业务与财务的内在有机联系，理解业务流、资金流和信息流之间的关系，掌握业财管理信息系统的规范操作。本课程是大数据与会计专业群的平台课程。前置课程为"大数据会计基础""业务财务会计"，后续课程为"智能化财务管理""战略管理会计"。

二、课程设计思路

（1）课程以业财管理系统工作项目为载体，根据企业财务会计岗的实际业务流程和信息管理需要，选取了 11 个工作项目作为主要教学内容。这 11 个工作项目包含了从系统管理、初始化、日常业务处理、期末处理到编制报表的业财信息管理全过程。教学项目的设计遵循任务导向原则，以解决任务为目标，以熟练掌握企业不同业务的信息化处理为出发点，通过创设工作情境和完成学习任务，实现教学做一体化。

（2）在主要的日常业务处理中，提供完整的业务数据，业务系统的单据可以关联生成财务单据，可以进行全流程业务的跟踪处理，同时通过对财务指标、财务数据的解读，可以用于指导业务工作的开展，充分体现了业财融合的思维。

（3）教学过程中始终贯穿"诚实守信，不做假账"的职业底线；通过正向业务操作，培养学生求真务实、脚踏实地的工作态度；通过反向业务操作，培养学生谨慎细心、一丝不苟的工作作风；通过小组分岗操作，培养学生团结协作、互帮互助的团队意识；通过权限控制、交叉审核，培养学生坚持原则、相互监督的职业精神。

三、课程目标

本课程旨在培养学生胜任企业财务会计岗位的能力，具体包括知识目标、技能目标和素质目标。

1. 知识目标

（1）理解业财管理信息系统的基本构成；

（2）熟悉各个子系统的常用功能模块；

（3）掌握系统管理维护的基本方法；

（4）掌握系统初始化流程与方法；

（5）掌握凭证与账表操作的基本方法；

（6）掌握采购与付款业务的流程与方法；

（7）掌握销售与收款业务的流程与方法；

（8）掌握固定资产管理的流程与方法；

（9）掌握出纳资金管理的流程与方法；

（10）掌握其他日常业务的流程与方法；

（11）掌握会计期末业务处理的主要流程与方法；

（12）掌握财务报表的编制方法。

2. 技能目标

（1）能够进行基本的系统管理操作；

（2）能够熟练进行基础资料设置；

（3）能够熟练进行系统初始化操作；

（4）能够进行总账系统的凭证操作和账表查询；

（5）能够熟练处理集中采购、一般采购、定金采购、采购退料及相关的付款业务；

（6）能够熟练处理集中销售、一般销售、定金销售、委托销售及相关收款业务；

（7）能够熟练处理固定资产的采购、调拨、变更、盘点以及折旧业务；

（8）能够熟练处理资金的收付、上拨下划、资金清查等业务；

（9）能够熟练处理领料、报销、借款、纳税等其他日常业务；

（10）能够熟练进行期末计提、结转以及对账与结账业务；

（11）能够熟练进行报表模板设置并编制会计报表。

3. 素质目标

（1）能具备"诚实守信，不做假账"的职业操守；

（2）能秉承"求真务实，脚踏实地"的工作态度；

（3）能保持"谨慎细心，一丝不苟"的工作作风；

（4）能发扬"团结协作，互帮互助"的团队精神；

（5）能贯彻"坚持原则，互相监督"的做事原则。

四、教学内容要求及学时分配

序号	教学单元	教学内容	教学要求		学时
			知识和素养要求	技能要求	
1	系统管理	1. 新建数据中心 2. 数据中心维护 3. 搭建组织机构 4. 基础资料控制 5. 用户权限管理	1. 了解数据中心的概念 2. 了解组织机构及分类 3. 熟悉组织模式和组织关系 4. 掌握基础资料控制类型 5. 掌握基础资料控制的基本策略 6. 了解用户、角色、权限的基本概念 7. 熟悉角色的类型与属性 8. 掌握角色的授权方法	1. 能根据相关参数新建数据中心 2. 能依据管理需要进行数据中心的备份、恢复、删除与优化 3. 能依据组织结构图新建组织机构，并设置组织业务关系 4. 能依据公司内控制度设置基础资料控制策略 5. 能依据角色功能信息表新增角色，并完成角色的授权 6. 能依据用户信息表进行新建用户、修改用户、禁用用户，并分配角色	4
2	基础设置	1. 设置公共资料 2. 设置主数据资料 3. 设置财税资料 4. 设置供应链资料	1. 掌握币别、存货类别、费用项目、计量单位设置的要求 2. 掌握物料、供应商、客户、部门、员工设置的要求 3. 掌握银行账号、内部账户、汇率体系、会计核算体系、税务规则的设置要求 4. 掌握仓库、组织间结算关系的设置要求	1. 能熟练设置币别、存货类别、费用项目、计量单位等公共资料 2. 能熟练设置物料、供应商、客户、部门、员工等主数据资料 3. 能熟练设置银行账号、内部账户、汇率体系、会计核算体系、税务规则等财税资料 4. 能熟练设置仓库、组织间结算价目表、组织间结算关系等供应链资料	4
3	系统初始化	1. 总账系统初始化 2. 出纳管理初始化 3. 应收应付初始化 4. 费用报销初始化 5. 固定资产初始化 6. 库存管理初始化 7. 库存核算初始化	1. 掌握总账初始化要求 2. 掌握出纳管理初始化要求 3. 掌握应收应付初始化要求 4. 掌握费用报销初始化要求 5. 掌握固定资产初始化要求 6. 掌握库存管理初始化要求 7. 掌握库存核算初始化要求	1. 能熟练进行总账启用、系统参数设置、明细权限设置、期初余额录入、结束初始化操作 2. 能熟练进行出纳系统启用、现金期初录入、银行存款期初录入、结束初始化操作 3. 能熟练进行应收应付系统的启用、期初应收单、期初收款单、期初应付单、期初付款单等数据录入、结束初始化操作 4. 能熟练进行费用报销系统的启用、历史借款余额录入、结束初始化操作	14

续表

序号	教学单元	教学内容	教学要求		学时
			知识和素养要求	技能要求	
				5. 能熟练进行固定资产系统的启用、初始卡片录入、结束初始化操作 6. 能熟练进行库存管理系统的启用、初始库存录入、结束初始化操作 7. 能熟练进行存货核算范围的设置、核算系统的启用、期初核算数据录入、结束初始化操作	
4	总账管理	1. 填制记账凭证 2. 出纳复核及指定现金流量 3. 凭证审核和记账 4. 错账的更正 5. 账表查询与输出	1. 了解总账系统与其他业务系统的关系 2. 掌握记账凭证填制、删除、作废的基本方法 3. 掌握凭证审核及记账的方法 4. 掌握账簿及报表查询与输出的基本方法	1. 能够熟练进行凭证处理 2. 能熟练进行凭证的审核与记账 3. 能熟练进行出纳凭证复核与指定现金流量 4. 能熟练地查询账簿及报表并输出	4
5	采购与付款业务	1. 集中采购业务 2. 一般采购业务 3. 定金采购业务 4. 采购退料 5. 支付货款	1. 了解集中采购业务的概念 2. 熟悉集中采购的业务模式 3. 熟悉采购业务的常用单据 4. 掌握集中采购的操作方法 5. 掌握一般采购的标准流程 6. 掌握预付单与采购订单的关联方法 7. 掌握应付与付款的核销方法 8. 熟悉采购退料的方式	1. 能熟练发起采购申请 2. 能熟练进行采购申请关联生成采购订单操作 3. 能熟练进行采购订单关联生成收料通知单或采购入库单的操作 4. 能熟练进行收料通知单关联生成退货单的操作 5. 能熟练进行组织间结算 6. 能熟练进行存货入库核算 7. 能熟练录入付款单 8. 能熟练进行应付与付款的核销 9. 能熟练生成采购相关凭证	6
6	销售与收款业务	1. 集中销售业务 2. 一般销售业务 3. 定金销售业务 4. 委托销售业务 5. 销售退货	1. 了解集中销售业务的概念 2. 熟悉集中销售的业务模式 3. 熟悉销售业务的常用单据 4. 掌握集中销售的操作方法 5. 掌握一般销售的标准流程 6. 掌握预收单与销售订单的关联方法 7. 掌握应收与收款的核销方法 8. 熟悉销售退货的方式	1. 能熟练录入销售订单 2. 能熟练进行销售订单关联生成发货通知单操作 3. 能熟练进行发货通知单关联生成销售出库单的操作 4. 能熟练进行出库成本核算 5. 能熟练进行组织间结算 6. 能熟练进行对外应收结算 7. 能熟练录入收款单 8. 能熟练进行应收与收款的核销 9. 能熟练生成销售相关凭证	6

续表

序号	教学单元	教学内容	教学要求		学时
			知识和素养要求	技能要求	
7	固定资产管理	1. 固定资产采购 2. 固定资产调拨 3. 固定资产变更 4. 固定资产盘点 5. 固定资产折旧	1. 了解固定资产基本知识 2. 熟悉固定资产的处理流程 3. 掌握固定资产日常业务处理 4. 掌握计提折旧的方法	1. 熟练进行固定资产采购的业务操作 2. 熟练进行固定资产的跨组织调拨操作 3. 能熟练进行固定资产卡片的变更 4. 能熟练进行固定资产的盘点 5. 能熟练计提固定资产折旧 6. 能熟练生成固定资产相关凭证	6
8	出纳资金管理	1. 提现业务 2. 应收票据业务 3. 应付票据业务 4. 资金下拨 5. 资金上划 6. 银行对账	1. 了解出纳工作的基本内容 2. 熟悉出纳业务处理的基本流程 3. 掌握出纳日常业务处理的方法	1. 能熟练办理取现业务操作 2. 能熟练办理收付款业务 3. 能熟练办理票据贴现业务 4. 能熟练办理资金上划和下拨 5. 能熟练进行银行对账操作 6. 能熟练进行资金相关凭证的复核	6
9	其他日常业务	1. 简单生产领料业务 2. 费用报销业务 3. 员工借款业务 4. 缴纳税费业务	1. 了解生产领料的流程 2. 掌握生产领料的操作步骤与方法 3. 掌握费用报销的操作步骤和方法 4. 掌握费用申请的操作步骤和方法 5. 掌握税费缴纳业务的操作步骤和方法	1. 能熟练办理生产领料业务操作 2. 能熟练办理费用报销业务 3. 能熟练办理员工借款业务 4. 能熟练办理税费缴纳业务	4
10	期末处理	1. 计提工资福利费 2. 结转制造费用 3. 结转入库产品成本 4. 结转未交增值税 5. 计提税金及附加 6. 期末调汇 7. 结转损益 8. 对账与结账	1. 了解自定义转账设置流程 2. 掌握自定义转账的设置方法 3. 掌握入库成本维护的方法 4. 掌握未交税金的处理原则 5. 掌握税金及附加的计提方法 6. 掌握期末调汇的方法 7. 掌握损益结转的基本要求 8. 掌握对账和结账的方法	1. 能熟练计提工资福利费 2. 能熟练结转制造费用 3. 能熟练结转入库产品成本 4. 能熟练结转未交增值税 5. 能熟练计提税金及附加 6. 能熟练进行期末调汇 7. 能熟练结转损益 8. 能熟练进行对账与结账	12
11	编制会计报表	1. 自定义会计报表 2. 利用模板生成报表	1. 掌握会计报表基本知识 2. 掌握报表模板的设置方法及报表处理流程 3. 掌握报表公式和数据处理相关规定	1. 能创建自定义会计报表 2. 能利用报表模板生成资产负债表、利润表和现金流量表	6

五、教学条件

1. 师资队伍

（1）专任教师。要求具有扎实的会计理论功底，具有企业业财管理信息系统实际应用或顶岗学习经历，熟悉企业业务流程和会计信息系统的财务工作流程；能够熟练完成业财管理信息系统的系统管理维护、初始化处理、日常业务处理和期末业务处理，并熟练编制财务报表；能够正确分析学源情况，根据学生具体情况、教学内容选择适合的教学方法开展教学活动。

（2）兼职教师。①现任企业财务会计核算岗位工作人员，要求具有较强的信息化处理能力，能进行销售、采购、固定资产、资金等日常业务处理以及期末编制报表等内容的教学；②现任业财管理信息系统的生产厂商、关联企业及其加盟代理商的 ERP 实施顾问、ERP 培训教师等岗位工作人员，要求能够进行系统维护管理、系统初始化设置等方面内容的日常教学。

2. 实践教学条件

（1）理实一体化实训室。建议在一体化专业实训室或智慧教室进行教学，需要每个座位配置一台电脑，网络应流畅，能播放在线教学视频。

（2）配备业财管理信息系统软件（如：金蝶 K3 Cloud 或用友 U8 Cloud），至少包括财务、供应链、成本核算等子系统。可在软件平台上进行业财管理的模拟实务操作。借助教学软件虚拟真实企业的生产环境、生产工艺流程及相关单据，帮助学生学习业财管理信息系统的具体应用。有条件的可配备对应的教考系统，可实现业财管理信息系统的具体应用，满足课程的日常教学考核要求。

（3）实训工具设备。配备业财信息管理工作所需的办公文具，如打印机、扫描仪、计算器、文件柜及各种日用耗材。

3. 教材选用与编写

教材应符合《职业院校教材管理办法》等文件的规定和要求，探索使用新型活页式、工作手册式教材并配套信息化资源。教材编写应以本课程标准为依据，充分体现任务引领、实践导向的设计思想，将企业的业财管理信息应用操作分解成若干典型的工作项目，按企业财务会计岗位职责和工作项目完成过程来组织教材内容。教材内容应体现新技术、新工艺、新规范，贴近中小微企业会计核算与管理需求。

（1）教材是完成教学过程、达到教学目标的手段和媒介，在编写过程中应充分体现本课程项目设计的理念，依据本课程标准采用任务驱动型模式进行编写。

（2）教材应按业财管理信息系统实际的工作内容、操作流程的先后顺序、理解掌握的难易程度等进行编写。

（3）教材编写应根据高职高专学生的特点，从培养技能型人才出发，内容安排上要深入浅出，适度、够用，突出实用，语言组织要简明扼要、科学准确、通俗易懂，形式上应图文并茂、可操作性强，配备大量的实务题，使学生能够在学习完理论知识后及时得到相应的技能训练。

（4）教材内容应体现先进性、准确性、通用性和实用性，要将最新的会计准则、会计制度及税收法规知识及时地纳入教材，使教材更贴近本专业的发展和实际需要。

（5）教材中的活动设计内容要具体，并在实训室环境下具有可操作性。教材中的案例可以采用企业真实案例，提高业务操作的仿真度。

4. 教学资源及平台

（1）线上教学资源。支持混合教学和 MOOC 开放的公共教学资源库或自建教学资源。建议利用智慧职教等平台建设教学资源库和在线开放课程，为实施线上线下混合教学提供条件。

（2）线上教学平台。采用符合国家有关互联网平台条件的公共教学平台。建议使用智慧职教等教学平台，利用职教云建设在线课程，设计教学活动；利用云课堂实施课堂教学。借助职教云强大的学习活动分析功能关注和分析学生的学习情况，及时解决学生学习中的短板问题。

六、教学方法

1. 项目教学法

以企业实际业务财务管理的典型工作任务为依据，设计系统管理、系统初始化等 11 个教学项目，将教学内容融入项目的实施过程。学生是课堂活动的中心主体，是主动的学习者，教师是学生学习的指导者。每一个项目的实施都有明确的情境任务，是一个完整的过程，能够取得一个标志性成果（凭证、账簿或报表等）。

2. 课堂讲授法

在教学过程中，对于业财管理信息系统应用中涉及的概念、流程和方法可通过教师口头语言向学生进行讲授，帮助学生理解并准确掌握相关知识技能，特别是各个知识技能点之间的有机联系和逻辑关系。

3. 操作演示法

对于一些关键步骤或难点内容，可以通过操作演示法进行教学，由教师进行操作步骤和操作方法的演示，配以适当的理论讲授。注意教学过程中切不可把演示法简单处理为满堂灌，把演示法理解成一味的教师演示，从而忽略学生的主体地位。

4. 流程图法

在教学过程中，教师引导学生绘制重点、难点业务的流程图。通过流程图能够直观掌握相关知识点、理清业务财务信息的转化。

七、教学重点难点

1. 教学重点

教学重点：系统初始化、总账管理、采购与付款业务、销售与收款业务、固定资产管理、期末处理、编制会计报表。

教学建议：以总账管理为基础，通过实操掌握凭证的基本操作方法、账表的查询与输出、错账的更正方法，从而更好地理解总账与其他业务系统的关系。教学中要注重引导学生从业务流程、资金流程、信息传递流程层面去进行思考和探索，构建从业务单据到凭证报表思维逻辑过程。

2. 教学难点

教学难点：集中销售、集中采购、组织间结算、凭证模板的修改、自定义转账的设置。

教学建议：借助流程图，梳理业务流、资金流和信息流，让学生一目了然组织间结算的意义，通过最终生成的凭证判断集中采购或销售业务是否完整；通过实操训练，讲清楚模板取数的原理，构建凭证模板字段与业务单据字段的关联关系；通过上下游的业务分录，分析判断转出科目和转入科目，确定选择合适的结转方法。

八、教学评价

本课程主要考核学生知识目标、技能目标及素质目标的达标情况。理论知识的掌握情况主要通过平时作业、课堂表现的评价，占总成绩的10%；技能目标的考核分为两个部分，其中对学生提交的工作成果的完成情况进行考核占总成绩的20%，期末闭卷考试上机操作占40%；素质目标主要通过对线下出勤与课堂表现、线上学习、团队合作情况进行考核，占总成绩的30%。

九、编制说明

1. 编写人员

课程负责人：林祖乐　广州番禺职业技术学院（执笔）

课程组成员：杜素音　广州番禺职业技术学院

　　　　　　杜　方　广州番禺职业技术学院

　　　　　　盛国穗　广州番禺职业技术学院

　　　　　　洪钒嘉　广州番禺职业技术学院

2. 审核人员

　　　　　　杨则文　广州番禺职业技术学院

　　　　　　魏佳丹　金蝶精一信息科技服务有限公司

"会计基本技能" 课程标准

课程名称：会计基本技能

课程类型：专业群平台课

学　　时：54 学时

学　　分：3 学分

适用专业：大数据与会计、大数据与审计、会计信息管理

一、课程定位

本课程依据企业对会计人员的专业基本技能要求开设，主要学习点钞、速算（计算器与小键盘）、中英文速录、Word 基本操作以及假钞识别等内容。该课程是会计专业群的平台课，贯穿学生在校三年的专业学习过程。

二、课程设计思路

（1）根据会计工作岗位应具备的职业基本技能要求组织教学内容。

（2）教学过程中强调"爱岗敬业，谨慎细心"的工作态度，通过阶段性反复练习、阶梯型考核标准培养学生"精益求精，追求卓越"的工匠精神和"诚实可靠，专注严谨"的职业道德。

三、课程目标

本课程旨在培养学生掌握企业会计岗位的基本技能操作能力，具体包括知识目标、技能目标和素质目标。

1. 知识目标

（1）熟悉会计基本技能及其应用；

（2）掌握单指单张点钞基本指法；

（3）掌握多指多张点钞基本指法；

（4）掌握计算器速算的基本指法；

（5）掌握小键盘速算的基本指法；

（6）了解电脑键盘的基本构成；

（7）掌握电脑键盘基本指法；

（8）熟悉 Word 基本功能；

（9）掌握常见 Word 基本功能操作；

（10）了解我国货币的防伪方式；

（11）了解我国假币的处理方法。

2. 技能目标

（1）能熟练使用单指单张点钞法点钞；

（2）能熟练使用多指多张点钞法点钞；

（3）能熟练使用计算器进行速算；

（4）能熟练使用小键盘进行速算；

（5）能熟练进行英文速录；

（6）能熟练进行中文速录；

（7）能熟练进行 Word 基本操作。

3. 素质目标

（1）能具备"诚实可靠，专注严谨"的职业操守；

（2）能保持"爱岗敬业，谨慎细心"的工作态度；

（3）能弘扬"精益求精，追求卓越"的工匠精神。

四、教学内容要求及学时分配

序号	教学单元	教学内容	教学要求		学时
			知识和素养要求	技能要求	
1	速录：初阶训练	1. 打字姿势 2. 键盘布局 3. 击键要求 4. 键位练习（初级）	1. 查看并纠正学生打字基本姿势，设备调节到合适角度 2. 熟悉键盘基本分区，明确手指对每个键位的控制，训练手指对键位的操作 3. 结合手指基本键位控制，了解击键要求，并尝试找到较舒适的击打力度 4. 键盘键位初级训练，并记录下每次训练速度 **思政点**：形成谨慎细心的工作态度	1. 规范打字坐姿及手部动作摆放 2. 认识键盘基本布局，了解各分区按键基本指法控制要求 3. 能控制合适力度敲击键盘 4. 能根据指法要求敲击相应的键位，并能实现盲打基本字符	2

续表

序号	教学单元	教学内容	教学要求		学时
			知识和素养要求	技能要求	
2	速录：中阶训练	1. 键盘键位初级测试 2. 键位练习（中级）	1. 15 分钟键位测试训练，并记录测试结果 2. 借助金山打字通软件，进行键盘键位中级训练 **思政点**：形成谨慎细心的工作态度	字符录入指法基本正确，能熟练录入基本字符，并逐步提升速度	1
3	速录：高阶训练	英文文章录入训练	1. 能够综合运用各键盘分区（字母、数字、特殊符号以及其他功能键）完成英文文章录入 2. 运用金山打字通软件进行英文文章高阶训练 **思政点**：培养精益求精、追求卓越的精神	1. 字符录入指法非常正确，能非常熟练地录入基本字符，并逐步提升速度 2. 英文字符录入达到每分钟 120 个	1
4	速录：高阶训练	中文文章录入训练	1. 能够综合运用各键盘分区完成中文文章录入 2. 运用金山打字通软件进行中文文章高阶训练 **思政点**：培养精益求精、追求卓越的精神	1. 中文录入指法非常正确，能非常熟练地录入汉字，并逐步提升速度 2. 中文字符录入达到每分钟 40 个	2
5	速录专项训练	1. 英文文章强化训练 2. 中文文章强化训练	1. 熟练掌握中英文文章录入方法 2. 运用金山打字通软件进行中英文文章专项训练 **思政点**：培养精益求精、追求卓越的精神	根据每个学期的不同考核标准，提高速录正确率与速度	8
6	点钞：拆把、计数、扎钞	熟悉点钞的基本过程	1. 点钞的 4 个基本环节 2. 点钞前的准备工作 3. 拆把的两种方式 4. 点数的两种方法 5. 扎钞的两种方法 **思政点**：形成专注严谨的工作态度	1. 了解点钞的完整过程、清楚点钞前的准备工作 2. 能正确拆把并正确计数 3. 熟悉扎钞方式，能顺畅扎紧练功券	1
7	单指单张点钞指法	1. 手持式单指单张 2. 台式单指单张	1. 观摩手持式单指单张指法视频 2. 手持式单指单张持钞、点钞的基本要领分解 3. 观摩台式单指单张指法视频 4. 台式单指单张持钞、点钞的基本要领分解 **思政点**：培养爱岗敬业的工作态度	1. 能非常流畅地扎紧练功券，任意一张无法抽出，不成船形、梯形 2. 左手持钞、右手捻钞并能左右手动作协调 3. 能在 10 分钟内正确清点至少 4 把练功券	1

续表

序号	教学单元	教学内容	教学要求		学时
			知识和素养要求	技能要求	
8	单指单张点钞专项训练	1. 手持式单指单张强化训练 2. 台式单指单张强化训练	1. 掌握手持式单指单张点钞的完整程序并熟练应用 2. 掌握台式单指单张点钞的完整程序并熟练应用 思政点：养成精益求精、追求卓越的精神	根据每个学期的不同考核标准，提高点钞正确率与速度	6
9	多指多张点钞法	1. 手持式多指多张 2. 台式多指多张	1. 观摩手持式多指多张指法视频 2. 手持式多指多张持钞、点钞的基本要领分解 3. 观摩台式多指多张指法视频 4. 台式多指多张持钞、点钞的基本要领分解 思政点：形成专注严谨的工作态度	1. 能非常流畅地扎紧练功券，任意一张无法抽出，不成船形、梯形 2. 左手持钞、右手捻钞并能左右手动作协调 3. 能在10分钟点正确清点至少4把练功券	2
10	多指多张点钞专项训练	1. 手持式多指多张强化训练 2. 台式多指多张强化训练	1. 掌握手持式多指多张点钞的完整程序并熟练应用 2. 掌握台式多指多张点钞的完整程序并熟练应用 思政点：培养精益求精、追求卓越的精神	根据每个学期的不同考核标准，提高点钞正确率与速度	6
11	速算指法	1. 计算器指法 2. 小键盘指法	1. 计算器基本键的功能以及计算器录入的指法，进行键位训练 2. 小键盘数据录入正确指法 思政点：形成专注严谨的工作态度	1. 熟练计算器键位击打 2. 熟悉数字键盘指法并能盲打数据	2
12	翻打传票	1. 计算器翻打传票 2. 小键盘翻打传票	1. 计算器翻打传票的动作要领 2. 小键盘翻打传票的动作要领 思政点：形成专注严谨的工作态度	1. 能在10分钟内至少准确计算2组传票合计 2. 能在10分钟内小键盘的录入达到15个/分钟	2
13	翻打传票专项训练	1. 计算器翻打传票强化训练 2. 小键盘翻打传票强化训练	1. 使用商用计算器进行翻打传票的强化训练并实现盲打 2. 运用软件进行小键盘翻打传票的强化训练并实现盲打 思政点：培养精益求精、追求卓越的精神	根据每个学期的不同考核标准，提高翻打传票正确率与速度	4

续表

序号	教学单元	教学内容	教学要求		学时
			知识和素养要求	技能要求	
14	Word 基本操作	1. Word 基础认知 2. Word 的文本格式	1. 软件基础设置 2. 新建/打开/保存 3. 中文录入 4. 正确输入英文 5. 输入数字字符 6. 文本段落设置 7. 边框底纹设置 8. 样式应用 **思政点：形成专注严谨的工作态度**	1. 能进行软件基础设置 2. 能进行新建/打开/保存 3. 能进行中文录入 4. 能正确输入英文 5. 能正确输入数字字符 6. 能进行文本段落设置 7. 能进行边框底纹设置 8. 能进行样式应用	2
15	Word 文本格式设置	Word 的文本格式	1. 插入特殊符号及公式 2. 项目符号与编号应用 3. 制表位应用 4. 查找/替换应用 5. 页面布局设置 6. 行号与稿纸设置 7. 页面颜色与页面边框 8. 文档属性和密码保护 **思政点：形成专注严谨的工作态度**	1. 能插入特殊符号及公式 2. 能应用项目符号与编号 3. 能进行制表位应用 4. 能进行查找/替换应用 5. 能进行页面布局设置 6. 能进行行号与稿纸设置 7. 能进行页面颜色与页面边框设置 8. 能进行文档属性和密码保护	2
16	综合短文案例编辑	Word 基本操作的自我检测（一）	综合运用 Word 文本格式编辑短文 **思政点：强化专注严谨的工作态度**	能根据任务要求完成 Word 相应设置	2
17	Word 插入编辑操作	Word 插入编辑	1. 插入编辑图片 2. 插入编辑形状 3. 插入 Smart 图形 4. 插入文本框 5. 插入艺术字 6. 图文混排设置 **思政点：形成专注严谨的工作态度**	1. 能插入编辑图片 2. 能插入编辑形状 3. 能插入 Smart 图形 4. 能插入文本框 5. 能插入艺术字 6. 能图文混排设置	2
18	Word 插入表格操作	Word 插入表格	1. 插入编辑/删除表格 2. 表格编辑美化 3. 表格表头的跨页设置 4. 表格公式计算 5. 制作课程表案例 6. 个人简历快速制作 7. 订单表制作 **思政点：形成专注严谨的工作态度**	1. 能插入编辑/删除表格 2. 能进行表格编辑美化 3. 能进行表格表头的跨页设置 4. 能进行表格公式计算 5. 能制作课程表案例 6. 能进行个人简历快速制作 7. 能制作订单表	2

续表

序号	教学单元	教学内容	教学要求		学时
			知识和素养要求	技能要求	
19	Word 综合实践案例	Word 综合实践案例	1. Excel 表格复制到 Word 2. 设置目录 3. 掌握培训合同文档修改 4. 掌握输出报告打印方法 **思政点**：培养爱岗敬业的工作态度	1. 能进行 Excel 表格复制到 Word 2. 能设置目录 3. 能进行培训合同文档修改 4. 能进行输出报告打印	2
20	Word 综合实训	Word 基本操作的自我检测（二）	综合运用 Word 基本操作完成短文编辑与修改 **思政点**：培养爱岗敬业的工作态度	能根据任务要求完成 Word 相应设置	4
21	假钞识别	1. 我国货币的防伪方式 2. 我国假币的处理方法	1. 了解我国各种面值纸币的防伪标识 2. 熟悉假币处理的基本流程 **思政点**：形成爱国爱岗、诚实敬业、工作谨慎的职业道德素养	能快速识别假币	2

五、教学条件

1. 师资队伍

（1）专任教师。要求具有较强的会计基本操作能力，能熟练运用点钞、速算、中英文速录与 Word 基本操作等会计岗位的技能；掌握我国各种面值纸币防伪标识与防伪技术，熟悉银行处理假币的操作流程。

（2）兼职教师。要求现任中小企业出纳岗位、成本会计岗位或者财务管理工作岗位，有会计基本操作技能的实际运用经验，能分别进行点钞、速算、中英文速录、Word 基本操作以及假币识别等内容的教学。

2. 实践教学条件

（1）智能化实训室。教学过程需要每个座位配置一台电脑，网络应流畅，能播放在线教学视频。有条件的情况下应配备与本课程相适应的智能化教学软件。

（2）教学软件平台。智能化实训室应配置会计技能相关实训软件，包括金山打字通、合行业务技能训练、Word 等办公软件，满足学生中英文速录、速算（小键盘）以及 Word 等技能的操作练习。

（3）实训工具设备（如：计算器、百张传票、练功券等）。满足学生速算（计算器）与点钞等技能的操作练习。

3. 教材选用与编写

教材应符合《职业院校教材管理办法》等文件的规定和要求，突出职业教育特点，体现新技术、新工艺、新规范，结合会计基本技能课程的教学特点，形成颗粒化项目教学内容。

4. 教学资源及平台

（1）线上教学资源。支持混合教学和 MOOC 开放的公共教学资源库或自建教学资源。可利用智慧职教等平台建设教学资源库和在线开放课程，为实施线上线下混合教学提供条件。建议采用智慧职教平台广州番禺职业技术学院郝雯芳主持的会计专业群教学资源库"会计基本技能"课程资源。该课程资源包括课件、微课、拓展资源等内容。

（2）线上教学平台。本课程使用智慧职教等教学平台建设在线课程，设计教学活动；通过智慧职教云课堂实施课堂教学。

六、教学方法

1. 演示教学法

演示教学是教师在教学时，把实物或直观教具展示给学生看，或者作示范性的教学表演示范，以说明和印证所传授知识的方法。演示教学能使学生获得生动而直观的感性知识，加深对学习对象的印象，引起学习的兴趣，集中学生的注意力，有助于对所学知识的深入理解、记忆和巩固；能使学生通过观察和思考，进行思维活动，发展观察力、想象力和思维能力。本课程各项操作均可通过演示教学法帮助学生掌握正确的操作方法和姿势。

2. 学生练习法

学生练习法是学生在教师的指导下，依靠自觉的控制和校正，反复地完成规范动作或活动方式，借以形成技能、技巧或行为习惯的教学方法。本课程的主要内容如点钞、速录、速算、办公软件的操作等均具备较强的技能性，学生通过反复练习才能达到相关技能要求。

七、教学重点难点

1. 教学重点

教学重点：中英文速录、速算。

教学建议：结合使用教具软件操作，由浅入深，从熟悉键盘结构入手，到了解键盘操作的基本指法，通过大量的重复练习，强化手指训练，提高手指灵活度。

与实际工作结合，通过翻打传票与以财经类文章为主的速录练习，达到专业技能水平的要求。

2. 教学难点

教学难点：中文速录。

教学建议：结合软件金山打字通，反复练习，鼓励学生课后巩固训练，渗入到学生日常生活与学习中，以达到课程考核标准与课程目标。

八、教学评价

本课程主要考核学生技能目标及素质目标的达标情况。技能目标主要通过对学生技能掌握情况进行考核，占总成绩的90%；素质目标主要通过对线下出勤与课堂表现、线上学习情况进行考核，占总成绩的10%。具体考核标准如下：

1. 点钞考核要求

（1）测试手工点钞，具体单指单张和多指多张指法不限。

（2）测试时间为10分钟。由考生在测试时间内完成拆把、点钞、扎把、盖章四道工序，做到点准、墩齐（无折角、不露头）、扎紧（任意一张无法抽出，不成船形、梯形）、盖章清楚端正，印章应盖在扎把腰条的侧面。

（3）考核结束后，监考人员检查钞票是否符合要求。

点钞考核标准表

考核项目	考核时期	评分	评分标准（10分钟）
点钞	第一学期	及格	4把/10分钟
		良好	5把/10分钟
		优秀	6把/10分钟
	第二学期	及格	5把/10分钟
		良好	6把/10分钟
		优秀	7把/10分钟
	第三学期	及格	6把/10分钟
		良好	8把/10分钟
		优秀	10把/10分钟
	第四学期	及格	8把/10分钟
		良好	10把/10分钟
		优秀	12把/10分钟
	第五学期	及格	10把/10分钟
		良好	12把/10分钟
		优秀	14把/10分钟

2. 速算考核要求

（1）速算（计算器）考核要求：考核时间10分钟，设置ABCD四种类型题目，20页为一组的传票题型共20题，如 E1～E20（一），由考生对传票数据进行加总。答案有误、书写不清无法辨认、小数点点错（漏），不得分。

（2）速算（小键盘）考核要求：小键盘考核方式采用"合行业务技能训练"软件在实训室使用计算机小键盘进行翻打百张传票。

系统默认设置测试时间为10分钟，由考生自主选择传票样本，1为E型，2为F型。传票每20页设为一题，每题都需要先按顺序输入题号，然后进行找页翻打（如遇黄色框页码与屏幕页码显示不同，以黄色框页码为准）。

速算小键盘正确率必须达到100%。

速算（计算器）考核标准表

考核项目	考核时期	评分	评分标准（10分钟）
速算（计算器）	第一学期	及格	2组/10分钟
		良好	4组/10分钟
		优秀	6组/10分钟
	第二学期	及格	3组/10分钟
		良好	5组/10分钟
		优秀	7组/10分钟
	第三学期	及格	4组/10分钟
		良好	6组/10分钟
		优秀	8组/10分钟
	第四学期	及格	5组/10分钟
		良好	7组/10分钟
		优秀	9组/10分钟
	第五学期	及格	6组/10分钟
		良好	8组/10分钟
		优秀	12组/10分钟

速算（小键盘）考核标准表

考核项目	考核时期	评分	评分标准1（10分钟）	评分标准2
速算（小键盘）	第一学期	及格	12 个/分钟	正确率为100%
		良好	15 个/分钟	
		优秀	18 个/分钟	
	第二学期	及格	15 个/分钟	
		良好	18 个/分钟	
		优秀	22 个/分钟	
	第三学期	及格	16 个/分钟	
		良好	19 个/分钟	
		优秀	23 个/分钟	
	第四学期	及格	17 个/分钟	
		良好	20 个/分钟	
		优秀	24 个/分钟	
	第五学期	及格	18 个/分钟	
		良好	21 个/分钟	
		优秀	25 个/分钟	

3. 中英文速录

中英文速录的考核要求：

（1）由监考老师任意指定一篇文档（不得提前设定考试范围），学生按屏幕所提示内容对照录入，设置测试时间为15分钟。

（2）考核结束后由监考人员对成绩进行记录（记录内容包括速度、正确率和最高值）。

中英文速录的考核标准表

考核项目	考核时期	评分	英文评分标准（15分钟）	中文评分标准（15分钟）
速录	第一学期（英文录入）	及格	120 字符/分钟	
		良好	130 字符/分钟	
		优秀	140 字符/分钟	

续表

考核项目	考核时期	评分	英文评分标准 （15 分钟）	中文评分标准 （15 分钟）
速录	第二学期 （中英文录入）	及格	140 字/分钟	40 字/分钟
		良好	150 字/分钟	50 字/分钟
		优秀	160 字/分钟	60 字/分钟
	第三学期 （中文录入）	及格		60 字/分钟
		良好		80 字/分钟
		优秀		100 字/分钟
	第四学期 （中文录入）	及格		80 字/分钟
		良好		100 字/分钟
		优秀		110 字/分钟
	第五学期 （中文录入）	及格		100 字/分钟
		良好		110 字/分钟
		优秀		120 字/分钟

九、编制说明

1. 编写人员

课程负责人：裴小妮　　广州番禺职业技术学院（执笔）

课程组成员：郝雯芳　　广州番禺职业技术学院

　　　　　　黄丽丽　　广州番禺职业技术学院

　　　　　　杜　方　　广州番禺职业技术学院

　　　　　　欧阳丽华　广州番禺职业技术学院

2. 审核人员

　　　　　　杨则文　　广州番禺职业技术学院

"Excel 在财务中的应用" 课程标准

课程名称：Excel 在财务中的应用/Excel 在财务管理中的应用/Excel 在会计中的应用
课程类型：专业群平台课
学　　时：64 学时
学　　分：3.5 学分
适用专业：大数据与会计、大数据与审计、会计信息管理

一、课程定位

本课程依据企业财会岗位对会计人员的专业能力要求开设，结合 Excel 在会计核算、资产管理、投资分析、财务预测中的工作场景，以企业会计、财务管理岗位业务处理所需的 Excel 操作技能为依据，培养学生应用 Excel 工具进行会计核算并对财务数据进行整理、分析和决策的能力，为实现准确、高效的会计工作打下良好基础。本课程是会计专业群平台课程。前置课程为"信息技术应用基础""大数据会计基础"，后续课程为"智能化财务管理""战略管理会计"。

二、课程设计思路

本课程以薪酬核算、账务处理、往来账款管理、固定资产管理、进销存管理、筹资与投资管理等项目的工作内容为载体，选取典型的工作任务，基于混合式教学理念组织教学。线上采用"职教云"进行课前预习内容的推送，课中任务实施评价，课后作业收集评价等手段，线下课堂运用"情景导入→任务实施→上机实训→疑难解析→课后练习"的五段教学法，将职业场景引入课堂教学，激发学生的学习兴趣；在职场案例的驱动下，实现"做中学，做中教"的教学理念。线上线下混合教学，真正做到"教、学、做、评"融为一体，并有机融入思政元素。

三、课程目标

本课程在分析财会岗位一线业务人员所需的 Excel 操作技能的基础上，训练学生实际工

作中所需的各种 Excel 操作技能，锻炼学生通过 Excel 的应用来提高处理日常业务的效率，切实提高学生的职业技能和处理实际问题的综合素质，使其能够更好地适应财会岗位的需要。本课程学习目标由知识目标、能力目标及素质目标构成。

1. 知识目标

（1）掌握 Excel 的基础操作，包括创建工作簿、输入数据、编辑与美化表格数据、保护和打印表格数据等；

（2）熟悉 Excel 中各种图片对象、公式与函数等知识；

（3）掌握 Excel 中的数据验证、选择性粘贴、条件格式等功能；

（4）掌握 Excel 中的导入数据、样式、超链接等知识；

（5）掌握 Excel 中的数据排序、分类汇总、筛选、数据透视表等知识；

（6）掌握 Excel 中的窗体控件、图表等知识；

（7）熟悉 Excel 中的模拟计算表、窗体控件等知识。

2. 技能目标

（1）能运用工作表保护、图表编辑等功能编制差旅费报销单、部门架构图；

（2）能运用 Vlookup 函数、If 函数、文本函数等编制工资表；

（3）能运用数据验证、Sumif 函数等完成账务处理；

（4）能运用数据透视表、筛选等功能完成往来业务处理；

（5）能运用折旧函数编制固定资产清单；

（6）能运用样式、条件格式等功能完成报表编制；

（7）能运用窗体控件、Index 函数、Match 函数等功能完成进销存数据分析；

（8）能运用图表进行数据分析。

3. 素质目标

（1）培养学生爱国敬业、自主探索新知识、新技术的态度；

（2）培养学生精益求精的工匠精神。

四、教学内容要求及学时分配

序号	教学单元	教学内容	教学要求		学时
			知识和素养要求	技能要求	
1	Excel 基础操作	1. 编制差旅费报销单 2. 编制及保护差旅费报销单说明 3. 绘制部门架构图 4. 拓展应用：掌握快捷键	1. 了解工作簿的结构 2. 熟悉工作表的界面 3. 掌握工作表、工作簿的保护功能 4. 掌握 SmartArt 图形的编辑 5. 掌握图片的插入及编辑	1. 能编制差旅费报销单 2. 能绘制部门架构图	8

续表

序号	教学单元	教学内容	教学要求		学时
			知识和素养要求	技能要求	
2	员工薪酬核算	1. 编制人事信息数据表 2. 编制员工工资表 3. 拓展应用：数据有效性	1. 熟悉 Excel 的数据类型 2. 掌握单元格引用 3. 掌握数据有效性的运用 4. 掌握公式、函数的输入 5. 了解窗体控件的使用	1. 能编制人事信息数据表 2. 能编制员工工资表	10
3	账务处理与分析	1. 编制科目代码表 2. 编制凭证明细查询表 3. 编制科目汇总表 4. 编制成本费用分析表 5. 拓展应用：VLOOKUP 函数	1. 熟悉定义名称的方法 2. 掌握自定义单元格格式 3. 掌握条件格式 4. 掌握 VLOOKUP 函数等	1. 能编制科目代码表 2. 能编制凭证明细查询表 3. 能绘制科目汇总表 4. 能编制成本费用分析表	10
4	往来账款管理	1. 编制应收账款账龄分析表 2. 编制应付账款测算表 3. 拓展应用：数据透视表	1. 掌握数据透视表功能的应用 2. 掌握数据透视图功能的应用 3. 掌握自动筛选和高级筛选功能 4. 掌握 EOMONTH 函数等	1. 能编制应收账款账龄分析表 2. 能编制应付账款测算表	10
5	固定资产管理	1. 创建固定资产清单 2. 拓展应用：高级筛选	1. 掌握 SLN/DDB/SYD 等折旧函数的使用 2. 巩固高级筛选功能的应用	能创建固定资产清单	2
6	编制会计报表	1. 编制资产负债表 2. 编制利润表 3. 拓展应用：条件格式	1. 掌握资产负债表的编制方法 2. 掌握利润表的编制方法 3. 掌握定位的应用 4. 巩固条件格式功能的应用	1. 能编制资产负债表 2. 能编制利润表	4
7	进销存数据分析	1. 编制采购成本动态分析表 2. 编制销售预测分析表 3. 编制材料成本汇总表 4. 拓展应用：SUMPRODUCT 函数	1. 掌握 INDEX/MATCH 等函数的使用 2. 掌握滚动条的使用 3. 掌握添加趋势线的功能	1. 能编制采购成本动态分析表 2. 能编制销售预测分析表 3. 能绘制材料成本汇总表	6
8	筹资与投资决策分析	1. 创建投资决策模型 2. 创建长期借款筹资决策分析模型 3. 拓展应用：图表	1. 掌握 PMT/NPV/IRR 等函数 2. 掌握方案管理器的使用方法 3. 掌握模拟运算的功能 4. 了解各类图表的使用	1. 能创建投资决策模型 2. 能创建长期借款筹资决策分析模型	6

续表

序号	教学单元	教学内容	教学要求		学时
			知识和素养要求	技能要求	
9	综合实训	1. 编制竞赛报名表 2. 整理人员信息表 3. 编制奖金计算表 4. 编制赛项分析表 5. 设计问卷星调查问卷 6. 整理问卷信息 7. 编制汇总报告 8. 编制分析报告	1. 熟悉设计表格知识 2. 熟悉数据整理、数据分析函数及功能 3. 熟悉动态图表编制的方法及工具 4. 熟悉数据收集工具 5. 熟悉数据整理、数据分析函数及功能 6. 熟悉动态图表编制的方法及工具	1. 能根据任务要求完成数据整理、数据分析，编制分析报告 2. 能运用问卷星等工具收集数据，并用 Excel 对调研数据进行整理，编制分析报告	8

五、教学条件

1. 师资队伍

（1）专任教师。要求具有扎实的财务会计理论功底和一定的计算机基础，熟悉 Excel 软件的操作；能够熟练运用 Excel 函数、功能来编制表格、整理数据、分析数据并制作图表报告；能够运用各种教学手段和教学工具指导学生进行 Excel 学习和开展 Excel 教学。

（2）兼职教师。现任企业的财务会计或会计师事务所、税务师事务所的审计员、审计经理等，要求有较熟练的 Excel 操作技能，能够运用 Excel 处理员工薪酬核算、账务处理与分析、往来账款管理、固定资产管理、会计报表编制、进销存数据分析、筹资与投资决策分析等任务。

2. 实践教学条件

（1）理实一体化实训室。建议在一体化专业实训室或智慧教室进行教学，需要每个座位配置一台电脑，网络应流畅，能播放在线教学视频。有条件的情况下应配备最新版本的 Office 软件。

（2）教学软件平台。"财务 Excel 企业实战教学系统"作为补充，拓展学生自主学习的时间与空间，增加课后练习，复习巩固已学知识。

3. 教材选用与编写

教材应符合《职业院校教材管理办法》等文件的规定和要求，探索使用新型活页式、工作手册式教材并配套信息化资源。教材编写应以本课程标准为依据，充分体现任务引领、实践导向的设计思想，将企业财务、会计工作分解成若干典型的工作项目并以此来组织教材内容。教材内容应体现新技术、新工艺、新规范，贴近中小微企业 Excel 操作需求。

（1）教材是完成教学过程、达到教学目标的手段和媒介，在编写过程中应充分体现本课程项目设计的理念，依据本课程标准采用任务驱动型模式进行编写。

（2）教材精选财务会计工作中的经典案例进行编写。

（3）教材编写应根据高职高专学生的特点，从培养技能型人才出发，内容安排上要深入浅出，适度、够用，突出实用，语言组织要简明扼要、科学准确、通俗易懂，形式上应图文并茂、可操作性强，配备大量的实务题，使学生能够在学习完理论知识后及时得到相应的技能训练。

（4）教材内容应体现先进性、准确性、通用性和实用性，要将最新的财务会计知识及政策及时地纳入教材，使教材更贴近本专业的发展和实际需要。

（5）教材中的活动设计内容要具体，并在实训室环境下具有可操作性。教材中的案例可以采用企业真实案例，提高业务操作的仿真度。

（6）建议采用电子工业出版社钟晓玲、黄玑主编的《Excel在财务中的应用》。

4．教学资源及平台

（1）线上教学资源。支持混合教学和MOOC开放的公共教学资源库或自建教学资源。建议利用智慧职教等平台建设教学资源库和在线开放课程，为实施线上线下混合教学提供条件。

（2）线上教学平台。采用符合国家有关互联网平台条件的公共教学平台。建议使用智慧职教等教学平台，利用职教云建设在线课程，设计教学活动；利用云课堂实施课堂教学。借助职教云强大的学习活动分析功能关注和分析学生的学习情况，及时解决学生学习中的短板问题。

六、教学方法

1．项目教学法

项目教学法是以工作任务为依据设计教学项目，以学生为活动主体实施项目的教学方法，也就是将教学内容融入项目实施过程的一种教学方法。项目教学法是以学生为中心的教学模式，这种教学模式中学生是主动的学习者，教师是学生学习的指导者。每个项目的实施都有一个明确的任务、一个完整的过程，能够取得一个标志性成果。

2．任务驱动法

以职业能力养成为核心，通过设计不同场景的项目任务来组织教学，从获取信息到制订步骤，再到决策和付诸行动，直至检查、反思与评估，完成一个完整的工作过程。教师只扮演一个"咨询者""协调者"和"观察员"的角色，引导学生自主学习，向学生提供资源、给予建议和操作指导，可加深学生对基础知识和基本技能的掌握，也有助于学生职业判断能力、决策能力的提升和团队合作精神的培养。

3．线上线下混合教学法

充分利用在线课程培养学生自主学习能力，把基本理论知识的学习放在课外解决，课堂主要解决关键知识点存在的问题，完成实训任务。教师要利用好线上课程，设计课前、课中、课后环节，利用云课堂布置和批改、评讲作业，为学生打造移动课堂。

七、教学重点难点

1. 教学重点

教学重点：账务处理与分析、往来账款管理。

教学建议：这些章节是中小企业会计的任务重点，同时也汇聚了较多的 Excel 常用功能、函数，如 Vlookup 函数、sumif 函数、条件格式、选择性粘贴、数据透视表、数据透视图、高级筛选等。所以要增加实训内容，设计多种应用场景，以便学生更好地掌握这些函数、功能。

2. 教学难点

教学难点：员工薪酬核算、进销存数据分析、筹资与投资决策分析。

教学建议：员工薪酬核算涉及函数较多，学生大部分第一次接触函数，需要介绍得比较细致。进销存数据分析、筹资与投资决策分析涉及财务管理内容，很多学生没有学过这些内容的模型、公式，需要对学生介绍这方面的背景知识。

八、教学评价

本课程主要考核学生知识目标、技能目标及素质目标的达标情况。理论知识的掌握情况主要通过期末闭卷考试进行考核，占总成绩的 50%；技能目标主要通过对学生提交的工作成果的完成情况进行考核，占总成绩的 25%；素质目标主要通过对线下出勤与课堂表现、线上学习、团队合作情况进行考核，占总成绩的 25%。

九、编制说明

1. 编写人员

课程负责人：钟晓玲　广州番禺职业技术学院（执笔）

课程组成员：盛国穗　广州番禺职业技术学院

　　　　　　杜　方　广州番禺职业技术学院

　　　　　　蔡小路　广州番禺职业技术学院

　　　　　　李　福　广州番禺职业技术学院

　　　　　　麦其蓉　广州番禺职业技术学院

　　　　　　郭　辉　石家庄联创博美印刷有限公司

2. 审核人员

　　　　　　杨则文　广州番禺职业技术学院

　　　　　　韩小良　中国中钢集团

"智能化税费核算与管理" 课程标准

课程名称：智能化税费核算与管理
课程类型：专业核心课
学　　时：90 学时
学　　分：5 学分
适用专业：大数据与会计、会计信息管理

一、课程定位

本课程是大数据与会计专业的职业能力核心课程，其前置课程为"大数据会计基础""业务财务会计"，后续课程为"企业所得税汇算清缴"（教学企业项目）、"共享财务会计""战略管理会计"。课程依据税费核算与管理会计岗位对会计人员的专业能力要求开设，主要学习现行税收法律法规下，如何正确利用智能平台对企业的税源信息进行管理和税务业务核算，完成纳税申报；利用智能化平台进行纳税评估，针对评估结果进行自查和纠错，以规避税务风险；利用智能平台提供的税务数据，结合税务政策分析纳税筹划方法，为企业管理层管控税费成本，防范税务风险，进行纳税筹划提供依据，从而帮助企业提升市场竞争力。

二、课程设计思路

本课程的总体设计思路是：以学习现行税收法律法规，利用智能平台进行税源信息管理和税务业务核算、计算应纳税额并纳税申报作为主要教学内容，以确定各税种会计核算主体，对其税务业务进行智能核算，计算应纳税额，分析纳税筹划点、税收风险防控点，利用税务机器人进行网上纳税申报及缴纳税款的工作过程为依据组织教学过程，以配置安装有智能财务核算系统、智能纳税申报教学平台的实训室作为教学场所，主要采用行动导向、项目教学、线上线下混合教学及"教、学、做"一体化的教学模式，基于混合式教学理念组织教学，坚持以学生为中心，真正做到"教、学、做、评"融为一体，并有机融入思政元素，培养学生依法依规核算税务业务、进行纳税申报、纳税筹划、税收征管和税收风险防控的能力。

1. 课岗融合

课程以企业工作项目为载体，根据企业税费核算与管理会计岗位工作任务要求，选取

18 个税种的税源管理、业务核算与纳税申报，整合纳税筹划、税收征管与税收风险防控等工作项目作为主要教学内容，每个项目由一个或多个独立的具有典型代表性的完整的工作任务贯穿，当项目结束时，工作任务随之完成并获取相应的标志性工作成果，相关理论知识融于工作任务之中。

2. 课证融合

借鉴"智能财税职业技能等级标准""企业财税顾问职业技能等级标准""金税财务应用职业技能等级标准"初级、中级、高级考证要求，选取部分内容融入本课程之中。

3. 课政融合

教学过程中强调"不做假账，依法纳税、诚信纳税"的职业操守；通过查核企业税务业务涉及的税收法律法规规定，养成"依法依规，紧跟最新法规"的工作习惯；通过了解各税种的发展历史，树立国家利益观念，培养爱国主义情怀；通过大量实训任务，培养学生"工作认真细致，干一行爱一行"的工匠精神；通过小组任务，培养团队精神，培养沟通能力，能与税务、工商、银行、海关等机构进行有效沟通。

三、课程目标

本课程旨在培养学生胜任企业税费核算与管理会计岗位的能力，具体包括知识目标、技能目标和素质目标。

1. 知识目标

（1）理解政府征税的目的及其意义；

（2）了解智能化条件下税费征管的变化；

（3）熟悉税费核算与管理会计的岗位工作任务；

（4）掌握各税种的税收征管规定，明确各税种核算的会计主体、会计期间、计税方法、适用税率、核算科目和计税依据；

（5）了解企业纳税筹划的途径与方式；

（6）了解数字化时代税收风险防控的方式方法。

2. 技能目标

（1）能利用智能化平台管理各税种的税源，并对各税种税务业务进行智能核算；

（2）能利用智能化平台获取或计算各税种应纳税额；

（3）能通过纳税申报系统进行纳税申报并进行税款缴纳；

（4）能结合企业实际情况进行各税种的纳税筹划；

（5）能运用企业税费数据，分析企业税务风险并提出防控要点。

3. 素质目标

（1）能具备"不做假账，依法纳税、诚信纳税"的职业操守；

（2）能保持"依法依规，紧跟最新法规"的工作习惯；

（3）能树立"国家利益观，爱国爱家"的情怀；

（4）能弘扬"工作认真细致，干一行爱一行"的工匠精神；

（5）能树立团队精神，培养有效沟通的能力。

四、教学内容要求及学时分配

序号	教学单元	教学内容	教学要求		学时
			知识和素养要求	技能要求	
1	走进智能化税费核算与管理	1. 智能化税费核算与管理发展历程 2. 智能化税费核算与管理的对象和内容 3. 智能化税费核算与管理岗位与工作任务 4. 我国现行税收制度	1. 了解当代税务科技对税费核算与管理的影响，了解金税工程的发展进程，树立终身学习的态度 2. 认识智能化税费核算与管理的对象，理解政府征税的目的，树立依法纳税意识 3. 了解税费核算与管理的会计岗位职责与任务，初步树立税收风险意识 **思政点：**了解我国税制体系，了解我国税收的分类，对我国税种有初步的认识，养成关注国家税收政策变化的习惯	1. 能描述税费核算与管理的会计岗位职责与任务 2. 能描述我国现行税收制度，能辨识我国税收的分类 3. 能熟练运用智能化税费管理与申报软件，完成纳税准备工作	2
2	增值税及附加税费的智能化核算与管理	1. 增值税会计核算基础 2. 增值税的销项与管理 3. 增值税的进项与管理 4. 增值税出口退税的核算与管理 5. 增值税税款减免的核算与管理 6. 城市维护建设税及教育费附加的核算与管理 7. 增值税及附加税费申报缴纳管理	1. 了解增值税核算的会计主体、会计期间、适用税率或征收率、核算科目 2. 掌握增值税的计税方法及其适用范围 3. 掌握一般计税法计税销售额的确定方法 4. 了解企业发票申领、填开政策，了解销项税额与发票的关系 5. 掌握增值税纳税义务发生时间的限定 6. 掌握准予或不得从销项税额中抵扣的进项税额的内容 7. 熟悉简易办法计税适用的对象及适用情况 8. 了解增值税出口退税适用范围、退免税办法、退税率 9. 了解增值税税款减免形式 10. 掌握城市维护建设税及教育费附加的计税依据 **思政点：**了解增值税在我国财政	1. 能依据订单、送货单、合同等，利用增值税发票开具软件申领、填开、汇总销项发票，并能利用智能财务系统进行销项税额的核算 2. 能利用智能平台汇总销项数据，利用开票统计信息、收入与开票差异分析等销项报表分析内容，进行纳税评估与税务风险预警，并能进一步自查并纠错，以规避税务风险 3. 能利用智能平台采集企业进项票据，判断票据可抵扣或不可抵扣，并能利用智能财务系统进行进项税额核算 4. 能利用智能平台汇总进项数据，进行税负测算，利用票种明细分析、发票认证分析等进项报表分析内容，进行纳税评估与税务风险预警 5. 能利用智能财务系统进行增值	18

续表

序号	教学单元	教学内容	教学要求		学时
			知识和素养要求	技能要求	
			税收收入中的地位；了解国家关于增值税不同时期税收优惠政策的背后原因	税出口退税的核算 6. 能利用智能财务系统进行增值税税款减免的核算 7. 能利用智能财务系统进行城市维护建设税及教育费附加的核算 8. 能利用智能平台生成纳税申报数据并进行纳税申报，并能根据税务中台的智能监控与预警系统进行风险防控 9. 能根据实际业务，通过纳税人身份选择、供应商选择、销售方式、税收优惠政策利用等角度进行纳税筹划	
3	消费税的智能化核算与管理	1. 消费税会计核算基础 2. 一般销售消费税的核算与管理 3. 视同销售消费税的核算与管理 4. 委托加工消费税的核算与管理 5. 进出口消费税的核算与管理 6. 消费税的申报缴纳管理	1. 了解消费税核算的会计主体、会计期间、计税方法、适用税率、核算科目 2. 熟悉一般销售税金计税依据的确定方法；掌握计税销售额的确定方法；掌握计税销售数量的确定方法；掌握复合征税计税依据的确定方法 3. 熟悉视同销售计税依据的确定方法 4. 熟悉委托加工计税销售额的确定方法 5. 了解进出口税金消费税计税依据的确定方法 思政点：正确理解消费税的功能定位；正确理解消费税"绿色税收"的意义，树立健康、绿色、节俭的消费观念	1. 能利用智能平台采集企业的销售单据信息，获取消费税计税依据并进行智能核算 2. 能利用智能财务系统处理视同销售业务的核算 3. 能利用智能财务系统处理委托加工业务委托、受托双方税金的核算 4. 能利用智能平台生成纳税申报数据并进行纳税申报，并能根据税务中台的智能监控与预警系统进行风险防控 5. 能根据业务案例，通过纳税人身份选择、消费税计税依据等角度进行纳税筹划	10
4	关税的智能化核算与管理	1. 关税会计核算基础 2. 一般进口货物关税的核算与管理 3. 出口货物关税的核算与管理 4. 关税的申报缴纳管理	1. 了解关税核算的会计主体、会计期间、计税方法、适用税率、核算科目 2. 掌握进口货物关税计税依据的确定方法 3. 掌握出口货物关税计税依据的确定方法 思政点：了解我国关税历史，理解关税的经济调节和产业保护职能	1. 能利用智能平台采集企业的进口单据信息，获取进口货物关税计税依据并进行智能核算 2. 能利用智能平台采集企业的出口单据信息，获取出口货物关税计税依据并进行智能核算 3. 能利用智能财务系统处理进出口关税的缴纳及核算 4. 能通过原产地、进出口完税价格等角度进行纳税筹划	4

续表

序号	教学单元	教学内容	教学要求		学时
			知识和素养要求	技能要求	
5	企业所得税的智能化核算与管理	1. 企业所得税会计核算基础 2. 收入项目的核算与管理 3. 扣除项目的核算与管理 4. 应交税金的核算与管理 5. 所得税费用的核算与管理 6. 企业所得税的申报缴纳管理	1. 了解企业所得税核算的会计主体、会计期间、计税方法、适用税率、核算科目 2. 掌握企业所得税的收入总额、不征税收入、免税收入的确认方法 3. 掌握准予扣除项目的内容与扣除金额的确定方法；掌握限定扣除条件项目的内容与扣除金额；掌握不得扣除项目的内容 4. 掌握亏损弥补方法；掌握居民企业的全年应纳税额的计算；掌握年终汇算清缴的应纳税所得额的计算方法 5. 熟悉永久性差异与暂时性差异；了解应付税款法的核算；掌握资产负债表债务法确定所得税费用的方法 6. 熟悉税款缴纳的内容；熟悉所得税减免的内容；能正确处理税款缴纳与减免的核算 7. 掌握纳税申报表各表内容及表间关系 **思政点：** 深刻理解企业所得税对于促进技术进步和社会和谐的重要意义；具备税收风险意识，严格控制企业所得税扣除范围和标准，依法诚信纳税	1. 能利用财务系统的科目余额表、利润表自动匹配生成收入费用明细表、纳税调整表、亏损弥补表、税收优惠表等纳税申报表附表 2. 能利用工资薪金辅助表、折旧表等辅助表格数据对附表进行风险筛查并更正 3. 能根据附表信息，自动生成纳税申报表主表内容 4. 能根据企业所得税税收贡献率异常、营业利润率异常、主营业务收入变动率异常、主营业务成本变动率异常、三项费用变动率异常等指标进行分析，提出异常预警，引出问题指向，进一步检查账务 5. 能通过利润表、增值税申报表、申报表的表间对应关系等对主表进行风险检查和更正，并能利用智能平台完成企业所得税的纳税申报与缴纳 6. 能根据案例业务，通过纳税人身份选择、收入项目、扣除项目、适用税率、税收优惠等角度进行纳税筹划	16
6	个人所得税的智能化核算与管理	1. 个人所得税会计核算基础 2. 居民个人综合所得应纳税额的核算与管理 3. 非居民个人代扣代缴业务的核算与管理 4. 经营所得应纳税额的核算与管理 5. 其他收入的个人所得税核算与管理 6. 个人所得税的申报与缴纳管理	1. 了解个人所得税核算的会计主体，会计期间、计税方法、适用税率、核算科目 2. 掌握纳税人身份和纳税义务的判断方法 3. 掌握居民个人综合所得的计税方法 4. 掌握非居民个人工资薪金、劳务报酬、稿酬和特许权使用费所得的计税方法 5. 掌握经营所得应纳税额的计算方法 6. 熟悉其他收入的个人所得税计税方法	1. 能利用智能平台进行个人所得税源信息的导入和维护 2. 能利用智能财务系统对居民个人综合所得应纳税额进行核算 3. 能利用智能财务系统进行非居民个人工资薪金、劳务报酬、稿酬和特许权使用费所得应纳税额的核算 4. 能利用智能财务系统核算经营所得应纳个人所得税 5. 能利用智能财务系统核算其他收入的应纳个人所得税 6. 能利用智能报税系统进行个人所得税的代扣代缴	14

续表

序号	教学单元	教学内容	教学要求		学时
			知识和素养要求	技能要求	
			7. 熟悉个人所得税代扣代缴和自行申报的流程及规定 思政点：理解个人所得税法有效调节收入分配、促进收入再分配的功能；理解新个税法在保障纳税人的教育权、健康权、居住权等方面所起的作用	7. 能利用个人所得税汇算清缴APP进行个人所得税的汇算清缴 8. 能通过居民纳税人与非居民纳税人身份选择、收入时间等角度进行纳税筹划	14
7	资源类税收的智能化核算与管理	1. 资源税的核算与管理 2. 土地增值税的核算与管理 3. 城镇土地使用税的核算与管理 4. 耕地占用税的核算与管理	1. 掌握资源税核算的会计主体、会计期间、计税方法、适用税率、核算科目和计税方法 2. 掌握土地增值税核算会计主体、会计期间、计税方法、适用税率、核算科目和计税方法 3. 掌握城镇土地使用税核算的会计主体、会计期间、计税方法、适用税率、核算科目和计税方法 4. 掌握耕地占用税核算的会计主体、会计期间、计税方法、适用税率和核算科目 思政点：具备爱护环境、珍惜资源的意识，理解开发与保护的关系，理解保护耕地、合理使用土地的政策导向	1. 能利用智能平台采集企业的单据信息，获取资源税税源信息并进行智能核算及申报缴纳 2. 能利用智能平台采集企业的单据信息，获取土地增值税税源信息并进行智能核算及申报缴纳 3. 能利用智能平台采集企业的单据信息，获取城镇土地使用税税源信息并进行智能核算及申报缴纳 4. 能利用智能平台采集企业的单据信息，获取耕地占用税税源信息并进行智能核算及申报缴纳 5. 能通过分解销售收入、利用税收优惠政策、分开与合并核算、合理控制增值率、对借款费用的扣除方式、利用加计扣除政策等进行土地增值税的税收筹划；能通过选择地段、严格区分用地等方式进行城镇土地使用税的纳税筹划等	8
8	财产类税收的智能化核算与管理	1. 房产税的核算与管理 2. 契税的核算与管理 3. 车船税的核算与管理 4. 车辆购置税的核算与管理	1. 掌握房产税核算的会计主体、会计期间、计税方法、适用税率、核算科目和计税方法 2. 掌握契税核算的会计主体、会计期间、计税方法、适用税率、核算科目和计税方法 3. 掌握车船税核算的会计主体、会计期间、计税方法、适用税率、核算科目和计税方法 4. 掌握车辆购置税核算的会计主体、会计期间、计税方法、适用税率、核算科目和计税方法	1. 能利用智能平台采集企业的单据信息，获取房产税计税依据并进行智能核算及申报缴纳房产税 2. 能利用智能平台采集企业的单据信息，获取契税计税依据并进行智能核算及申报缴纳契税 3. 能利用智能平台采集企业的单据信息，获取车船税计税依据并进行智能核算及申报缴纳车船税	6

续表

序号	教学单元	教学内容	教学要求		学时
			知识和素养要求	技能要求	
			思政点：具备公平正义的价值取向，深刻理解新时期"房住不炒"的政策要求；树立正确的契约意识、安全意识，具备健康的财富观和财产观	4. 能利用智能平台采集企业的单据信息，获取车辆购置税计税依据并进行智能核算及申报缴纳车辆购置税 5. 能通过征税范围、计税依据、计征方式、税收优惠等对房产税等进行税收筹划	
9	行为目的类税收的智能化核算与管理	1. 印花税的会计核算与管理 2. 环境保护税的会计核算与管理 3. 烟叶税的会计核算与管理	1. 掌握印花税核算的会计主体、会计期间、计税方法、适用税率、核算科目和计税方法 2. 掌握环境保护税核算的会计主体、会计期间、计税方法、适用税率、核算科目和计税方法 3. 掌握烟叶税核算的会计主体、会计期间、计税方法、适用税率、核算科目和计税方法 思政点：培养加强经济合同管理监督的职业精神；具有爱国情怀、环境保护意识、绿色发展意识	1. 能利用智能平台采集企业的单据信息，获取印花税计税依据并进行智能核算及申报缴纳印花税 2. 能利用智能平台采集企业的单据信息，获取环境保护税计税依据并进行智能核算及申报缴纳环境保护税 3. 能利用智能平台采集企业的单据信息，获取烟叶税计税依据并进行智能核算及申报缴纳烟叶税 4. 能通过合同签订方式等的选择进行印花税的纳税筹划	6
10	税收征收管理	1. 税务管理 2. 法律责任 3. 纳税担保、税收保全及强制执行 4. 税务行政处罚与行政救济 5. 纳税信用管理	1. 了解税收征收管理立法内容 2. 了解税务管理内容，了解企业设立、变更、注销登记信息采集内容及办理业务流程；了解企业停业、复业登记政策及办理业务流程；了解纳税信用管理制度，了解信用等级对企业纳税的影响，努力提升纳税信用等级 3. 了解纳税担保、税收保全和强制执行的适用范围和流程 4. 熟悉不同类型的税收违法违规行为应承担的法律责任 5. 了解税务行政处罚的类型和程序 思政点：了解税务行政复议和税务行政诉讼的适用范围和程序	1. 能收集企业所在地设立、变更、注销情况下税务设立登记信息采集、税务变更、税务注销政策及办理业务流程 2. 能在相关平台上完成税务设立登记信息采集、税务变更、税务注销等资料填报、提交和追踪工作 3. 能在相关平台上完成企业停业、复业登记等资料填报、提交和追踪工作 4. 能按照法律规定的程序履行纳税管理义务，能够按照税务部门的要求开展自查工作或接受纳税检查，并能够根据查账结果办理相关事项并调整账务 5. 能利用法律手段维护纳税人自身权益，能够进行简单的行政复议	4

五、教学条件

1. 师资队伍

（1）专任教师。要求具有扎实的税收理论功底和一定的办税业务岗位经历，熟悉国家税收法律法规知识和企业纳税工作流程；能对企业税务业务进行核算与管理，能够熟练计算各税种的应纳税额，掌握企业税收风险的发现与控制方式，掌握企业纳税筹划方式与方法。了解现代数字技术的发展进程，了解财务机器人在税务工作中的作用，能熟练操作税收业务软件，能示范演示各税种的纳税申报和税款缴纳流程；能够运用各种教学手段和教学工具指导学生进行税收知识学习和开展企业纳税实践教学。

（2）兼职教师。兼职教师应主要来自以下人员：①现任企业税务会计，要求能进行税务管理、税费计算、纳税申报、税款缴纳、税收风险防控、纳税筹划以及财产损失、亏损弥补、税收优惠事项报批等内容的教学；②现任税务师事务所或会计师事务所税务代理人员，要求能够针对中小企业的实际情况进行代办税务登记、纳税人资格认定、发票领购、纳税申报和税务咨询等内容的教学；③现任税务机关税收征管业务工作人员，要求能够进行税务登记管理、账证管理、发票管理、纳税申报、税款征收、欠税管理、税务稽查等方面的教学。

2. 实践教学条件

（1）理实一体化实训室。建议在一体化专业实训室或智慧教室进行教学，每个座位配置一台电脑，网络应流畅，能播放在线教学视频。有条件的情况下应配备与本课程相适应的智能化教学软件。

（2）教学软件平台。购买或与企业共同开发适合教学的智能税费核算与管理软件平台，模拟智能管理企业税费的电子平台，可在机上进行无纸化纳税实务操作、智能核算、智能风险防控、智能报税。借助教学软件虚拟真实企业的进、销业务及相关单据，帮助学生学习智能化核算和管理企业税费。

（3）实训工具设备。配备涉税工作所需的办公文具，如办公设施、涉税交易票据、打印机、扫描仪、计算器、文件柜及各种日用耗材，配置具有税费计算与申报功能的网络及计算机设备。

（4）仿真实训资料。配备仿真的工业企业、服务业企业的涉税经济业务资料及其他相关资料，配备各税种教学仿真空白表样的纳税申报表及附表、各种空白税务处理文书。

（5）实训指导资料。配备纳税实务操作手册，相关法律、法规、制度等文档。

3. 教材选用与编写

教材应符合《职业院校教材管理办法》等文件的规定和要求，探索使用新型活页式、工作手册式教材并配套信息化资源。教材编写应以本课程标准为依据，充分体现任务引领、实践导向的设计思想，将智能化税费核算与管理工作分解成若干典型的工作项目，按税费核算与管理岗位职责和工作项目完成过程来组织教材内容。教材内容应体现新技术、新工艺、新规范，贴近中小微企业税务会计核算与管理需求。

（1）教材是完成教学过程、达到教学目标的手段和媒介，在编写过程中应充分体现本课程项目设计的理念，依据本课程标准采用任务驱动型模式进行编写。

（2）教材应按税务会计核算与管理的工作内容、操作流程的先后顺序、理解掌握程度的难易程度等进行编写。

（3）教材编写应根据高职高专学生的特点，从培养技能型人才出发，内容安排上要深入浅出、适度、够用，突出实用，语言组织要简明扼要、科学准确、通俗易懂，形式上应图文并茂、可操作性强，配备大量的实务题，使学生能够在学习完理论知识后及时地得到相应的技能训练。

（4）教材内容应体现先进性、准确性、通用性和实用性，要将最新的会计准则及最新税收法律法规知识及时地纳入教材，使教材更贴近本专业的发展和实际需要。教材内容应基于企业调研和税务岗位分析，既有"工作内容教学化"，也有"教学内容工作化"。将企业税费核算与管理业务整合成典型工作项目，通过工作内容的项目化改造和税法内容的项目化设计实现基于工作过程的学习。

（5）教材中的活动设计内容要具体，并在实训室环境下具有可操作性。教材中的案例可以采用企业真实案例，提高业务操作的仿真度。

4. 教学资源及平台

（1）线上教学资源。支持混合教学和 MOOC 开放的公共教学资源库或自建教学资源。建议利用中国大学 MOOC、智慧职教等平台建设教学资源库和在线开放课程，为实施线上线下混合教学提供条件。建议采用中国大学 MOOC 在线开放课程平台广州番禺职业技术学院黄玑主持的"税务会计"，广州番禺职业技术学院杨则文主持的国家精品在线开放课程"税法"等课程资源。

（2）线上教学平台。采用符合国家有关互联网平台条件的公共教学平台。建议使用智慧职教等教学平台，利用中国大学 MOOC 或智慧职教建设在线课程，设计教学活动；利用云课堂实施课堂教学。借助职教云强大的学习活动分析功能关注和分析学生的学习情况，及时解决学生学习中的短板问题。

六、教学方法

1. 项目教学法

项目教学法是以工作任务为依据设计教学项目，以学生为活动主体实施项目的教学方法，也就是将教学内容融入项目实施过程的一种教学方法。本课程的教学应以项目课程原理为指引，采用项目模块式课程结构，将教学内容分解为典型教学项目，通过项目教学实现教、学、练相结合。学生学习每个项目都事先得到一个明确的工作任务，面对一个需要完成的税务业务，带着问题学习税法并利用税法解决申报与管理问题，最终得到一个标志性的成果。通过项目实施完成税法的学习、税务业务操作和职业态度的养成。

2. 课堂讲授法

课堂讲授法是教师通过口头语言向学生描绘情境、叙述事实、解释概念、论证原理和阐明规律的教学方法。该方法以教师的语言作为主要媒介系统，连贯地向学生讲授基础知识、基本理论或基本流程，帮助学生理解并准确掌握相关知识技能，特别是各个知识技能点之间的有机联系和逻辑关系。

3. 任务驱动法

以职业能力养成为核心，通过设计不同场景的项目任务来组织教学，从获取信息到制订步骤，再到决策和付诸行动，直至检查、反思与评估，完成一个完整的工作过程。教师只扮演一个"咨询者""协调者"和"观察员"的角色，引导学生自主学习，向学生提供资源、给予建议和操作指导，可加深学生对基础知识和基本技能的掌握，也有助于学生职业判断能力、决策能力的提升和团队合作精神的培养。

4. 情境教学法

在教学过程中，教师有目的地引入或采用虚拟企业、虚拟职能部门、虚拟业务流程等现代技术手段，将教学内容以视频、动漫等方式展示，提高学习的现场感、趣味性，激发学生的情感，使学生能够尽快适应、了解和掌握将来从事工作所必备的知识和技能，直至熟悉可能遇到的各种方法，帮助学生做出正确的决策，有效调动学生学习的主动性、积极性和创造性，培养学生的职业能力。

5. 案例教学法

案例教学法包括讲解案例法和讨论案例法两种。讲解案例法，是将案例教学融入传统的讲授教学法之中的一种方法。教学中使用的案例，通常是针对课程知识体系中的重点、难点问题设计的，也称"知识点案例"。讨论案例法，是以学生课堂讨论为主，案例是学生讨论的主题，学生通过对案例的剖析，提出各自的解决方案，并予以充分讨论。

6. 启发式教学法

启发式教学是根据教学目的和内容，通过设计启发、诱导型问题，引导学生养成多思考、善思考、勤思考的习惯，将问题解决贯穿于教学的每一环节，启迪学生思考，活跃学生思维，促进学生身心发展，提高学生学习的主动性、积极性和创造性，更好地激发学生的学习兴趣，加深对课程内容的理解。

7. 分工协作教学法

在税务业务核算学习阶段，可以按工作内容将学生分组，比如适用的税法法律法规最新规定查核，适用的核算科目的确定，凭证的制单、审核，涉税账户的登记，申报表的填制等；也可以按工作流程将学生分组，比如原始凭证处理、记账凭证处理、总账处理、明细账处理，申报缴纳税款等。通过分组学习，培养学生分工协作能力。

8. 线上线下混合教学法

本课程课时量不能完全满足理论与实践同步推进的一体化教学需要，应充分利用在线课程培养学生自主学习能力，把基本理论知识的学习放在课外解决，课堂主要解决关键知识点存在的问题，完成实训任务。教师要利用好线上课程，设计课前、课中、课后环节，利用云课堂布置和批改、评讲作业，为学生打造移动课堂。

七、教学重点难点

1. 教学重点

教学重点：每一税种的征税范围、税源信息的获取、计税方法和相关账务处理。

教学建议：通过翻转课堂，在课前课后进行在线预习、复习、完成线上任务，充分利用课堂解决疑难问题；通过项目任务，将工作项目转化为学习项目，将工作任务转化为学习任务，在项目实施中融入知识点和技能点，让学生在做任务中完成知识的构建，并掌握税务会计岗位的工作任务。

2. 教学难点

增值税的智能化核算与管理、企业所得税的智能化核算与管理、个人所得税的智能化核算与管理、土地增值税的智能化核算与管理。

教学建议：通过翻转课堂，让学生在课前、课堂、课后不断练习、巩固知识点；通过项目任务的操练以及附加的实训练习，配合智能实训平台，让学生将难点内容化解为更容易理解的知识点。

八、教学评价

本课程主要考核学生知识目标、技能目标及素质目标的达标情况。理论知识的掌握情况主要通过期末闭卷考试进行考核，占总成绩的50%；技能目标主要通过对学生提交的工作成果的完成情况进行考核，占总成绩的30%；素质目标主要通过对线下出勤与课堂表现、线上学习、团队合作情况进行考核，占总成绩的20%。

九、编制说明

1. 编写人员

课程负责人：黄　玑　广州番禺职业技术学院（执笔）

课程组成员：杨　柳　广州番禺职业技术学院

　　　　　　裴小妮　广州番禺职业技术学院

　　　　　　连　丽　用友新道科技股份有限公司

2. 审核人员

　　　　　　杨则文　广州番禺职业技术学院

　　　　　　徐　杭　广州市番禺沙园集团有限公司

"智能化成本核算与管理" 课程标准

课程名称：智能化成本核算与管理/成本核算与管理/成本会计/成本管理
课程类型：专业核心课
学　　时：90 学时
学　　分：5 学分
适用专业：大数据与会计

一、课程定位

本课程依据企业成本会计岗位对会计人员的专业能力要求开设，主要学习利用智能成本核算与成本管理平台核算中小型制造企业产品成本，分析成本数据，为企业管理层管控成本提供财务依据，从而帮助企业提升市场竞争力。本课程是大数据与会计专业的职业能力核心课程。前置课程为"大数据会计基础""业务财务会计"，后续课程为"智能化财务管理""战略管理会计"。

二、课程设计思路

（1）课岗融合。课程以企业工作项目为载体，根据企业成本会计岗位工作任务要求，选取 12 个工作项目作为主要教学内容，每个项目由一个或多个独立的具有典型代表性的完整的工作任务贯穿；当项目结束时，工作任务随之完成并获取相应的标志性工作成果，相关理论知识融于工作任务之中。

（2）课证融合。借鉴"业财税融合成本管控职业技能等级标准"要求，选取部分内容融入本课程之中。

（3）课政融合。教学过程中强调"诚实守信，不做假账"的职业底线；通过大量繁琐的计算工作培养学生精益求精的工匠精神和谨慎细心的工作作风；通过分组学习与实操，培养学生协作共进、和而不同的团队意识；通过不断的学习企业成本管控思想弘扬勤俭节约的传统美德。

三、课程目标

本课程旨在培养学生胜任企业成本核算岗位和成本管理岗位的能力，具体包括知识目标、技能目标和素质目标。

1. 知识目标

（1）理解生产成本的含义及其构成内容；

（2）熟悉常见成本核算方法及其适用条件；

（3）掌握产品成本核算流程；

（4）掌握作业成本法管理成本原理；

（5）掌握变动成本法管理成本原理；

（6）掌握标准成本法管理成本原理；

（7）掌握定额成本法管理成本原理；

（8）掌握目标成本法管理成本原理；

（9）掌握成本报表编制与分析方法。

2. 技能目标

（1）能结合企业实际情况制定成本核算与管理制度；

（2）能结合企业实际情况对智能化成本核算与管理平台进行初始设置；

（3）能结合智能化成本核算与管理平台核算产品成本；

（4）能结合智能化成本核算与管理平台生成各种成本费用报表并分析；

（5）能结合智能化成本核算与管理平台运用作业成本法管理成本；

（6）能结合智能化成本核算与管理平台运用变动成本法管理成本；

（7）能结合智能化成本核算与管理平台运用标准成本法管理成本；

（8）能结合智能化成本核算与管理平台运用定额成本法管理成本；

（9）能结合智能化成本核算与管理平台运用目标成本法管理成本。

3. 素质目标

（1）能具备"诚实守信，不做假账"的职业操守；

（2）能保持"爱岗敬业，谨慎细心"的工作态度；

（3）能弘扬"精益求精，追求卓越"的工匠精神；

（4）能遵守"协作共进，和而不同"的合作原则；

（5）能贯彻"勤俭节约，提高效益"的管理思想。

四、教学内容要求及学时分配

序号	教学单元	教学内容	教学要求		学时
			知识和素养要求	技能要求	
1	智能化成本核算与管理认知	1. 智能化成本核算与管理发展历程 2. 智能化成本核算与管理流程设计 3. 智能化条件下成本核算岗位与成本管理岗位职责 4. 智能成本核算与管理平台初始化	1. 了解"大智移云区物"等新技术对成本核算与管理工作的影响 2. 了解智能化成本核算与管理发展历程 3. 掌握成本核算与管理对象 4. 掌握成本核算与管理方法特征及适用条件 5. 掌握不同技术条件下成本核算基本流程 6. 熟悉智能化成本核算与管理平台主要功能 **思政点**：了解智能制造与大国崛起，培养文化自信；树立"诚实守信，不做假账"的职业观	1. 能厘清智能化成本核算与管理对象 2. 能绘制不同成本核算方法下基本核算流程 3. 能实施智能平台初始化 4. 能制定简单的成本核算制度	8
2	材料费用智能化核算与管理	1. 材料费用核算内容 2. 材料领用管理 3. 材料BOM清单（或智能平台影像系统扫描材料单据）审核 4. 材料费用智能化归集与分配建模 5. 材料费用智能化账务处理与审核	1. 掌握定额比例法 2. 掌握产量比例法 3. 掌握重量比例法 4. 掌握体积比例法 5. 掌握品种法、分批法、分步法下材料费用核算流程 6. 掌握材料费用建模方法 **思政点**：培养勤俭节约的品质	1. 能利用智能平台设计合适的材料费用核算流程 2. 能利用智能平台归集和分配材料费用 3. 能利用智能平台自动生成相关记账凭证 4. 能审核会计凭证	10
3	人工费用智能化核算与管理	1. 人工费用核算内容 2. 生产工时管理 3. 人工费用智能计算 4. 人工费用智能化归集与分配建模 5. 人工费用智能化账务处理与审核	1. 熟悉职工薪酬构成 2. 熟悉职工薪酬计算方法 3. 掌握品种法、分批法、分步法下人工费用核算流程 4. 掌握生产工时比例法 5. 掌握机器工时比例法 6. 掌握人工费用建模方法 **思政点**：理解"爱岗敬业，提高效率"的重要意义	1. 能利用智能平台设计合适的人工费用核算流程 2. 能利用智能平台归集和分配人工费用 3. 能利用智能平台自动生成相关记账凭证 4. 能审核会计凭证	6

续表

序号	教学单元	教学内容	教学要求		学时
			知识和素养要求	技能要求	
4	其他生产费用智能化核算与管理	1. 其他生产费用核算内容 2. 其他生产费用相关业务管理 3. 其他生产费用相关单据抓取、扫描与审核 4. 外购动力费用智能化归集与分配建模 5. 折旧费用智能化归集与分配建模 6. 辅助生产费用智能化归集与分配建模 7. 制造费用智能化归集与分配建模 8. 其他生产费用智能化账务处理与审核	1. 掌握品种法、分批法、分步法下其他生产费用核算流程 2. 掌握生产工时比例法 3. 掌握机器工时比例法 4. 掌握折旧计提方法 5. 掌握直接分配法 6. 掌握交互分配法 7. 掌握代数分配法 8. 掌握顺序分配法 9. 掌握计划成本分配法 10. 掌握按年度计划分配率分配法 11. 掌握外购动力等费用建模方法 12. 掌握辅助生产费用建模方法 13. 掌握制造费用建模方法 **思政点**：树立"只争朝夕，不负韶华"的进取意识和"人人为我，我为人人"的团队合作意识	1. 能利用智能平台设计合适的其他生产费用核算流程 2. 能利用智能平台归集和分配其他生产费用 3. 能利用智能平台自动生成相关记账凭证 4. 能审核会计凭证	12
5	完工产品成本智能化核算与管理	1. 在产品与废品管理 2. 废品生产成本智能计算 3. 完工产品成本智能计算 4. 损失性费用智能化核算建模 5. 完工产品成本智能化核算建模 6. 损失性费用智能化账务处理与审核 7. 产品完工入库智能化账务处理与审核 8. 完工产品成本报表智能化处理	1. 熟悉废品损失构成内容 2. 掌握废品生产成本的计算方法 3. 掌握损失性费用账务处理规则 4. 掌握约当产量比例法 5. 掌握定额比例法 6. 掌握损失性费用核算建模方法 7. 掌握完工产品成本核算建模方法 8. 掌握生产成本报表建模方法 **思政点**：理解工匠精神对学习与工作的意义	1. 能利用智能平台归集和分配损失性费用 2. 能利用智能平台计算分配完工产品与月末在产品成本 3. 能利用智能平台自动生成相关记账凭证 4. 能审核会计凭证	10

续表

序号	教学单元	教学内容	教学要求		学时
			知识和素养要求	技能要求	
6	成本报表智能化编制与分析	1. 成本报表的内容 2. 成本报表智能化编制建模 3. 成本报表智能化分析建模 4. 撰写成本分析报告	1. 熟悉成本报表分类 2. 掌握成本报表编制方法 3. 掌握成本报表分析方法 4. 掌握成本报表建模方法 **思政点：**培养"追根溯源，实事求是"的工作作风	1. 能利用智能平台生成常见成本报表 2. 能利用智能平台分析成本报表 3. 能撰写成本分析报告	6
7	变动成本法智能化应用	1. 成本按成本性态分类 2. 变动成本法建模 3. 变动成本法智能化分析	1. 掌握成本性态概念 2. 掌握混合成本分解方法 3. 掌握变动成本法下利润表建模 4. 把握成本习性，帮助企业创造价值	1. 能对企业成本费用按成本性态进行智能分解 2. 能利用智能平台生成变动成本法下利润表 3. 能利用智能平台分析企业成本和利润，为企业进行短期经营决策提供依据 4. 能撰写变动成本法成本分析报告	8
8	标准成本法智能化应用	1. 标准成本制定 2. 标准成本建模 3. 标准成本智能分析 4. 标准成本智能账务处理与审核 5. 撰写标准成本分析报告	1. 掌握标准成本的制定方法 2. 掌握标准成本差异分析方法 3. 掌握标准成本制定建模方法 4. 掌握材料成本差异计算与分析建模方法 5. 掌握人工成本差异计算与分析建模方法 6. 掌握制造费用差异计算与分析建模方法 **思政点：**培养"吾日三省吾身"习惯，不断完善自我	1. 能利用智能平台制定产品标准成本 2. 能利用智能平台分析标准成本差异 3. 能撰写标准成本法分析报告	8
9	定额成本法智能化应用	1. 定额成本制定 2. 定额成本建模 3. 定额成本智能分析 4. 定额成本智能账务处理与审核 5. 撰写定额成本分析报告	1. 掌握定额成本的制定方法 2. 掌握定额成本差异计算与分配方法 3. 掌握材料定额成本制定与差异计算建模方法 4. 掌握人工定额成本制定与差异计算建模方法 5. 掌握制造费用定额成本制定与差异计算建模方法 6. 掌握材料成本差异计算建模方法	1. 能利用智能平台制定定额成本 2. 能利用智能平台计算定额成本差异 3. 能撰写定额成本法分析报告	6

续表

序号	教学单元	教学内容	教学要求		学时
			知识和素养要求	技能要求	
			7. 掌握定额变动差异计算建模方法 **思政点**：理解节约成本对提高企业竞争力的重要意义		
10	作业成本法智能化应用	1. 作业分类 2. 成本动因 3. 作业成本法建模 4. 作业成本法智能分析	1. 掌握作业成本法计算原理 2. 熟悉成本动因 3. 熟悉作业成本分配方法 4. 熟悉作业成本核算流程 5. 掌握作业成本法建模方法 **思政点**：培养精益求精的工作作风	1. 能利用智能平台建立作业中心，确定成本动因 2. 能利用智能平台智能计算产品成本 3. 能利用智能平台分析管理作业及作业成本 4. 能撰写作业成本法分析报告	6
11	目标成本法智能化应用	1. 目标成本制定 2. 目标成本法建模 3. 目标成本智能计算 **思政点**：目标成本智能分解	1. 熟悉目标成本制定方法 2. 掌握目标成本分解方法 3. 掌握目标成本建模方法 **思政点**：树立目标，勇于担责	1. 能利用智能平台制定目标成本 2. 能利用智能平台分解目标成本 3. 能利用智能平台分析目标成本 4. 能撰写目标成本法分析报告	6
12	成本数据可视化	1. 成本核算数据可视化 2. 成本分析数据可视化 3. 成本控制数据可视化	1. 了解数据可视化常用工具 2. 掌握成本核算数据可视化方法 3. 掌握成本分析数据可视化方法 4. 掌握成本管理数据可视化方法	1. 能利用智能平台或 PBI 等可视化工具生成可视化成本数据图像 2. 能撰写综合性成本分析与管理报告	6

五、教学条件

1. 师资队伍

（1）专任教师。专任教师应具有高校教师资格；有理想信念、有道德情操、有扎实学识、有仁爱之心；具有会计等相关专业本科及以上学历；具有扎实的成本核算、成本管理理论功底和实践能力，能熟练运用智能成本核算与管理平台处理中小微企业成本核算业务，帮助企业管控成本；具有较强信息化教学能力；有每 5 年累计不少于 6 个月的企业实践经历。

（2）兼职教师。兼职教师主要从本专业相关的行业企业聘任，要求具备良好的思想政治素质、职业道德和工匠精神，具有扎实的专业知识和 3 年以上生产型企业成本核算与管理经验。具备较好的语言表达能力和沟通能力，对学生有爱心和耐心。

2. 实践教学条件

（1）理实一体化实训室。建议在一体化专业实训室或智慧教室进行教学，需要每个座位配置一台电脑，网络应流畅，能播放在线教学视频。

（2）教学软件平台。借助智能化成本核算与管理软件虚拟真实企业的生产环境、生产工艺流程及相关单据，智能化批量处理单据、生成凭证和报表，智能化提取相关数据分析和管控成本；内置至少一家完整的生产型企业案例。

（3）实训工具设备。配备办公文具、打印机、文件柜等。

3. 教材选用与编写

教材应符合《职业院校教材管理办法》等文件的规定和要求，探索使用新型活页式、工作手册式教材并配套信息化资源。教材编写应以本课程标准为依据，充分体现任务引领、实践导向的设计思想，将企业成本核算与管理工作分解成若干典型的工作项目，按成本会计岗位职责和工作项目完成过程来组织教材内容。教材内容应体现新技术、新工艺、新规范，贴近中小微企业成本核算与管理需求。

（1）教材是完成教学过程、达到教学目标的手段和媒介，在编写过程中应充分体现本课程项目设计的理念，依据本课程标准采用任务驱动型模式进行编写。

（2）教材应按成本核算与管理的工作内容、操作流程的先后顺序、理解掌握的难易程度等进行编写。

（3）教材编写应根据高职高专学生的特点，从培养技能型人才出发，内容安排上要深入浅出、适度、够用，突出实用，语言组织要简明扼要、科学准确、通俗易懂，形式上应图文并茂、可操作性强，配备大量的实务题，使学生能够在学习完理论知识后及时得到相应的技能训练。

（4）教材内容应体现先进性、准确性、通用性和实用性，要将最新的会计准则及成本管理前沿知识及时地纳入教材，使教材更贴近本专业的发展和实际需要。

（5）教材中的活动设计内容要具体，并在实训室环境下具有可操作性。教材中的案例可以采用企业真实案例，提高业务操作的仿真度。

4. 教学资源及平台

（1）线上教学资源。支持混合教学和 MOOC 开放的公共教学资源库或自建教学资源。建议利用智慧职教等平台建设教学资源库和在线开放课程，为实施线上线下混合教学提供条件。建议采用智慧职教平台广州番禺职业技术学院刘飞主持的会计专业群教学资源库"成本核算与管理"课程资源。

（2）线上教学平台。采用符合国家有关互联网平台条件的公共教学平台。建议使用智慧职教等教学平台，利用职教云建设在线课程，设计教学活动；利用云课堂实施课堂教学；借助职教云强大的学习活动分析功能关注和分析学生的学习情况，及时解决学生学习中的短板问题。

六、教学方法

1. 项目教学法

项目教学法是以工作任务为依据设计教学项目，以学生为活动主体实施项目的教学方法，也就是将教学内容融入项目实施过程的一种教学方法。项目教学法是以学生为中心的教学模式，这种教学模式中学生是主动的学习者，教师是学生学习的指导者。每个项目的实施都有一个明确的任务、一个完整的过程，能够取得一个标志性成果。

2. 课堂讲授法

课堂讲授法是教师通过口头语言向学生描绘情境、叙述事实、解释概念、论证原理和阐明规律的教学方法。该方法以教师的语言作为主要媒介系统，连贯地向学生讲授基础知识、基本理论或基本流程，帮助学生理解并准确掌握相关知识技能，特别是各个知识技能点之间的有机联系和逻辑关系。

3. 任务驱动法

以职业能力养成为核心，通过设计不同场景的项目任务来组织教学，从获取信息到制订步骤，再到决策和付诸行动，直至检查、反思与评估，完成一个完整的工作过程。教师只扮演一个"咨询者""协调者"和"观察员"的角色，引导学生自主学习，向学生提供资源、给予建议和操作指导，可加深学生对基础知识和基本技能的掌握，也有助于学生职业判断能力、决策能力的提升和团队合作精神的培养。

4. 情境教学法

在教学过程中，教师有目的地引入或采用虚拟企业、虚拟职能部门、虚拟业务流程等现代技术手段，将教学内容以视频、动漫等方式展示，提高学习的现场感、趣味性，激发学生的情感，使学生能够尽快适应、了解和掌握将来所从事的工作所必备的知识和技能，直至熟悉可能遇到的各种方法，帮助学生做出正确的决策，有效调动学生学习的主动性、积极性和创造性，培养学生职业能力。

5. 启发式教学法

启发式教学是根据教学目的和内容，通过设计启发、诱导型问题，引导学生养成多思考、善思考、勤思考的习惯，将问题解决贯穿于教学的每一环节，启迪学生思考，活跃学生思维，促进学生身心发展，提高学生学习的主动性、积极性和创造性，更好地激发学生的学习兴趣，加深对课程内容的理解。

七、教学重点难点

1. 教学重点

教学重点：产品成本核算、变动成本法、标准成本法、定额成本法、成本分析。

教学建议：结合虚拟企业资料，以品种法为基础，让学生熟练掌握常见成本核算流程及各种费用分配方法。在学生充分理解和掌握产品成本核算的基础上再利用实训资料或案例学习变动成本法、标准成本法、定额成本法和目标成本法，理解其成本管理思想，掌握成本管控的方法，学会成本分析及成本分析报告的撰写。

2. 教学难点

教学难点：标准成本法、作业成本法。

教学建议：通过引入适当的案例资料，训练学生养成运用标准成本法管理成本的思维；对照传统的制造成本法，结合案例帮助学生理解作业成本法产生的原因及其运作原理与优势。

八、教学评价

本课程主要考核学生知识目标、技能目标及素质目标的达标情况。理论知识的掌握情况主要通过期末闭卷考试进行考核，占总成绩的40%；技能目标主要通过对学生提交的工作成果的完成情况进行考核，占总成绩的30%；素质目标主要通过对线下出勤与课堂表现、线上学习、团队合作情况进行考核，占总成绩的30%。

九、编制说明

1. 编写人员

课程负责人：刘　飞　广州番禺职业技术学院（执笔）

课程组成员：郝雯芳　广州番禺职业技术学院

裴小妮　广州番禺职业技术学院

杜　方　广州番禺职业技术学院

董月娥　广州美厨智能家居科技股份有限公司

2. 审核人员

杨则文　广州番禺职业技术学院

徐　杭　广州市番禺沙园集团有限公司

"智能化财务管理" 课程标准

课程名称：智能化财务管理/企业财务管理/财务管理
课程类型：专业核心课
学　　时：54 学时
学　　分：3 学分
适用专业：大数据与会计

一、课程定位

本课程依据智能时代对财务管理岗位的专业能力要求开设，在"智能财务"时代，随着"大智移云物"的兴起，财务管理人员需要借助新兴技能，以最大限度地发挥财务数据的价值为目标，满足财务管理工作向智能化方向的转变。本课程主要培养学生在企业财务组织内部，能够基于智能技术和创新思维，通过进行数据建模建立智能化决策模型，推动企业财务管理向智能化转移的能力。一方面要具有丰富的财务管理知识，熟知企业财务管理模式和业务流程，掌握企业在筹资管理、项目投资管理、往来账款管理、存货管理和资金管理等方面的决策方法和建模能力，为企业管理层管理决策提供财务依据；另一方面，要具有基本的智能化技术知识，创造财务管理领域的智能化应用场景，最终为企业财务管理服务。

本课程是大数据与会计专业的职业能力核心课程。前置课程为"大数据会计基础""共享财务会计""智能化税费核算与管理""智能化成本核算与管理""财务机器人应用与开发""Excel 在财务中的应用"等，后续课程为"财务决策综合实训"等。

二、课程设计思路

（1）本课程以企业财务管理工作中融资管理岗位、投资管理岗位、往来账管理岗位、库存管理岗位和资金管理岗位等岗位工作内容为载体，以财务管理的资金流动工作流程为线索，将工作流程转化为工作任务，设计了筹资管理、投资管理、往来账款管理、存货管理和资金管理等项目，每个项目由一个或多个独立且具有典型代表性的完整工作任务贯穿，利用案例背景进行决策建模，并利用智能化财务管理平台，帮助企业自动呈现决策结果，撰写分析决策报告。

（2）借鉴了 CPA 注册会计师"财务成本管理"课程中"财务管理"的部分，以及财政部直属单位上海国家会计学院的"智能财务师"部分初级和中级考证要求,选取以上考证的部分内容融入本课程之中。

(3)企业财务管理必须不断开发在智能化下的应用场景,才能在智能时代满足企业的需求。因此,教学过程中强调培养"智能思维"和"创新思维"。新技术带来的新的商业经济模式触动财务工作的巨大变革,我国企业急需一批既有财务管理视野、又懂得改革创新、熟悉智能技术的优秀人才。

第一,通过对多种智能工具在财务中的应用,培养学生坚定"终身学习"的信念。智能化发展势不可挡,财务人员必须具备"财务 + IT"的复合能力,技术发展不会暂停,财务人员的学习也不会暂停。

第二,通过对未来财务智能化的创新实践分析,培养学生"创新意识"。让学生感悟到"财务严谨务实,不适合创新"的时代已经过去了,技术创新带来的工作效率的提升和便利,需要财务人员有技术创新的敏感度,挖掘智能技术在企业财务管理中的应用场景。

第三,通过目前企业财务管理智能化过程中的案例,培养学生提升抗压能力,勇于探索。智能时代的技术变化是高速的、有时效性的,新技术可能还没来得及深度应用就被放弃了。"创新"附带的"失败"在智能时代在所难免,但不能因噎废食,需要有敢于试错的勇气。

三、课程目标

本课程旨在培养学生智能时代的财务管理能力,具体包括知识目标、技能目标和素质目标。

1. 知识目标

(1)理解智能时代对财务管理的改变;

(2)熟悉常见的智能时代影响财务管理的技术;

(3)理解未来智能技术在财务管理中的发展趋势;

(4)理解智能时代企业财务管理的对象、岗位职责和核心能力;

(5)熟悉通过数字化建模的过程,实现智能分析在筹资管理、投资管理、往来账款管理、存货管理和资金管理等财务管理工作中的应用场景;

(6)掌握财务管理数据可视化在企业中的应用。

2. 技能目标

(1)能掌握资金筹集渠道与方法,利用智能化平台收集融资所需数据并建立分析模型,撰写企业融资方案报告并对筹资方案进行选择和评价;

(2)能掌握项目投资现金流计算方法,利用智能化平台收集对投资项目建模所需的数据,能撰写企业项目投资可行性方案并对方案进行选择和评价;

(3)能掌握往来账款、存货和现金的日常管理方法,能利用智能化平台对分析所需的数据进行整理,通过多种分析工具和模型,提高营运资本在企业的营运效率;

(4)能掌握企业利润分配流程和分配政策,能撰写利润分配实施方案,能掌握不同分配分配方案对企业的影响；

(5) 能掌握智能化分析工具在企业财务管理中的应用场景；

(6) 能分析企业面临的财务风险、衡量方法和应对措施。

3. 素质目标

(1) 能具备"终身学习"的职业信念；

(2) 能保持"创新意识"的工作态度；

(3) 能弘扬"勇于探索"的工匠精神；

(4) 能遵守"协作共进"的合作原则。

四、教学内容要求及学时分配

序号	教学单元	教学内容	教学要求		学时
			知识和素养要求	技能要求	
1	走进智能时代的财务管理	1. 财务管理的四次革命 2. 智能化财务管理模式 3. 智能化财务管理的财务部门组织架构 4. 智能化财务管理的对象 5. 智能化财务管理人员的岗位职责与核心能力 6. 智能化财务管理的技术、趋势和展望	1. 了解财务管理的四次革命：会计电算化、业财一体化、财务共享服务中心、数字化与智能化 2. 了解财务管理模式：战略财务、业务财务、共享财务 3. 了解财务组织结构的演变过程：财会一体阶段；专业分离阶段；战略、专业、共享、业财四分离阶段；外延扩展阶段 4. 了解财务管理的对象是资金的流动过程：筹资活动、投资活动、营运活动和利润分配活动 5. 了解财务管理人员岗位职责与核心能力 6. 了解大数据、云计算、人工智能、区块链等技术的发展以及 Python、PBI、RPA 软件等在财务管理中的应用原则、规律和创新	1. 能绘制集团公司、中大型公司和小公司等不同类型企业的财务部门组织架构 2. 能绘制工业制造企业和商品流通企业的资金流动图 3. 能制定简单的企业财务管理制度 4. 能设置智能化财务管理平台的基本操作	4
2	智能化筹资管理	1. 资金需求量决策模型 2. 筹资渠道决策模型 3. 资本成本决策模型 4. 资本结构决策模型	1. 了解企业筹资的动机、资金需求预测的程序 2. 掌握预测资金需求常用的两种模型的原理 3. 掌握权益资金筹集方法和负债资金筹集方法的特点与区别 4. 了解银行借款中等额本金和等额本息的计算原理	1. 能建立销售百分比法和资金习性法预测资金需求量的决策模型，并通过智能财务管理平台，设置参数，自动估算企业外部融资金额 2. 能绘制不同融资方法的优缺点对比图 3. 能建立资本成本决策模型，并	10

续表

序号	教学单元	教学内容	教学要求		学时
			知识和素养要求	技能要求	
			5. 掌握个别资金成本、综合资金成本和权益资金成本分析模型的原理 6. 掌握资本成本比较法、每股收益无差别点法、公司价值分析法三种最优资本结构决策模型的原理	通过智能化财务管理平台收集融资渠道的信息，自动计算不同渠道和组合的融资代价并做出决策 4. 能建立银行贷款和融资租赁的还款金额或租金偿还表，并通过智能化平台设置参数，自动显示偿还金额 5 能构建企业在不同融资方案下的资本结构模型，并通过智能化财务管理平台设置参数，自动显示基本结构并做出决策 6. 能撰写融资建议分析报告	
3	智能化项目投资管理	1. 项目现金流量估算模型 2. 项目可行性决策模型 3. 互斥方案和独立方法决策模型	1. 掌握项目现金流量图的绘制方法 2. 了解现金流量测算方法：初始现金流量、经营期现金流量、终结期现金流量 3. 掌握项目可行性决策分析的静态分析指标和动态分析指标的含义、适用范围和优缺点 4. 掌握互斥方案、独立方案选择的原则	1. 能绘制项目现金流量图 2. 能建立项目现金流量测算模型，并通过智能化财务管理平台设置参数，自动计算初始现金流量、经营现金流量和终结现金流量 3. 能通过智能化财务管理平台，自动计算投资回收期和平均会计收益率、净现值、现值指数、内涵报酬率并进行项目优劣决策 4. 能撰写项目投资可行性分析报告	10
4	智能化往来账款管理	1. 应收账款管理决策模型 2. 应付账款管理决策模型	1. 掌握应收账款事前管理方法，了解信用标准、信用条件、收账政策以及是否放款信用政策条件的决策判断 2. 掌握应收账款事中管理方法，了解账龄分析和周转天数分析的原理，了解应收账款机会成本的计算方法 3. 掌握应收账款事后管理的方法、保理的原理 4. 掌握应收应付天数关系分析模型的原理	1. 能建立应收账款客户的信用评价模型，包括应收账款账龄、客户5C分值等，并通过智能化财务管理平台，收集往来账款合同等客户数据，设置分值范围，自动判断客户信用级别，并做出是否放宽信用政策的决策 2. 能建立企业应收、应付、现金和存货周转天数关系图和应收应付周转天数关系图模型，并通过智能化财务管理平台，自动抓取报表数据，绘制往来账关系图 3. 能撰写企业往来账款管理评价报告	6

续表

序号	教学单元	教学内容	教学要求		学时
			知识和素养要求	技能要求	
5	智能化存货管理	1. 经济进货批量决策模型 2. 再订货点和安全储备量决策模型 3. ABC 存货管理模型 4. JIT 存货管理模型	1. 掌握存货的定义和存货管理的意义 2. 掌握经济进货批量法确定存货 3. 理解 ABC 分类法的分类标准 4. 理解 JIT 存货管理的内涵	1. 能建立经济进货批量模型，根据生产计划，判断存货成本类型，并通过智能化财务管理平台收集存货成本数据，自动计算经济进货批量 2. 能通过智能化财务管理平台对企业存货类型进行 ABC 分类，自动绘制存货 ABC 管理的帕累托曲线 3. 能撰写企业存货管理分析报告	6
6	智能化现金管理	1. 现金管理决策模型 2. 有价证券投资决策模型	1. 理解财务管理中现金的界定 2. 掌握持有现金的动机 3. 理解持有现金的成本构成 4. 掌握成本模型和存货模型确定最佳现金持有量的原理 5. 了解现金等价物的概念 6. 了解短期金融资产、商业票据的收益率计算方法	1. 能建立最佳现金持有量模型，判断现金有关的成本类型，并通过智能化财务管理平台收集现金成本数据，自动计算最佳现金持有量 2. 能通过智能化财务管理平台，收集企业数据，自动计算有价证券的收益率 3. 能撰写企业现金管理分析报告	6
7	智能化利润分配管理	1. 利润分配流程与方法 2. 股利分配理论 3. 股利分配政策	1. 了解利润分配的流程 2. 了解股利分配的基本理论 3. 了解股利分配四种政策的内容、应用范围以及对企业的影响 4. 了解利润对赌协议条款的估值调整条款、业绩补偿条款与股权回购条款 5. 了解股权激励手段	1. 能通过企业不同的生命周期，选择适合的股利分配政策 2. 能通过智能化财务管理平台，结合案例背景选择适合企业的股利分配方案，并说明理由 3. 能撰写利润分配方案	4
8	智能化财务风险管理	1. 杠杆风险决策模型 2. 风险调整投资模型 3. 风险决策树模型 4. 敏感性分析模型	1. 理解企业风险管理的基本类型和衡量指标 2. 了解企业面临的八大风险及其影响：信用风险、市场风险、流动性风险、操作风险、法律风险、国家风险、声誉风险和战略风险 3. 掌握杠杆原理和三种杠杆系数的计算与原理：经营杠杆、财务杠杆、复合杠杆，以及杠杆系数对风险解释的经济含义 4. 掌握风险调整折现率决策模型的原理 5. 掌握对不确定投资项目分析的决策树法和敏感性分析的原理	1. 能建立企业杠杆系数风险评价模型，并通过智能化财务管理平台，自动抓取公司报表数据计算三种杠杆系数 2. 能建立投资项目的风险等级折现率模型，并通过智能化平台，设置投资项目评分分值，按照评价自动确定风险等级，在根据风险等级自动调整项目折现率 3. 能根据项目投资中每个阶段的投资决策和发生的概率建立决策树模型，并通过智能化平台设置数据，自动显示决策树 4. 能撰写企业财务风险分析报告	4

续表

序号	教学单元	教学内容	教学要求		学时
			知识和素养要求	技能要求	
9	财务数据可视化管理	1. 财务数据可视化发展 2. 财务数据可视化工具 3. 财务数据可视化类型	1. 了解财务数据可视化的发展阶段：科学可视化、信息可视化、数据可视化 2. 了解财务数据可视化的基本工具：Power BI、JReport、Fine BI 3. 掌握财务数据可视化的类型与可视化呈现方式：比较、分布、位置、关系、趋势、进度	1. 能通过智能化管理平台，自动呈现资本成本柱状图、资本结构无差别点图、投资方案现金流量图、应收应付周转期图、最佳现金持有量图、最佳存货持有量图等 2. 能撰写企业综合智能化财务管理报告	4

五、教学条件

1. 师资队伍

（1）专任教师。专任教师应具有高校教师资格证书；具有扎实的财务管理理论和实务功底，熟悉企业财务管理工作业务和工作流程；能够熟练运用智能化工具帮助企业进行资金筹集业务、投资业务、营运资金管理业务、收入与分配等业务过程；能够正确分析学源情况，根据学生具体情况、教学内容选择适合的教学方法开展教学；具有较强信息化教学能力。

（2）兼职教师。①现任企业融资管理岗位工作人员，要求能够分析企业资金需求，熟悉传统融资渠道和开拓新融资渠道，跟进资金专项任务制订融资方案及实施，能进行融资报告分析并提出融资解决方案；②现任企业投资管理岗位工作人员，要求能够研究项目前期分析数据，筛选、评估投资项目，对项目进行可行性分析并出具项目投资可行性分析报告；③现任企业营运资本管理岗位工作人员，要求能够对企业应收账款、存货、现金等营运资本进行日常管理，熟悉信用政策、存货批量采购、日常现金管理的业务工作。

2. 实践教学条件

（1）理实一体化实训室。建议在一体化专业实训室或智慧教室进行教学，需要每个座位配置一台电脑，网络应流畅，能播放在线教学视频。实训室要能满足基本的数字化技术软件安装网络环境。

（2）智能化财务管理平台。平台内嵌配套智能化技术的相关软件，如 Excel、RPA 机器人软件、Python 软件、Power BI 软件、智能化财务管理平台等，能实现信息化技术在的财务管理场景下的应用操作。

（3）实训工具设备。配备撰写分析决策报告所需的办公文具，如办公设施、打印机、扫描仪、计算器、文件柜及各种日用耗材。

（4）仿真实训资料。依据课程标准、智能化财务管理平台设计编写实训案例，案例流程清晰准确，使用数据和案例贴近实际，体现智能化工具在财务管理中的应用场景。

3. 教材选用与编写

教材编写应以本课程标准为依据，充分体现任务引领、实践导向的设计思想，将企业数字化技术在财务管理中的应用工作分解成若干典型的工作项目，按岗位职责和工作项目完成过程来组织教材内容。教材内容应体现新技术、新工艺、新规范，满足企业在新技术下财务变革的整体解决方案。探索使用新型活页式、工作手册式教材并配套信息化资源。

4. 教学资源及平台

（1）线上教学资源。支持混合教学和 MOOC 开放的公共教学资源库或自建教学资源，建议利用广州番禺职业技术学院会计专业教学资源库"企业财务管理"课程资源，为实施线上线下混合教学提供条件。

（2）线上教学平台。采用符合国家有关互联网平台条件的公共教学平台。建议使用智慧职教等教学平台，利用职教云建设在线课程，设计教学活动；利用云课堂实施课堂教学。借助职教云强大的学习活动分析功能关注和分析学生的学习情况，及时解决学生学习中的短板问题。

六、教学方法

1. 项目教学法

项目教学法是以学生为中心的教学模式，这种教学模式中学生是主动的学习者，教师是学生学习的指导者。本课程设计了包括筹资管理、项目投资管理、往来账款管理、存货管理、资金管理、财务风险管理和可视化管理七个项目，每个项目的实施都有一个明确的任务、一个完整的过程，能够取得一个标志性成果。

2. 案例教学法

案例教学法包括讲解案例法和讨论案例法两种。讲解案例法，是将案例教学融入传统的讲授教学法之中的一种方法。教学中使用的案例通常是针对课程知识体系中的重点、难点问题设计的，也称"知识点案例"。讨论案例法，是以学生课堂讨论为主，案例是学生讨论的主题，学生通过对案例的剖析，提出各自的解决方案，并予以充分讨论。

3. 情境教学法

在教学过程中，教师有目的地引入或采用虚拟企业、虚拟职能部门、虚拟业务流程等现代技术手段，将教学内容以视频、动漫等方式展示，提高学习的现场感、趣味性，激发学生的情感，使学生能够尽快适应、了解和掌握将来所从事的工作所必备的知识和技能，直至熟悉可能遇到的各种方法，帮助学生做出正确的决策，有效调动学生学习的主动性、积极性和创造性，培养学生职业能力。

4. 线上线下混合教学法

本课程课时量不能完全满足理论与实践同步推进的一体化教学需要，应充分利用在线课程培养学生自主学习能力，把基本理论知识的学习放在课外解决，课堂主要解决关键知识点存在的问题，完成实训任务。教师要利用好线上课程，设计课前、课中、课后环节，利用云课堂布置和批改、评讲作业，为学生打造移动课堂。

七、教学重点难点

1. 教学重点

教学重点：智能化筹资管理。

教学建议：财务管理筹资管理理论模型多，公式复杂，但实际工作中企业对融资管理的应用并没有理论那么复杂，需要结合智能化、数字化手段，选择难易程度合适的案例，使学生充分理解企业融资管理中决策的重要性，尤其在智能化时代，各种大数据搜集和分析手段不断发展，开发智能工具在筹资决策中的应用场景成为智能化财务管理的教学重点。

2. 教学难点

教学难点：智能化项目投资管理。

教学建议：企业项目投资在财务管理中，不但分析项目现金流测算、可行性分析等财务因素，分析决策更困难的部分在于项目实施的非财务因素分析。因此，授课需要选取具有较为丰富背景资料的企业项目投资案例，让学生能从数字之外，挖掘财务和非财务的因素对投资决策的影响。

八、教学评价

本课程主要考核学生知识目标、技能目标及素质目标的达标情况。理论知识的掌握情况主要通过期末闭卷考试进行考核，占总成绩的40%；技能目标主要通过对学生提交的工作成果的完成情况进行考核，占总成绩的30%；素质目标主要通过对线下出勤与课堂表现、线上学习、团队合作情况进行考核，占总成绩的30%。

九、编制说明

1. 编写人员

课程负责人：郝雯芳　广州番禺职业技术学院（执笔）

课程组成员：刘　飞　广州番禺职业技术学院

　　　　　　李　福　广州番禺职业技术学院

　　　　　　李枳葳　广州番禺职业技术学院

　　　　　　李　映　广州番禺职业技术学院

　　　　　　李其骏　广州番禺职业技术学院

2. 审核人员

　　　　　　杨则文　广州番禺职业技术学院

　　　　　　陈海星　科云科技有限公司

"大数据财务分析"课程标准

课程名称：大数据财务分析/企业财务分析/财务报表分析
课程类型：专业核心课
学　　时：64 学时
学　　分：3.5 学分
适用专业：大数据与会计、金融服务与管理

一、课程定位

本课程依据企业财务管理、会计监督、会计中介机构咨询与管理岗位对会计人员的专业能力要求开设，主要学习利用大数据平台展开对上市公司财务报表、业务、行业数据搜集和整理，依托业务分析和行业数据对比，解读公司财务报表，构建业财一体化视角下财务能力分析体系和杜邦分析模型，对企业经营活动、财务状况、业绩成果和现金流水平进行评价，全面分析评价企业偿债、盈利、营运和发展四项财务能力，运用大数据分析平台编制可视化上市公司大数据财务分析报告，为企业评估经营风险、提升业绩质量、改善财务结构和现金流水平提供决策依据。本课程是大数据与会计专业的职业能力核心课。前置课程为"大数据会计基础""业务财务会计""大数据技术基础""Excel 在财务中的应用""智能化成本核算与管理"，后续课程为"战略管理会计""智能化财务管理""业财一体信息系统设计应用""企业内部控制"。

二、课程设计思路

（1）本课程以上市公司真实案例为载体，以企业财务分析工作实践过程为主线，根据企业财务管理、会计监督岗位工作内容，结合财务分析工作内容和流程，依次设置九个典型工作任务作为教学项目，每个项目由一个或多个独立且具有典型代表性的完整的工作任务贯穿，学生学习过程即实际工作过程，学生学习成果即工作成果；注重锻炼学生实践动手能力，将理论知识学习融入项目任务实践操作中，将职业素质养成和岗位技能积累贯穿课堂，凸显教学过程中学生的"技能＋素质"能力本位，实现工学结合。

（2）课程建立在"大数据财务分析"初级证书基础上，在学生已经掌握大数据平台运用基础上，面向"大数据财务分析"中级、高级考证要求，培养学生建立业财融合视角的财务分析思维，面向不同行业不同经营模式的上市公司，展开业财大数据搜集、整理和分析，撰写财务分析报告的能力。为学生获取高等级 1 + X 证书提供帮助。

（3）结合课程背景、教学内容、社会时政、榜样典型案例等多维度融入思政元素，落实"立德树人"根本任务。课程案例选取热点时政上市公司案例，通过技术手段分析评价上市公司在我国社会体系意义、战略发展、可能存在困境和出路，引导学生爱党爱国，树立正确的价值取向，正确处理个人、企业和国家利益，敢于揭露舞弊行为，承担社会责任，践行社会主义核心价值观；树立"诚实守信、坚守准则、独立公正、工匠精神"的职业素养，能够实事求是、真实客观、有职业操守、有大局意识地展开对上市公司的财务评价。通过分组学习与实操，培养学生协作共进、和而不同的团队意识。

三、课程目标

本课程旨在培养学生借助大数据、云计算、业财融合等前沿技术与管理理念，完成对上市公司经营、财务、行业数据的搜集与整合，进行业务领域分析、解读财务报表、构建业财一体化财务能力指标分析体系和杜邦分析模型，对企业经营活动、财务状况、业绩成果和现金流水平进行评价，撰写财务大数据分析报告，为企业经营管控、管理决策提供建议。具体包括知识目标、技能目标和素质目标。

1. 知识目标

（1）了解财务大数据分析的理念和价值；

（2）掌握财务大数据分析的基本思路、方法；

（3）掌握企业行业经营管理特点分析思路、方法；

（4）理解企业采购、生产、库存、销售业务领域管理要点；

（5）掌握企业供、产、销、存业务管理关键 KPI 指标；

（6）理解企业财务报表分析意义和财务报表内在逻辑关系和联系；

（7）掌握资产负债表主要项目分析和资产质量分析思路；

（8）掌握利润表主要项目分析和利润质量分析思路；

（9）掌握现金流量表主要项目分析和现金流质量分析思路；

（10）理解企业财务能力分析框架体系；

（11）掌握企业偿债、盈利、营运、发展能力体系指标；

（12）掌握杜邦分析模型构建及分析思路、方法；

（13）掌握大数据财务分析报告撰写方法、要点。

2. 技能目标

（1）能运用大数据分析平台展开公司业务、财务和行业数据搜集和整理；

（2）能结合行业大数据分析对公司进行行业经营管理特点分析；

（3）能计算供、产、销、存各业务领域关键 KPI 指标并展开分析；

（4）能结合公司实际情况构建经营管理业务评价指标体系；

（5）能结合公司行业特点和业务分析解读财务报表，分析公司财务状况、经营业绩和现金流水平；

（6）能结合公司行业特点和业务分析对公司资产、利润和现金流质量进行分析；

（7）能计算企业偿债、盈利、营运、发展各项财务能力体系财务指标；

（8）能根据各财务能力指标结果，结合行业、业务信息，对企业各项财务能力进行评价，从财务视角分析企业经营管理中的优势与不足，研究改善思路与对策；

（9）能运用大数据分析平台构建杜邦分析模型，进行杜邦分析；

（10）能撰写大数据财务分析报告；

（11）能运用大数据分析平台，实现可视化大数据分析报告呈现。

3. 素质目标

（1）能树立"诚实守信，不做假账"的职业操守；

（2）能保持"爱岗敬业，谨慎细心"的工作态度；

（3）能弘扬"精益求精，追求卓越"的工匠精神；

（4）能遵守"协作共进，和而不同"的合作原则；

（5）能贯彻"勤俭节约，提高效益"的管理思想。

四、教学内容要求及学时分配

序号	教学单元	教学内容	教学要求		学时
			知识和素养要求	技能要求	
1	大数据财务分析内容和方法	1. 大数据财务分析基本体系和基本内容 2. 大数据财务分析基本方法 3. 大数据财务分析工具	1. 了解大数据财务分析框架体系和内容 2. 掌握大数据财务分析方法 **思政点**：形成良好的职业观念和工作态度，严谨细致、认真仔细地进行财务数据整合	1. 能够操作大数据分析平台 2. 能够运用大数据财务分析方法进行数据处理	4
2	企业经营大数据分析	1. 行业大数据分析的作用和意义 2. 行业经营管理分析框架 3. 行业大数据搜集与整理 4. 企业核心业务流程分析（供、产、销、存） 5. 企业采购关键经营指标分析 6. 企业生产关键经营指标分析 7. 企业销售关键经	1. 了解行业大数据分析的作用和意义，掌握行业分析内容 2. 掌握行业特点分析与行业数据分类 3. 掌握行业经营管理分析框架和关键KPI指标，理解行业分析关键点 **思政点**：能够从国家利益、全局视角和发展眼光出发，结合社会发展和时代进步展开行业特点分析，培养学生社会主义价值取向和不断学习自我革新的意识 4. 掌握企业供、产、销、存等核心环节业务流程和财务流程匹	1. 能够运用大数据分析平台搜集行业基础性数据 2. 能够结合企业年报，展开行业经营分析 3. 能够针对不同行业企业构建其行业经营分析框架，合理选择分析关键指标 4. 能够撰写企业行业特点分析报告，同行业竞争分析报告 5. 能够运用大数据平台，搜集获取企业经营大数据 6. 能够结合企业核心业务大数据，分析提炼经营关键环节和关键评价KPI指标	14

续表

序号	教学单元	教学内容	教学要求		学时
			知识和素养要求	技能要求	
		营指标分析 8. 企业存货管理关键经营指标分析 9. 企业资金往来关键指标分析	配关系 5. 掌握企业采购环节关键经营分析指标分析与诊断 6. 掌握企业生产环节关键经营指标分析与诊断 7. 掌握企业销售环节关键经营指标分析与诊断 8. 掌握企业存货管理环节关键经营指标分析与诊断 9. 掌握企业资金往来关键经营指标分析与诊断	7. 能结合企业具体情况构建经营管理业务评价指标体系，展开业务大数据分析，撰写业务分析报告 8. 培养学生思考问题抓主要矛盾、实践第一的科学精神	
3	企业财务报表分析	1. 资产负债表分析作用、意义和内容 2. 资产负债表项目分析 3. 资产质量分析 4. 利润表分析的作用、意义和内容 5. 利润表项目分析 6. 盈利质量分析 7. 现金流量表分析的作用、意义和内容 8. 现金流量表项目分析 9. 现金流质量分析	1. 理解资产负债表分析的内容和主体结构 2. 掌握表内主要资产、负债和所有者权益项目分析内容 3. 掌握资产质量分析思路 **思政点**：通过资产质量分析，锻炼学生用战略视角审视企业，理解绿色发展、高质量发展，增强资产风险意识 4. 理解利润表分析的内容和企业利润构成 5. 掌握表内主要利润增减项目分析内容 6. 理解非经常性损益对利润质量的影响，掌握盈利质量的分析思路 **思政点**：通过盈利质量分析，培养学生求真务实态度，从利润质量看法理与人情，权衡国家、企业和个人利益 7. 理解现金流量表分析的内容和企业现金流结构 8. 掌握经营、投资、筹资活动现金流内在流动逻辑和分析思路 9. 掌握现金流质量分析思路 **思政点**：通过现金流质量分析，认识现金流量与利润质量的关系，彰显自我革新精神	1. 能够运用大数据平台获取企业资产负债表，展开数据重构分析，编制比较、结构和趋势分析表 2. 能够结合企业所属行业特点、业务管控关键环节，完成资产负债表综合分析 3. 能够结合企业业务特点进行资产质量分析 4. 能够运用大数据平台，获取企业利润表，展开数据重构分析，编制比较、结构和趋势分析表 5. 能够结合企业所属行业特点、业务管控关键环节，完成利润表综合分析 6. 能够结合企业经营中资金往来、支付方式、信用政策、非经常性损益等信息，进行企业盈利质量分析 7. 能够运用大数据平台获取企业现金流量表，展开数据重构分析，编制比较、结构和趋势分析表 8. 能够结合企业所属行业特点、业务管控关键环节，完成现金流量表综合分析 9. 能够根据企业经营分析、发展战略和资本结构，进行现金流量质量分析	12

续表

序号	教学单元	教学内容	教学要求		学时
			知识和素养要求	技能要求	
4	企业偿债能力分析	1. 偿债能力分析的目的和意义 2. 偿债能力分析各项财务指标的含义和运用 3. 撰写上市公司偿债能力综合分析报告	1. 理解偿债能力分析的目的和意义，掌握长短期偿债能力分析核心理念 2. 掌握偿债能力分析各项财务指标的含义和运用 **思政点：**通过偿债能力分析，培养学生财务风险意识，能够权衡债权人、股东和企业管理层等各方利益的职业责任观 3. 掌握上市公司偿债能力综合分析报告分析结构、撰写格式 4. 掌握偿债能力同行业分析思路	1. 能够计算企业各项偿债能力指标，融合企业业务特点进行偿债能力分析与诊断 2. 能够运用大数据平台获取企业历史年度偿债指标数据进行企业纵向偿债能力变动分析 3. 能够运用大数据平台获取企业同行业偿债指标数据，根据行业定位进行同行业偿债能力分析 4. 能够运用大数据平台，结合所属行业特点、经营环境、资产结构、资本构成等各项因素，编制上市公司偿债能力综合分析报告	6
5	企业盈利能力分析	1. 盈利能力分析的目的和意义 2. 盈利能力分析各项财务指标的含义和运用 3. 撰写上市公司盈利能力综合分析报告	1. 理解企业盈利能力分析的内涵，了解分析企业盈利能力的途径 2. 掌握并熟练运用盈利能力分析各项财务指标 **思政点：**通过盈利能力分析，培养学生独立公正、实事求是，在不违反国家法律要求的前提下维护企业的利益的能力 3. 掌握上市公司盈利能力综合分析报告分析结构、撰写格式 4. 掌握销售、资产、资本盈利能力同行业分析思路	1. 能够计算企业各项盈利能力指标，结合企业主营产品营收贡献和利润贡献进行盈利能力分析与诊断 2. 能够运用大数据平台获取企业历史年度盈利指标数据，进行企业纵向盈利能力变动分析 3. 运用大数据平台获取企业同行业盈利指标数据，根据行业定位进行同行业盈利能力分析 4. 能够运用大数据平台，结合所属经营策略、产品市场定位、公司资产、资本构成等各项因素，编制上市公司盈利能力综合分析报告 5. 培养学生独立思考、分析解决问题的能力，锻炼学生团结协作、沟通交流、主动解决问题的意识与构建分析策略的能力	6
6	企业营运能力分析	1. 营运能力分析的目的和意义 2. 营运能力分析各项财务指标的含义和运用 3. 撰写上市公司营运能力综合分析报告	1. 理解营运能力分析的意义、资产运用效率和营运能力分析目的 2. 掌握营运能力分析各项财务指标的含义和运用 **思政点：**通过营运能力分析，引导学生理解资源优化配置，合理高效运用资源，提高效益，养成勤俭节约的绿色发展理念	1. 能够计算企业各项营运能力指标，结合企业资产结构以及营业收入状况进行营运资产效率诊断 2. 能够运用大数据平台获取企业历史年度营运指标数据，进行企业资产纵向营运能力变动分析 3. 运用大数据平台获取企业同行业营运指标数据，根据行业定	

续表

序号	教学单元	教学内容	教学要求		学时
			知识和素养要求	技能要求	
			3. 掌握上市公司营运能力综合分析报告分析结构、撰写格式 4. 掌握结合企业资产结构和营业收入状况，分析诊断企业经营效率	位进行同行业营运能力分析 4. 能够运用大数据平台，结合所属行业、经营特点和各项资产水平，编制上市公司营运能力综合分析报告 5. 培养学生独立思考、分析解决问题的能力，锻炼学生团结协作、沟通交流、主动解决问题的意识与构建分析策略的能力	4
7	企业发展能力分析	1. 发展能力分析的目的和意义 2. 发展能力分析各项财务指标的含义和运用 3. 撰写上市公司发展能力综合分析报告	1. 理解发展能力分析的意义和企业发展能力分析途径 2. 掌握发展能力分析各项财务指标的含义和运用 **思政点**：通过发展能力分析，引导学生了解可持续发展、绿色新能源动力，体会民族复兴与自豪感，激发爱国主义情怀 3. 掌握上市公司发展能力综合分析报告分析结构、撰写格式 4. 掌握分析企业增长框架、发展质量，评价企业发展能力	1. 能够计算企业各项发展能力指标，结合企业发展战略进行增长水平诊断 2. 能够运用大数据平台获取企业历史年度各项发展指标数据，进行企业纵向发展能力变动分析 3. 运用大数据平台获取企业同行业发展指标数据，根据行业定位进行同行业发展能力分析 4. 能够运用大数据平台，结合所属行业、经营特点和各项资产水平，编制上市公司发展能力综合分析报告 5. 培养学生独立思考、分析解决问题的能力，锻炼学生团结协作、沟通交流、主动解决问题的意识与构建分析策略的能力	2
8	虚假财务信息的分析与诊断	1. 财务造假动机 2. 常见财务造假具体手段 3. 财务报表造假 4. 虚假财务信息识别 5. 利润操纵行为分析	1. 理解企业财务造假的动机和形式 2. 掌握常见财务造假操作手段 3. 掌握财务报表造假的常见科目和诊断方法 **思政点**：培养学生诚实守信、实事求是的职业态度 4. 掌握虚假财务信息识别的方法 5. 掌握常见操纵利润的具体方法	1. 能够对财务信息造假的动机和手段做出基本判断 2. 能够结合企业财务大数据分析，识别并发现虚假财务信息 3. 能够识别和诊断虚假财务信息，运用大数据平台搜集上市公司审计报告、重大事项、评估财务信息的真实性	2

续表

序号	教学单元	教学内容	教学要求		学时
			知识和素养要求	技能要求	
9	财务综合分析	1. 财务综合分析的意义和内容 2. 杜邦分析模型原理和框架 3. 杜邦分析模型运用 4. 沃尔评分模型原理和框架 5. 沃尔评分模型运用 6. 雷达图作用和原理	1. 了解财务综合分析的意义，熟悉财务综合分析内容 2. 理解杜邦分析模型构架和原理 3. 掌握杜邦分析法的大数据收集与分解 4. 掌握杜邦分析报告撰写方法 5. 理解沃尔综合评分模型原理 6. 掌握沃尔综合评分模型的运用 7. 理解雷达图原理 8. 雷达图绘制方法	1. 运用大数据分析平台构建企业杜邦分析模型，结合业务数据展开杜邦分析 2. 撰写杜邦分析报告，评价公司综合财务能力 3. 能够运用大数据分析平台构建沃尔评分模型，对上市公司综合财务状况、经营绩效和财务风险做出评价 4. 能够运用大数据分析平台绘制雷达图	6
10	大数据财务分析报告撰写	1. 大数据财务分析报告的类别 2. 大数据财务分析报告的撰写格式及要求 3. 大数据财务分析报告撰写的基本步骤 4. 报告专业性文字陈述方法 5. 财务分析标注	1. 掌握大数据财务分析报告的撰写标准格式及要求 2. 掌握报告撰写基本步骤 3. 掌握行文表述的方法 **思政点**：培养学生独立思考、分析解决问题的能力，诚实守信、严谨细致的工作态度	1. 能够完成大数据财务分析报告撰写前的准备工作 2. 运用大数据分析平台，完成对公司行业、业务、财务数和非财务信息搜集整理 3. 能够撰写大数据财务分析报告 4. 能够将业财数据转换绘制成为可视化交互式图表	6

五、教学条件

1. 师资队伍

（1）专任教师。要求具备企业经营业务流程、财务流程、财务管理与内部控制等方面功底，拥有一定的财务管理岗位经历；能够结合不同企业所属行业和经营特点，熟练掌握各业务领域和财务能力分析体系指标计算，展开业财一体化财务分析；熟练操作大数据分析平台搜集、整理企业所属行业数据、经营业务数据和财务报表数据，灵活编制各类可视化动态图表；能够运用各种信息化教学手段和教学工具指导学生进行大数据财务分析知识学习，展开对上市公司大数据财务分析实训。

（2）兼职教师。要求现任企业财务主管、财务经理，能够进行企业行业经营管理特点分析，企业供、产、销、存业务管理分析，企业财务报表分析，企业财务能力分析，财务分析报告撰写等内容教学。

2. 实践教学条件

（1）理实一体化实训室。建议在一体化专业实训室或智慧教室进行教学，需要每个座位配置一台电脑，网络应流畅，能播放在线教学视频。应配备与本课程相适应的大数据分析平台。

（2）教学软件平台（如：Choice 金融终端、Wind 万得金融终端、Deep 大数据分析平台）。展开企业行业、业务、财务大数据搜集整理与可视化图表编制等。借助教学软件获取真实企业的各项数据，展开真实公司大数据财务分析，撰写大数据财务分析报告，帮助学生掌握技能。

3. 教材选用与编写

教材应符合《职业院校教材管理办法》等文件规定和要求，探索使用立体化数字化、新型活页式、工作手册式教材并配套信息化资源。教材编写应以本课程标准为依据，充分体现任务引领、实践导向的设计思想，将企业财务分析工作分解成若干典型的工作项目，按财务管理、会计监督岗位的财务分析工作职责、流程和内容来组织教材内容。教材内容应体现新技术、新工艺、新规范，贴近企业对财务数据和分析的实际需求。教材中的案例采用真实上市公司案例，提高学生对业务操作的仿真度。建议采用中国财经经济出版社杨则文主编的《企业财务分析》教材。

4. 教学资源及平台

（1）线上教学资源。支持混合教学和 MOOC 开放的公共教学资源库或自建教学资源。建议利用中国大学 MOOC、智慧职教等平台建设教学资源库和在线开放课程，为实施线上线下混合教学提供条件。建议采用智慧职教 MOOC 在线开放课程平台广州番禺职业技术学院李其骏主持的企业财务分析课程资源。

（2）线上教学平台。采用符合国家有关互联网平台条件的公共教学平台。建议使用智慧职教等教学平台，利用中国大学 MOOC 或智慧职教建设在线课程，设计教学活动；利用云课堂实施课堂教学。借助职教云强大的学习活动分析功能关注和分析学生的学习情况，及时解决学生学习中的短板问题。

六、教学方法

1. 项目教学法

教材以企业实际工作中大数据财务分析工作过程为导向，按照工作内容的逻辑顺序将企业财务分析划分九个项目，每个项目设置引导案例提出问题，确立项目工作任务，学生通过项目训练掌握理论知识，训练操作技能，培养分析能力。学习完毕需要亲自动手实战演练，每个项目得到一个标志性成果。最终学生能够独立撰写一份完整的大数据财务分析报告，实现课程目标。

2. 任务驱动法

以职业能力养成为核心，各项目以真实上市公司案例为引导，给予学生明确工作任务组织教学。学生独立展开企业行业数据、业务信息和财务数据整合与重构，展开分析。教师只扮演一个"咨询者""协调者"和"观察员"的角色，引导学生自主学习，向学生提供资源、给予建议和操作指导，强化学生对理论知识和实践技能的掌握，也有助于学生职业判断能力、决策能力的提升和团队合作精神的培养。

3. 情境教学法

在教学过程中，教师有目的地引入或采用虚拟企业、虚拟职能部门、虚拟业务流程等现代技术手段，将教学内容以视频、动漫等方式展示，提高学习的现场感、趣味性，激发学生的情感，使学生能够尽快适应、了解和掌握将来从事工作所必备的知识和技能，直至熟悉可能遇到的各种方法，帮助学生做出正确的决策，有效调动学生学习的主动性、积极性和创造性，培养学生职业能力。

4. 案例教学法

案例教学法包括讲解案例法和讨论案例法两种。讲解案例法，是将案例教学融入传统的讲授教学法之中的一种方法，教学中使用的案例通常是针对课程知识体系中的重点、难点问题设计的，也称"知识点案例"。讨论案例法，是以学生课堂讨论为主，案例是学生讨论的主题，学生通过对案例的剖析，提出各自的解决方案，并予以充分讨论。

5. 启发式教学法

启发式教学是根据教学目的和内容，通过设计启发、诱导型问题，引导学生养成多思考、善思考、勤思考的习惯，将问题解决贯穿于教学的每一环节，启迪学生思考，活跃学生思维，促进学生身心发展，提高学生学习的主动性、积极性和创造性，更好地激发学生的学习兴趣，加深对课程内容的理解。

6. 分工协作教学法

在撰写大数据财务分析报告阶段，可以按工作内容将学生分组，如行业经营管理分析、业务领域指标计算与分析、企业财务能力分析指标计算与分析、杜邦分析模型构建与分析等。通过分组学习，培养学生分工协作能力。

7. 线上线下混合教学法

本课程课时量不能完全满足理论与实践同步推进的一体化教学需要，应充分利用在线课程培养学生自主学习能力，把基本理论知识的学习放在课外解决，课堂主要解决关键知识点存在的问题，完成实训任务。教师要利用好线上课程，设计课前、课中、课后环节，利用云课堂布置和批改、评讲作业，为学生打造移动课堂。

七、教学重点难点

1. 教学重点

教学重点：行业经营评价、业务管理指标计算与分析、企业财务报表分析、企业财务能力分析指标计算与分析、撰写大数据财务分析报告。

教学建议：

（1）发挥线上线下混合式教学优势，将理论性较强的知识，如业务管理各项指标、三张财务报表的结构体系、重点报表项目、偿债、盈利、营运和发展各项财务能力考核评价指标等知识，通过线上自学，课前知识测验等方法，实现学生基础理论知识初步自学；课堂时间帮助学生梳理分析逻辑框架，解决学生线上自学知识的盲点，组织课堂实训完成各项财务分析任务。

（2）采用项目式教学。本课程根据企业财务分析工作流程划分为九个学习项目，将工作任务转化为学习任务，先提出问题明确任务目标，进而指导学生研究公司基本面信息，运用大数据软件平台整理分析数据，计算考核指标，生产可视化图表，展开分析论述，完成学习任务，旨在学生实践分析中掌握知识技能点的理解和运用，掌握岗位工作任务的流程、内容。

2. 教学难点

教学难点：行业经营分析、业务管理指标计算与分析、企业财务能力分析指标计算与分析。

教学建议：通过与社会时政热点挂钩的真实上市公司案例，增加学习代入感和工作责任感，运用课堂大数据平台操作演示、在线讨论、线上操作视频、线上微课等方法指导学生完成行业数据采集、业务管理指标计算与分析、财务能力分析指标计算与分析，绘制指标分析趋势图等任务；带领学生阅读真实上市公司财务分析报告，掌握结构化分析陈述方法和大数据财务分析报告撰写关键点，进而独立编制上市公司财务大数据分析报告。

八、教学评价

依据全过程教学数据分析进行教学评价，分为期末考核、形成性成果考核和平时性考核，注重形成性成果考核，学生学完本课程，提交一份独立完成的上市公司大数据财务分析报告，完成学习成果转化。其中：

（1）知识目标通过期末理论知识测验进行考核，占总成绩的40%；

（2）技能目标通过学生提交的工作成果的完成情况进行考核，包括课程阶段性作业和最终提交上市公司大数据财务分析报告，占总成绩的40%；

（3）素养目标通过对出勤、课堂团队协作、讨论、网上学习情况等方面进行考核，占总成绩的20%。

九、编制说明

1. 编写人员

课程负责人：李其骏　广州番禺职业技术学院（执笔）

课程组成员：刘　飞　广州番禺职业技术学院

李　福　广州番禺职业技术学院

李枳葳　广州番禺职业技术学院

林　明　中联集团教育科技有限公司

2. 审核人员

杨则文　广州番禺职业技术学院

"战略管理会计" 课程标准

课程名称：战略管理会计
课程类别：专业核心课
学　　时：54
学　　分：3
适用专业：大数据与会计

一、课程定位

本课程是为适应企业对战略管理会计人才需求而开设，主要学习战略管理、预算管理、成本管理、营运管理、绩效管理等管理会计工具与方法，为企业管理层进行预测、决策、分析、控制、评价等管理活动提供财务数据上的支持，帮助企业改善经营提高经济效益。本课程是大数据与会计专业的职业能力核心课程。前置课程包括"大数据会计基础""Excel 在财务中的应用""业务财务会计""智能化成本核算与管理""智能化税费核算与管理"，平行课程有"智能化财务管理""大数据财务分析"。

二、课程设计思路

（1）本课程以职业岗位分析和具体工作过程为基础，以战略管理会计岗位的职业能力培养为核心，建立基于工作任务导向的课程整体设计与单元设计，在项目驱动、任务引领下展开教学，实现"教、学、做、用"一体化，在完成岗位工作任务的同时熟练运用管理会计的工具和方法，相关知识、技能融于工作任务之中。

（2）借鉴"数字化管理会计职业技能等级标准"中级、高级考证要求，选取部分内容融入本课程之中。

（3）融入高职院校会计技能大赛的内容，实现"以赛促教、以赛促学、以赛促改、以赛促建"。

（4）教学过程强调"诚实守信、爱岗敬业"的职业素养；通过分析企业战略环境，培养学生的爱国主义情怀和民族自豪感，增强学生的制度自信、文化自信和社会责任感；通过讲解预算管理鼓励学生提前做好学习、生活规划，明确奋斗目标和方向，努力学习，担负起时代使命与责任；通过学习成本管控思想，培养学生养成严谨细致的工作态度和勤俭节约、热爱劳动的习惯；通过理解绩效评价原则，帮助学生树立客观公正的职业道德观、正确的荣辱观，提升学生的职业道德修养。

三、课程目标

本课程以战略管理会计岗位的职业能力培养为核心，以工作任务为载体，将知识、技能和素质三者结合，具体而言，本课程学习目标由知识目标、技能目标和素质目标构成。

1. 知识目标

（1）了解管理会计的产生、发展及与财务会计的区别和联系；

（2）理解战略管理会计的内涵和特征；

（3）熟悉公司战略的含义、层次和管理过程，掌握战略分析工具，掌握战略地图的设计和实施；

（4）熟悉预算管理的方法和内容，掌握业务预算和财务预算的编制；

（5）理解成本性态分类，掌握成本性态分析方法，掌握变动成本法和作业成本法的计算和应用；

（6）理解本量利分析基本原理，掌握保本点分析、保利点分析、敏感性分析和边际分析方法；

（7）熟悉绩效管理概念和原则，掌握关键绩效指标法、经济增加值法的计算和应用，掌握平衡计分卡的基本原理和应用。

2. 技能目标

（1）能运用 PEST 分析法、产品生命周期法、波特五力竞争模型、波士顿矩阵和价值链分析法进行企业战略分析；

（2）能根据实际企业情况绘制企业战略地图；

（3）能运用预算编制原理和方法编制企业全面预算；

（4）能根据企业实际情况区分成本类型并进行成本性态分析；

（5）能运用变动成本法和作业成本法进行成本管理；

（6）能运用本量利分析的基本原理进行保本点预测、保利点分析、敏感性分析和边际分析；

（7）能运用关键绩效指标法、经济增加值法和平衡计分卡进行企业绩效评价。

3. 素质目标

（1）能具备诚实守信、爱岗敬业的职业素养；

（2）能具备爱国主义情怀和民族自豪感，增强制度自信、文化自信和社会责任感；

（3）能明确奋斗目标和方向，努力学习，担负起时代使命与责任；

（4）能养成严谨细致的工作态度，养成勤俭节约、热爱劳动的习惯；

（5）能树立客观公正的职业道德观、正确的荣辱观。

四、课程内容和要求

序号	教学单元（工作任务、教学单元或模块）	教学内容	教学要求		学时
			知识和素养要求	技能要求	
1	战略管理会计概述	1. 管理会计的形成与发展 2. 管理会计的概念和基本方法 3. 战略管理会计的内涵与特征	1. 了解管理会计的形成与发展 2. 理解战略管理会计的内涵和特征 3. 熟悉管理会计概念和基本方法 **思政点**：具备诚实守信、爱岗敬业的职业素养	能初步认识战略管理会计和运用简单的管理会计方法	2
2	战略管理认知	1. 公司战略的含义和层次 2. 公司战略管理的过程	1. 理解公司战略的含义和层次 2. 熟悉公司战略管理过程		2
3	战略分析	1. PEST 分析法 2. 产品生命周期 3. 波特五力竞争模型 4. 波士顿矩阵 5. 价值链分析法	1. 掌握企业宏观环境分析方法 PEST 分析法 2. 掌握产品生命周期法和波特五力竞争模型 3. 掌握波士顿矩阵和价值链分析 **思政点**：激发学生的爱国主义情怀和民族自豪感，增强制度自信、文化自信和社会责任感	能运用 PEST 分析法、产品生命周期法、波特五力竞争模型、波士顿矩阵和价值链分析法进行企业战略分析	6
4	战略地图	战略地图的设计和实施	1. 熟悉战略地图设计流程 2. 熟悉战略地图实施流程	能根据企业实际情况绘制简单的战略地图	2
5	全面预算管理认知	1. 预算管理的含义和意义 2. 预算管理的方法 3. 预算管理的内容	1. 理解预算管理的内涵和意义 2. 熟悉预算管理的方法 3. 熟悉预算管理内容 **思政点**：帮助学生明确奋斗目标和方向，担负起时代使命与责任，努力学习，报效祖国	能根据企业实际选择运用预算管理方法	2

续表

序号	教学单元（工作任务、教学单元或模块）	教学内容	教学要求		学时
			知识和素养要求	技能要求	
6	编制经营预算	编制销售预算、生产预算、材料采购预算、直接人工预算、费用预算	掌握销售预算、生产预算、材料采购预算、直接人工预算和费用预算的编制	能根据企业具体情况编制企业的经营预算	4
7	编制财务预算	1. 编制现金预算 2. 编制预计利润表和资产负债表	1. 掌握现金预算的编制 2. 掌握预计利润表和资产负债表的编制	能根据企业具体情况编制现金预算、预计利润表和预计资产负债表	4
8	成本性态分析	1. 成本性态分类 2. 成本性态分析	1. 理解固定成本、变动成本和混合成本分类 2. 掌握成本性态分析方法：高低点法和回归直线法	1. 能根据企业实际区分成本类型 2. 能运用高低点法和回归直线法进行成本性态分析	2
9	变动成本法	1. 变动成本法的概念和理论前提 2. 变动成本法与完全成本法的区别和联系 3. 两种成本法下成本和损益的计算	1. 理解变动成本法的概念特点和理论前提 2. 理解变动成本法与完全成本法的区别和联系 3. 掌握变动成本法和完全成本法下产品成本和期间成本的计算 4. 掌握动成本法和完全成本法下损益的计算	1. 能够区分变动成本法下和完全成本发下成本的组成部分 2. 能够计算两种成本法下的产品成本和损益	4
10	作业成本法	1. 作业成本法的含义和相关概念 2. 作业成本法基本原理 3. 作业成本法适用条件和编制程序 4. 作业成本法的运用	1. 理解作业成本法的含义、相关概念和适用条件 2. 掌握作业成本法基本原理和应用程序 **思政点**：培养学生养成严谨细致的工作态度和勤俭节约、热爱劳动的习惯	能根据企业实际情况运用作业成本管理企业成本	4
11	本量利分析	1. 保本分析（盈亏平衡分析） 2. 保利分析	1. 掌握单一产品和多产品保本点分析方法 2. 掌握保利点分析方法	能根据企业实际情况计算保本点和保利点	6
12	敏感性分析	1. 确定影响利润各变量的临界值 2. 敏感系数的计算	1. 掌握影响利润的各变量临界值的计算 2. 掌握敏感性系数的计算	能计算影响利润的各变量的临界值和敏感系数	4

续表

序号	教学单元 （工作任务、教学单元或模块）	教学内容	教学要求		学时
			知识和素养要求	技能要求	
13	边际分析	1. 安全边际和安全边际率的概念和计算 2. 保本作业率的概念和计算	1. 理解安全边际、安全边际率和保本作业率的概念 2. 掌握安全边际、安全边际率和保本作业率的计算	能计算企业安全边际、安全边际率和保本作业率	2
14	关键绩效指标法	1. 关键绩效指标法的含义和制定程序 2. 关键绩效指标法的构建和应用	1. 理解关键绩效指标法的含义 2. 掌握关键绩效指标的构建和应用 **思政点**：帮助学生树立客观公正的职业道德观、正确的荣辱观，诚信从业	能运用关键绩效指标法对企业绩效进行评价	2
15	经济增加值法	1. 经济增加值法的含义和应用 2. 经济增加值的计算 3. 经济增加值的评价	1. 理解经济增加值的含义和应用 2. 掌握经济增加值计算方法	能运用经济增加值法对企业绩效进行评价	2
16	平衡计分卡	1. 平衡计分卡的含义和特点 2. 平衡计分卡的内容 3. 平衡计分卡的构建和应用	1. 理解平衡计分卡的原理 2. 熟悉平衡计分卡指标体系的构建 3. 掌握平衡计分卡的应用	能运用平衡计分卡构建企业指标评价体系，进行绩效评价	4
17	管理会计报告	1. 管理会计报告的概念、特征、分类和编制要求 2. 战略管理层下的管理会计报告体系和应用	1. 了解管理会计报告的特征和分类 2. 理解管理会计报告的编制要求 3. 熟悉战略管理层下管理会计报告的应用	能根据企业管理层要求编制相应的报告	2

五、教学条件

1. 师资队伍

（1）专任教师。要求具有扎实的财会专业理论知识，熟悉《管理会计基本指引》和《管理会计应用指引》基本内容，熟练运用管理会计工具和方法；熟悉企业经营活动、企业战略管理理论，具备数据分析整理能力；能够运用各种教学手段和教学工具开展战略管理会计课程的教学。

（2）兼职教师。企业经营管理人员，要求既懂财务、业务又懂战略，能结合工作案例进行示范教学。

2. 实践教学条件

（1）理实一体化实训室。建议在一体化专业实训室或智慧教室进行教学，需要每个座位配置一台电脑，网络应流畅，能播放在线教学视频。有条件的情况下应配备与本课程相适应的智能化教学软件。

（2）实训软件平台。建议配备跟课程适用的实训软件平台，能学完理论知识后及时进行课堂实训。

（3）实训工具资料。配置安装有 Excel 的计算机设备，配备教学用到的案例资料。

3. 教材选用与编写

教材应符合《职业院校教材管理办法》等文件的规定和要求，探索使用新型活页式、工作手册式教材并配套信息化资源。教材编写应以本课程标准为依据，充分体现任务引领、项目导向的设计思想，以案例引领理论，以企业管理会计活动为主线来合理安排教材内容。

（1）教材是完成教学过程、达到教学目标的手段和媒介，在编写过程中应充分体现本课程项目设计的理念，依据本课程标准采用任务驱动型模式进行编写。

（2）教材的编写应以企业管理会计活动为主线，以职业岗位职责和具体工作过程为基础，参照《管理会计基本指引》和《管理会计应用指引》的内容来合理安排教材内容。

（3）教材编写应根据高职高专学生的特点，从培养技能型人才出发，内容安排上要深入浅出，适度、够用，突出实用，语言组织要简明扼要、科学准确、通俗易懂，形式上应图文并茂、可操作性强，配备大量的实训案例，使学生能够在学习完理论知识后及时得到相应的技能训练。

（4）教材安排要有开放性，在注重管理会计基本方法、技能训练的同时，与时俱进地把企业在实际过程中发生的新情况、新技术和新方法融入教材，以便教材内容更加贴近企业实际。

4. 教学资源及平台

（1）线上教学资源。支持混合教学和 MOOC 开放的公共教学资源库或自建教学资源。建议利用智慧职教等平台建设教学资源库和在线开放课程，为实施线上线下混合教学提供条件。建议采用智慧职教平台广州番禺职业技术学院欧阳丽华主持的会计专业群教学资源库"战略管理会计"课程资源。

（2）线上教学平台。采用符合国家有关互联网平台条件的公共教学平台。建议使用智慧职教等教学平台，利用职教云建设在线课程，设计教学活动；利用云课堂实施课堂教学。借助职教云强大的学习活动分析功能关注和分析学生的学习情况，及时解决学生学习中的短板问题。

六、教学方法

1. 项目教学法

项目教学法是以工作任务为依据设计教学项目，以学生为活动主体实施项目的教学方法，也就是将教学内容融入项目实施过程的一种教学方法。项目教学法是以学生为中心的教学模式，这种教学模式中学生是主动的学习者，教师是学生学习的指导者。每个项目的实施都有一个明确的任务、一个完整的过程，能够取得一个标志性成果。

2. 课堂讲授法

课堂讲授法是教师通过口头语言向学生描绘情境、叙述事实、解释概念、论证原理和阐明规律的教学方法。该方法以教师的语言作为主要媒介系统，连贯地向学生讲授基础知识、基本理论或基本流程，帮助学生理解并准确掌握相关知识技能，特别是各个知识技能点之间的有机联系和逻辑关系。

3. 任务驱动法

以职业能力养成为核心，通过设计不同场景的项目任务来组织教学，从获取信息到制订步骤，再到决策和付诸行动，直至检查、反思与评估，完成一个完整的工作过程。教师只扮演一个"咨询者""协调者"和"观察员"的角色，引导学生自主学习，向学生提供资源、给予建议和操作指导，可加深学生对基础知识和基本技能的掌握，也有助于学生职业判断能力、决策能力的提升和团队合作精神的培养。

4. 案例教学法

案例教学法包括讲解案例法和讨论案例法两种。讲解案例法，是将案例教学融入传统的讲授教学法之中的一种方法。教学中使用的案例通常是针对课程知识体系中的重点、难点问题设计的，也称"知识点案例"，重在讲清原理，列出分析过程，做出分析结论。讨论案例法，是以学生课堂讨论为主，以教师引导为辅，重在应用，可以让学生分组讨论，通过对案例的剖析，提出各自的解决方案，并予以充分讨论，培养学生的沟通能力与团队协作意识，形成合作学习、探索性学习的开放型学习氛围。

5. 启发式教学法

启发式教学是根据教学目的和内容，通过设计启发、诱导型问题，引导学生养成多思考、善思考、勤思考的习惯，将问题解决贯穿于教学的每一环节，启迪学生思考，活跃学生思维，促进学生身心发展，提高学生学习的主动性、积极性和创造性，更好地激发学生的学习兴趣，加深对课程内容的理解。

6. 线上线下混合教学法

本课程应充分利用信息化教学手段开展信息化教学，利用智慧职教教学平台建立在线开放课程，引导学生进行课前预习，课后巩固，教师利用在线课程平台分析学生学习情况，发现学生学习中存在的问题，课中设计好课堂教学，集中解决学生学习中的难点和易错点。

七、教学重点难点

1. 教学重点

教学重点：战略分析、全面预算管理、变动成本法、本量利分析、平衡计分卡。

教学建议：结合实训资料，借助各种信息化教学手段，实现教学做用一体化，在讲解完全面预算管理、变动成本法、本量利分析相关知识后，及时进行课堂实训，强化技能，帮助学生熟练掌握预算的编制、变动成本法和本量利分析的原理和计算方法；通过选择合适的案例资料，引导学生进行分组讨论，训练学生养成战略思维模式，理解平衡计分卡的原理，掌握各种战略分析工具与平衡计分卡的运用。

2. 教学难点

教学难点：战略地图、作业成本法、平衡计分卡。

教学建议：通过引入适当的案例资源，帮助学生理解平衡计分卡的原理，掌握平衡计分卡指标的构建和运用，在学生充分理解和掌握平衡计分卡的基础上再通过案例学习战略地图，理解战略地图与平衡计分卡的关系，掌握战略地图的设计和绘制；通过对比传统成本计算方法，帮助学生理解作业成本法的概念和原理，掌握作业成本的操作流程和运用。

八、教学评价

本课程主要考核学生知识目标、技能目标及素质目标的达标情况，其中知识考核占总成绩40%，技能考核占总成绩40%，素质考核占总成绩20%。具体如下表所示。

项目	平时成绩	期末考试
知识目标	根据平时课堂作业、课堂回答问题等方面情况进行评价，占总成绩10%	在智慧职教试题库中进行组卷、闭卷笔试，占30%
技能目标	根据学生提交的实训成果、案例分析完成情况进行评价，占总成绩20%	从实训软件平台中选题，系统中做答，占20%
素质目标	根据平时线下出勤和课堂表现、线上学习、团队合作情况进行考核，占总成绩20%	

九、编制说明

1. 编写人员

课程负责人：欧阳丽华　　广州番禺职业技术学院（执笔）

课程组成员：郝雯芳　　广州番禺职业技术学院

2. 审核人员：

杨则文　　广州番禺职业技术学院

"财务机器人应用与开发" 课程标准

课程名称：财务机器人应用与开发

课程类型：专业核心课

学　　时：54 学时

学　　分：3 学分

适用专业：大数据与会计、会计信息管理

一、课程定位

本课程让学生基于财务视角，通过对财务、业务流程及场景的需求分析和设计规划，借助 RPA、OCR 等流程自动化和可视化编程技术，实现纳税申报、资金结算、费用报销、报表编制、购销存等业务的自动化、跨平台作业处理。通过项目化实战，培养学生的业财分析能力、流程规划能力、项目组织能力、IT 思维和跨部门沟通能力，使之成为初步具有跨财经和 IT 领域综合技能的高端复合型财经数字化职业人才。本课程是大数据与会计专业的职业能力核心课程。前置课程为"大数据会计基础""业务财务会计""共享财务会计""业财管理信息系统""Excel 在财务中的应用"等，后续课程为"智能化税费核算与管理""智能化成本核算与管理""智能化财务管理""大数据财务分析"等。

二、课程设计思路

（1）课程内容以项目为载体，与企业合作，根据工作岗位开发了 9 个典型工作任务作为学习情境，以企业真实的工作流程和工作内容设计项目资源和项目教学过程；本课程以真实工作任务为导向的教学模式，通过将每个项目分解为一个个具体的工作任务，以任务驱动学生实现做中学。

（2）将"企业财务与会计机器人应用"X 证书职业技能等级标准中高级、"财务共享服务"X 证书职业技能等级标准中高级、智能财税 X 证书职业技能等级标准中高级等职业技能等级标准融入教学内容中，实现课程教学与证书考核的融通，促进课证融合。

（3）让学生深刻理解科学技术是第一生产力，培养学生团结奋斗、精益求精的劳动精神，在教学内容中将合适的知识点发展成思政映射点，在教学过程中融入思政元素，实现润物细无声，以培养学生坚持"四个自信"、践行社会主义核心价值观的品质。

三、课程目标

本课程旨在培养学生胜任企业财务机器人管理岗位的能力，具体包括知识目标、技能目标和素质目标。

1. 知识目标

（1）掌握财务机器人的概念、特点和功能；

（2）熟悉财务机器人的应用与开发理念；

（3）掌握财务机器人业务分析、流程分析、数据定义的原理。

2. 技能目标

（1）能熟练应用发票业务机器人的数据采集、环境配置、运行及审核；

（2）能熟练应用银行业务机器人的数据采集、环境配置、运行及审核；

（3）能熟练应用报销业务机器人的数据采集、环境配置、运行及审核；

（4）能熟练应用薪酬业务机器人的数据采集、环境配置、运行及审核；

（5）能熟练应用存货业务机器人的数据采集、环境配置、运行及审核；

（6）能熟练应用销售业务机器人的数据采集、环境配置、运行及审核；

（7）能熟练应用纳税业务机器人的数据采集、环境配置、运行及审核；

（8）能根据应用场景独立完成发票单笔查验机器人的开发和测试；

（9）能根据应用场景独立完成网银逐笔对公付款机器人的开发和测试；

（10）能根据应用场景独立完成记账凭证编制机器人的开发和测试；

（11）能根据应用场景独立完成网银工资发放机器人的开发和测试；

（12）能根据应用场景独立完成填写销售开票机器人的开发和测试；

（13）能根据应用场景独立完成个税代扣代缴机器人的开发和测试。

3. 素质目标

具备利用先进技术替代简单重复工作的理念和信息化能力、团结协作和精益求精的劳动精神；强化创新意识，促进创新创业能力。

四、教学内容要求及学时分配

序号	教学单元	教学内容	教学要求		学时
			知识和素养要求	技能要求	
1	"智能时代"下的财务转型	1. 人类社会的四次工业革命 2. 财务发展的四次变革 3. 财务转型的新技术 4. 财务转型的发展趋势	1. 了解四次工业革命的特点 2. 掌握财务发展的历次变革 3. 熟悉财务转型的新技术工具和发展趋势 **思政点**：理解科学技术是第一生产力，树立正确的职业理想信念	1. 能区分财务发展四次变革的特点 2. 能区分财务新技术工具的应用场景	1

续表

序号	教学单元	教学内容	教学要求		学时
			知识和素养要求	技能要求	
2	初识机器人流程自动化（RPA）	1. RPA 与人工、IT 系统的对比 2. RPA 的功能及特点 3. RPA 的应用领域	1. 了解 RPA 与人工、IT 系统工作的不同之处 2. 掌握 RPA 的功能及特点	能区分 RPA 的应用领域	1
3	初识财务机器人	1. 了解财务机器人 2. 财务机器人适用的业务特点 3. 财务机器人的应用场景 4. 财务机器人应用的优势和价值	1. 掌握财务机器人的概念、特点 2. 掌握财务机器人适用的业务特点 3. 了解财务机器人应用的优势和价值	1. 能正确识别适合财务机器人的应用场景 2. 能了解财务机器人相对会计信息化系统优势	1
4	财务机器人常用组件	1. 财务机器人开发平台简介 2 财务机器人点击操作 3. 财务机器人基本认知功能操作 4. 财务机器人数据读取和判断功能操作	1. 了解财务机器人开发平台界面 2. 掌握财务机器人基本认知原理 3. 掌握财务机器人数据读取和存储原理 4. 掌握财务机器人判断功能原理	1. 能熟练运用新建、打开、保存机器人程序等功能，能读懂日志面板的参数，初步掌握代码模式的切换和运行错误的排除 2. 能熟练应用"运行程序""打开新网页""点击控件（网页）""填写输入框（网页）""输入热键"等组件 3. 能熟练应用"启动 Excel""获取 Excel 单元格的值""获取 Excel 行的值"等组件 4. 能熟练定义和引用财务机器人变量 5. 能熟练应用"条件分支""按照次数循环""条件循环"等组件	9
5	发票业务机器人的应用	1. 发票业务机器人的数据采集 2. 发票业务机器人的运行与审核	1. 熟悉发票业务机器人的业务场景 2. 掌握发票开具机器人、发票查验机器人、发票认证机器人的工作流程和数据对应关系	1. 能识别发票业务机器人的工作场景 2. 能独立完成发票业务机器人的数据采集和环境配置 3. 能正确运行发票开具机器人、发票查验机器人、发票认证机器人并审核运行结果	2

续表

序号	教学单元	教学内容	教学要求		学时
			知识和素养要求	技能要求	
6	发票单笔查验机器人的开发	1. 发票单笔查验机器人的开发准备 2. 发票单笔查验机器人的开发 3. 发票单笔查验机器人的测试	掌握发票单笔查验机器人需求分析要点 **思政点**：深刻理解诚信纳税的意义	1. 能独立完成发票单笔查验机器人的开发 2. 能编制发票单笔查验机器人的测试用例并完成测试 3. 能根据测试结果完成对发票单笔查验机器人的调试	2
7	银行业务机器人的应用	1. 银行业务机器人的数据采集 2. 银行业务机器人的运行与审核	1. 掌握银行业务机器人的业务场景 2. 掌握网银付款机器人、网银收款查询机器人的工作流程和数据对应关系	1. 能识别银行业务机器人的工作场景 2. 能独立完成银行业务机器人的数据采集和环境配置 3. 能正确运行网银付款机器人、网银收款查询机器人并审核运行结果	2
8	网银逐笔对公付款机器人的开发	1. 网银逐笔对公付款机器人的开发准备 2. 网银逐笔对公付款机器人的开发 3. 网银逐笔对公付款机器人的测试	1. 掌握网银逐笔对公付款机器人需求分析要点 2. 掌握网银逐笔对公付款机器人测试用例编写要点 **思政点**：理解精益求精工作精神的意义	1. 能独立完成网银逐笔对公付款机器人的开发 2. 能编制网银逐笔对公付款机器人的测试用例并完成测试 3. 能根据测试结果完成对网银逐笔对公付款机器人的调试	2
9	报销业务机器人的应用	1. 报销业务机器人的数据采集 2. 报销业务机器人的运行与审核	1. 熟悉报销业务机器人的业务场景 2. 掌握费用报销机器人、费用付款机器人的工作流程和数据对应关系	1. 能识别报销业务机器人的工作场景 2. 能独立完成报销业务机器人的数据采集和环境配置 3. 能正确运行费用报销机器人、费用付款机器人并审核运行结果	2
10	记账凭证编制机器人的开发	1. 记账凭证编制机器人的开发准备 2. 记账凭证编制机器人的开发 3. 记账凭证编制机器人的测试	1. 掌握记账凭证编制机器人需求分析要点 2. 掌握网银逐笔对公付款机器人测试用例编写要点	1. 能独立完成记账凭证编制机器人的开发 2. 能编制记账凭证编制机器人的测试用例并完成测试 3. 能根据测试结果完成对记账凭证编制机器人的调试	2

续表

序号	教学单元	教学内容	教学要求		学时
			知识和素养要求	技能要求	
11	薪酬业务机器人的应用	1. 薪酬业务机器人的数据采集 2. 薪酬业务机器人的运行与审核	1. 熟悉薪酬业务机器人的业务场景 2. 掌握工资发放机器人、工资分摊记账机器人的工作流程和数据对应关系	1. 能识别薪酬业务机器人的工作场景 2. 能独立完成薪酬业务机器人的数据采集和环境配置 3. 能正确运行工资发放机器人、工资分摊记账机器人并审核运行结果	2
12	网银发放工资机器人的开发	1. 网银发放工资机器人的开发准备 2. 网银发放工资机器人的开发 3. 网银发放工资机器人的测试	1. 掌握网银发放工资机器人需求分析要点 2. 掌握网银逐笔对公付款机器人测试用例编写要点 **思政点**：深刻理解团队合作的重要意义	1. 能独立完成网银发放工资机器人的开发 2. 能编制网银发放工资机器人的测试用例并完成测试 3. 能根据测试结果完成对网银发放工资机器人的调试	2
13	销售业务机器人的应用	1. 销售业务机器人的数据采集 2. 销售业务机器人的运行与审核	1. 熟悉销售业务机器人的业务场景 2. 掌握销售合同机器人、销售发货机器人、销售开票机器人的工作流程和数据对应关系	1. 能识别销售业务机器人的工作场景 2. 能独立完成销售业务机器人的数据采集和环境配置 3. 能正确运行销售合同机器人、销售发货机器人、销售开票机器人并审核运行结果	2
14	填写销售开票机器人的开发	1. 填写销售开票机器人的开发准备 2. 填写销售开票机器人的开发 3. 填写销售开票机器人的测试	1. 掌握填写销售开票机器人需求分析要点 2. 掌握网银逐笔对公付款机器人测试用例编写要点 3. 深刻理解团队合作的重要意义	1. 能独立完成填写销售开票机器人的开发 2. 能编制填写销售开票机器人的测试用例并完成测试 3. 能根据测试结果完成对填写销售开票机器人的调试	2
15	纳税业务机器人的应用	1. 纳税业务机器人的数据采集 2. 纳税业务机器人的运行与审核	1. 熟悉纳税业务机器人的业务场景 2. 掌握增值税申报机器人、企税季报机器人的工作流程和数据对应关系	1. 能识别纳税业务机器人的工作场景 2. 能独立完成纳税业务机器人的数据采集和环境配置 3. 能正确运行增值税申报机器人、企税季报机器人并审核运行结果	2

续表

序号	教学单元	教学内容	教学要求		学时
			知识和素养要求	技能要求	
16	个税代扣代缴机器人的开发	1. 个税代扣代缴机器人的开发准备 2. 个税代扣代缴机器人的开发 3. 个税代扣代缴机器人的测试	1. 掌握个税代扣代缴机器人需求分析要点 2. 掌握网银逐笔对公付款机器人测试用例编写要点 **思政点**：理解依法纳税的意义	1. 能独立完成个税代扣代缴机器人的开发 2. 能编制个税代扣代缴机器人的测试用例并完成测试 3. 能根据测试结果完成对个税代扣代缴机器人的调试	2
17	财务机器人大型开发项目综合实践	1. 财务机器人的需求分析 2. 财务机器人的设计 3. 财务机器人的开发 4. 财务机器人的测试 5. 财务机器人的交付	1. 掌握财务机器人需求调研方法和内容 2. 掌握财务机器人需求分析的程序和要点 3. 掌握测试用例的内涵 4. 理解容错测试的意义 5. 掌握财务机器人测试的步骤和注意事项 6. 掌握财务机器人使用说明书的内容 **思政点**：深刻理解团队协作的重要意义	1. 能团队合作完成财务机器人需求调研和需求分析报告的撰写 2. 能根据需求分析完成财务机器人的工作流程设计、环境配置设计和数据对应关系设计 3. 能完成财务机器人的程序设计 4. 能准确绘制财务机器人的开发流程图 5. 能根据设计方案，团队协作完成大型财务机器人的开发 6. 能根据需求分析，编制大型财务机器人测试用例 7. 能执行测试用例，并根据测试用例调试和优化财务机器人 8. 能编写财务机器人使用说明书，并完成大型财务机器人的交付	14
18	总结与复习				4

五、教学条件

1. 师资队伍

（1）专任教师。要求具有扎实的计算机、RPA 开发、财务软件应用、企业财务会计等方面的理论知识，熟悉系统开发和维护方面的知识，掌握系统开发和维护的工作流程；能熟练操作主流 RPA 开发平台，以及财务软件系统、发票业务系统、银行业务系统等会计岗位信息系统；能够运用各种教学手段和教学工具指导学生进行财务机器人应用与开发的知识学习和实践。

（2）兼职教师。包括：①现任企业财务机器人管理员，要求熟悉财务软件系统和各类会计业务系统，能熟练运用发票业务机器人、银行业务机器人、报销业务机器人、薪酬业务机器人、销售业务机器人、纳税业务机器人等，具备较高的财务机器人运维和开发能力；现任 RPA 财务机器人开发工程师，要求具备财务专业背景或工作经历，熟练掌握财务机器人的应用、运维与开发。

2. 实践教学条件

（1）理实一体化实训室。建议在一体化专业实训室或智慧教室进行教学，需要每个座位配置一台电脑，网络应流畅，硬件设备能支持阿里云 RPA 的使用，网速能达到 10m/s 以上，网络延迟 70ms 以内。

（2）教学软件平台（如：融智机器人应用与开发实践平台）。模拟发票查验、发票开具、发票认证、网上银行、纳税申报、会计核算等会计业务平台，利用虚拟环境模拟真实的会计工作场景，帮助学生应用和开发财务机器人。

3. 教材选用与编写

教材应符合《职业院校教材管理办法》等文件的规定和要求，探索使用新型活页式、工作手册式教材并配套信息化资源。教材应具备能保持持续更新的机制，例如通过二维码技术在后台根据行业技术发展更新教材内容，再结合活页式的教材形式，方便师生及时更新教材内容。教材编写应以本课程标准为依据，充分体现任务引领、实践导向的设计思想，将财务机器人应用与开发分解成若干典型的工作项目，按财务机器人管理员岗位职责和工作项目完成过程来组织教材内容。教材内容应体现新技术、新工艺、新规范，贴近企业财务机器人应用与开发的需求。建议采用东北财经大学出版社李福、杨则文主编的《RPA 财务机器人应用与开发》。

4. 教学资源及平台

（1）线上教学资源。支持混合教学和 MOOC 开放的公共教学资源库或自建教学资源。建议利用智慧职教等平台建设教学资源库和在线开放课程，为实施线上线下混合教学提供条件。建议采用智慧职教平台广州番禺职业技术学院李福主持的大数据与会计专业群教学资源库财务机器人应用与开发课程资源。

（2）线上教学平台。采用符合国家有关互联网平台条件的公共教学平台。建议使用智慧职教等教学平台，利用职教云建设在线课程，设计教学活动；利用云课堂实施课堂教学。借助职教云强大的学习活动分析功能关注和分析学生的学习情况，及时解决学生学习中的短板问题。

六、教学方法

1. 项目教学法

项目教学法是以工作任务为依据设计教学项目，以学生为活动主体实施项目的教学方法，也就是将教学内容融入项目实施过程的一种教学方法。项目教学法是以学生为中心的教学模式，这种教学模式中学生是主动的学习者，教师是学生学习的指导者。每个项目的实施都有一个明确的任务、一个完整的过程，能够取得一个标志性成果。

2. 任务驱动法

本课程操作性较强，教师可以以职业能力养成为核心，通过各项目任务来组织教学，从任务分析到信息获取、再到机器人的应用、开发、测试，以及后续的总结与评估，在各项目教学中，教师只扮演一个"技术指导""协调者"和"观察员"的角色，引导学生自主学习，向学生提供资源、给予建议和操作指导，可加深学生对基础知识和基本技能的掌握，也有助于学生养成财务机器人的应用与开发技能和团队合作精神的培养。

3. 启发式教学法

启发式教学是根据教学目的和内容，通过设计启发、诱导型问题，引导学生养成多思考、善思考、勤思考的习惯，将问题解决贯穿于教学的每一环节，启迪学生思考，活跃学生思维，促进学生身心发展，提高学生学习的主动性、积极性和创造性，更好地激发学生的学习兴趣，加深对课程内容的理解。本课程各项目的机器人开发模块可采取启发式教学法，从财务机器人开发的需求分析到开发过程中的问题解决等领域，利用启发式教学法有助于提升学生的学习主动性及创造性思维的培养。

4. 小组合作教学法

在大型财务机器人开发综合实践阶段，可以按工作内容将学生分组，小组内设需求分析岗、财务机器人设计岗、财务机器人开发岗、财务机器人测试岗、财务机器人交付岗，小组内分工协作，互帮互助。

七、教学重点难点

1. 教学重点

教学重点：财务机器人基础知识、发票业务机器人的应用及开发、银行业务机器人的应用及开发、存货业务机器人的应用及开发、销售业务机器人的应用及开发。

教学建议：通过设置能激发学生兴趣的教学活动，使学生能全身心投入到教学重点的学习当中，保障课程学习的参与度；采用全过程的量化评价指标体系，对教学重点的掌握情况进行评价，对掌握不足的部分采取额外知识包、个性化任务包的方式进行巩固。

2. 教学难点

教学难点：报销业务机器人的应用及开发、薪酬业务机器人的应用及开发、报表业务机器人的应用及开发、纳税业务机器人的应用及开发、财务机器人开发实践。

教学建议：根据学情分析确定教学难点，利用学生互评的方式从学生的角度掌握其难点关键所在，利用课堂翻转的形式挑选学生的优秀作品让其自我展示和讲解，突破教学难点。

八、教学评价

本课程主要考核学生知识目标、技能目标及素质目标的达标情况。理论知识的掌握情况主要通过期末闭卷考试进行考核，占总成绩的 30%；技能目标主要通过对学生提交的个人和团队工作成果的完成情况进行考核，占总成绩的 50%；素质目标主要通过对线下出勤与课堂表现、线上学习、团队合作情况进行考核，占总成绩的 20%。

九、编制说明

1. 编写人员

课程负责人：李　福　广州番禺职业技术学院（执笔）

课程组成员：郝雯芳　广州番禺职业技术学院

　　　　　　裴小妮　广州番禺职业技术学院

　　　　　　陆家寅　北京融智国创科技有限公司

2. 审核人员

　　　　　　杨则文　广州番禺职业技术学院

　　　　　　刘温泉　北京融智国创科技有限公司

"大数据技术基础" 课程标准

课程名称：大数据技术基础/财务大数据基础/信息管理基础
课程类型：专业核心课
学　　时：64 学时
学　　分：3.5 学分
适用专业：会计信息管理

一、课程定位

本课程依据企业数据处理与分析岗位、ERP 实施顾问及 ERP 系统维护岗位对会计信息管理人员的专业能力要求开设，旨在通过数据库语言基础及 Python 语言基础的学习，使学生理解会计信息管理系统的设计，掌握数据处理与分析的基本工具，掌握 ERP 系统实施与维护过程中的数据库基础知识，学会调查梳理企业相关需求及分析实现思路，且利用计算生态解决实际问题，为今后的课程学习夯实基础。本课程是会计信息管理专业的职业能力核心课程。前置课程为"人工智能与信息技术基础"，后续课程为"ERP 项目实施与维护""财务大数据分析"。

二、课程设计思路

（1）本课程根据数据处理与分析岗位、ERP 实施顾问及 ERP 系统维护等岗位的基础知识素养与能力素质构建教学模块，以项目驱动的方式引导学生学习，系统构建学生的知识框架，协同提升学生的职业能力。

（2）借鉴"1 + X 大数据财务分析证书"初级、中级考证要求，选取部分内容融入本课程之中。

（3）教学过程中注重培养学生"创新思维，深入探究"的信息素养，使学生能适应融入信息化浪潮时代；培养学生"不畏挫败，积极进取"的学习心态，面临会计转型之际，需直面困难与挑战，积极学习传统财会以外的知识与技能。在各国大数据战略的背景下，引导学生意识到在全球竞争环境中青年人所担负的社会责任。

三、课程目标

本课程旨在培养学生胜任企业数据处理及分析、ERP 系统维护和 ERP 实施顾问岗位的能力，具体包括知识目标、技能目标和素质目标。

1. 知识目标

（1）熟悉关系型数据库的特点；

（2）了解数据库设计的意义与步骤；

（3）熟悉 E－R 图和关系模型；

（4）掌握数据定义语言 CREATE 语句、ALTER 语句和 DROP 语句；

（5）掌握数据操纵语言 INSERT 语句、UPDATE 语句和 DELETE 语句；

（6）掌握数据查询语言 SELECT 语句；

（7）了解 Python 语言的特点；

（8）掌握 Python 的基础语法；

（9）了解程序设计流程、分支结构和循环结构的应用场景；

（10）掌握组合数据类型基本使用及常用方法；

（11）掌握函数的定义及使用；

（12）掌握文件的类型和基本操作。

2. 技能目标

（1）能独立完成 MySQL 的安装与环境配置；

（2）能分析企业对数据的功能需求与应用需求并设计数据库；

（3）能使用数据定义语言创建、查看、修改和删除数据库及数据表；

（4）能使用数据操纵语言对数据进行插入、更新及删除；

（5）能使用数据查询语言对数据进行单表查询、聚合函数查询、连接查询及子查询；

（6）能独立完成 Python 的安装与环境配置；

（7）能设计并编写程序的流程控制结构；

（8）能创建和操作组合数据类型；

（9）能定义和调用函数，使用递归函数和匿名函数编程；

（10）能使用 Python 读写文本文件、CSV 文件。

3. 素质目标

（1）能具备"创新思维，深入探究"的信息素养；

（2）能贯彻"诚实敬业，科学严谨"的工作态度；

（3）能弘扬"修己以敬，心无旁骛"的工匠精神；

（4）能发挥"友好协作，共同进步"的团队精神；

（5）能保持"不畏挫败，积极进取"的学习心态。

四、教学内容要求及学时分配

序号	教学单元	教学内容	教学要求		学时
			知识和素养要求	技能要求	
1	大数据概述	1. 大数据的定义 2. 大数据的特征 3. 大数据的应用场景 4. 大数据的发展趋势 5. 大数据的技术工具	1. 了解大数据的含义和基本特征 2. 了解大数据的应用场景与发展趋势 **思政点**：在各国大数据战略的背景下，引导学生意识到在全球竞争环境中，青年人所担负的社会责任	能使用大数据的技术工具完成简单的数据处理操作	2
2	数据库认知与环境搭建	1. 数据库的基本知识 2. MySQL 数据库的安装与配置 3. MySQL 数据库的启动与登录 4. 图形用户界面软件的安装	1. 熟悉关系型数据库的特点 2. 掌握常见的关系型数据库类型 **思政点**：信息化时代伴随而来的信息资源的泄露，学生需要注意在日常生活和工作中保持信息安全意识。以数据库的相关科普提升学生的信息安全管理能力	1. 能独立安装与配置 MySQL 数据库 2. 能启动服务与登录 MySQL 数据库 3. 能安装图形用户界面软件	2
3	数据库设计	1. 数据库设计的意义 2. 数据库设计的步骤 3. 数据库设计的方法	1. 了解数据库设计的意义 2. 熟悉数据库设计的步骤 3. 掌握 E－R 图与关系模型的基础知识	1. 能分析企业对数据的功能需求与应用需求 2. 能使用 E－R 图进行数据库的概念设计 3. 能使用关系模型进行数据库的逻辑设计	4
4	数据库和数据表创建	1. 数据库的创建 2. 数据库的查看、修改与删除 3. 数据类型 4. 数据完整性约束 5. 数据表的创建 6. 数据表的查看、修改与删除	1. 掌握数据定义语言 CREATE 语句创建数据库 2. 掌握数据定义语言 ALTER 和 DROP 语句修改和删除数据库 3. 熟悉 MySQL 数据库的数据类型 4. 熟悉数据完整性约束的类型 5. 掌握数据定义语言 CREATE 语句创建数据表 6. 掌握数据定义需要 ALTER 和 DROP 语句修改和删除数据表	1. 能使用命令行形式完成数据库的创建 2. 能使用图形用户界面软件完成数据库的创建 3. 能查看、修改并删除数据库 4. 能根据 E－R 图转换为数据表并判断数据类型 5. 能建立数据的主键约束与外键约束 6. 能建立数据的非空约束与唯一性约束	8

续表

序号	教学单元	教学内容	教学要求		学时
			知识和素养要求	技能要求	
			7. 掌握 DESCRIBE 语句查看表基本结构 8. 掌握 SHOW CREATE TABLE 语句查看表详细结构	7. 能设置数据的默认约束与自动增长 8. 能使用命令行方式完成数据表的创建 9. 能使用图形用户界面软件完成数据表的创建 10. 能查看、修改和删除数据表	
5	数据操纵	1. 数据的插入 2. 数据的修改与删除	1. 掌握使用数据操纵语言 INSERT 语句插入数据 2. 掌握使用数据操纵语言 UPDATE 和 DELETE 语句更新和删除数据	1. 能使用命令行方式进行数据的插入 2. 能使用图形用户界面软件进行数据的插入 3. 能更新与删除数据	4
6	数据查询	1. 所有字段和指定字段的查询 2. 比较运算的查询 3. 范围的查询 4. 集合的查询 5. 空值的查询 6. 逻辑运算的查询 7. 字符匹配的查询 8. COUNT（）函数的查询 9. SUM（）函数的查询 10. AVG（）函数的查询 11. MAX（）函数的查询 12. MIN（）函数的查询 13. 内连接中等值连接的查询 14. 内连接中非等值连接的查询 15. 内连接中自然连接的查询 16. 内连接中自连接的查询 17. 外连接中左连接的查询 18. 外连接中右连接的查询	1. 掌握数据查询语言 SELECT 语句的基础语法 **思政点**：在信息化浪潮来临的今天，数据成为当今推动社会发展的至关重要的资源。学生需掌握对数据的快速处理能力，使数据这项新兴"资产"发挥更大的作用 2. 掌握数据查询语言 SELECT 语句带 in 关键字的集合查询 3. 掌握数据查询语言 SELECT 语句带 between and 的范围查询 4. 掌握数据查询语言 SELECT 语句带 and、or、not 的逻辑运算查询 5. 掌握数据查询语言 SELECT 语句带 like 的模糊匹配查询 6. 掌握数据查询语言 SELECT 语句包含 COUNT（）函数、SUM（）函数和 AVG（）函数的查询 7. 掌握数据查询语言 SELECT 语句包含 MAX（）函数和 MIN（）函数的查询 8. 掌握数据查询语言 SELECT 语句的内连接查询	1. 能实现数据的简单查询 2. 能执行对所有字段和指定字段的查询 3. 能执行比较运算的查询 4. 能执行范围、集合和控制的查询 5. 能执行逻辑运算的查询 6. 能执行字符匹配的查询 7. 能执行聚合函数的查询 8. 能执行内连接的查询 9. 能执行外连接的查询 10. 能执行合并查询 11. 能执行比较运算的子查询 12. 能执行带 some、any 关键字的子查询 13. 能执行带 all 关键字的子查询 14. 能执行带 in 关键字的子查询 15. 能执行带 exists 关键字的子查询	18

续表

序号	教学单元	教学内容	教学要求		学时
			知识和素养要求	技能要求	
		19. 合并查询 20. 比较运算的子查询 21. 带 some、any 关键字的子查询 22. 带 all 关键字的子查询 23. 带 in 关键字的子查询 24. 带 exists 关键字的子查询	9. 掌握数据查询语言 SELECT 语句的外连接查询 10. 掌握数据查询语言 SELECT 语句的合并查询 11. 掌握数据查询语言 SELECT 语句的比较运算子查询 12. 掌握数据查询语言 SELECT 语句的带 some、any 关键字子查询 13. 掌握数据查询语言 SELECT 语句的带 all 关键字的子查询 14. 掌握数据查询语言 SELECT 语句的带 in 关键字子查询 15. 掌握数据查询语言 SELECT 语句的带 exists 关键字子查询		2
7	Python 认知与环境搭建	1. Python 的基本知识 2. Python 的安装与环境配置 3. Python 编辑器的安装与使用	了解 Python 语言的特点 **思政点**：通过不同工具语言的学习，培养学生的信息素养和计算思维能力。在传统财务面临转型的背景下，学生更要保持不畏挑战的学习态度和工作态度，鼓励学生在职业生涯中不断挑战自我，学习新的技能与知识	1. 能独立安装与配置 Python 2. 能安装 Python 编辑器	2
8	Python 基础语法	1. Python 的标识符和关键字 2. Python 的变量和数据类型 3. Python 的运算符和运算符优先级	1. 了解 Python 的代码格式 2. 熟悉 Python 中的标识符和关键字 3. 掌握 Python 中的变量和数据类型 4. 熟悉 Python 中的运算符和运算符优先级	1. 能按照 Python 的代码格式进行语句的编写 2. 能进行变量的输入与输出操作	4
9	Python 流程控制	1. 程序设计流程 2. 分支结构 3. 循环结构 4. 流程控制的其他语句	1. 了解程序设计流程 2. 了解分支结构的应用场景 3. 了解循环结构的应用场景 **思政点**：培养学生的创新思维能力和逻辑思维能力	1. 能设计程序的流程控制结构 2. 能使用分支结构编程 3. 能使用循环结构编程	4

续表

序号	教学单元	教学内容	教学要求		学时
			知识和素养要求	技能要求	
10	Python组合数据类型	1. 列表类型 2. 元组类型 3. 字典类型 4. 集合类型	1. 掌握列表的基本使用及常用方法 2. 掌握元组的基本使用及常用方法 3. 掌握字典的基本使用及常用方法 4. 掌握集合的基本使用及常用方法 5. 掌握可变类型和不可变类型的区别	1. 能创建和操作列表类型 2. 能创建和操作元组类型 3. 能创建和操作字典类型 4. 能创建和操作集合类型	6
11	Python函数	1. 定义和调用函数 2. 参数的传递和函数的返回值 3. 局部变量和全局变量 4. 递归函数和匿名函数	1. 了解函数的概念及优势 2. 掌握函数的定义和使用 3. 掌握函数参数的几种传递方式和函数的返回值 4. 理解变量作用域，掌握局部变量和全局变量的用法 5. 掌握递归函数和匿名函数的使用	1. 能定义和调用函数 2. 能使用递归函数和匿名函数编程	6
12	Python文件处理	1. 文件类型 2. 文件的基本操作 3. 文件的读写 4. 数据维度	1. 了解计算机中文件的类型 2. 掌握文件的基本操作 3. 了解数据维度的概念 4. 掌握常见的数据格式	1. 能使用Python读写文本文件 2. 能使用文件存储对象 3. 能使用Python读写CSV文件 4. 能使用Python对数据进行排序和查找	4

五、教学条件

1. 师资队伍

（1）专任教师。要求具有扎实的数据库语言及Python语言的理论功底；能够熟练运用数据库定义语言、数据库操纵语言和数据库查询语言，能够熟练运用Python语言进行程序的编写；能够熟练运用各种教学手段和教学工具指导学生进行数据库基础及Python基础的学习。

（2）兼职教师。①现任企业数据处理及分析人员，要求能进行数据结构、数据维度、组合数据类型、程序设计流程、文件处理、Python函数等内容的教学；②现任企业ERP系统维护和实施顾问人员，要求能够介绍中小企业对数据库的功能需求和应用需求，讲解ERP

维护与实施过程中数据库相关的问题与流程优化，进行数据定义语言、数据操纵语言和数据查询语言等内容的教学。

2. 实践教学条件

（1）一体化专业实训室。实训室应合理地配备实训设备，满足课程实训软件的环境配置需求。实训室应配备经验丰富的实训管理人员，及时调试设备与网络、及时更新系统及MySQL、Python 等相关教学软件。实训室要能够满足大数据技术基础课程的技能训练、综合能力提升等实践教学的需要。

（2）实训软件。MySQL 软件及图形用户界面软件、Python 及 Python 编辑器软件等，可在机上进行数据定义语言、数据操纵语言、数据查询语言的直接应用，可在机上进行程序的编写与语法的应用。

（3）实训指导资料。配备 MySQL 数据库实训资料、Python 编程实训资料等文档。

3. 教材选用与编写

教材应符合《职业院校教材管理办法》等文件的规定和要求，探索使用新型活页式、工作手册式教材并配套信息化资源。教材编写应以本课程标准为依据，充分体现任务引领、实践导向的设计思想，按数据库项目和 Python 项目的框架体系来组织教材内容。教材内容应体现新技术、新工艺、新规范，符合企业数据处理与分析岗位、ERP 系统维护岗位和ERP 系统实施岗位的具体需求。

（1）教材是实现教学效果的最基本条件。课程教材应重复考虑针对高职高专学生的适用性，体现本课程项目设计的理念，依据本课程标准采用任务驱动型模式进行编写，体现教材的实践性。

（2）针对数据库部分，教材应按数据库构建的工作内容、操作流程的先后顺序、理解掌握程度的难易等进行编写；针对 Python 语言部分，教材应按 Python 的知识结构框架、理解掌握的难易程度等进行编写。

（3）教材编写应根据高职高专学生的特点，从培养技能型人才出发，教材要坚持马克思主义指导地位，符合国家的方针及政策，在介绍新兴技术时，将思想性教育融入进去。内容安排上要结合财会学生的特点，深入浅出、联系实际，语言组织要简明扼要、科学准确、通俗易懂，形式上应以讲解案例操作为主，配备大量的练习题，使学生能够在学习完编程理论知识后及时得到相应的编程练习。

（4）教材内容应体现先进性、准确性、通用性和实用性，要将最新的数据库及 Python编程语言前沿知识及时地纳入教材，使教材更贴近本专业的发展和实际需要。

（5）教材的结构安排应符合学生的认知规律。教材中的活动设计内容应具有实用性和可操作性。教材的设计需覆盖学生的知识、技能和素养要求。教材中的案例可以采用企业真实案例进行设计。

4. 教学资源及平台

（1）线上教学资源。支持混合教学和 MOOC 开放的公共教学资源库或自建教学资源。建议利用智慧职教等平台建设教学资源库和在线开放课程，为实施线上线下混合教学提供条件。

（2）线上教学平台。采用符合国家有关互联网平台条件的公共教学平台。建议使用智慧职教等教学平台，利用职教云建设在线课程，设计教学活动；利用云课堂实施课堂教学。借助职教云强大的学习活动分析功能关注和分析学生的学习情况，及时解决学生学习中的短板问题。

六、教学方法

1. 交互式教学法

交互式教学法是教师和学生围绕一个任务或者一个项目进行自主互动与平等交流。在教师的教学、多媒体的应用与学生的课堂学习之间搭建一座桥梁，如在情境对话中引导学生发现自己的错误与不足，探索新知识。在交互中充分调动学生的积极性，使其主动构建知识体系，同时提升学生的沟通交流能力与职业素养。

2. 课堂讲授法

课堂讲授法是教师主要运用口头语言，辅助以课件、视频、网络资源等向学生进行示范、呈现、讲解和分析教学内容的教学方法。该方法以教师的语言作为主要媒介系统，连贯地向学生讲授基础知识、基本理论或基本流程。在讲解概念、原理、原则等比较抽象的内容时，可以采取课堂讲授法。

3. 差异化教学法

差异化教学法是根据学生的能力与兴趣，结合学生实际情况和个人差异实施有差别教学的方法。在本课程的学习中，学生的计算机基础知识掌握情况与个人学习能力有较大差异，可以从以下方面实施差异化教学，让不同水平的学生都能循序渐进地掌握知识：教学活动设计差异化、学生目标差异化、课堂参与模式差异化、案例难易程度差异化等。

4. 线上线下混合式教学法

线上线下混合式教学法融合了传统的面对面教学和远程网上教学两种截然不同的学习方法，通过结合两种学习方法的优点，能够加强学生们的学习效率。

通过网上平台的应用，学生可以不受课堂教学的约束与限制拓展知识，教师也能通过网络平台掌握学生的学习动向，对学生的学习数据加以分析，充分掌握学生们的学习情况。

5. 项目教学法

项目教学法是一种以学生为中心设计执行项目的教学和学习方法。每个项目的实施都有一个明确的任务、一个完整的过程，能够取得一个标志性成果。项目式学习和传统式学习方法相比，能有效提高学生实际思考和解决问题的能力。

6. 任务驱动法

任务驱动教学是在学习信息技术过程中，在教师的指导帮助下，以具体某一问题作为任务驱动，通过围绕这一任务驱动展开积极自主的探索以及学习，在完成指定任务的基础上，进而培养学生的自主学习能力和文化素养，提升学生的职业判断能力、决策能力和团队合作精神，加强学生实践活动能力。

七、教学重点难点

1. 教学重点

教学重点：数据库单表查询、数据库连接查询、数据库子查询、Python 组合数据类型、Python 流程控制。

教学建议：对于数据库的单表查询、连接查询和子查询内容教学，可以结合实训资料，以数据库的数据查询语言 SELECT 语句的基础查询为基础，让学生熟练掌握 SELECT 语句在单表查询中的各种语法，再进一步进行连接查询和子查询的实践演练，使学生由浅入深地掌握查询语句。对于 Python 组合数据类型和 Python 流程控制的内容教学，可以结合实训资料，通过简单易懂的程序编写，引导学生掌握相关的知识点。

2. 教学难点

教学难点：数据库聚合函数查询、数据库连接查询、Python 函数。

教学建议：对于教学难点内容，可以鼓励学生尝试进行代码的多次编写，教师需在实训过程中及时发现和指正错误。针对学生容易出错的知识点，教师需梳理学生存在的共性问题并进行统一指导讲解。通过对代码的重复调试，帮助学生加深对知识点的记忆与理解。

八、教学评价

本课程主要考核学生知识目标、技能目标及素质目标的达标情况。理论知识的掌握情况主要通过期末闭卷考试进行考核，占总成绩的 50%；技能目标主要通过对学生提交的工作成果的完成情况进行考核，占总成绩的 30%；素质目标主要通过对线下出勤与课堂表现、线上学习、团队合作情况进行考核，占总成绩的 20%。

九、编制说明

1. 编写人员

课程负责人：李枳葳　广州番禺职业技术学院（执笔）

课程组成员：盛国穗　广州番禺职业技术学院

　　　　　　李　映　广州番禺职业技术学院

　　　　　　郑子鹏　中国银行软件中心

2. 审核人员

　　　　　　杨则文　广州番禺职业技术学院

　　　　　　徐　杭　广州市番禺沙园集团有限公司

"Python 财务应用"课程标准

课程名称：Python 财务应用
课程类型：专业核心课
学　　时：48 学时
学　　分：2.5 学分
适用专业：会计信息管理

一、课程定位

本课程依据大数据时代智能财务环境下对财经专业人才的职业技术素养要求开设的 Python 语言应用课程，主要学习结合 Python 建模、Python 办公自动化、Python 爬虫和 Python 数据分析与可视化等技术解决财务核算、财务管理、成本管理和业财数据分析等问题。本课程是会计信息管理专业的核心课，它的前置课程是"Python 基础"，后续课程可以是"财务大数据分析""大数据财务分析"等。

二、课程设计思路

（1）课程以企业工作项目为载体，根据企业财务岗位在办公自动化、数据核算与管理以及数据分析与可视化方面的工作要求，选取 10 个工作项目 32 个模块作为主要教学内容，每个项目由一个或多个独立的、具有典型代表性的、完整的工作任务贯穿，当项目结束时，工作任务随之完成并获取相应的标志性工作成果，相关理论知识融于工作任务之中。

（2）教学过程中强调培养学生"学会学习，勇于探索，积极创新"的职业素养；通过设计程序，编写、调试代码，培养学生"精益求精"的工匠精神和"谨慎细心"的工作作风；通过分组学习与实操，培养学生"协作共进、和而不同"的团队意识；通过不断地学习与创新应用 Python 工具，弘扬"锐意进取"的传统美德。通过项目情境培养学生的"家国情怀"，树立正确的价值观。

三、课程目标

本课程旨在使学生掌握使用 Python 语言工具实现办公自动化、财务会计与管理会计的数据建模、数据分析与可视化，拓宽学生在智能化与数字化方面的认知，为其将来提高办公效率，实现数据视角下智能化的财务核算、财务管理、成本分析与管理、财务分析、财务预测与决策提供知识技能。培养学生根据数据来思考事物、重视事实、追求真理的数据化思维以及依靠数据发现问题、分析问题、解决问题、跟踪问题的数据化管理思维。

1. 知识目标

（1）熟悉财务核算、财务分析与管理会计的专业知识；

（2）了解 Python 语言等新技术对财务岗位和财务工作的影响；

（3）熟悉数据分析全流程；

（4）了解爬虫技术库的功能；

（5）熟悉 NumPy 库、Panadas 库和 Matplotlib 库等用于数据分析与可视化的 Python 第三方库；

（6）熟悉 Python 财务应用相关的标准库和第三方库；

（7）理解数据建模、逻辑运算和报表分析与展示的方法。

2. 技能目标

（1）能安装和导入需要使用的第三方库；

（2）能使用 Python 代码完成职工薪酬自动核算与分析；

（3）能使用 Python 代码完成固定资产核算与分析；

（4）能使用 Python 代码完成内、外部往来核算对账及分析；

（5）能使用 Python 代码完成银行存款余额对账及利息核算；

（6）能使用 Python 代码完成主要财务指标分析；

（7）能使用 Python 代码完成基础投资决策分析；

（8）能使用 Python 代码完成常用的成本分析；

（9）能使用 Python 代码完成弹性预算和滚动预算；

（10）能使用 Python 代码完成绩效分析；

（11）能使用 Python 代码完成产品生产与销售的预算与预测。

3. 素质目标

（1）能具备"诚实守信，追求创新"的职业素养；

（2）能保持"爱岗敬业，谨慎细心"的工作态度；

（3）能弘扬"精益求精，追求卓越"的工匠精神；

（4）能遵守"协作共进，和而不同"的合作原则；

（5）能具备数据化管理思维。

四、教学内容要求及学时分配（所有项目都涉及数据采集、建模和可视化）

序号	教学单元	教学内容	教学要求		学时
			知识和素养要求	技能要求	
1	Python语言与财务	1. Python与财务建模 2. Python与财务办公自动化 3. Python与财务管理 4. Python与财务数据分析及可视化	1. 了解建模的基本思想 2. 了解财务核算、财务管理与财务数据分析中建模的应用方向及优势 3. 了解Python办公自动化的应用方向及优势 4. 了解Python在管理会计中的应用方向及优势 5. 了解Python在财务数据分析及可视化中的应用方向及优势		2
2	Python职工薪酬核算	1. 实付工资核算 2. 三项经费核算 3. 职工薪酬分析	1. 了解职工薪酬构成 2. 熟悉应付工资、实付工资的计算 3. 熟悉五险一金的计提 4. 熟悉工资计算表编制 5. 熟悉应用Python进行数据遍历、loc索引及合并等 6. 熟悉职工福利费、职工教育经费、工会经费的核算 7. 熟悉应用Python进行数据运算，插入表格列等 8. 了解分析职工薪酬结构思路 9. 熟悉职工薪酬的项目 10. 熟悉人均薪酬计算方法 11. 熟悉应用Python读取Excel表以及展示薪酬分析图表的方法	1. 能编写和修改实付工资核算的代码，实现实付工资的自动核算 2. 能编写和修改三项经费核算的代码，实现三项经费的自动核算 3. 能编写和修改职工薪酬分析与可视化的代码，对职工薪酬的结构进行分析并对结果进行可视化	2
3	Python固定资产核算与分析	1. 固定资产明细表与汇总表生成 2. 固定资产分析	1. 熟悉固定资产累计折旧的计算方法 2. 了解固定资产明细表及汇总表各项目的计算公式及表格编制 3. 熟悉Python中IF语句的应用 4. 熟悉Pandas部分高阶函数的应用 5. 熟悉固定资产的折旧程度分析思路 6. 熟悉固定资产类型结构分析思路 7. 熟悉固定资产资源配置方向分析思路 8. 熟悉Python中pivot_table数据透视表的应用	1. 能编写和修改生成固定资产明细表及汇总表的代码，实现固定资产明细表及汇总表的自动生成 2. 能编写和修改固定资产分析的代码，对固定资产进行分析并对结果进行可视化	2

续表

序号	教学单元	教学内容	教学要求		学时
			知识和素养要求	技能要求	
4	Python 客户往来核算与分析	1. 客户对账单批量生成 2. 往来账龄分析 3. 内部单位往来对账 4. 往来款重分类	1. 熟悉期末应收账款的账龄计算 2. 熟悉应收账款对账方法 3. 熟悉应用 Python 读取及写入 Excel 文档的方法 4. 熟悉应用 Python 读取及批量编辑 Word 文档的方法 5. 熟悉应用 Python 自动批量发送邮件的方法 6. 熟悉期末应收账款的账龄计算 7. 熟悉运用 Python 处理表格缺失值的方法 8. 熟悉 Python 时间函数 9. 了解关联企业内部对账的方法 10. 熟悉运用 Python 对表格进行数据排序、筛选及整理的方法 11. 熟悉运用 Python 计算对账差异，插入表格列的方法 12. 了解期末应收账款的重分类 13. 熟悉财务报表应收、应付、预收、预付类款项项目填列 14. 熟悉运用 Python 对表格进行筛选、加减运算及插入表格列的方法	1. 能编写和修改批量生成客户对账单并批量发送到对方邮箱的代码，实现自动对账和自动批量发送对账单 2. 能编写和修改往来账龄分析与可视化的代码，对往来账龄进行分析并对结果进行可视化 3. 能编写和修改内部单位往来对账的代码，实现往来对账自动化 4. 能编写和修改往来款重分类的代码，实现财务报表应收、应付、预收、预付类款项项目自动填列	6
5	Python 资金核算	1. 银行存款余额调节表的生成 2. 资本化利息计算	1. 熟悉、日记账与银行对账单核对的方法 2. 熟悉运用 Python 获取银行对账单的方法 3. 熟悉运用 Python 对表格数据进行筛选的方法 4. 熟悉应用 Python 查询差异项，并合并生成表格数据，根据条件生成未匹配原因的方法 5. 熟悉 Python 中 IF 语句的应用 6. 熟悉 Pandas 部分高阶函数的应用 7. 了解借款利息的分类 8. 熟悉资本化利息的计算 9. 熟悉应用 Python 时间函数进行时间运算 10. 熟悉应用 Python 进行数值运算及表格插入列的方法	1. 能编写和修改生成银行存款余额调节表的代码，实现自动编制银行存款余额调节表 2. 能编写和修改资本化利息计算的代码，实现自动计算资本化利息	2

续表

序号	教学单元	教学内容	教学要求		学时
			知识和素养要求	技能要求	
6	Python财务指标分析	1. 短期偿债能力分析 2. 营运能力分析 3. 资本结构分析 4. 获利能力分析 5. 市场价值分析	1. 熟悉短期偿债能力、营运能力、资本结构、获利能力、市场价值的分析指标 2. 熟悉应用Python读取Excel财务报表数据 3. 熟悉应用Python进行数据运算 4. 熟悉应用Python进行短期偿债能力、营运能力、资本结构、获利能力、市场价值指标可视化展示的方法	1. 能编写和修改短期偿债能力指标的代码，能对这些指标进行分析并对结果进行可视化 2. 能编写和修改营运能力指标的代码，能对这些指标进行分析并对结果进行可视化 3. 能编写和修改资本结构指标的代码，能对这些指标进行分析并对结果进行可视化 4. 能编写和修改获利能力指标的代码，能对这些指标进行分析并对结果进行可视化 5. 能编写和修改衡量市场价值指标的代码，能对这些指标进行分析并对结果进行可视化	6
7	Python投资决策管理与分析	1. 增量现金流量分析 2. 资本投资分析方法	1. 熟悉货币时间价值的概念、价值、类型 2. 熟悉年金、净现值、内部收益率等的计算 3. 熟悉应用NumPy库中金融函数计算未来价值、现值 4. 熟悉增量现金流的计算 5. 熟悉应用Python对企业现金净流量进行计算 6. 熟悉应用Python对企业多期现金净流量进行对比分析及可视化展示	1. 能编写和修改货币时间价值核算的代码 2. 能编写和修改增量现金流量指标的代码，能对这些指标进行分析并对结果进行可视化 3. 能编写和修改资本投资分析指标，能对这些指标进行分析并对结果进行可视化 4. 能根据指标分析结果做出投资决策	6
8	Python成本核算与分析	1. 成本性态分析 2. 本量利分析 3. 标准成本法 4. 作业成本法	1. 理解成本性态的概念、分类、分析 2. 理解固定成本、变动成本、业务量之间的关系 3. 理解本量利的基本概念 4. 熟悉本量利计算及分析的方法 5. 熟悉标准成本法的概念 6. 熟悉标准成本的计算、应用与分析 7. 熟悉作业成本法的概念与作用原理	1. 能编写和修改成本性态分析的代码，对成本性态进行分析并对结果进行可视化 2. 能编写和修改本量利分析的代码，对产品成本进行本量利分析并对分析结果进行可视化	8

续表

序号	教学单元	教学内容	教学要求		学时
			知识和素养要求	技能要求	
			8. 熟悉作业成本法动因分析的方法 9. 熟悉盈亏平衡分析、安全边际分析及敏感性分析的原理 10. 熟悉应用 Python 计算固定成本、变动成本等 11. 熟悉应用 Python 构建回归函数的模型、构建本量利分析模型的方法 12. 熟悉应用 Python 制作散点图、观察成本与业务量的关系图 13. 熟悉应用 Python 进行敏感分析、成本差异分析、作业成本法的分析的方法 14. 熟悉应用 Python 对分析结果进行可视化展示的方法	3. 能编写和修改标准成本法下成本核算与分析的代码，运用标准成本法分析产品成本并对分析结果进行可视化 4. 能编写和修改作业成本法下成本核算与分析的代码，运用作业成本法分析产品成本并对分析结果进行可视化	
9	Python 预算管理	1. 弹性预算 2. 滚动预算	1. 熟悉预算管理的主要内容及分类 2. 熟悉弹性预算的编制方法 3. 熟悉应用 Python 构建业务量模型 4. 熟悉滚动预算与定期预算的编制 5. 熟悉应用 Python 对弹性预算与固定预算的差异对比的方法 6. 熟悉应用 Python 编制营业利润表及滚动预算表的方法	1. 能编写和修改弹性预算的代码并能对结果进行分析 2. 能编写和修改滚动预算的代码并能对结果进行分析	4
10	Python 绩效管理	1. 关键绩效指标法 2. 经济增加值法	1. 熟悉绩效管理及绩效评价基本概念、方法 2. 熟悉关键绩效指标 KPI 的构建方法 3. 熟悉经济增加值法的概念以及经济增加值的计算方法 4. 熟悉 EVA 指标分解的方法 5. 熟悉应用 Python 对上市公司财报数据进行清理、缺失值处理及建立索引的方法 6. 熟悉应用 Python 计算上市公司盈利能力、偿债能力、资产营运能力等关键指标 7. 熟悉应用 Python 计算 EVA 指标，对不同时期的 EVA 数据进行对比分析等	1. 能编写和修改 KPI 各指标的代码并能对结果进行分析 2. 能编写和修改 EVA 中评价指标的代码并能对结果进行分析	4

续表

序号	教学单元	教学内容	教学要求		学时
			知识和素养要求	技能要求	
11	Python 预算 与 预测	1. 产品投资预算 2. 产品销售收入预算 3. 成本预算 4. 损益表预算 5. 滚动销售预测	1. 熟悉产品投资预算的方法及预算表编制方法 2. 熟悉产品收入预算的方法及预算表编制方法 3. 熟悉成本预算的方法及预算表编制方法 4. 熟悉损益表预算编制方法 5. 熟悉滚动销售预测的方法及应用 6. 熟悉应用 Python 进行产品投资预算、产品销售收入、产品成本预算以及损益表预算的方法 7. 熟悉应用 Python 进行产品盈亏平衡点分析的方法 8. 熟悉应用 Python 进行滚动销售预测及趋势分析的方法	1. 能编写和修改产品投资预算的代码 2. 能编写和修改产品销售收入预算的代码 3. 能编写和修改成本预算的代码 4. 能编写和修改损益表预算的代码 5. 能编写和修改滚动销售预测的代码 6. 能结合上述代码运行的结果进行综合的分析以实现对产品生产的预算与预测	8

五、教学条件

1. 师资队伍

（1）专任教师。要求具备一定的计算机基础知识，具有扎实的 Python 办公自动化、Python 爬虫和 Python 数据分析与可视化编程功底和一定的会计、金融实务知识，具备较好的数据分析思维；熟悉面向过程和对象的计算机编程思想，熟悉程序报错提示信息，能熟练调试程序；能够运用各种教学手段和教学工具指导学生进行 Python 建模、Python 办公自动化、Python 数据分析与可视化和开展程序编写与调试的实践教学。

（2）兼职教师。①现任制造业企业、商品流通企业、互联网企业等机构的 Python 初级工程师，要求能进行将 Python 工具应用于财务岗位实际工作的教学；②现任制造业企业、商品流通企业、互联网企业等机构的 Python 数据分析师，要求能进行使用 Python 对企业财务数据进行分析的教学。

2. 实践教学条件

（1）理实一体化实训室。建议在一体化专业实训室或智慧教室进行教学，需要每个座位配置一台电脑，网络应流畅，能播放在线教学视频。有条件的情况下应配备与本课程相适应的智能化教学软件。

（2）Python 解释器和编辑器。如：IDLE，VS Code，Jupyter Notebook 等。这是学生开发程序的软件环境。Python 解释器、VS Code 编辑器、Jupyter Notebook 编辑器等均可以在相应的官网免费下载。

（3）项目实训资料。配备实训项目情境说明资料和部分代码的 Python 文件素材。

（4）实训指导资料。配备项目程序实现思路分析文档及程序实现代码 Python 文件。

3. 教材选用与编写

教材应符合《职业院校教材管理办法》等文件的规定和要求，探索使用新型活页式、工作手册式教材并配套信息化资源。教材编写应以本课程标准为依据，充分体现任务引领、实践导向的设计思想，将 Python 建模、Python 办公自动化和 Python 数据分析与可视化的知识与技能融入若干工作项目中，按工作项目完成过程来组织教材内容。教材内容应体现新技术、新工艺、新规范，贴近中小微企业日常工作中 Python 工具使用的需求。

（1）教材是完成教学过程、达到教学目标的手段和媒介，在编写过程中应充分体现本课程项目设计的理念，依据本课程标准采用任务驱动型模式进行编写。

（2）教材应以财务工作常见情景为载体，有机融入 Python 知识与技能，按任务内容、操作流程的先后顺序、理解掌握的难易程度等进行编写。

（3）教材编写应根据高职高专学生的特点，从培养技能型人才出发，内容安排上要深入浅出，适度、够用，突出实用，语言组织要简明扼要、科学准确、通俗易懂，形式上应图文并茂、可操作性强，配备大量的实务题，使学生能够在学习完理论知识后及时得到相应的技能训练。

（4）教材内容应体现先进性、准确性、通用性和实用性，要将最新的 Python 应用情境及时地纳入教材，使教材更贴近本专业的发展和实际需要。

（5）教材中的活动设计内容要具体，并在实训室环境下具有可操作性。教材中的案例可以采用企业真实案例，提高业务操作的仿真度。

（6）建议采用规划教材。

4. 教学资源及平台

（1）安装 Python 解释器，VS Code 编辑器或 Jupyter NoteBook 编辑器作为代码开发环境，以上解释器及编辑器均为免费，且使用简单，适合财经专业学生使用。

（2）线上教学资源。支持混合教学和 MOOC 开放的公共教学资源库或自建教学资源。建议利用智慧职教等平台建设教学资源库和在线开放课程，为实施线上线下混合教学提供条件。建议采用中国大学 MOOC 或智慧职教平台上的课程资源。

（3）线上教学平台。采用符合国家有关互联网平台条件的公共教学平台。建议使用智慧职教等教学平台，利用职教云建设在线课程，设计教学活动；利用云课堂实施课堂教学。借助职教云强大的学习活动分析功能关注和分析学生的学习情况，及时解决学生学习中的短板问题。

六、教学方法

1. 项目教学法

项目教学法是以工作任务为依据设计教学项目，以学生为活动主体实施项目的教学方法，也就是将教学内容融入项目实施过程的一种教学方法。该教学法以学生为中心，学生是主动的学习者，教师是学生学习的指导者。每个项目的实施都有一个明确的任务、一个完整的过程，能够取得一个标志性成果。

2. 课堂讲授法

课堂讲授法是教师通过口头语言向学生描绘情境、叙述事实、解释概念、论证原理和阐明规律的教学方法。该方法以教师的语言作为主要媒介系统，连贯地向学生讲授 Python 数据建模思路，数据分析思路，程序编写的逻辑，帮助学习建立数据思维，强化逻辑思维。

3. 任务驱动法

以职业能力养成为核心，通过设计不同场景的项目任务来组织教学，从获取信息到制订步骤，再到决策和付诸行动，直至检查、反思与评估，完成一个完整的工作过程。教师只扮演一个"咨询者""协调者"和"观察员"的角色，引导学生自主学习 Python 工具及相关库的知识，加深学生对知识和技能的掌握，向学生提供资源、给予建议和操作指导，帮助学生拓展思维，鼓励学生用多种计算方法完成项目任务，助力学生提升计算思维和团队合作精神。

4. 案例教学法

案例教学法包括讲解案例法和讨论案例法两种。讲解案例法，是将案例教学融入传统的讲授教学法之中的一种方法。教师通过讲解型案例，让学生熟悉 Python 相关库中函数与方法的使用场景及使用方法。讨论案例法，是以学生课堂讨论为主，案例是学生讨论的主题，学生通过对案例的剖析，提出各自的解决方案，并予以充分讨论。教师通过讨论案例，激发学生的扩散性思维，加深其对知识技能的认知。

5. 启发式教学法

启发式教学是根据教学目的和内容，通过设计启发、诱导型问题，引导学生养成多思考、善思考、勤思考的习惯，将问题解决贯穿于教学的每一环节，启迪学生思考，活跃学生思维，促进学生身心发展，提高学生学习的主动性、积极性和创造性，更好地激发学生的学习兴趣，加深对课程内容的理解。

七、教学重点难点

1. 教学重点

教学重点：Python 相关标准库与数据分析、爬虫技术相关的第三方库的使用。

教学建议：结合项目任务，要求学生先梳理设计思路再计划实施方案，鼓励学生探索更多更优质的设计思路与实施方案。编写程序遵循从简单到复杂，从外层到内层，循序渐进。鼓励学生在调试程序出现问题时，先独立查找问题所在以及通过网络或书籍寻求解决方案，鼓励探索教材之外的知识。尽量多地安排团队作业，让学生有充分的合作机会，学会沟通与理解。

2. 教学难点

教学难点：Python 爬虫技术、NumPy 库、Pandas 库和 Matplotlib 库的使用。

教学建议：通过提供多样的实训项目或案例，帮助学生在反复的练习中熟悉数据分析的流程与方法，理解数据化思维和数据化管理思维。通过组织分享会让学生相互取长补短，拓展思维的宽度与深度。

八、教学评价

本课程主要考核学生知识目标、技能目标及素质目标的达标情况。理论知识的掌握情况主要通过期末闭卷考试进行考核，占总成绩的40%；技能目标主要通过对学生提交的工作成果的完成情况进行考核，占总成绩的30%；素质目标主要通过对线下出勤与课堂表现、线上学习、团队合作情况进行考核，占总成绩的30%。

九、编制说明

1. 编写人员

课程负责人：盛国穗　广州番禺职业技术学院（执笔）

课程组成员：杜　方　广州番禺职业技术学院

蔡宏标　广州番禺职业技术学院

梁　华　九九网智科技有限公司

钟晓玲　广州番禺职业技术学院

2. 审核人员

杨则文　广州番禺职业技术学院

张红英　九九网智科技有限公司

"财务大数据分析"课程标准

课程名称：财务大数据分析
课程类型：专业核心课
学　　　时：64 学时
学　　　分：3.5 学分
适用专业：会计信息管理

一、课程定位

本课程依据财务数据分析师岗位对会计人员的专业能力要求开设，主要学习利用自助式 BI 分析工具（Power BI）进行业财数据分析，通过获取数据（各种数据源）、清洗整理、数据建模、可视化分析与展示，创建智能化、可视化的数据分析报告，为企业管理层进行业务财务决策提供数据支撑和决策依据，帮助企业提升市场竞争力。本课程是会计信息管理专业的职业能力核心课程。前置课程为大数据会计基础、大数据技术基础、业务财务会计、共享财务会计。

二、课程设计思路

1. 本课程以数据分析过程为主线，以数据分析任务为载体，根据财务数据分析师岗位工作任务要求，选取 8 个真实企业数据分析项目作为教学内容，按照知识内容由浅到深、工作任务由易到难的顺序进行编排。每个项目由两个或两个以上既相对独立又具有内容上关联的工作任务组成，当项目结束时，工作任务随之完成并获取相应的标志性工作成果（分析数据或可视化报表），相关理论知识融于工作任务之中。

2. 财务信息是企业经营信息的集中体现，从企业的角度，进行财务分析的目的是有预见性地更好开展业务活动。由于事后核算的特征，带来了财务核算数据滞后性，无法满足企业进行实时数据分析，指导业务发展决策的需要。本课程从业财融合的角度进行课程设计。分析任务来源于管理中的问题和业务的痛点；分析数据既有财务数据，也有业务的数据，甚至是企业的外部数据；分析过程强调要熟悉业务、充分沟通、抓住重点；分析结果要发布共享、追踪落实、闭环管理。

3. 教学过程中强调思政元素的融入。例如，数据搜集要"遵纪守法、取之有道"，数据整理要"规范严谨、一丝不苟",数据挖掘要"寻根究底、一探究竟",可视化展示要"追求卓越、尽善尽美"。

三、课程目标

课程旨在培养学生胜任财务数据分析师岗位的能力,具体包括知识目标、技能目标和素质目标。

1. 知识目标

(1)理解数据可视化的意义;

(2)熟悉常用的自助式 BI 分析工具;

(3)掌握财务大数据分析的工作流程;

(4)掌握财务大数据的常用分析方法;

(5)掌握 BI 数据采集与处理的基本方法;

(6)掌握 BI 数据建模的基本方法;

(7)掌握常见可视化图表的绘制方法和适用场景;

(8)掌握 BI 可视化报表的制作和发布方法。

2. 技能目标

(1)能使用 PBI 采集任务相关数据信息;

(2)能使用 PBI 对采集的源数据进行清洗和整理;

(3)能使用 PBI 对规范数据进行建模;

(4)能使用 PBI 对财务报表及关键指标进行动态可视化分析;

(5)能使用 PBI 进行销售目标分解、目标达成分析和会员 RFM 分析;

(6)能使用 PBI 进行费用预算控制和管理利润考核;

(7)能使用 PBI 对存货进行帕累托分析和关联分析;

(8)能使用 PBI 制作并发布可视化报表。

3. 素质目标

(1)能具备"遵纪守法,取之有道"的职业操守;

(2)能培养"规范严谨,一丝不苟"的工作态度;

(3)能保持"团结协作,互帮互助"的合作原则;

(4)能发扬"寻根究底、一探究竟"的探索精神;

(5)能树立"追求卓越、尽善尽美"的办事理念。

四、教学内容要求及学时分配

序号	教学单元	教学内容	教学要求		学时
			知识和素养要求	技能要求	
1	财务大数据分析初体验	1. 数据及数据分析认知 2. PBI 的下载及安装 3. 制作世界人口与经济状况分析报告	1. 了解数据的概念、分类和结构 2. 掌握 PBI 数据分析的流程和常用工具 3. 掌握 PBI 的下载和安装方法 4. 了解 PBI 的主要功能与系统框架	1. 会导入 Excel 数据并进行简单的数据清洗 2. 会查看自动建立的数据模型，搭建简单的模型关系 3. 会制作簇状条形图、切片器、环形图、折线图、动态气泡图等简单图表 4. 能利用 PBI 获取简单网页数据表	6
2	数据的采集与处理	1. 数据采集 2. 数据清洗 3. 数据整理 4. 数据建模	1. 了解 M 函数的概念 2. 掌握基本的数据类型 3. 了解规范基础数据表的特征 4. 掌握不同的建表方式 5. 掌握一维表、二维表的转换方法 6. 掌握常见数据的清洗规范和方法 7. 掌握数据的拆分、合并和提取的方法 8. 掌握表连接的种类和连接的方法 9. 掌握分组依据的操作方法和步骤 10. 掌握 DAX 函数的概念、运算符 11. 掌握常用 DAX 函数的语法结构和使用方法	1. 会分析网页的 url 结构特点 2. 会通过导入 Excel 数据、直接输入数据、M 函数的方式创建表格 3. 会构建爬虫主体 4. 会将二维表转换成一维表格 5. 会进行日期和时间、不规则数据、重复值、缺失值的清洗 6. 会进行数据的行列管理，如拆分列、合并列、行列转置、重复列、筛选行等操作 7. 会进行数据的分组操作 8. 会使用 DISTINCOUNT 函数进行去重计数 9. 会使用 IF 函数进行条件判断 10. 会使用 CALCULATE 函数进行计算 11. 会使用 VALUES 函数创建辅助表 12. 会使用 CALENDARAUTO 函数自动创建日期表 13. 会使用 FILTER 函数进行表格筛选 14. 会使用 SUMMARIZE 函数进行数据汇总 15. 会在明细表调用维度表数据 16. 会进行度量值的整理 17. 会使用建模后的数据进行透视分析	16
3	财报指标分析	1. 利润表分析 2. 资产负债表分析 3. 现金流量表分析 4. 财务指标分析	1. 掌握切片器的创建方法和使用场景 2. 掌握矩阵的创建方法和使用场景 3. 掌握卡片图的创建方法和使用场景	1. 会从文件夹导入数据 2. 会使用 M 函数展开二进制表内容 3. 会制作金额单位切片器，并按切片器选项显示金额 4. 会制作利润明细表矩阵 5. 会创建利润表分析相关的度量值	10

续表

序号	教学单元	教学内容	教学要求		学时
			知识和素养要求	技能要求	
			4. 掌握柱形图的创建方法和使用场景 5. 掌握折线图的创建方法和使用场景 6. 掌握 HASONEVALUE 函数的使用方法 7. 掌握 DIVIDE 函数的使用方法 8. VAR…RETURN 语句的使用方法 9. 掌握可视化图表在不同报表页面的同步方法 10. 掌握同比显示的修正方法 11. 掌握树状图的创建方法和使用场景 12. 掌握杜邦分析法的基本概念 13. 掌握 FIRSTNONBLANKVALUE 函数的语法结构和使用方法 14. 掌握折线图的创建方法和使用场景	6. 会制作利润表项目同比分析矩阵 7. 会根据分析图表进行简单的利润表数据解读与分析 8. 会创建资产负债结构树状图 9. 会编辑可视化图表间的交互关系 10. 会创建现金流量表矩阵 11. 会创建现金变动情况瀑布图 12. 会创建主要现金流项目变化趋势图 13. 会创建财务指标分析矩阵 14. 会创建财务指标趋势图 15. 会创建杜邦分解图 16. 会创建因素分析瀑布图	
4	收入洞察分析	1. 销售目标分解 2. 目标达成分析 3. 会员 RFM 分析	1. 掌握 MINX 函数的语法结构和使用方法 2. 掌握 CALENDAR 函数的语法结构和使用方法 3. 掌握 EARLIER 函数的语法结构和使用方法 4. 掌握 SUMX 函数的语法结构和使用方法 5. 掌握 COUNTAX 函数的语法结构和使用方法 6. 掌握 DATEADD 函数的语法结构和使用方法 7. 掌握 TOTALYTD 函数的语法结构和使用方法 8. 掌握 KPI Indicator 的创建方法和使用场景 9. 了解 RMF 分析的含义 10. RMF 分析的具体方法	1. 会使用 SUMMARIZE 对数据进行透视和汇总 2. 会使用 SUMX、COUNTA、MINXJ 进行条件求和、计数和求最小值 3. 会通过 FILTER 和 EARLIER 配合对表格进行筛选 4. 会使用 CALENDAR 构建完整日期列表 5. 会建立销售目标、销售系数表、销售目标分解表的表间关系 6. 会计算每日销售目标和销售占比 7. 会使用 DATEADD、TOTALYTD 结合 CALCULATE 进行智能时间维度的指标计算 8. 会使用 KPI Indicator 进行多种类型的 KPI 展现 9. 会制作业绩完成率图表和业绩走势图 10. 会在 PPT 中展示 Power BI 动态图表	10

续表

序号	教学单元	教学内容	教学要求		学时
			知识和素养要求	技能要求	
				11. 会根据消费日期、消费次数、销售金额分别计算 R、F、M 值 12. 会以会员 ID 为基础对数据进行汇总 13. 会设置会员占比图表、会员数量图表、会员业绩贡献度图表、会员消费明细图	
5	应收账款分析	1. 应收账款余额分析 2. 应收账款账龄分析 3. 应收账款回收分析	1. 掌握分区图的创建方法和使用场景 2. 掌握簇状条形图的创建方法和使用场景 3. 掌握明细表的创建方法和使用场景 4. 掌握折现和簇状柱形图的创建方法和使用场景	1. 会创建应收账款余额趋势图 2. 会创建新增应收账款与销售收入趋势图 3. 会创建应收账款排名图 4. 会创建应收账款余额变动明细表 5. 会创建应收账款账龄分布图 6. 会创建预计坏账损失账龄分布图 7. 会创建账龄总体指标 8. 会创建账龄分布趋势图 9. 会创建应收账款回收总体指标图 10. 会创建应收账款回收趋势图 11. 会创建应收账款回收排名图 12. 会创建应收账款回收排名表	6
6	费用利润考核	1. 费用预算控制 2. 管理利润考核	1. 了解累计预算的概念 2. 掌握气泡图的创建方法和使用场景 3. 掌握 LASTDATE 函数的语法结构和使用方法 4. 掌握 DATESBETWEEN 函数的语法结构和使用方法 5. 掌握 SWITCH…TRUE 函数的语法结构和使用方法 6. 掌握 FORMAT 函数的语法结构和使用方法 7. 掌握 ABS 函数的语法结构和使用方法	1. 会创建差异度分析相关度量值 2. 会创建费用预实对比条形图 3. 会创建成本中心矩阵 4. 会创建预实差异趋势图 5. 会创建去年同期预实差异趋势图 6. 会创建实际费用趋势变化图 7. 会创建费用按地域分摊矩阵 8. 会创建地域净利润气泡图 9. 会创建销售渠道净利润树状图	4
7	库存存货分析	1. 库存趋势分析 2. 库存结构分析 3. 库龄分析	1. 掌握创建自定义函数的方法 2. 掌握 TREATAS 函数的语法结构和使用方法 3. 掌握 LASTNONBLANKVALUE 函数的语法结构和使用方法 4. 掌握 GENERATE 函数的语法结构和使用方法	1. 会通过自定义函数计算期末存货数量 2. 会创建库存金额与销售收入变化趋势图 3. 会创建入库金额与出库金额变化趋势图 4. 会创建各区库存金额变化趋势图	10

续表

序号	教学单元	教学内容	教学要求		学时
			知识和素养要求	技能要求	
			5. 掌握 AVERAGEX 函数的语法结构和使用方法 6. 掌握 COUNTROWS 函数的语法结构和使用方法 7. 掌握堆积柱状图的创建方法和使用场景 8. 掌握散点图的创建方法和使用场景	5. 会创建存货周转天数变化趋势图 6. 会创建月度库存变动明细表 7. 会创建期末库存结构图 8. 会创建库销对比分析图 9. 会创建库龄分布趋势图 10. 会创建库龄与库存金额分布图	
8	可视化报表的制作与发布	1. 可视化报表设计基础 2. 可视化报表的发布与分享	1. 熟悉报表美化基础 2. 熟悉图表的色彩搭配 3. 掌握图表的版式排版方法 4. 掌握图表下钻的方式 5. 掌握按钮与书签的使用方法 6. 掌握页面钻取的方法	1. 会使用主题颜色 2. 会设计导航页面 3. 会使用书签对页面进行局部切换 4. 会使用网页分享可视化报表 5. 会使用 PDF 分享可视化报表 6. 会使用 Excel 分享可视化报表	4

五、教学条件

1. 师资队伍

（1）专任教师。要求具有扎实的财务分析理论功底和一定的数据分析岗位经历，熟悉自助式 PBI 工具的基础操作知识和财税数据分析工作流程；能够熟练操作 PBI 自助式分析工具，能够利用 PBI 创建交互式、多维度的业务财务分析报表，能够进行趋势分析、排名分析、分类分析、差异分析、分布分析、占比分析和相关性分析；能够运用各种教学手段和教学工具指导学生进行数据处理和开展数据可视化分析实践教学。

（2）兼职教师。要求是现任企业财税数据分析师，能进行数据采集、数据清洗、数据整理、数据建模、数据可视化呈现、可视化报表的编制等内容的教学。

2. 实践教学条件

（1）理实一体化实训室。建议在一体化专业实训室或智慧教室进行教学，需要每个座位配置一台电脑，网络应流畅，能播放在线教学视频。有条件的情况下应配备与本课程相适应的智能化教学软件以及数据大屏。

（2）教学软件平台。EXCEL2019、Power BI Desktop 软件等。借助教学软件虚拟真实企业的生产环境，帮助学生学习使用大数据分析工具进行行业财数据分析。

（3）实训工具设备。配备数据分析工作所需的办公文具，如办公设施、票据、打印机、扫描仪、计算器、文件柜及各种日用耗材，配置网络及计算机设备。有条件的，可模拟企业配置数据服务器。

3. 教材选用与编写

教材应符合《职业院校教材管理办法》等文件的规定和要求，探索使用新型活页式、工作手册式教材并配套信息化资源。教材编写应以本课程标准为依据，充分体现任务引领、实践导向的设计思想，将业务财务数据分析工作分解成若干典型的工作项目，按数据分析师岗位职责和数据分析的工作过程来组织教材内容。教材内容应体现新技术、新工艺、新规范，贴近中小微企业业务财务数据分析的实际需求。

（1）教材是完成教学过程、达到教学目标的手段和媒介，在编写过程中应充分体现本课程项目设计的理念，依据本课程标准采用任务驱动型模式进行编写。

（2）教材应按 PBI 数据分析的工作内容、操作流程的先后顺序、理解掌握程度的难易程度等进行编写。

（3）教材编写应根据高职高专学生的特点，从培养技能型人才出发，内容安排上要深入浅出，适度、够用，突出实用，语言组织要简明扼要、科学准确、通俗易懂，形式上应图文并茂、可操作性强，配备大量的实务操作题，使学生能够在学习完理论知识后及时地得到相应的技能训练。

（4）教材内容应体现先进性、准确性、通用性和实用性，要将最新的数据分析思维与工具及时地纳入教材，使教材更贴近本专业的发展和实际需要。

（5）教材中的活动设计内容要具体，并在实训室环境下具有可操作性。教材中的案例可以采用脱敏的企业真实数据作为案例，提高学生对业务操作的仿真度。

4. 教学资源及平台

（1）线上教学资源。支持混合教学和 MOOC 开放的公共教学资源库或自建教学资源。建议利用智慧职教等平台建设教学资源库和在线开放课程，为实施线上线下混合教学提供条件。

（2）线上教学平台。采用符合国家有关互联网平台条件的公共教学平台。建议使用智慧职教等教学平台，利用职教云建设在线课程，设计教学活动；利用云课堂实施课堂教学。借助职教云强大的学习活动分析功能关注和分析学生的学习情况，及时解决学生学习中的短板问题。

六、教学方法

1. 项目教学法

以数据分析工作任务为依据设计教学项目，以学生为活动主体实施项目的教学方法，也就是将教学内容融入项目实施过程的一种教学方法。项目教学法是以学生为中心的教学模式，这种教学模式中学生是主动的学习者，教师是学生学习的指导者。每个项目的实施都有一个明确的数据分析任务，有一个完整的过程，能够取得一个标志性成果（数据或可视化报表）。

2. 课堂讲授法

对于本课程中的一些基本概念、公式原理、分析流程等理论内容可通过口头语言向学生描绘讲授，帮助学生理解并准确掌握相关知识技能，特别是各个知识技能点之间的有机联系和逻辑关系。

3. 操作演示法

对于一些关键步骤或难点内容，可以通过操作演示法进行教学，由教师进行操作步骤和操作方法的演示，配以适当的理论讲授。注意教学过程中切不可把演示法简单处理为"满堂灌"，把演示法理解成一味地由教师演示，而忽略学生的主体地位。

4. 情境教学法

在教学过程中，教师有目的地引入或采用虚拟企业、虚拟职能部门、虚拟业务流程和脱敏的企业真实数据，将教学内容以视频、动漫等方式展示，提高学习的现场感、趣味性，有效调动学生学习的主动性、积极性和创造性，培养学生职业能力。

5. 启发式教学法

根据教学目的和内容，通过设计启发、诱导型问题，引导学生养成多思考、善思考、勤思考的习惯，将数据分析问题的解决贯穿于教学的每一环节，启迪学生思考，活跃学生思维，促进学生身心发展。

七、教学重点难点

1. 教学重点

教学重点：数据的采集与处理、财报指标分析、收入洞察分析、存货分析。

教学建议：通过展示最终可视化报表讲解分析中的需求，引导学生建立分析思维，确定数据获取、清洗、整理、建模具体要求，理解每一个步骤对应最终成果的意义。

2. 教学难点

教学难点：DAX 函数的用法、各种分析度量值的编制。

教学建议：选择合适的案例来讲解函数的用法。对于度量值中函数的组合，可以通过小组讨论、划流程图的方式对度量值中 DAX 函数公式进行拆分层次，让学生容易理解每个函数的具体作用。

八、教学评价

本课程主要考核学生知识目标、技能目标及素质目标的达标情况。理论知识的掌握情况主要在平时云课堂测验进行考核，占总成绩的 20%；技能目标主要通过对学生提交的工作成果（10%）和期末上机实操考试完成情况（50%）进行考核；素质目标主要通过对线下出勤与课堂表现、线上学习、团队合作情况进行考核，占总成绩的 20%。

九、编制说明

1. 编写人员

课程负责人：林祖乐　广州番禺职业技术学院（执笔）

课程组成员：钟晓玲　广州番禺职业技术学院

　　　　　　郝雯芳　广州番禺职业技术学院

　　　　　　黄丽丽　广州番禺职业技术学院

　　　　　　蹇　利　广东奥马冰箱有限公司

2. 审核人员

　　　　　　杨则文　广州番禺职业技术学院

"ERP 项目实施及维护" 课程标准

课程名称：ERP 项目实施及维护/ERP 系统实施及维护/ERP 实施实训
课程类型：专业核心课
学　　时：54 学时
学　　分：3 学分
适用专业：会计信息管理

一、课程定位

本课程依据会计信息管理专业标准来设计课程内容，对应的企业工作岗位包括 ERP 项目系统实施和维护岗位，主要培养学生掌握 ERP 项目实施计划的制订、需求调研、ERP 系统实施方法论、ERP 系统的规划与设计、ERP 系统的构建测试等职业技术能力，提高学生职业素养和创新能力。对于 ERP 系统的维护实施，不仅要具有综合的素质、清晰的逻辑思维、对实施企业的企业文化有充分的了解，还要对 ERP 系统、集团业务都要有全面的理解，从而才能针对企业需求结合系统功能进行前期实施、人才培训，才能在后期面对用户的问题，去追根溯源、寻找问题的最终节点、分析诊断，直到解决问题。本课程是会计信息管理专业的职业能力核心课程。前置课程为"业财一体化""业财管理信息系统应用""大数据技术基础"，后续课程为"ERP 实施顾问"（教学企业项目）。

二、课程设计思路

（1）ERP 项目实施是管理软件与企业业务之间的桥梁，是企业实现管理信息化、企业数据信息化的登陆艇。本课程是以企业的进销存项目、生产管理项目等项目为载体，以会计信息管理专业就业面向的工作岗位群软件的应用、维护、实施项目为导向，结合专业标准当中的课程体系，以岗位工作任务所需的相关知识与技能展开项目式教学。让学生在完成具体项目的过程中学会相应的工作技能，并构建相关的理论体系。

（2）借鉴"业财一体信息化"中级考证要求，选取部分内容融入本课程之中。

（3）坚持以学生为中心，真正做到教、学、做、评融为一体，并有机融入思政元素。教学过程中强调"诚实守信，不做假账"的职业底线；完整的 ERP 项目实施需要团队协作，通过完成项目实施，培养学生的团队协作能力、沟通交流能力，培养学生协作共进、和而不同的团队意识；通过不断的学习企业项目管理、效率优先等管理知识，培养学生企业管理思维。

三、课程目标

本课程旨在培养学生胜任企业 ERP 实施顾问及系统维护岗位的能力，培养目标具体包括知识目标、技能目标和素质目标。

1. 知识目标

（1）了解 ERP 基本概念和项目管理基本知识；

（2）了解 ERP 软件的运行环境要求，熟悉企业基本业务功能及业务流程；

（3）掌握 ERP 实施方法论的主要内容；

（4）掌握 ERP 基础资料初始化和业务系统初始化的主要内容；

（5）理解企业在使用 ERP 时的主要维护任务，掌握维护技巧和维护应用；

（6）掌握诊断并解决分项目模块常见故障及问题；

（7）掌握总账核算中业务应用常见问题的解决方法；

（8）掌握固定资产管理中业务应用常见问题的解决方法；

（9）掌握薪资管理中业务应用常见问题的解决方法；

（10）掌握往来管理中业务应用常见问题的解决方法。

2. 技能目标

（1）能掌握项目实施调研方法、能制订实施计划；

（2）能结合企业实际情况进行项目调研并出具调研报告；

（3）能分析和判断企业客户需求，具备较强的主导能力；

（4）能根据企业客户需求制定实施方法，包括系统建设、上线切换、持续支持；

（5）能制订 ERP 项目中心规划与设计，编写战略规划、组织规划、流程规划与组织建模，并根据规划和设计实施测试；

（6）能整理及编写项目文档，辅助客户建立信息化管理制度；

（7）能进行 ERP 系统的数据备份和恢复工作，解决日常业务处理中出现的问题；

（8）能根据 ERP 项目实施情况与进度编写实施报告。

3. 素质目标

（1）能具备"诚实守信，不做假账"的职业操守；

（2）能保持"爱岗敬业，谨慎细心"的工作态度；

（3）能弘扬"精益求精，追求卓越"的工匠精神；

（4）能遵守"协作共进，和而不同"的合作原则；

（5）能贯彻"勤俭节约，提高效益"的管理思想。

四、教学内容要求及学时分配

序号	教学单元	教学内容	教学要求		学时
			知识和素养要求	技能要求	
1	ERP 系统实施认知与项目准备	1. 项目实施方法论概述 2. 项目及项目管理	1. 了解 ERP 的基本概念 2. 掌握 ERP 项目管理基本知识 3. 掌握项目的概念 4. 掌握项目管理的概念 5. 能够与项目各方进行沟通协作	1. 掌握调研方法、实施计划的制订方法 2. 能进行项目调研并出具调研报告 3. 能使用 Project 制订实施方案、实施计划	4
2	ERP 实施方法论	1. 方法论概述 2. 项目规划设计 3. 蓝图设计	1. 掌握一定的企业管理知识 2. 了解 ERP 软件的运行环境要求 3. 掌握企业基本业务功能及业务流程 4. 掌握需求分析的方法 5. 能够协调各方资源、团队合作	1. 具有分析和判断客户需求的能力和较强的主导能力 2. 能分析、制定企业标准购销存业务流程，设计项目流程 3. 能进行系统建设与上线切换、持续支持	4
3	ERP 系统规划与设计	1. ERP 系统战略规划 2. ERP 系统组织规划 3. ERP 系统流程规划 4. ERP 系统组织建模	1. 了解目前管理软件产业链中实施顾问岗位的设置和业务涉及的主要内容 2. 掌握运维岗位的基本要求及工作内容 3. 了解计算机编码科学的基本理论 4. 掌握 ERP 业务系统战略规划主要内容 5. 掌握 ERP 业务系统组织规划的主要内容 6. 掌握 ERP 业务系统流程规划与组织建模的主要内容	1. 能指导客户整理初始化数据 2. 能制订 ERP 项目中心规划与设计 3. 能编写战略规划、组织规划、流程规划与组织建模 4. 能根据规划和设计实施测试	8
4	ERP 项目系统管理	1. ERP 软件的安装与卸载 2. ERP 软件后台维护	1. 掌握分析与建立计算机硬件环境与软件环境 2. 掌握安装方法和顺序，补丁程序的安装，数据库系统的安装和配置，保证应用系统正常运行 3. 熟练掌握前台维护功能进行日常软件运行的维护要点	1. 能安装与卸载系统软件与应用软件 2. 能了解并收集安装过程中的常见问题 3. 能对 ERP 系统运行出现的问题在后台进行维护和处理 4. 能分析解决数据库升级	8

续表

序号	教学单元	教学内容	教学要求		学时
			知识和素养要求	技能要求	
			4. 数据库升级及账套备份 5. 以该情境为载体进行客服服务，以提高沟通表达能力及团队协作能力	及数据备份 5. 能编写该情境的维护手册，提高文档写作及编辑能力	
5	ERP 项目验收交付	1. 验收交付的主要工作内容 2. 验收报告的编写	1. 了解系统验收的含义、重要性 2. 掌握验收交付的主要工作内容 3. 能够与客户进行良好沟通与问题解决	1. 能整理及编写项目文档 2. 能辅助客户建立信息化管理制度 3. 具有对客户提出建议的能力 4. 具有完成验收交付工作的能力	8
6	财务链常见问题分析及维护	1. 财务链常见问题分析 2. 财务链日常维护	1. 了解企业在使用 ERP 时的主要维护任务 2. 熟练掌握维护技巧和维护应用，正确诊断并解决各模块常见故障及问题 3. 掌握总账核算中业务应用常见问题的解决方法 4. 掌握固定资产管理中业务应用常见问题的解决方法 5. 掌握薪资管理中业务应用常见问题的解决方法 6. 掌握往来管理中业务应用常见问题的解决方法	1. 能进行 ERP 系统的数据备份和恢复工作 2. 能解决总账核算中系统业务设置问题、账簿及档案输出打印问题、账簿清理、业务处理中的日期问题 3. 能解决固定资产管理、薪资管理中系统选项设置问题、参数含义与业务关系问题、卡片与档案输出问题、单据格式设置问题、机制凭证制单问题	8
7	供应链常见问题分析及维护	1. 供应链模块常见故障及问题解决 2. 采购管理、销售管理、库存管理、存货核算中常见问题解决	1. 熟练掌握维护技巧和维护应用，正确诊断财务供应链模块常见故障及问题 2. 掌握 ERP 系统全面启动的协同工作流程 3. 掌握对采购管理、销售管理、库存管理、存货核算中选项、期初、日常处理问题的解决 4. 掌握对采购管理、销售管理、库存管理、存货核算中折扣、批次、退补、对账不平等的业务处理 5. 能编写该情境的维护手册，提高文档写作及编辑能力	1. 能解决采购期初、销售选项、库存选项与日常业务处理的关系问题 2. 能处理存货核算处理与业务单据的关联问题 3. 能对供应链中折扣、批次、退补、对账不平等的业务处理 4. 能编写该情境的维护手册，提高文档写作及编辑能力	8

续表

序号	教学单元	教学内容	教学要求		学时
			知识和素养要求	技能要求	
8	数据库常见问题维护	1. 数据库的基本概念和常用操作 2. ERP 项目实施报告	1. 掌握数据库的基本概念和常用操作 2. 了解后台相关数据库表及与应用软件的关系 3. 了解后台数据库维护 4. 掌握 ERP 项目实施报告拟写方法	1. 对账套中数据库表能在后台进行处理 2. 能将前台数据档案在后台中进行查询 3. 能根据 ERP 项目实施情况与进度编写实施报告	4

五、教学条件

1. 师资队伍

（1）专任教师。要求具备扎实的财务理论知识功底，熟悉财务软件操作技能，熟悉 ERP 系统业务，具有行业背景的双师型教师；具备 ERP 项目系统、数据库的前端与后台维护能力，能够带领学生进行故障诊断分析，指导学生解决问题，排除故障；能够运用各种教学手段和教学工具指导学生进行 ERP 项目的具体实施。

（2）兼职教师。包括：①现任管理软件公司的运维实施工程师，要求熟练掌握计算机软件硬件技术，能对 ERP 软件进行熟练操作，能够指导学生解决问题，排除故障；②有运维实施工作经历的企业内部培训讲师、管理人员、客户经理，要求熟练掌握计算机软件硬件技术，了解财务核算的规范流程及相关财务管理知识，能对 ERP 软件能够进行熟练的操作。

2. 实践教学条件

（1）理实一体化实训室。建议在一体化专业实训室或智慧教室进行教学，需要每个座位配置一台电脑，网络应流畅，能播放在线教学视频。有条件的情况下应配备与本课程相适应的智能化教学软件。

（2）教学软件平台。ERP 项目实训平台、企业业财一体化软件等，可在机上进行 ERP 项目规划与实施操作。借助教学软件对项目实施流程进行操作及相关后台维护，帮助学生学习 ERP 各个项目实施与维护。

（3）真实企业工作案例。配备工业企业、服务业的 ERP 项目实施的业务资料及其他相关资料。

（4）实训指导资料。配备 ERP 项目操作手册，相关法律、法规、制度等文档。

3. 教材选用与编写

教材应符合《职业院校教材管理办法》等文件的规定和要求，探索使用新型活页式、工作手册式教材并配套信息化资源。教材编写应以本课程标准为依据，充分体现任务引领、项目导向的设计思想,将 ERP 项目实施与维护工作分解成若干典型的工作项目,按项目实施与项目维护岗位职责和工作项目完成过程来组织教材内容。教材内容应体现新技术、新工艺、新规范,贴近中小企业管理需求。

（1）教材应按 ERP 项目实施与维护的工作内容、操作流程的先后顺序、理解掌握的难易程度等进行编写。

（2）教材编写应根据高职高专学生的特点,从培养技能型人才出发,内容安排上要深入浅出,适度、够用,突出实用,语言组织要简明扼要、科学准确、通俗易懂,形式上应图文并茂、可操作性强,配备大量的实务题,使学生能够在学习完理论知识后及时得到相应的技能训练。

（3）教材中的活动设计内容要具体,并在实训室环境下具有可操作性。教材中的案例可以采用企业真实案例,提高业务操作的仿真度。

（4）建议采用立信会计出版社的《ERP 项目实训教程》,人民邮电出版社朱丽主编的《用友 ERP 财务管理系统项目化实训教程》。

4. 教学资源及平台

（1）线上教学资源。支持混合教学和 MOOC 开放的公共教学资源库或自建教学资源。建议利用智慧职教等平台建设教学资源库和在线开放课程,为实施线上线下混合教学提供条件。

（2）线上教学平台。采用符合国家有关互联网平台条件的公共教学平台。建议使用智慧职教等教学平台,利用职教云建设在线课程,设计教学活动;利用云课堂实施课堂教学。借助职教云强大的学习活动分析功能关注和分析学生的学习情况,及时解决学生学习中的短板问题。

六、教学方法

1. 项目教学法

采用项目法教学,以企业 ERP 实施顾问实际工作任务作为每个工作项目内容进行教学。使学生在完成具体项目的过程中学会完成相应工作任务,并构建相关理论知识,发展职业行动能力,让学生在 ERP 项目实施的具体过程,提高职业行动能力。

2. 任务驱动法

以职业能力养成为核心,通过设计不同工作内容的项目任务来组织教学,从获取信息到制订步骤,再到决策和付诸行动,直至检查、反思与评估,以团队形式完成一个完整的工作过程。教师扮演"引导者""咨询者""协调者"和"观察员"的角色,引导学生自主学习,向学生提供资源、给予建议和操作指导,可加深学生对基础知识和基本技能的掌握,也有助于学生职业判断能力、决策能力的提升和团队合作精神的培养。

3. 情境教学法

在教学过程中,通过引入 ERP 项目软件企业,聘请企业专家直接授课,将企业实际场景融入到项目中进行教学，使学生能够尽快适应、了解和掌握将来所从事的工作所必备的知识和技能，直至熟悉可能遇到的各种方法，帮助学生做出正确的决策，有效调动学生学习的主动性、积极性和创造性，培养学生职业能力。

4. 案例教学法

教学中使用的案例通常是针对课程知识体系中的重点、难点问题设计的，企业案例是学生学习项目知识的载体，学生通过对案例的剖析，提出各自的解决方案，并予以充分讨论。

5. 团队协作教学法

在项目实施阶段，按项目内容的不同将学生分组，比如按照规划、实施、蓝图设计进行分组，也可以按工作流程将学生分组。通过分组学习，培养学生分工及团队协作能力。

6. 线上线下混合教学法

本课程课时量不能完全满足理论与实践同步推进的一体化教学需要，应充分利用在线课程培养学生自主学习能力，把基本理论知识的学习放在课外解决，课堂主要解决关键知识点存在的问题，完成实训任务。教师要利用好线上课程，设计课前、课中、课后环节，利用云课堂布置和批改、评讲作业，为学生打造移动课堂。

七、教学重点难点

1. 教学重点

教学重点：ERP项目实施规划与流程设计、财务链项目实施、供应链项目实施、数据库维护。

教学建议：采用企业实际案例办理为例进行讲解与实施，增强教学的真实感和指导性，项目实施教学中注重培养团队协作；通过学生小组讨论，小组间学习展示等活动进行教学。

2. 教学难点

教学难点：ERP项目实施规划与流程设计。

教学建议：通过选择合适的企业案例材料，以ERP项目维护与问题解决的教学，针对学生难以理解的内容，采用与企业真实运维当中出现的具体问题作引导进行学生，让学生带着问题，融入情景进行学习与问题的解决。

八、教学评价

本课程主要考核学生知识目标、技能目标及素质目标的达标情况。理论知识的掌握情况主要通过期末闭卷考试进行考核，占总成绩的40%；技能目标主要通过对学生提交的工作成果的完成情况进行考核，占总成绩的30%；素质目标主要通过对线下出勤与课堂表现、线上学习、团队合作情况进行考核，占总成绩的30%。

九、编制说明

1. 编写人员

课程负责人：洪钒嘉　广州番禺职业技术学院（执笔）

课程组成员：林祖乐　广州番禺职业技术学院

　　　　　　杜　方　广州番禺职业技术学院

　　　　　　魏佳丹　金蝶精一信息科技服务有限公司

2. 审核人员

　　　　　　杨则文　广州番禺职业技术学院

　　　　　　李　丽　新道科技股份有限公司

"大数据审计基础" 课程标准

课程名称：大数据审计基础/财务审计基础/审计学基础
课程类型：专业核心课
学　　时：54 学时
学　　分：3 学分
适用专业：大数据与审计、大数据与会计、会计信息管理

一、课程定位

本课程依据注册会计师审计、内部审计、税务工作岗位对从业人员的专业能力要求开设，主要学习大数据审计的基本理论、基本审查方法，上市公司审计业务、公司日常审计业务及期末业务的审计处理，智能审计分析、审计工作底稿复核和审计报告，为公司处理大数据时代下审计基本工作打下坚实基础，达到"熟悉审计标准、审计准则，掌握审计方法，正确出具审计报告"的审计专业标准。本课程是大数据审计的专业核心课，大数据与会计、会计信息管理两个专业的选修课。后续课程有"智能化财务审计""绩效审计"等。

二、课程设计思路

（1）本课程的设计主要分三部分进行：第一步，把学生带入门，学习审计基本原理及审计大数据，包括审计概述、审计组织和审计人员、审计计划、审计证据、大数据信息技术对审计的影响；第二步，明确审计目标和审计程序，以实际工作任务为驱动，以审计的基本理论与基本方法为平台，以审计工作流程为主线，以上市公司的会计凭证、账簿、报表为资料，以理论与实践相结合重在技能训练为手段，通过教、学、练结合的方式，利用仿真业务环境与公司真实账证资料循序渐进地组织教学内容；第三步，了解审计测试流程，学会出具审计报告，使审计基本理论知识、原理、方法、程序得到深层次的认识，提升学生的职业能力。

（2）借鉴"初级审计师"考证和"智能审计职业技能等级标准"中级、高级考证要求，选取部分内容融入本课程之中。

（3）积极引导学生提升职业素养，培养职业道德与正确的人生观、世界观，使学生达到"熟悉审计标准、审计准则，掌握审计方法，正确出具审计报告"的审计专业标准；通过审计方法的学习，增强学生对工匠精神的认识，树立脚踏实地的工作意识；通过分组学习与实操，培养学生协作共进、和而不同的团队意识；通过学习培养学生精益求精的工匠精神及公正和诚信的社会主义核心价值观。

三、课程目标

本课程旨在培养学生胜任公司及会计师事务所审计岗位的能力，具体包括知识目标、技能目标和素质目标。

1. 知识目标

（1）了解审计的职能和作用、审计的分类和审计大数据的产生和发展；

（2）理解公司日常审计经济业务的工作过程和业务流程；

（3）熟悉大数据审计的工具与方法；

（4）掌握审计的基本理论、审计方法和基本的审计流程；

（5）掌握审计职能、审计分类、审计组织；

（6）掌握审计标准、会计准则、审计准则、审计要素；

（7）熟悉审计目标和审计程序、审计报告及管理建议书的出具；

（8）掌握智能审计基础与数据分析；

（9）掌握智能审计技术和电子表格的运用；

（10）掌握智能审计技术对内部控制的影响；

（11）掌握智能审计技术中的一般控制和应用控制测试；

（12）熟悉智能审计技术对审计过程的影响。

2. 技能目标

（1）能熟悉审计程序；

（2）能熟练掌握审计抽样；

（3）能熟练掌握审计函证；

（4）能熟练掌握及运用分析程序；

（5）能够正确识别审计重大错报风险；

（6）能运用审计方法、审计程序编制审计工作底稿；

（7）能出具审计报告和管理建议书；

（8）能结合大数据进行智能审计分析；

（9）能结合大数据进行智能审计控制。

3. 素质目标

（1）具有数字思维、数字敏感及用数字提供决策建议的职业素养；

（2）具备"熟悉审计标准、审计准则、掌握审计方法、正确出具审计报告"的审计专业标准；

（3）能保持"爱岗敬业，谨慎细心"的工作态度；

（4）能弘扬"精益求精，追求卓越"的工匠精神；

（5）能遵守"协作共进，和而不同"的合作原则。

四、教学内容要求及学时分配

序号	教学单元	教学内容	教学要求		学时
			知识和素养要求	技能要求	
1	走进大数据审计时代	1. 注册会计师审计、内部审计 2. 社会审计 3. 大数据审计时代 4. 大数据审计方法 5. 审计职业与审计岗位 6. 审计法规与会计职业道德	1. 了解审计的产生与发展 2. 掌握审计的概念 3. 熟悉审计的作用 4. 了解大数据审计时代特征 5. 掌握审计分类 6. 掌握审计的基本要求 7. 掌握审计的要素 8. 掌握审计的职能 9. 了解审计职业与审计岗位 10. 了解审计法规与审计职业道德 **思政点：熟悉文化自信**	1. 能分清审计的三大分支 2. 能树立大数据审计时代理念 3. 能对智能审计、大数据、云计算、区块链、人工智能做出基本判断	6
2	审计过程	1. 接受业务委托 2. 计划审计工作 3. 实施风险评估程序 4. 识别、评估和应对重大错报风险 5. 实施控制测试和实质性程序 6. 编制审计报告	1. 了解审计业务约定书的内容 2. 了解初步业务活动、总体审计策略、具体审计计划的具体要求 3. 掌握风险评估程序 4. 掌握审计风险模型 5. 掌握重要性水平的确定与运用 6. 了解内部控制五要素 7. 掌握评估重大错报风险的审计程序 8. 掌握财务报表层次重大错报风险的总体应对措施、认定层次重大错报风险的进一步审计程序 9. 了解控制测试和实质性程序 10. 了解不同类型的审计报告	1. 能分清重大错报风险的具体情形与检查风险形成的具体原因 2. 能从金额方面确定报表层次的重要性水平 3. 能实施分析程序	8

续表

序号	教学单元	教学内容	教学要求		学时
			知识和素养要求	技能要求	
3	审计计划	1. 初步业务活动的目的与内容 2. 审计的前提条件 3. 审计业务约定书 4. 总体审计策略 5. 具体审计计划 6. 审计过程对计划的更正 7. 指导、监督与复合 8. 重要性的含义 9. 重要性水平的确定 10. 错报 11. 人员安排	1. 掌握初步业务活动的目的与内容 2. 熟悉审计的前提条件 3. 掌握审计业务约定书的内容 4. 熟悉总体审计策略 5. 掌握具体审计计划 6. 掌握审计过程对计划的更正 7. 掌握指导、监督与复合要求 8. 掌握重要性的含义 9. 掌握重要性水平的确定 10. 掌握错报的识别方法 11. 熟悉人员安排规则	1. 能分清初步业务活动内容 2. 能识别初步业务活动的目的 3. 能了解审计的前提条件 4. 能审核审计业务约定书 5. 能区分总体审计策略 6. 能区分具体审计策略 7. 能运用监督与复合发现问题 8. 能把握审计重要性 9. 能确定审计重要性水平	6
4	审计证据	1. 审计证据的含义 2. 识别审计证据的充分性与适当性 3. 审计证据的作用 4. 审计程序的种类 5. 函证决策 6. 函证的内容 7. 询证函的设计 8. 函证的实施与评价 9. 分析程序的目的 10. 用作风险评估程序 11. 用作实质性程序 12. 用作总体复核	1. 掌握审计证据的含义 2. 掌握审计证据的充分性与适当性 3. 掌握审计证据的作用 4. 熟悉审计程序的种类 5. 掌握函证决策 6. 掌握函证的内容 7. 熟悉询证函的设计 8. 掌握函证的实施与评价 9. 掌握分析程序的目的 10. 熟悉风险评估程序 11. 掌握实质性程序 12. 掌握总体复核要求	1. 能进行审计证据的充分性识别 2. 能进行审计证据的适当性识别 3. 能知道审计证据的作用 4. 能进行审计程序的分类 5. 能进行函证决策 6. 能进行审核函证的内容 7. 能进行询证函的设计 8. 能进行函证的实施与评价 9. 能正确使用分析程序 10. 能进行风险评估 11. 能正确应用实质性程序 12. 能按要求进行总体复核	10
5	审计抽样方法	1. 审计抽样 2. 抽样风险与非抽样风险 3. 统计抽样与非统计抽样 4. 属性抽样与变量抽样 5. 样本设计阶段 6. 选取样本阶段 7. 评价样本结果阶段 8. 记录抽样程序 9. 审计抽样在细节测试中的运用	1. 掌握审计抽样原理 2. 掌握抽样风险与非抽样风险 3. 掌握统计抽样与非统计抽样 4. 掌握样本设计阶段 5. 掌握评价样本结果 6. 熟悉审计抽样在细节测试中的运用	1. 能掌握审计抽样原理 2. 能掌握抽样风险与非抽样风险 3. 能掌握统计抽样与非统计抽样 4. 能掌握属性抽样与变量抽样 5. 能评价样本结果 6. 能掌握抽样程序 7. 能正确运用审计抽样在细节中测试	6

续表

序号	教学单元	教学内容	教学要求		学时
			知识和素养要求	技能要求	
6	审计工作底稿及审计报告	1. 审计工作底稿的含义 2. 审计工作底稿的编制目的 3. 审计工作底稿的编制要求 4. 审计工作底稿的性质 5. 审计工作底稿的格式、要素、范围 6. 审计工作底稿的归档 7. 审计报告的概念与内容 8. 管理建议书	1. 熟悉审计工作底稿的含义 2. 熟悉审计工作底稿的编制目的 3. 掌握审计工作底稿的编制要求 4. 掌握审计工作底稿的格式、要素、范围 5. 掌握审计报告的种类与内容 6. 掌握管理建议书的内容	1. 能领会审计工作底稿的含义 2. 能熟悉审计工作底稿的编制目的 3. 能掌握审计工作底稿的编制要求 4. 能掌握审计工作底稿的格式、要素、范围 5. 能够掌握审计报告的种类与内容 6. 能够掌握管理建议书的内容	12
7	大数据技术对审计的影响	1. 大数据技术对内部控制的影响 2. 大数据技术中的一般控制和应用控制测试 3. 大数据技术对审计过程的影响 4. 大数据技术下电子表格的运用 5. 大数据技术下的审计数据分析	1. 熟悉大数据智慧审计对内部控制的影响 2. 熟悉大数据智慧审计的一般控制和应用控制测试 3. 掌握大数据智慧审计下电子表格的运用 4. 掌握大数据智慧审计下的审计数据分析	1. 能领会大数据智慧审计对内部控制的影响 2. 能熟悉大数据智慧审计的一般控制和应用控制测试 3. 能掌握大数据智慧审计下电子表格的运用 4. 能掌握大数据智慧审计下的审计数据分析	6

五、教学条件

1. 师资队伍

（1）专任教师。要求具有扎实的审计功底和一定的审计业务岗位经历，具有一定的大数据技术操作能力，熟悉大数据理论知识、会计准则、审计准则及相关法律法规知识；能够熟练运用审计标准和审计准则，熟练审计方法对上市公司进行审计，能编制审计工作底稿和审计报告、内部控制报告及管理建议书；能够运用各种教学手段和教学工具指导学生进行审计知识学习和开展上市公司审计业务实践教学。

（2）兼职教师。①现任公司审计人员及会计师事务所审计人员，要求能进行审计标准和审计准则、审计目标和审计程序、审计证据和审计方法、审计工作底稿、内部控制与风险评估、审计报告和管理建议书等内容的教学。②现任公司审计经理、审计主管，要求能进行审计理论和方法、编制审计工作底稿、审计大数据基础理论和方法等内容的教学。

2. 实践教学条件

（1）理实一体化实训室。建议在一体化专业实训室或智慧教室进行教学，需要每个座

位配置一台电脑，网络应流畅，能播放在线教学视频。有条件的情况下应配备与本课程相适应的智能化教学软件。

（2）教学软件平台。配备大数据审计基础教学平台、智慧审计平台等，可在机上进行无纸化账务处理。借助教学软件上市公司的生产环境、生产工艺流程及相关单据，帮助学生学习审计程序及方法。

（3）实训工具设备。配备审计工作所需的办公文具，如办公设施、工作底稿、打印机、扫描仪、计算器、文件柜及各种日用耗材，配置网络及计算机设备。

（4）仿真实训资料。配备一个上市公司一年的会计业务资料，配备空白的审计工作底稿、四种意见的空白审计报告和管理建议书。

（5）实训指导资料。配备审计准则、会计准则、内部控制制度等相关文档。

3. 教材选用与编写

教材应符合《职业院校教材管理办法》等文件的规定和要求，使用新形态立体化教材，探索新型活页式、工作手册式教材并配套信息化资源。教材编写应以本课程标准为依据，充分体现任务引领、实践导向的设计思想，将上市公司审计工作分解成若干典型的工作项目，按审计岗位职责和工作项目完成过程来组织教材内容。教材内容应体现新技术、新工艺、新规范，贴近股份制企业审计及管理需求。

（1）教材是完成教学过程、达到教学目标的手段和媒介，在编写过程中应充分体现本课程项目设计的理念，依据本课程标准采用任务驱动型模式进行编写。

（2）教材应按公司审计的工作内容、操作流程的先后顺序、理解掌握程度的难易程度等进行编写。

（3）教材编写应根据高职高专学生的特点，从培养技能型人才出发，内容安排上要深入浅出、适度、够用，突出实用，语言组织要简明扼要、科学准确、通俗易懂，形式上应图文并茂、可操作性强，配备大量的实务题，使学生能够在学习完理论知识后及时得到相应的技能训练。

（4）教材内容应体现先进性、准确性、通用性和实用性，要将最新的会计准则及审计准则知识及时纳入教材，使教材更贴近本专业的发展和实际需要。

（5）教材中的活动设计内容要具体，并在实训室环境下具有可操作性。教材中的案例可以采用上市公司真实案例，提高业务操作的仿真度。

（6）建议采用包含大数据基础、财务审计基础和财务会计内容的教材。

4. 教学资源及平台

（1）线上教学资源。支持混合教学和 MOOC 开放的公共教学资源库或自建教学资源。建议利用智慧职教等平台建设教学资源库和在线开放课程，为实施线上线下混合教学提供条件。建议采用智慧职教平台广州番禺职业技术学院夏焕秋主持的会计专业群教学资源库"大数据审计基础"课程资源。

（2）线上教学平台。采用符合国家有关互联网平台条件的公共教学平台。建议使用智慧职教等教学平台，利用职教云建设在线课程，设计教学活动；利用云课堂实施课堂教学。借助职教云强大的学习活动分析功能关注和分析学生的学习情况，及时解决学生学习中的短板问题。

六、教学方法

1. 项目教学法

项目教学法是以工作任务为依据设计教学项目，以学生为活动主体实施项目的教学方法，也就是将教学内容融入项目实施过程的一种教学方法。项目教学法是以学生为中心的教学模式，这种教学模式中学生是主动的学习者，教师是学生学习的指导者。每个项目的实施都有一个明确的任务、一个完整的过程，能够取得一个标志性成果。

2. 课堂讲授法

课堂讲授法是教师通过口头语言向学生描绘情境、叙述事实、解释概念、审计论证原理和阐明规律的教学方法。该方法以教师的语言作为主要媒介系统，连贯地向学生讲授基础知识、基本理论或基本流程，帮助学生理解并准确掌握相关审计知识技能，特别是各个知识技能点之间的有机联系和逻辑关系。

3. 任务驱动法

以职业能力养成为核心，通过设计不同场景的项目任务来组织教学，从获取信息到制订步骤，再到决策和付诸行动，直至检查、反思与评估，完成一个完整的工作过程。教师只扮演一个"咨询者""协调者"和"观察员"的角色，引导学生自主学习，向学生提供资源、给予建议和操作指导，可加深学生对基础知识和基本技能的掌握，也有助于学生职业判断能力、决策能力的提升和团队合作精神的培养。

4. 情境教学法

在教学过程中，教师有目的地引入或采用上市公司、利用其职能部门、业务流程等现代技术手段，将教学内容以视频、动漫等方式展示，提高学习的现场感、趣味性，激发学生的情感，使学生能够尽快适应、了解和掌握将来所从事的工作所必备的知识和技能，直至熟悉可能遇到的各种方法，帮助学生做出正确的决策，有效调动学生学习的主动性、积极性和创造性，培养学生职业能力。

5. 案例教学法

案例教学法包括讲解案例法和讨论案例法两种。讲解案例法，是将案例教学融入传统的讲授教学法之中的一种方法，教学中使用的案例通常是针对课程知识体系中的重点、难点问题设计的，也称"知识点案例"。讨论案例法，是以学生课堂讨论为主，案例是学生讨论的主题，学生通过对案例的剖析，提出各自的解决方案，并予以充分讨论。

6. 启发式教学法

启发式教学是根据教学目的和内容，通过设计启发、诱导型问题，引导学生养成多思考、善思考、勤思考的习惯，将问题解决贯穿于教学的每一环节，启迪学生思考，活跃学生思维，促进学生身心发展，提高学生学习的主动性、积极性和创造性，更好地激发学生的学习兴趣，加深对课程内容的理解。

7. 线上线下混合教学法

本课程课时量不能完全满足理论与实践同步推进的一体化教学需要，应充分利用在线课程培养学生自主学习能力,把基本理论知识的学习放在课外解决,课堂主要解决关键知识点存在的问题,完成实训任务。教师要利用好线上课程,设计课前、课中、课后环节,利用云课堂布置和批改、评讲作业,为学生打造移动课堂。

七、教学重点难点

1. 教学重点

教学重点:审计目标、审计准则、审计风险与重要性、风险评估程序、应对重大错报风险、大数据技术在审计业务中的应用。

教学建议:结合仿真公司业务实训资料,在实训中让学生掌握审计准则、审计目标、审计程序、审计证据和审计方法,在审计业务中合理运用大数据分析方法,让学生在学中做,在做中学。

2. 教学难点

教学难点:审计大数据、智能工作底稿编制、智能审计复核、智能审计报告编制。

教学建议:通过选择合适的大数据审计基础平台,让学生体验审计大数据与智能审计;通过引入适当的案例资料,训练学生养成数字思维;通过引入财务机器人,让学生体验大数据时代的财务审计;通过进入财务云共享中心,让学生真实体验审计大数据。

八、教学评价

本课程主要考核学生知识目标、技能目标及素质目标的达标情况。理论知识的掌握情况主要通过期末闭卷考试进行考核,占总成绩的50%;技能目标主要通过对学生提交的工作成果的完成情况进行考核,占总成绩的25%;素质目标主要通过对线下出勤与课堂表现、线上学习、团队合作情况进行考核,占总成绩的25%。

九、编制说明

1. 编写人员

课程负责人:赵茂林 广州番禺职业技术学院(执笔)

课程组成员:刘水林 广州番禺职业技术学院

夏焕秋 广州番禺职业技术学院

李其骏 广州番禺职业技术学院

2. 审核人员

杨则文 广州番禺职业技术学院

"智能化财务审计"课程标准

课程名称：智能化财务审计/财务审计/审计实务
课程类型：专业核心课
学　　时：66 学时
学　　分：3.5 学分
适用专业：大数据与审计

一、课程定位

本课程依据注册会计师审计、内部审计岗位对审计人员的专业能力要求开设，主要学习利用智能审计平台、大数据平台实施进一步审计程序，为完成审计报告收集充分、适当的审计证据。本课程是大数据与审计专业的职业能力核心课程。前置课程为"大数据审计基础""大数据会计基础""业务财务会计""税法""财务成本管理"，后续课程为"信息化审计"（教学企业项目）、"绩效审计"。

二、课程设计思路

（1）本课程以会计师事务所和企业真实审计任务为载体，根据会计师事务所审计岗位工作任务要求，选取六个财务报表审计项目作为主要教学内容，每个项目由一个或多个独立的具有典型代表性的工作任务贯穿，当项目结束时，工作任务随之完成并获取相应的标志性工作成果，相关理论知识融于工作任务之中。

（2）借鉴"智能审计"中级、高级考证要求，选取部分内容融入本课程之中。

（3）教学过程以"诚信、独立、客观公正、专业胜任能力"等职业道德规范基本原则，作为课政思想"底色"要素基础。课前通过发布审计案例强调"诚信为基，行以致远"的职业底线；课中通过大量审计工作底稿的填制任务培养学生谨慎细心的工作作风，通过分组学习与实操，培养学生协作共进、和而不同的团队意识；课后通过完成审计实训练习，检验学生对诚实守信、客观公正的认知。

三、课程目标

本课程旨在培养学生胜任会计师事务所审计岗位的能力,具体包括知识目标、技能目标和素质目标。

1. 知识目标

(1) 掌握业务承接的基本要求,熟悉审计业务约定书的基本格式;

(2) 掌握审计计划的编制要求,掌握审计风险的评估方法;

(3) 理解内部控制项目的测试要求和方法;

(4) 掌握货币资金的审计目标、内部控制和实质性程序;

(5) 掌握应收款项的审计目标、内部控制和实质性程序;

(6) 掌握实物资产的审计目标、内部控制和实质性程序;

(7) 掌握借款与应付款项的审计目标和实质性程序;

(8) 掌握所有者权益的审计目标和实质性程序;

(9) 掌握收入与费用的审计目标、内部控制、控制测试和实质性程序;

(10) 掌握审计意见的基本要求和审计报告类型。

2. 技能目标

(1) 能运用大数据分析技术开展初步业务活动,并能根据具体情况签订审计业务约定书;

(2) 会结合数据库评估被审计单位的重大错报风险;

(3) 能运用大数据分析技术确定报表层次和认定层次的重要性水平;

(4) 能结合智能审计平台收集充分、适当的审计证据;

(5) 能结合智能审计平台对被审计单位内部控制实施测试;

(6) 能结合智能审计平台对财务报表项目实施审计;

(7) 能结合智能审计平台正确填写审计工作底稿;

(8) 能结合智能审计平台编制审计差异调整表和重分类汇总表,编制试算平衡表;

(9) 能结合智能审计平台出具审计结论,撰写审计报告。

3. 素质目标

(1) 能具备"客观公正、诚信独立"的职业操守;

(2) 能保持"敬业奉献、脚踏实地"的工作态度;

(3) 能弘扬"精益求精、持之以恒"的工匠精神;

(4) 能遵守"协作共进、和而不同"的合作原则;

(5) 能贯彻"与时俱进、开拓创新"的管理思想。

四、教学内容要求及学时分配

序号	教学单元	教学内容	教学要求		学时
			知识和素养要求	技能要求	
1	智能化财务审计准备	1. 评估承接业务 2. 签订业务约定书 3. 计划审计工作 4. 实施风险评估程序	1. 了解评估被审计单位业务环境的要点 2. 业务约定书签订的要求 3. 理解初步业务活动的目的和内容 4. 掌握总体审计策略和具体审计计划的制定方法 5. 掌握识别重大错报的大数据分析技术 **思政点**：培养认真、负责、严谨的工匠精神；培养忠于职守的审计精神	1. 能熟练获取被审计单位信息系统数据 2. 能熟练使用数据库调查行业数据，并在智能审计平台中编制业务承接评价表 3. 能熟练结合大数据平台调查被审计单位所属行业监管环境 4. 能熟练分析被审计单位财务状况、经营成果和现金流量以及主要会计政策 5. 能撰写业务约定书 6. 能熟练利用大数据分析技术，识别并评估财务报表层面和认定层次的重大错报风险	12
2	货币资金审计	1. 库存现金审计 2. 银行存款审计	1. 掌握货币资金的审计目标、内部控制、控制测试 2. 掌握库存现金实质性程序 3. 掌握银行存款实质性程序 **思政点**：养成精益求精的职业品质	1. 能结合大数据填制智能审计平台库存现金审计底稿 2. 能结合大数据填制智能审计平台银行存款审计底稿	4
3	应收款项审计	1. 应收账款审计 2. 应收票据审计 3. 预付账款审计 4. 其他应收款审计 5. 坏账准备审计	1. 掌握应收账款的审计目标、内部控制、控制测试和实质性工作程序 2. 掌握应收票据实质性工作程序 **思政点**：培养谨慎、认真的审计风险意识 3. 掌握预付账款实质性工作程序 4. 掌握其他应收款实质性工作程序 5. 掌握坏账准备实质性工作程序 **思政点**：树立吃苦耐劳、克尽职守的敬业精神	1. 能结合大数据填制智能审计平台应收账款审计底稿 2. 能结合大数据填制智能审计平台应收票据审计底稿 3. 能结合大数据填制智能审计平台预付账款审计底稿 4. 能结合大数据填制智能审计平台其他应收款审计底稿 5. 能结合大数据填制智能审计平台坏账准备审计底稿	8

续表

序号	教学单元	教学内容	教学要求		学时
			知识和素养要求	技能要求	
4	实物资产审计	1. 存货审计 2. 固定资产审计	1. 掌握存货的审计目标、内部控制、控制测试和分析程序 2. 掌握原材料的细节测试 3. 掌握生产成本的细节测试 4. 掌握库存商品的细节测试 5. 掌握固定资产的内部控制、控制测试和实质性程序 6. 掌握累计折旧的实质性程序 **思政点**：培养耐心、有担当的工匠精神，增强勤勉尽责的审计职业态度	1. 能结合大数据填制智能审计平台原材料审计底稿 2. 能结合大数据填制智能审计平台生产成本审计底稿 3. 能结合大数据填制智能审计平台库存商品审计底稿 4. 能结合大数据填制智能审计平台固定资产审计底稿 5. 能结合大数据填制智能审计平台累计折旧审计底稿	10
5	借款与应付款项审计	1. 借款审计 2. 应付账款审计 3. 应付职工薪酬审计 4. 应交税费审计 5. 其他应付款审计	1. 掌握短期借款实质性程序 2. 掌握长期借款实质性程序 **思政点**：树立正直和诚实的审计职业道德 3. 掌握应付账款实质性程序 **思政点**：保持秉公处事、实事求是的职业素养 4. 掌握应付职工薪酬实质性程序 **思政点**：养成客观、真实、得体的职业形象 5. 掌握应交税费实质性程序 **思政点**：培养严谨、认真、负责的工匠精神 6. 掌握其他应付款实质性程序 **思政点**：提高专业胜任能力及应用的关注	1. 能结合大数据填制智能审计平台短期借款审计底稿 2. 能结合大数据填制智能审计平台长期借款审计底稿 3. 能结合大数据填制智能审计平台应付账款审计底稿 4. 能结合大数据填制智能审计平台应付职工薪酬审计底稿 5. 能结合大数据填制智能审计平台应交税费审计底稿 6. 能结合大数据填制智能审计平台其他应付款审计底稿	16
6	所有者权益审计	1. 实收资本审计 2. 资本公积审计 3. 盈余公积审计 4. 未分配利润审计	1. 掌握实收资本实质性程序 2. 掌握资本公积实质性程序 3. 掌握盈余公积实质性程序 4. 掌握未分配利润实质性程序 **思政点**：养成保密的良好职业习惯	1. 能结合大数据填制智能审计平台实收资本审计底稿 2. 能结合大数据填制智能审计平台资本公积审计底稿 3. 能结合大数据填制智能审计平台盈余公积审计底稿 4. 能结合大数据填制智能审计平台未分配利润审计底稿	4

续表

序号	教学单元	教学内容	教学要求		学时
			知识和素养要求	技能要求	
7	收入与费用审计	1. 营业收入审计 2. 营业成本审计 3. 销售费用审计 4. 管理费用审计 5. 财务费用审计	1. 掌握营业收入的审计目标、内部控制、控制测试和实质性程序 2. 掌握营业成本的审计目标、实质性程序 **思政点**：坚持审计职业道德基本原则 3. 掌握销售费用实质性程序 4. 掌握管理费用实质性程序 5. 掌握财务费用实质性程序 **思政点**：树立报告违反职业道德守则行为或情形的职业素养	1. 能结合大数据填制智能审计平台营业收入审计底稿 2. 能结合大数据填制智能审计平台营业成本审计底稿 3. 能结合大数据填制智能审计平台销售费用审计底稿 4. 能结合大数据填制智能审计平台管理费用审计底稿 5. 能结合大数据填制智能审计平台财务费用审计底稿	8
8	终结审计与审计报告	完成审计工作	1. 掌握持续经营审计的目标、审计程序 2. 熟悉期初余额审计的目标、审计程序 3. 明确审计意见的具体类型，掌握审计报告的编制方法 **思政点**：构建诚实守信、依法执业的职业素养	1. 能应用数据分析程序进行持续经营审计 2. 能结合大数据分析技术实施期初余额审计 3. 能运用分析程序进行总体复核，出具审计报告	4

五、教学条件

1. 师资队伍

（1）专任教师。要求具有扎实的审计理论功底和一定的审计岗位经历，熟悉审计岗位工作业务和工作流程；能够熟练填制财务报表项目审计的工作底稿，熟练操作智能审计软件，能示范演示各报表项目的控制测试和实质性程序；能够运用各种教学手段和教学工具指导学生进行审计知识学习和开展审计实践教学。

（2）兼职教师。要求是现任会计师事务所、企业内部审计经理，从事过审计业务、具有一定的教学能力和教学素养。

2. 实践教学条件

（1）理实一体化实训室。建议在一体化专业实训室或智慧教室进行教学，需要每个座位配置一台电脑，网络应流畅，能播放在线教学视频。有条件的情况下应配备与本课程相适应的智能化教学软件。

（2）教学软件平台。智能审计平台、大数据分析软件等，可在机上进行无纸化智能审计操作。借助教学软件虚拟会计师事务所真实的审计环境、审计流程及相关审计大数据分析等，帮助学生学习智能化财务审计。

（3）实训工具设备。配备审计工作所需的办公文具，如办公设施、底稿装订机、打印机、扫描仪、计算器、文件柜及各种日用耗材，配置具有大数据分析、智能审计的网络及计算机设备。

（4）仿真实训资料。配备会计师事务所财务报表项目审计的教学仿真空白的工作底稿，配备仿真的工业企业、服务业财务报表、明细账、记账凭证等审计实训资料。

（5）实训指导资料。配备大数据分析、审计实务操作手册，相关法律、法规、制度等文档。

3. 教材选用与编写

教材应符合《职业院校教材管理办法》等文件的规定和要求，探索使用新型活页式、工作手册式教材并配套信息化资源。教材编写应以本课程标准为依据，充分体现任务引领、实践导向的设计思想，将审计工作分解成若干典型的工作项目，按审计岗位职责和工作项目完成过程来组织教材内容。教材内容应体现新技术、新工艺、新规范，贴近会计师事务所大数据分析、智能审计的需求。

（1）教材是完成教学过程、达到教学目标的手段和媒介，在编写过程中应充分体现本课程项目设计的理念，依据本课程标准采用任务驱动型模式进行编写。

（2）教材应按智能审计的工作内容、操作流程的先后顺序、理解掌握的难易程度等进行编写。

（3）教材编写应根据高职高专学生的特点，从培养技能型人才出发，内容安排上要深入浅出，适度、够用，突出实用，语言组织要简明扼要、科学准确、通俗易懂，形式上应图文并茂、可操作性强，配备大量的实务题，使学生能够在学习完理论知识后及时地得到相应的技能训练。

（4）教材内容应体现先进性、准确性、通用性和实用性，要将最新的注册会计师审计准则及审计信息化技术前沿知识、技能及时地纳入教材，使教材更贴近本专业的发展和实际需要。

（5）教材中的活动设计内容要具体，并在实训室环境下具有可操作性。教材中的案例可以采用会计师事务真实企业审计案例，提高业务操作的仿真度。

（6）建议采用中国财政经济出版社夏焕秋主编的《财务审计》。

4. 教学资源及平台

（1）线上教学资源。支持混合教学和 MOOC 开放的公共教学资源库或自建教学资源。建议利用智慧职教等平台建设教学资源库和在线开放课程，为实施线上线下混合教学提供条件。建议采用智慧职教平台广州番禺职业技术学院夏焕秋主持的会计专业群教学资源库"智能化财务审计"课程资源。

（2）线上教学平台。采用符合国家有关互联网平台条件的公共教学平台。建议使用智慧职教等教学平台，利用职教云建设在线课程，设计教学活动；利用云课堂实施课堂教学。借助职教云强大的学习活动分析功能关注和分析学生的学习情况，及时解决学生学习中的短板问题。

六、教学方法

1. 项目教学法

项目教学法是以工作任务为依据设计教学项目，以学生为活动主体实施项目的教学方法，也就是将教学内容融入项目实施过程的一种教学方法。项目教学法是以学生为中心的教学模式，这种教学模式中学生是主动的学习者，教师是学生学习的指导者。每个项目的实施都有一个明确的任务、一个完整的过程，能够取得一个标志性成果。

2. 课堂讲授法

课堂讲授法是教师通过口头语言向学生描绘情境、叙述事实、解释概念、论证原理和阐明规律的教学方法。该方法以教师的语言作为主要媒介系统，连贯地向学生讲授基础知识、基本理论或基本流程，帮助学生理解并准确掌握相关知识技能，特别是各个知识技能点之间的有机联系和逻辑关系。

3. 任务驱动法

以职业能力养成为核心，通过设计不同场景的项目任务来组织教学，从获取信息到制订步骤，再到决策和付诸行动，直至检查、反思与评估，完成一个完整的工作过程。教师只扮演一个"咨询者""协调者"和"观察员"的角色，引导学生自主学习，向学生提供资源、给予建议和操作指导，可加深学生对基础知识和基本技能的掌握，也有助于学生职业判断能力、决策能力的提升和团队合作精神的培养。

4. 情境教学法

在教学过程中，教师有目的地引入或采用虚拟企业、虚拟职能部门、虚拟业务流程等现代技术手段，将教学内容以视频、动漫等方式展示，提高学习的现场感、趣味性，激发学生的情感，使学生能够尽快适应、了解和掌握将来所从事的工作所必备的知识和技能，直至熟悉可能遇到的各种方法，帮助学生做出正确的决策，有效调动学生学习的主动性、积极性和创造性，培养学生职业能力。

5. 案例教学法

案例教学法包括讲解案例法和讨论案例法两种。讲解案例法，是将案例教学融入传统的讲授教学法之中的一种方法，教学中使用的案例通常是针对课程知识体系中的重点、难点问题设计的，也称"知识点案例"。讨论案例法，是以学生课堂讨论为主，案例是学生讨论的主题，学生通过对案例的剖析，提出各自的解决方案，并予以充分讨论。

6. 启发式教学法

启发式教学是根据教学目的和内容，通过设计启发、诱导型问题，引导学生养成多思考、善思考、勤思考的习惯，将问题解决贯穿于教学的每一环节，启迪学生思考，活跃学生思维，促进学生身心发展，提高学生学习的主动性、积极性和创造性，更好地激发学生的学习兴趣，加深对课程内容的理解。

7. 分工协作教学法

在智能审计学习阶段，可以按工作内容将学生分组，比如货币资金、应收款项、实物资产、借款、应付款项等，也可以按工作流程将学生分组，比如风险评估、控制测试、实质性程序等。通过分组学习，培养学生分工协作能力。

8. 线上线下混合教学法

本课程课时量不能完全满足理论与实践同步推进的一体化教学需要，应充分利用在线课程培养学生自主学习能力，把基本理论知识的学习放在课外解决，课堂主要解决关键知识点存在的问题，完成实训任务。教师要利用好线上课程，设计课前、课中、课后环节，利用云课堂布置和批改、评讲作业，为学生打造移动课堂。

七、教学重点难点

1. 教学重点

教学重点：审计风险、风险评估、存货审计、应交税费审计、营业收入审计；营业成本审计、管理费用审计；审计报告编制。

教学建议：针对教学重点，以学生为中心，结合智能审计实训资料，有侧重点地增加配套练习和实训，巩固重点项目的学习。在学生充分理解和掌握风险评估、风险应对的基础上再利用实训资料或案例学习财务报表项目控制测试、实质性程序，理解其智能审计思想，掌握智能审计的方法，学会审计报告的撰写。

2. 教学难点

教学难点：重要性水平、风险应对、大数据技术在财务审计中的应用、应交税费审计、期初余额审计、终结审计。

教学建议：以企业真实审计案例为载体，借助智能审计平台和大数据分析软件，引导学生理解审计重要性水平和如何应对风险，掌握审计计划阶段审计业务承接、风险评估及审计计划制定的关系；对照工作底稿的报表项目，训练学生结合会计、税法等知识填制应交税费审计底稿的思维；结合财务报表审计项目期末余额审计帮助学生理解期初余额审计、终结审计的重点及其审计原理，防范相应的审计风险。

八、教学评价

本课程主要考核学生知识目标、技能目标及素质目标的达标情况。理论知识的掌握情况主要通过期末闭卷考试进行考核，占总成绩的40%；技能目标主要通过对学生提交的工作成果的完成情况进行考核，占总成绩的30%；素质目标主要通过对线下出勤与课堂表现、线上学习、团队合作情况进行考核，占总成绩的30%。

九、编制说明

1. 编写人员

课程负责人：陈贺鸿　广州番禺职业技术学院（执笔）

课程组成员：夏焕秋　广州番禺职业技术学院

　　　　　　许一平　广州番禺职业技术学院

　　　　　　冯海坚　中审众环会计师事务所有限公司

2. 审核人员

　　　　　　杨则文　广州番禺职业技术学院

　　　　　　林　明　中联会计师事务所有限公司

"税法"课程标准

课程名称：税法/纳税实务
课程类型：专业核心课
学　　时：108 学时
学　　分：6 学分
适用专业：大数据与审计

一、课程定位

本课程依据注册会计师审计、政府审计和内部审计岗位的纳税申报与纳税检查的能力要求开设，主要训练学生熟练掌握税法知识和运用税收知识的技能，达到了解税收理论知识、掌握税法主要内容、熟练操作基本纳税业务，从而帮助纳税人规范纳税和规避税务风险的目的。本课程是大数据与审计专业的职业能力核心课程，前置课程为"大数据会计基础"，后续课程为"智能化财务审计""纳税筹划"。

二、课程设计思路

（1）本课程以我国税收实体法、国际税法和税收程序法的核心内容作为教学内容。其中税收实体法主要讲授我国现行 18 个税种的法律法规、税法基本要素、税费计算和纳税申报；国际税法主要讲授国际税法体系、国际税收管辖权和重复征税、国际税收协定和国际税收抵免；税收程序法主要讲授税收征管法的税务管理、税款征收、税务检查和法律责任等。课程根据审计岗位纳税业务的工作内容和能力要求，对教学内容进行项目化重构。每个教学项目由一个或多个独立的具有典型代表性的工作任务贯穿，同时将相关税收法律法规理论知识、纳税申报、纳税检查技能和职业素养要求融于工作任务之中，学生在完成工作任务的同时达成课程相应的教学目标。

（2）根据"1＋X 智能财税""1＋X 智能审计""注册会计师""税务师"等证书的考证要求，选取部分内容融入本课程之中。

（3）本课程将国家利益与纳税人义务、职业道德与法律遵从、知识技能与从业规范等价值观念与"依法纳税"的公民底线贯穿教学始终，将税务审计的职业修养、职业判断、从业规范等潜移默化地融入教学过程，充分体现"诚信、操守、廉洁、公正"的道德法治理念。

各个教学项目均融入价值提升点，将中华传统美德、中国文化、职业道德和社会主义核心价值观等思政元素融入教学过程，学生学习税收知识的同时提升思想政治素质和人文素质。

三、课程目标

本课程旨在培养学生熟练运用税法的能力，具体包括知识目标、技能目标和素质目标。

1. 知识目标

（1）了解我国的税法体系和税制基本要素；

（2）理解我国现行各税种的基本含义、特征和法律体系；

（3）掌握我国现行各税种的税法要素基本内容；

（4）掌握我国现行各税种的计税原理和方法；

（5）熟悉我国现行各税种的纳税时间、纳税期限及纳税地点；

（6）了解国际税法体系、理解国际税收基本原理；

（7）熟悉我国税收征管制度、了解税收违法违规的法律责任。

2. 技能目标

（1）能根据实际经济业务确定征税对象、纳税义务人和适用税率；

（2）能确定征税对象的计税依据，准确计算各税种应纳税额；

（3）能按照规定流程完成纳税申报、税款缴纳及相关税务管理工作；

（4）能分析税法热点问题，具备理解和解决税法问题的能力。

3. 素质目标

（1）具备良好的税收职业道德、职业操守和敬业精神；

（2）具备初步的税收风险意识，能依法诚信纳税，自觉成为守法公民；

（3）具备较强的组织观念、集体意识和团队合作精神，能够进行有效的人际沟通和协作；

（4）具备较强的流程规范意识，养成严谨细致的工作作风；

（5）具备较强的创新意识，能积极主动学习税法新知识。

四、教学内容要求及学时分配

序号	教学单元	教学内容	教学要求		学时
			知识和素养要求	技能要求	
1	税法认知	1. 税收与税法 2. 税收立法与我国税法体系 3. 税法要素	1. 理解税收与税法的概念，了解税收法律关系的主体与客体 2. 了解税法基本原则 3. 熟悉税收立法权和我国现行税法体系	1. 能说明税法基本原则在税收立法中的运用 2. 能区分各级权力机构的税收立法权，能描述我国现行税法体系	6

续表

序号	教学单元	教学内容	教学要求		学时
			知识和素养要求	技能要求	
			4. 掌握税法基本要素的含义和基本内容 **思政点**：树立正确的法律意识和法制观念，做学法、懂法和守法公民	3. 能结合实际初步分析税法的新变化，说明税法对国家、经济和社会的作用	
2	增值税法	1. 增值税法的基本要素 2. 一般计税法应纳税额的计算 3. 简易计税法应纳税额的计算 4. 增值税征收管理	1. 理解增值税的含义和特点 2. 熟悉增值税法要素的主要内容 3. 掌握一般计税法和简易计税法原理 4. 理解增值税出口退税原理 5. 了解增值税的纳税时间、纳税期限及纳税地点 6. 深刻理解增值税对于促进专业协作和技术进步对于制造强国的意义 **思政点**：具备税收风险意识，对增值税专用发票有职业敬畏感，自觉做守法公民	1. 能判定增值税的征税范围和纳税人，能确定增值税税率的适用对象 2. 能按照一般计税法和简易计税法准确计算增值税税额 3. 能准确计算增值税出口退税额 4. 能分析增值税法热点问题，具备理解和解决增值税法律问题的能力	20
3	消费税法	1. 消费税法的基本要素 2. 消费税应纳税额的计算 3. 消费税征收管理	1. 理解消费税的含义和特点 2. 熟悉消费税法要素的主要内容 3. 掌握消费税的计税方法 4. 理解消费税出口退税原理 5. 了解消费税的纳税环节、纳税时间及纳税地点 **思政点**：践行节约、低碳、环保的健康生活方式；具备税收风险意识，能理解消费税"寓禁于征"的重要意义，自觉做守法公民	1. 能区分消费税的征税范围，能判断消费税的纳税人 2. 能运用消费税的税率，能准确计算消费税应纳税额 3. 能分析消费税法热点问题，具备理解和解决消费税法律问题的能力	10
4	企业所得税法	1. 企业所得税法的基本要素 2. 企业所得税应纳税所得额的计算 3. 企业所得税应纳税额的计算 4. 企业所得税征收管理	1. 理解企业所得税的含义和特点 2. 熟悉企业所得税法要素的主要内容 3. 掌握企业所得税的计税方法 4. 了解企业所得税的纳税时间、纳税期限及纳税地点 **思政点**：深刻理解企业所得税对于促进技术进步和社会和谐的重要意义；具备税收风险意识，严格控制企业所得税扣除范围和标准，依法诚信纳税	1. 能归纳企业所得税的纳税人、征税范围和税收优惠 2. 能利用直接计算法和间接计算法确定企业所得税的应纳税所得额 3. 能准确计算企业所得税应纳税额 4. 能分析企业所得税法热点问题，具备理解与解决企业所得税法律问题的能力	20

续表

序号	教学单元	教学内容	教学要求		学时
			知识和素养要求	技能要求	
5	个人所得税法	1. 个人所得税法的基本要素 2. 个人所得税应纳税额的计算 3. 个人所得税征收管理	1. 理解个人所得税的含义和特点 2. 熟悉个人所得税法要素的主要内容 3. 掌握个人所得税综合所得与分类所得的计税方法 4. 了解个人所得税的纳税时间、纳税期限及纳税地点 **思政点**：树立自觉纳税意识，做诚信纳税的守法公民；能够理解个人所得税对于促进共同富裕、建设和谐社会的重要意义	1. 能区分居民个人和非居民个人，能判断个人所得税的征税范围 2. 能确定个人所得税的适用税率，能准确计算个人所得税的应纳税额 3. 能完成个人所得税的自行申报纳税 4. 能分析个人所得税法热点问题，具备理解和解决个人所得税法律问题的能力	12
6	资源税法	1. 资源税法 2. 城镇土地使用税法 3. 耕地占用税法 4. 土地增值税法	1. 熟悉资源税法的基本要素 2. 熟悉城镇土地使用税的基本要素 3. 熟悉耕地占用税法的基本要素 4. 熟悉土地增值税法的基本要素 **思政点**：具备爱护环境、珍惜资源的意识，能自觉理解开发与保护的关系；能够自觉理解保护耕地、合理使用土地的政策导向	1. 能准确计算资源税的应纳税额 2. 能准确计算城镇土地使用税的应纳税额 3. 能准确计算耕地占用税的应纳税额 4. 能准确计算土地增值税的应纳税额 5. 能分析资源税法热点问题，具备理解和解决资源税法律问题的能力	8
7	财产税法	1. 房产税法 2. 契税法 3. 车船税法 4. 车辆购置税法	1. 熟悉房产税法的基本要素 2. 熟悉契税法的基本要素 3. 熟悉车船税法的基本要素 4. 熟悉车辆购置税法的基本要素 **思政点**：具备公平正义的价值取向，深刻理解新时期"房住不炒"的政策要求；树立正确的契约意识、安全意识，具备健康的财富观和财产观	1. 能准确计算房产税的应纳税额 2. 能准确计算契税的应纳税额 3. 能准确计算车船税的应纳税额 4. 能准确计算车辆购置税的应纳税额 5. 能分析财产税法热点问题，具备理解和解决财产税法律问题的能力	6
8	行为目的税法	1. 印花税法 2. 环境保护税法 3. 附加税费	1. 熟悉印花税法的基本要素 2. 熟悉环境保护税法的基本要素 3. 熟悉城市维护建设税法的基本要素 4. 熟悉教育费附加的征收规定 **思政点**：具有爱国情怀、环境保护意识、绿色发展意识；具备税收风险意识，能依法诚信纳税，自觉做守法公民	1. 能准确计算印花税的应纳税额 2. 能准确计算环境保护税的应纳税额 3. 能准确计算城市维护建设税的应纳税额 4. 能准确计算教育费附加的应纳税额 5. 能理解行为目的税法热点问题，具备分析和解决行为目的税法律问题的能力	8

续表

序号	教学单元	教学内容	教学要求		学时
			知识和素养要求	技能要求	
9	关税法	1. 关税法的基本要素 2. 关税应纳税额的计算 3. 关税征收管理 4. 行李和邮递物品进口税 5. 船舶吨税	1. 了解关税法律体系、理解关税的概念与作用 2. 熟悉关税法的基本要素 3. 掌握关税应纳税额的计算方法 4. 了解行李和邮递物品税的征收规定 5. 了解船舶吨税的征收规定 **思政点**：具有民族情怀和开放、包容、互利共赢的国际视野；增强忧患意识、坚持底线思维，具备应对复杂困难局面的信心与韧性	1. 能归纳描述关税的征税范围和纳税人 2. 熟知关税税率的确定规则，能准确查找进出口货物关税税率 3. 能准确计算关税应纳税额 4. 能分析关税法热点问题，具备理解和解决常见关税法律问题的能力	4
10	国际税法	1. 国际税法概述 2. 税收管辖权与国际重复征税 3. 国际税收协定 4. 国际税收抵免	1. 理解国际税法的概念 2. 了解国际税法体系 3. 理解国际税法精神和基本原则 4. 熟悉国际税收协定的作用 5. 了解税收管辖权、国际重复征税的原因和类型 **思政点**：具有合作精神与大局意识；具有开放、包容、互利共赢的国际视野；具备对社会、集体的价值认同感，增强社会使命感和责任感	1. 能运用税收抵免方法计算境外所得税额抵免 2. 能理解国际税法领域的热点问题，能分析国际税法变化对我国的利弊	6
11	税收征管法	1. 税务管理 2. 法律责任 3. 纳税担保、税收保全及强制执行 4. 税务行政处罚与行政救济	1. 熟悉税务管理内容和纳税信用管理制度 2. 了解纳税担保、税收保全和强制执行的适用范围和流程 3. 理解不同类型的税收违法违规行为应承担的法律责任 4. 熟悉税务行政处罚的类型和程序 5. 了解税务行政复议和税务行政诉讼的适用范围和程序 **思政点**：具备流程规范意识，养成严谨细致的工作作风；具备风险意识与信用意识；树立正确的法律意识和法制观念，做学法、懂法和守法公民	1. 能按照规定流程完成纳税申报、税款缴纳及相关税务管理工作 2. 能正确行使税收行政救济权维护自身税收权益 3. 能理解有关税收征管的热点问题，具备分析和解决税收征管常见法律问题的能力	8

五、教学条件

1. 师资队伍

（1）专任教师。要求具有扎实的税收理论功底和一定的审计或税务会计岗位工作经历，熟悉国家税收法律法规知识和企业纳税工作流程；能够熟练计算各税种的应纳税额，能依据企业和其他纳税人的财务会计资料、交易记录、存货等资料，依据税收法律法规、财务会计准则和其他法律法规完成税务处理，以确定纳税人税费核算和申报应纳税额的完整、真实、准确；具有较强的信息化教学能力，能够运用各种信息化教学手段和教学工具指导学生进行税收知识学习和开展纳税业务实践教学。

（2）兼职教师。①现任企业税务会计，要求能进行税务管理、税费计算、纳税申报、税款缴纳以及财产损失、亏损弥补、税收优惠事项报批等内容的教学。②现任企业税务审计师，要求能检查企业是否依照税收规定纳税、减免税，能识别企业可能存在的税务风险以及是否存在有偷税、逃税等违法行为。③现任税务师事务所或会计师事务所审计人员，要求能进行企业所得税纳税审核、编制正确的纳税申报资料和出具企业所得税汇算清缴审计报告。④现任税务机关税收征管业务工作人员，要求能够进行税务登记管理、账证管理、发票管理、纳税申报、税款征收、欠税管理、税务稽查等方面的教学。

2. 实践教学条件

（1）支持信息化教学的智慧教室或实训室。建议在具有可利用的数字化教学资源库、教学平台的智慧教室或一体化专业实训室进行教学，需要每个座位配置一台电脑，网络应流畅，能播放在线教学视频。有条件的情况下应配备与本课程相适应的智能化教学软件。

（2）教学软件平台。模拟电子纳税申报平台、仿真出口退税操作软件等，可在机上进行无纸化纳税实务操作。借助教学软件虚拟真实企业的生产环境、生产工艺流程及相关单据，帮助学生学习智能化税务核算和管理企业成本。

（3）实训工具设备。配备纳税工作所需的办公文具，如办公设施、票据、打印机、扫描仪、计算器、文件柜及各种日用耗材，配置具有税费计算与申报功能的网络及计算机设备。

（4）仿真实训资料。配备各税种教学仿真空白表样的纳税申报表及附表，各种空白税务处理文书。配备仿真的工业企业、服务业的纳税经济业务资料及其他相关资料。

（5）实训指导资料。配备纳税操作手册，相关法律、法规、制度等文档。

3. 教材选用与编写

教材应符合《职业院校教材管理办法》等文件的规定和要求，探索使用新型活页式、工作手册式教材并配套信息化资源。教材编写应以本课程标准为依据，充分体现任务引领、实践导向的设计思想，基于税法实施的工作过程，采用项目教学的方式组织教学内容。

（1）教材应以习近平新时代中国特色社会主义思想作为基本指导思想，涵盖党的十八大以来的税收政策法令精神，体现家国情怀、责任担当、法治意识和公民意识等价值元素，将国家利益与纳税人义务、职业道德与法律遵从、知识技能与从业规范等价值观念与"依法纳税"的公民底线贯穿教材始终。

（2）教材应根据高职高专学生的特点，从培养技能型人才出发，内容安排上要深入浅出，适度、够用，突出实用，语言组织要简明扼要、科学准确、通俗易懂，形式上应图文并茂、可操作性强，配备大量实务题，可支持学中做、做中学。

（3）教材内容应体现先进性、准确性、通用性和实用性，要将最新的税法知识及时地纳入教材，使教材更贴近本专业的发展和实际需要。

（4）教材中的活动设计内容要具体，并在实训室环境下具有可操作性。教材中的案例可以采用企业真实案例，提高业务操作的仿真度。

（5）教材应配有全套数字化资源并通过二维码链接，可以随扫随学实现泛的碎片化学习。配套资源可包括系列微课、PPT、视频、习题、案例及拓展资源。通过"一书、一课、一空间"使教材与网络教学资源成为有机整体，充分体现职业教育最新发展理念和职业性、实践性、开放性的要求。

（6）建议采用高等教育出版社出版、杨则文主编的《税法》或《纳税实务》教材，高等教育出版社出版、杨则文主编的《纳税实务习题与实训》教材。

4. 教学资源及平台

（1）线上教学资源。支持混合教学和 MOOC 开放的公共教学资源库或自建教学资源。建议利用智慧职教等平台建设教学资源库和在线开放课程，为实施线上线下混合教学提供条件。

（2）线上教学平台。采用符合国家有关互联网平台条件的公共教学平台。建议使用智慧职教等教学平台，利用职教云建设在线课程，设计教学活动；利用云课堂实施课堂教学；借助职教云强大的学习活动分析功能关注和分析学生的学习情况，及时解决学生学习中的短板问题。

（3）图书文献资源。图书文献应能满足本课程培养目标的需要，方便师生查询、借阅。具体可包括：有关税收的经典文献；税收相关法律法规和政策资料；税收业务培训、业务案例等资料；专业相关报纸杂志等。

六、教学方法

本课程是理论与实践一体化课程，在教学过程应注重教、学、做的有机结合，运用以学生为中心的教学方法开展教学，同时利用现代信息技术手段，开展线上线下混合式教学。可利用（但不限于）以下教学方法进行本课程教学：

1. 项目化教学法

利用企业典型的纳税业务资料开展项目化教学。学生要根据原始业务资料判断税法基本要素，确定计税依据，核算应纳税额，最终提交符合实际工作标准的标志性工作成果，在工作过程中学习掌握相应的理论知识和工作技能，达成项目教学目标。

2. 任务驱动法

以税务审计岗位职业能力养成为核心，可设计不同场景的项目任务（如完成增值税纳税申报），也可以分解成若干小任务来组织教学，教师可以提出相应的要求和步骤，也可以让学生自己获取信息、制订步骤，然后付诸行动、检查复核到任务完成，完成一个完整的工作过程。任务驱动法应体现以任务为主线，学生为主体，教师为主导。

3. 问题启发式教学法

利用问题启发式教学方法提高学生分析问题与解决问题的能力，"学起于思，思起于疑"。当学生遇到问题的时候，才会去思考和分析问题，只有会思考和分析问题，才能找到问题的解决办法。教师在解释税法有关概念、税法基本要素、计税原理和方法以及课程思政内容时，应合理设计启发性的问题，让学生带着问题去学习各税种的纳税范围的界定、计税依据的确认、税率的应用、减免税的条件等内容，加深对课程重要知识和技能的理解，同时提高学生分析税法问题和解决税法问题的能力。

4. 案例教学法

教学案例包括讲解型案例和讨论型案例两种。讲解案例法，是将案例教学融入传统的讲授教学法之中的一种方法。教学中使用的案例，通常是针对课程知识体系中的重点、难点问题设计的，也称"知识点案例"。例如可引入企业实际案例讲解各主要税种的纳税义务的确认、应纳税额计算、纳税业务操作和应遵循的相关法律法规。讨论案例法，是以学生课堂讨论为主，案例是学生讨论的主题，学生通过对案例的剖析，提出各自的解决方案并予以充分讨论。例如可引入违法案例的处理供学生讨论，也可用经去敏的企业真实案例引导学生完成学习性工作任务。

5. 线上线下混合式教学法

应建设本课程配套的线上课程（或利用现有的优质开放课资源），合理设计课前预习、课中教学和课后拓学环节，可采用翻转课堂教学模式开展理论与实践相结合的教学。线上课程主要完成税法基本理论知识的学习、进行课后练习和相关讨论，培养学生自主学习能力。线下课程主要完成重难点知识的学习、解决在线上学习遇到的问题。

七、教学重点难点

1. 教学重点

教学重点：增值税法、消费税法、企业所得税法、个人所得税法。

教学建议：课前，教师可通过课程学习平台发布学习任务和推送学习资源，要求学生研读资源库视频和相关阅读材料，结合教材完成预习笔记（或思维导图）和课前小测。也可采用问题导入法或案例导入法引发学生学习兴趣，例如，个人所得税法可针对"你家要缴多少税"这一主题，要求学生调查家庭工资数据表，初步了解工资计税。教师整合学生课前反馈，聚焦教学重难点，调整教学策略。课中，教师可针对课前反馈，把专业知识潜入工作任务，可通过案例教学法、讲授法、启发式教学法、自主探究式教学法、小组合作学习等方法让学生由浅入深的掌握重要知识点和技能点，同时通过线下师生即时互动，掌握学生易错点，帮助学生及时解决学生困难。针对教学重点，还应利用课后拓学对学习效果进行跟踪测评，可给学生发布课程资源列表，指引学生完成课后作业，进一步巩固新课知识。

2. 教学难点

教学难点：增值税一般计税法、企业所得税汇算清缴、个人所得税综合所得预扣预缴与汇算清缴。

教学建议：针对增值税一般计税法，可利用企业真实的业务凭证代替文字描述性的业务，让学生能够从企业业务层面去理解销项税额的计算和进项税额的确定方法；针对企业所得税汇算清缴，可利用真实上市公司利润表和有关业务材料开展实训项目；针对个人所得税综合所得预扣预缴与汇算清缴，应设计四项综合所得的个人全年收入的案例，要求学生分别以雇主的身份完成个人所得税按月或按次的预扣预缴和以个人的身份完成年度汇算清缴。

八、教学评价

本课程主要考核学生知识目标、技能目标及素质目标的达标情况。理论知识的掌握情况主要通过期末闭卷考试进行考核，占总成绩的40%；技能目标主要通过对学生提交的工作成果的完成情况进行考核，占总成绩的30%；素质目标主要通过对线下出勤与课堂表现、线上学习、素养活动参与情况、知识学习情况、团队合作情况等进行考核，占总成绩的30%。

九、编制说明

1. 编写人员

课程负责人：杨　柳　广州番禺职业技术学院（执笔）

课程组成员：杨则文　广州番禺职业技术学院

　　　　　　罗　威　广州番禺职业技术学院

　　　　　　黄　玑　广州番禺职业技术学院

　　　　　　洪钒嘉　广州番禺职业技术学院

　　　　　　董月娥　广州美厨智能家居科技股份有限公司

2. 审核人员

　　　　　　杨则文　广州番禺职业技术学院

　　　　　　徐　杭　广州市番禺沙园集团有限公司

"经济法" 课程标准

课程名称：经济法
课程类型：专业核心课
学　　时：54 学时
学　　分：3 学分
适用专业：大数据与审计

一、课程定位

本课程依据企业在经营管理中涉及的主要法律事务和企业内部控制中对于法律知识的需求开设，主要学习企业从初始设立到经营管理，再到解散清算整个生命周期内各环节有关法律事务的基本规则，帮助企业合法规范经营、降低法律风险。本课程是大数据与审计专业的职业能力核心课程。前置课程为"大数据会计基础""大数据审计基础"，后续课程为"企业内部控制"。

二、课程设计思路

本课程围绕企业这一市场主体核心，以企业全生命周期内涉及的主要法律事务为主线来设定教学项目，以涉企经济法律事务的具体操作为出发点来确定内容，以实现相关法律事务的规范操作和风险防范为落脚点，从而为企业内部控制的规范化奠定基础。

三、课程目标

本课程旨在培养学生充分运用法律规则灵活处理企业法律事务，保证企业合规经营从而降低法律风险的能力，具体包括知识目标、技能目标和素质目标。

1. 知识目标

（1）了解不同企业的经营风险、设立条件和登记程序；

（2）掌握不同企业组织机构的设置和权限；

（3）熟悉企业各类财产的权属界定、保护方法和变动规则；

（4）掌握企业内部管理中的用工规则、质量控制和财务规范；

（5）掌握企业对外经营时的风险控制、竞争规则和消费者保护；

（6）熟悉企业存续期间登记事项的变更规则和企业终止时的流程规范；

（7）了解涉企纠纷的处理方式和基本程序；

（8）理解企业存续期间企业和投资者的法律责任。

2．技能目标

（1）能选择合适的企业形式并办理企业登记注册；

（2）能识别企业的不同事务属于什么机构的职责范围；

（3）能采取适当措施合理运用、保护企业资产；

（4）能够制定合法的用工制度、质量控制体系和财务规范；

（5）在对外经营中能够适当降低风险、公平竞争和保护消费者权益；

（6）能够正确办理企业变更登记或者终止清算；

（7）能够区分企业纠纷的不同性质、选择适当的解决方案；

（8）能够正确界定企业和投资者的法律责任。

3．素质目标

（1）能树立"主动守法、积极用法"的法律意识；

（2）能践行"没有规矩、不成方圆"的规则意识；

（3）能贯彻"事前预防、事中管理、事后救济"的风险意识；

（4）能具备"法不容情，有凭有据"的证据意识。

四、教学内容要求及学时分配

序号	教学单元	教学内容	教学要求		学时
			知识和素养要求	技能要求	
1	企业设立	1. 企业法律形式 2. 不同企业设立条件 3. 企业设立程序	1. 了解企业的不同形式 2. 满足企业设立条件 3. 遵循企业设立程序	1. 能根据投资者具体要求选择不同企业形式 2. 能备齐法定资料办理企业设立登记	6
2	企业组织机构设置	1. 公司组织机构设置 2. 合伙企业机构设置 3. 个人独资企业设置	1. 掌握公司组织机构的性质、职责和表决方式 2. 熟悉合伙企业事务的执行方式 3. 了解个人独资企业事务的执行方式	1. 能识别公司不同机构的职责 2. 能掌握公司不同机构人选的选任方式和表决规则	6

续表

序号	教学单元	教学内容	教学要求		学时
			知识和素养要求	技能要求	
3	企业财产权取得与保护	1. 企业有形财产权的取得与保护 2. 企业无形财产权的取得与保护	1. 掌握有形财产权的取得方法和保护措施 2. 熟悉无形财产权的种类和权利特点 3. 了解无形财产权对于企业的意义	1. 能正确使用并保护有形财产 2. 懂得如何通过无形财产权提升企业估值	6
4	企业内部管理事务	1. 企业合法用工 2. 产品质量控制 3. 企业财务会计规范	1. 掌握法律对企业用工的要求 2. 熟悉法律对于产品质量的要求 3. 掌握法律对于财务规范的要求 **思政点：培养诚信守法的品质**	能够遵循法律建立企业的内部管理制度规范	8
5	企业对外经营事务	1. 合同交易 2. 公平竞争 3. 反对垄断 4. 保护消费者权益	1. 掌握合同订立和履行的规则 2. 熟悉不正当竞争的情形 3. 了解垄断行为和反垄断的措施 4. 熟悉消费者权益内容 **思政点：积极承担企业社会责任**	1. 能借助合同内容维护企业权益 2. 能区分不正当竞争和垄断的情形并设法避免 3. 能正确认识并保护消费者权益	12
6	企业变更与终止	1. 企业变更 2. 企业终止	1. 了解企业变更的流程 2. 熟悉企业终止的方式和程序	1. 能办理企业变更手续 2. 能根据企业不同情形确定不同的终止方式	6
7	企业纠纷处理	1. 和解与调解 2. 经济仲裁 3. 民事诉讼 4. 劳动仲裁	熟悉企业民事纠纷的解决方式	针对企业不同纠纷的性质能正确选择纠纷解决方式	6
8	企业经营的法律责任	1. 民事责任 2. 行政责任 3. 刑事责任	熟悉企业不同性质责任的法律后果 **思政点：了解违法的后果**	能够正确判定企业在经营中可能承担的法律责任	4

五、教学条件

1. 师资队伍

（1）专任教师。要求具有扎实的法学理论功底和较强的处理具体法律事务的经验，熟悉国家颁布的相关基本法律条款；能够应用法律知识准确分析、判断和解决与企业相关的各种法律事务；能够指导学生结合法律为企业制定合适的管理制度，防范和化解企业法律风险；能够指导学生撰写与企业相关的法律文书。

（2）兼职教师。①现任大中型企业法务经理，要求对企业基本法律事务有比较透彻的了解，能够从事企业财产权使用与保护、企业内部管理、企业变更与终止等法律事务的教学，能指导学生灵活处理企业法律事务；②现任律师事务所执业律师，要求熟悉企业法律顾问业务和企业合规性管理，能够从事企业设立、企业组织机构设置、企业对外经营、企业纠纷解决和企业法律责任相关法律事务的教学；③现任法院法官、仲裁委员会仲裁员和劳动人事仲裁委员会仲裁员等，要求能够从事民事诉讼、经济仲裁、劳动仲裁等内容的教学，能够讲述企业不同情况下可能承担的法律责任。

2．实践教学条件

（1）多媒体教室。建议在多媒体教室和智慧教室进行教学，需要网络流畅，能播放在线教学视频。

（2）实训指导资料。配备企业法律事务实训要求、操作手册、模拟情景等。

3．教材选用与编写

教材应符合《职业院校教材管理办法》等文件的规定和要求，探索使用新型活页式、工作手册式教材并配套信息化资源。教材编写应以本课程标准为依据，充分体现任务引领、实践导向的设计思想，将企业法律事务分解成若干典型的工作项目，按各个项目的法律程序和操作过程来组织教材内容。教材内容应体现最新法律法规内容、贴近企业法务管理的需求。

（1）教材是完成教学过程、达到教学目标的手段和媒介，在编写过程中应充分体现本课程项目设计的理念，依据本课程标准采用任务驱动型模式进行编写。

（2）教材应按法务管理的工作内容、各项任务的操作要领、企业生命周期内法律事务的先后等进行编写。

（3）教材编写应根据高职高专学生的特点，从培养技能型人才出发，内容安排上要深入浅出，适度、够用，突出实用，语言组织要简明扼要、科学准确、通俗易懂，形式上应图文并茂、可操作性强，配备大量的实务题，使学生能够在学习完理论知识后及时得到相应的技能训练。

（4）教材内容应体现先进性、准确性、通用性和实用性，要将最新的法律法规和涉企热点资讯及时纳入教材，使教材更贴近本专业的发展和实际需要。

（5）教材中的活动设计内容要具体，并在实际过程中具有可操作性。教材中的案例可以采用企业真实案例，提高业务操作的仿真度。

（6）建议采用中国财政经济出版社出版、郭嗣彦主编的《经济法》。

4．教学资源及平台

（1）线上教学资源。支持混合教学和 MOOC 开放的公共教学资源库或自建教学资源。建议利用智慧职教等平台建设教学资源库和在线开放课程，为实施线上线下混合教学提供条件。

（2）线上教学平台。采用符合国家有关互联网平台条件的公共教学平台。建议使用智慧职教等教学平台，利用职教云建设在线课程，设计教学活动；利用云课堂实施课堂教学。借助职教云强大的学习活动分析功能关注和分析学生的学习情况，及时解决学生学习中的短板问题。

六、教学方法

1. 项目教学法

项目教学法是以工作任务为依据设计教学项目，以学生为活动主体实施项目的教学方法，也就是将教学内容融入项目实施过程的一种教学方法。项目教学法是以学生为中心的教学模式，这种教学模式中学生是主动的学习者，教师是学生学习的指导者。每个项目的实施都有一个明确的任务、一个完整的过程，能够取得一个标志性成果。

2. 课堂讲授法

课堂讲授法是教师通过口头语言向学生描绘情境、叙述事实、解释概念、论证原理和阐明规律的教学方法。该方法以教师的语言作为主要媒介系统，连贯地向学生讲授基础知识、基本理论或基本流程，帮助学生理解并准确掌握相关知识技能，特别是各个知识技能点之间的有机联系和逻辑关系。

3. 任务驱动法

以职业能力养成为核心，通过设计不同场景的项目任务来组织教学，从获取信息到制订步骤，再到决策和付诸行动，直至检查、反思与评估，完成一个完整的工作过程。教师只扮演一个"咨询者""协调者"和"观察员"的角色，引导学生自主学习，向学生提供资源、给予建议和操作指导，可加深学生对基础知识和基本技能的掌握，也有助于学生职业判断能力、决策能力的提升和团队合作精神的培养。

4. 情境教学法

在教学过程中，教师有目的地引入或采用虚拟企业、虚拟职能部门、虚拟业务流程等现代技术手段，将教学内容以视频、动漫等方式展示，提高学习的现场感、趣味性，激发学生的情感，使学生能够尽快适应、了解和掌握将来所从事的工作所必备的知识和技能，直至熟悉可能遇到的各种方法，帮助学生做出正确的决策，有效调动学生学习的主动性、积极性和创造性，培养学生职业能力。

5. 案例教学法

案例教学法包括讲解案例法和讨论案例法两种。讲解案例法，是将案例教学融入传统的讲授教学法之中的一种方法，教学中使用的案例通常是针对课程知识体系中的重点、难点问题设计的，也称"知识点案例"。讨论案例法，是以学生课堂讨论为主，案例是学生讨论的主题，学生通过对案例的剖析，提出各自的解决方案，并予以充分讨论。

6. 启发式教学法

启发式教学是根据教学目的和内容，通过设计启发、诱导型问题，引导学生养成多思考、善思考、勤思考的习惯，将问题解决贯穿于教学的每一环节，启迪学生思考，活跃学生思维，促进学生身心发展，提高学生学习的主动性、积极性和创造性，更好地激发学生的学习兴趣，加深对课程内容的理解。

7. 分工协作教学法

对课程中某些合适的项目（如企业设立、合同谈判、纠纷解决等），可以按项目内容将学生分组，不同小组作为不同的当事人，以不同角色进入项目当中，完成相应任务或解决相关问题。通过分组学习，培养学生独立思考又分工协作能力。

8. 线上线下混合教学法

本课程课时量不能完全满足理论与实践同步推进的一体化教学需要，应充分利用在线课程培养学生自主学习能力，把基本理论知识的学习放在课外解决，课堂主要解决关键知识点存在的问题，完成实训任务。

七、教学重点难点

1. 教学重点

教学重点：公司设立的条件和组织机构设置、交易合同的订立和履行规则、企业合法用工、企业纠纷解决等。

教学建议：结合实训资料，以学生虚拟设立的公司为对象或载体，让学生模拟该公司经营管理过程中的各种角色，针对重点教学内容设定不同场景，让学生在解决上述不同问题的过程中学习掌握。

2. 教学难点

教学难点：企业无形财产权的使用和保护、反垄断、企业终止和刑事责任。

教学建议：通过选择合适的教学案例，通过案例的分析讨论、操作演示、法律风险评析等，帮助学生理解、掌握。

八、教学评价

本课程主要考核学生知识目标、技能目标及素质目标的达标情况。理论知识的掌握情况主要通过期末闭卷考试进行考核，占总成绩的 50%；技能目标主要通过对学生提交的工作成果的完成情况进行考核，占总成绩的 30%；素质目标主要通过对线下出勤与课堂表现、线上学习、团队合作情况进行考核，占总成绩的 20%。

九、编制说明

1. 编写人员

课程负责人：郭嗣彦　广州番禺职业技术学院（执笔）

课程组成员：梁　菁　广东华誉品智律师事务所

　　　　　　王晓文　广东华誉品智律师事务所

2. 审核人员

　　　　　　杨则文　广州番禺职业技术学院

　　　　　　黄仲光　广东华誉品智律师事务所

"财务成本管理"课程标准

课程名称：财务成本管理
课程类型：专业核心课
学　　时：90 学时
学　　分：5 学分
适用专业：大数据与审计

一、课程定位

本课程依据企业财务成本管理岗位对审计人员的专业能力要求开设，主要学习利用成本核算与管理平台核算中小型制造企业产品成本，分析成本数据，为企业管理层管控成本提供财务依据，从而帮助企业提升市场竞争力。本课程是大数据与审计专业的核心课程。前置课程为"大数据会计基础""大数据审计基础""业务财务会计"，后续课程为"信息化审计（教学企业项目）""云财务应用（教学企业项目）"。

二、课程设计思路

本课程以企业工作项目为载体，根据企业成本会计岗位工作任务要求，选取 12 个工作项目作为主要教学内容，每个项目由一个或多个独立的、具有典型代表性的、完整的工作任务贯穿，使学生将理论学习与实践经验相结合。当项目结束时，工作任务随之完成并获取相应的标志性工作成果，相关理论知识融于工作任务之中。

借鉴"业财税融合成本管控职业技能等级标准"与"数字化管理会计"中级、高级考证要求，对标"注册会计师"全国统一考试的课程财务成本管理，选取部分内容融入本课程之中。通过加深学生对自己所学专业的认识，使学生看到所学理论与实际工作之间的联系，从而提高学习的主动性和积极性。

教学过程中强调"诚实守信，不做假账"的职业底线；通过大量繁琐的计算工作培养学生精益求精的工匠精神和谨慎细心的工作作风；通过分组学习与实操，培养学生协作共进、和而不同的团队意识；通过不断的学习企业成本管控思想弘扬勤俭节约的传统美德。

三、课程目标

本课程旨在培养学生胜任企业财务成本管理岗位的能力，具体包括知识目标、技能目标和素质目标。

1. 知识目标

（1）理解成本的概念和分类，掌握成本的归集与分配方法，掌握运用品种法、分批法和分步法计算企业产品成本原理和步骤；

（2）理解标准成本法和标准成本差异分析原理，掌握标准成本计算方法；

（3）理解作业成本法和作业成本管理的基本原理，掌握作业成本的计算方法；

（4）掌握成本习性原理及本量利分析的基本原理，能够运用成本资料进行短期经营决策分析；

（5）掌握企业短期经营决策原理，了解企业生产决策和定价决策相关方法；

（6）掌握全面预算的意义、体系和编制方法；

（7）了解责任会计的基本原理，掌握责任中心及其考核方法、责任预算与责任报告的编制以及内部转移价格的制定方法及其具体运用；

（8）掌握财务绩效评价与沃尔评分法的应用，掌握经营绩效评价与经济增加值的应用，掌握综合绩效评价与平衡记分卡的应用；

（9）了解企业组织形式和财务管理内容、环境、目标和环节，理解财务管理目标、金融工具与金融市场等；

（10）理解资金时间价值与风险分析的基本原理，能够运用其基本原理进行财务决策；

（11）了解企业筹资的目的与种类、渠道与方式，掌握吸收投资、发行股票、发行债券、借款、融资租赁及其他筹资方式的特征和使用方法；

（12）掌握资本成本的概念和用途，掌握各种筹资方式资本成本计算方法，掌握混合筹资资本成本计算和加权平均资本成本的计算；

（13）掌握经营杠杆、财务杠杆、复合杠杆的基本原理和运用方法；

（14）理解项目投资的相关概念，掌握现金流量的内容和估算方法；

（15）了解证券与金融衍生品投资的种类、特点、估价和收益率的计算，了解企业价值评估的一般原理，理解相对评估法、折现现金流估值法；

（16）理解营运资本的含义和特点，掌握现金、应收账款和存货管理的决策和控制方法；

（17）了解利润构成与分配原则，掌握股利的分配程序与支付方式、股利理论与股利分配政策。

2. 技能目标

（1）能够运用品种法计算产品成本；

（2）能够计算目标成本，进行本量利分析，绘制本量利分析图，进行经营决策分析；

（3）能够计算标准成本差异，根据标准成本差异进行经营决策分析；

（4）能够运用作业成本法计算成本，利用作业成本资料进行经营决策分析；

（5）能够根据成本资料进行短期经营决策分析；

（6）能够编制企业各种经营预算和财务预算；

（7）能对财务成本进行控制，开展价值分析；

（8）能正确评价经济业绩，考核责任单位实绩和成果；

（9）能进行货币时间价值的计算与应用；

（10）能掌握资金筹集的方式与渠道选择；

（11）能够计算各种筹资方式资本成本，能利用资金成本对筹资方式进行评价，能够运用资本结构理论确定最优资本结构；

（12）能够计算企业经营杠杆、财务杠杆系数，根据杠杆水平进行企业经营分析和财务分析；

（13）能够计算各项投资评价指标，并根据指标水平进行项目投资决策；

（14）能熟练掌握营运资金的管理；

（15）运用股利分配的基本理论进行股利决策，能对利润进行分配和管理。

3．素质目标

（1）能具备"诚实守信，不做假账"的职业操守；

（2）能保持"爱岗敬业，谨慎细心"的工作态度；

（3）能弘扬"精益求精，追求卓越"的工匠精神；

（4）能遵守"协作共进，和而不同"的合作原则；

（5）能贯彻"勤俭节约，提高效益"的管理思想。

四、教学内容要求及学时分配

序号	教学单元	教学内容	教学要求		学时
			知识和素养要求	技能要求	
1	产品成本计算	1. 产品成本分类、归集、分配 2. 品种法计算产品成本 3. 分批法、分步法计算产品成本 4. 成本报表分析	1. 掌握生产成本概念、分类、项目构成 2. 掌握成本核算基本程序 3. 掌握成本各要素费用的轨迹和分配 4. 掌握成本计算主要方法和企业生产类型和特点 5. 掌握品种法特点和使用条件 6. 理解品种法成本核算流程 7. 掌握分批法特点和适用条件 8. 掌握分批法成本核算流程，理解基本生产成本二级账的作用 9. 掌握分步法的特点和适用条件 10. 掌握成本报表分析 **思政点**：能贯彻"勤俭节约，提高效益"的管理思想	1. 能够根据企业实际情况选择合适的成本计算方法 2. 能够结合企业具体情况设计成本相关表格 3. 能正确归集和分配各项料工费 4. 能正确进行成本核算账务处理 5. 能编制产品成本报表 6. 能够根据企业实际情况选择适用的成本核算方法	10

续表

序号	教学单元	教学内容	教学要求		学时
			知识和素养要求	技能要求	
2	成本预测	1. 成本性态分析 2. 目标成本预测 3. 本量利分析 4. 变动成本法计算产品成本	1. 掌握固定成本、变动成本和混合成本的概念和特点 2. 掌握混合成本常见形态及特征 3. 掌握成本性态分析在成本管理中的意义 4. 掌握目标成本概念和作用 5. 掌握倒扣测算法、比率测算法、选择测算法和直接测算法原理 6. 掌握本量利分析相关指标 7. 掌握盈亏平衡点的经济意义和计算 8. 掌握单一产品和多产品结构下保本分析原理 9. 掌握单一产品和多产品结构下保利分析原理 10. 掌握变动成本法的核算原理和特点 11. 掌握变动成本法与完全成本法营业利润差额的变动规律 12. 掌握变动成本与完全成本的区别 13. 明确变动成本法的优缺点 **思政点**：能保持"爱岗敬业，谨慎细心"的工作态度	1. 能够绘制固定成本、变动成本以及各种形态混合成本性质图 2. 能够运用目标成本预测方法，测算企业目标成本 3. 能正确运用量本利分析的公式进行保本分析和保利分析 4. 能进行企业经营安全程度的正确评价 5. 能绘制本量利分析图 6. 能利用变动成本法进行成本核算	9
3	成本决策	1. 认识短期经营决策 2. 生产决策和定价决策	1. 理解决策相关成本 2. 掌握成本决策方法 3. 掌握决策分析的原则及程序 4. 掌握新产品的开发决策方法 5. 掌握亏损产品决策方法 6. 掌握半成品的深加工决策方法 7. 掌握接收低价追加订货决策方法 8. 掌握零部件自制或者外购决策方法 9. 掌握特殊定价决策方法	能运用决策方法对生产经营中的问题进行正确决策	4

续表

序号	教学单元	教学内容	教学要求		学时
			知识和素养要求	技能要求	
4	全面预算	1. 全面预算概述与编制 2. 编制营业和财务预算	1. 了解全面预算体系的构成 2. 掌握全面预算的编制程序 3. 掌握全面预算的编制方法 4. 掌握营业预算编制的方法 5. 掌握财务预算编制的方法 **思政点**：能具备"诚实守信，不做假账"的职业操守	1. 能够编制营业预算 2. 能够编制现金、预计利润表、预计资产负债表预算	2
5	成本控制	1. 标准成本法 2. 作业成本法	1. 掌握标准成本的概念 2. 掌握标准成本的种类 3. 掌握标准成本的制定方法 4. 掌握标准成本的差异分析计算和分析方法 5. 掌握作业成本法的含义与特点，核心概念体系和主要特点 6. 掌握作业成本法计算 7. 掌握作业成本法下成本管理运用	1. 能够进行标准成本制定 2. 能够根据实际成本进行标准成本差异分析 3. 运用作业成本法计算产品成本 4. 能够运用作业成本管理进行盈利、生产作业分析	6
6	业绩评价	1. 认识责任会计 2. 责任中心业绩评价	1. 掌握责任会计的涵义、原则和环节 2. 掌握责任中心的设立依据，理解成本中心、投资中心、利润中心 3. 掌握常见业绩评价指标	1. 能够运用相关指标评价成本中心业绩 2. 能够运用相关指标评价利润中心业绩 3. 能够运用相关指标评价投资中心业绩	2
7	财务管理基本原理	1. 认识财务管理岗位职责 2. 认识企业财务管理对象 3. 理解企业财务管理目标 4. 分析企业财务管理环境	1. 了解企业组织的一般架构 2. 理解财务管理岗位职责 3. 认识财务管理人员职业生涯发展 4. 掌握财务管理的对象 5. 了解企业资金流动的循环方式 6. 理解财务管理的目标 7. 认识企业的各种财务关系 8. 了解财务管理金融、法律、经济环境 9. 了解金融工具和金融市场 **思政点**：能遵守"协作共进，和而不同"的合作原则	1. 能够把当前企业实际财务管理活动和财务管理基本原理相结合进行分析与运用 2. 能够绘制企业资金运动图 3. 能够描述四种主流财务管理目标的优缺点 4. 能确认企业管理目标对财务管理提出的要求 5. 能分析企业选定的财务管理目标的利弊及其适用阶段 6. 能判断财务管理的内部和外部环境 7. 能够选取一家上市公司分析其所处的财务环境	6

续表

序号	教学单元	教学内容	教学要求		学时
			知识和素养要求	技能要求	
8	财务估值	1. 理解货币时间价值的原理 2. 计算复利终值与现值 3. 计算年金 4. 形成风险收益平衡观	1. 掌握时间价值产生的原理 2. 理解货币时间价值计息制度 3. 理解时间价值图的编制方法 4. 理解终值、现值的概念 5. 掌握复利终值、复利现值的计算方法 6. 理解年金的概念 7. 掌握普通年金的计算方法 8. 理解普通年金、预付年金、递延年金和永续年金的区别 9. 掌握预付年金、递延年金和永续年金的计算方法 10. 能够应用时间价值对企业实际问题进行分析与计算 11. 理解风险与收益的定义和关系 12. 理解风险衡量定量方法 **思政点**：能弘扬"精益求精，追求卓越"的工匠精神	1. 能够绘制时间价值图 2. 能够利用现金流量图分析企业或实际生活中复利终值和复利现值的计算 3. 熟练进行普通年金、预付年金、递延年金终值和现值的计算 4. 熟练进行永续年金终值的计算 5. 联系实际应用时间价值计算，如买房还贷、保险购买是否划算等 6. 能够运用期望、标准差、方差等风险衡量指标分析企业风险概率、分布和整体水平	9
9	筹资管理	1. 预测资金需求量 2. 筹集权益资金 3. 筹集债务资金 4. 分析资本成本 5. 分析资本结构 6. 分析杠杆效应 7. 决策最优资本结构	1. 了解企业筹资的动机与要求、企业筹资环境对企业筹资行为的影响 2. 了解销售百分比法的原理，掌握销售百分比法的计算步骤 3. 了解资金习性法的原理，掌握资金习性法的计算步骤 4. 了解吸收直接投资的渠道，掌握吸收直接投资的优缺点 5. 了解普通股发行的条件，掌握股票的类型及优缺点 6. 了解银行借款的流程和基本条件，掌握不同还贷方式的区别，了解银行保护性条款，掌握银行借款的优缺点 7. 了解债券发行的条件，掌握债券发行价格的确定方法，掌握债券发行的优缺点 8. 了解融资租赁的类型和特点 9. 了解商业信用融资中现金折扣融资方式 10. 了解资金成本的定义，掌握不同筹资方法资金成本的计算方法	1. 能够解决相关筹资问题 2. 能够利用销售百分比法估算企业外部融资金额 3. 能够利用资金习性法计算企业融资金额 4. 能描述吸收直接投资的特点和要求并做出适当选择 5. 掌握沪深两市股票发行的步骤，能描述发行股票的特点和要求并做出适当选择 6. 掌握银行企业贷款评级的基本评价指标 7. 掌握债券发行的信用评级体系 8. 掌握融资租赁在企业中的应用 9. 能利用机会成本方式判断是否选择使用现金折扣 10. 能够计算银行借款、发行债券债务筹资方式资本成本率 11. 能够计算吸收投资、发行普通股、留存收益筹资资本成本率 12. 能够计算混合筹资资本成本率，根据资金成本确定筹资方案的优劣	12

续表

序号	教学单元	教学内容	教学要求		学时
			知识和素养要求	技能要求	
			11. 解加权平均资金成本权重的确定方式，掌握综合资金成本计算方法 12. 了解边际资金成本中边际的含义，掌握边际资金成本计算方法 13. 理解资本结构原理，了解影响资本结构的因素 14. 掌握资本结构决策分析方法 15. 理解杠杆原理在经济范畴的内涵，掌握经营杠杆的计算方法，理解经营杠杆的撬动因素 16. 理解杠杆原理在经济范畴的内涵，掌握财务杠杆的计算方法，掌握财务杠杆的撬动因素 17. 理解复合杠杆和经营杠杆、财务杠杆的联系，掌握复合杠杆在经济范畴的内涵，掌握复合杠杆的计算方法 18. 掌握资本成本比较法原理 19. 掌握每股收益无差别点法原理	13. 能够计算加权平均资本成本率，掌握边际资金成本确定不同筹资方式的决策方法 14. 能够根据企业的具体情况决定资本结构的确定方法 15. 利用经营杠杆利益与风险理论解释企业财务管理的实际问题 16. 利用财务杠杆利益与风险理论解释企业财务管理的实际问题 17. 利用复合杠杆利益与风险理论解释企业财务管理的实际问题 18. 掌握资本成本法确定最优资本结构 19. 能够用绘图法应用每股收益无差别点法确定最优资本结构	18
10	投资管理	认识投资项目管理 计算投资项目现金流量 评价投资项目可行性 项目投资方案决策	1. 了解企业项目投资概念和特点 2. 了解项目投资流程 3. 掌握现金流量概念 4. 了解初始现金流量的组成 5. 理解资本化利息、沉没成本在流量中的影响 6. 理解净现金流量计算的三个公式以及运用范围 7. 掌握折旧等非付现成本在流量中的影响 8. 理解残值和流动资金对终结期现金流量的影响 9. 了解项目投资评价的基本原理和基本方法 10. 掌握投资回收期和平均会计收益率计算方法 11. 掌握净现值计算方法 12. 掌握现值指数计算方法 13. 掌握内含报酬率计算方法 14. 掌握各种指标的优缺点和适用范围 15. 掌握互斥方案选择的原则 16. 掌握独立方案选择的原则	1. 能够绘制项目现金流量图 2. 能够收集相关企业数据确定初始现金流量 3. 能够收集相关企业数据确定经营现金流量 4. 能够收集相关企业数据确定终结初始现金流量 5. 能够利用投资回收期和平均会计收益率判断项目的可行性 6. 能够利用净现值、现值指数、内含报酬率判断项目的可行性 7. 能够根据项目的互斥和独立情况进行决策分析	

续表

序号	教学单元	教学内容	教学要求		学时
			知识和素养要求	技能要求	
11	营运资本管理	存货管理 现金管理 应收账款管理 有价证券管理	1. 掌握存货的定义和存货管理的意义 2. 掌握经济进货批量法确定存货 3. 掌握存货日常管理的基本方法 4. 理解 ABC 分类法的分类标准 5. 掌握现金周转模型确定最佳现金持有量 6. 掌握成本分析模型和存货模型确定最佳现金持有量 7. 理解现金管理有关规定 8. 了解坐支现金的问题和对策，了解持有现金的成本构成 9. 理解应收账款信用政策中信用期间的基本内容 10. 掌握收账政策的基本内容 11. 掌握应收账款日常管理的基本方法 12. 了解保理的概念 13. 掌握债券价值与债券到期收益率的确定以及影响因素 14. 掌握股票价值和收益率的确定	1. 能够运用经济进货批量法分析企业存货管理水平 2. 能根据企业特点选择存货的管理方法 3. 能够收集相关企业数据确定企业最佳现金持有量 4. 能够掌握应收账款信用政策中信用期间更改的决策方法 5. 能够根据具体业务情况选择合适方法管理应收账款 6. 能够根据股利模型计算股票、债权价值	9
12	利润分配管理	1. 认识股利分配理论和股利分配政策 2. 认识股利分配原则、顺序和支付程序 3. 认识股票分割和股票回购	1. 了解股利分配的基本理论 2. 了解股利分配的四种政策的内容，应用范围以及对企业的影响 3. 了解利润分配的流程，理解影响利润分配的因素 4. 了解利润支付的流程，理解股票股利、现金股利等支付方法的区别 5. 了解股利分割和回购的实施手段 6. 理解股利分割和回购对企业的影响 7. 了解股权激励的手段 **思政点**：能遵守"协作共进，和而不同"的合作原则	1. 掌握不同股利分配风格对企业的影响 2. 掌握不同生命周期的股票分配增策 3. 掌握利润分配的程序 4. 掌握几种股利分配方式的会计处理 5. 掌握股利分割和回购的程序 6. 掌握股权激励的方法	3

五、教学条件

1. 师资队伍

（1）专任教师。要求具有扎实的财务管理理论功底和一定的成本核算业务岗位经历，熟悉国家财务管理、成本会计、管理会计相关的法律法规知识和企业实际工作流程；能够站在企业财务管理者的角度审视企业的成本预测、决策、控制、分析，筹资、投资、运营、分配等多项企业活动，锻炼学生的财务分析、财务决策、筹资、投资管理、运营分配管理能力，熟练操作数字化软件，能示范演示成本的核算和管理流程；能够运用各种教学手段和教学工具指导学生进行财务成本管理知识学习和开展企业实践教学。

（2）兼职教师。①现任企业成本会计工作岗位，要求能进行财务管理、成本核算、成本预测、成本决策和全面预算、成本控制等内容的教学；②现任企业财务管理工作岗位，要求能够针对中小企业的实际情况进行筹资、投资、资金营运、利润分配等内容的教学；③现任企业管理会计工作岗位，要求具备运用企业内部财务信息，预测经济前景、参与经营决策、规划经营方针、控制经营过程和考评责任业绩等内容的教学。

2. 实践教学条件

（1）理实一体化实训室。建议在一体化专业实训室或智慧教室进行教学，需要每个座位配置一台电脑，网络应流畅，能播放在线教学视频。有条件的情况下应配备与本课程相适应的智能化教学软件。

（2）教学软件平台。模拟教学平台、特色数字化管理会计系统等，可在机上进行实务操作。借助教学软件虚拟真实企业的生产环境、生产工艺流程及相关单据，帮助学生学习智能化核算和管理企业成本。

（3）实训工具设备。配备实训工作所需的办公文具，如办公设施、票据、打印机、扫描仪、计算器、文件柜及各种日用耗材，配置具有预算管理和成本管理功能的网络及计算机设备

（4）仿真实训资料。配备各种教学仿真空白成本管理和预算管理等表样。配备仿真的工业企业、服务业的财务成本管理业务资料及其他相关资料。

（5）实训指导资料。配备成本管理实务操作手册，相关法律、法规、制度等文档。

3. 教材选用与编写

教材应符合《职业院校教材管理办法》等文件的规定和要求，探索使用新型活页式、工作手册式教材并配套信息化资源。教材编写应以本课程标准为依据，充分体现任务引领、实践导向的设计思想，将企业财务成本管理工作分解成若干典型的工作项目，按成本会计岗位职责和工作项目完成过程来组织教材内容。教材内容应体现新技术、新工艺、新规范，贴近中小微企业成本核算与管理需求。

（1）教材是完成教学过程、达到教学目标的手段和媒介，在编写过程中应充分体现本课程项目设计的理念，依据本课程标准采用任务驱动型模式进行编写。

（2）教材应按财务成本核算与管理的工作内容、操作流程的先后顺序、理解掌握的难

易程度等进行编写。

（3）教材编写应根据高职高专学生的特点，从培养技能型人才出发，内容安排上要深入浅出、适度、够用，突出实用，语言组织要简明扼要、科学准确、通俗易懂，形式上应图文并茂、可操作性强，配备大量的实务题，使学生能够在学习完理论知识后及时地得到相应的技能训练。

（4）教材内容应体现先进性、准确性、通用性和实用性，要将最新的会计准则及成本管理前沿知识及时地纳入教材，使教材更贴近本专业的发展和实际需要。

（5）教材中的活动设计内容要具体，并在实训室环境下具有可操作性。教材中的案例可以采用企业真实案例，提高业务操作的仿真度。

（6）建议采用中国财政经济出版社刘飞主编的《财务成本管理》，中国财政经济出版社中国注册会计师协会组织编写的《财务成本管理》，高等教育出版社上海管会教育培训有限公司编的《中级数字化管理会计——理论、案例与实训》。

4. 教学资源及平台

（1）线上教学资源。支持混合教学和 MOOC 开放的公共教学资源库或自建教学资源。建议利用智慧职教等平台建设教学资源库和在线开放课程，为实施线上线下混合教学提供条件。建议采用智慧职教平台广州番禺职业技术学院刘飞主持的会计专业群教学资源库"智能化成本核算与管理"课程资源，智慧职教平台厦门网中网软件有限公司的"财务管理"课程资源。

（2）线上教学平台。采用符合国家有关互联网平台条件的公共教学平台。建议使用智慧职教等教学平台，利用职教云建设在线课程，设计教学活动；利用云课堂实施课堂教学。借助职教云强大的学习活动分析功能关注和分析学生的学习情况，及时解决学生学习中的短板问题。

六、教学方法

1. 项目教学法

项目教学法是以工作任务为依据设计教学项目，以学生为活动主体实施项目的教学方法，也就是将教学内容融入项目实施过程的一种教学方法。项目教学法是以学生为中心的教学模式，这种教学模式中学生是主动的学习者，教师是学生学习的指导者。每个项目的实施都有一个明确的任务、一个完整的过程，能够取得一个标志性成果。

2. 课堂讲授法

课堂讲授法是教师通过口头语言向学生描绘情境、叙述事实、解释概念、论证原理和阐明规律的教学方法。该方法以教师的语言作为主要媒介系统，连贯地向学生讲授基础知识、基本理论或基本流程，帮助学生理解并准确掌握相关知识技能，特别是各个知识技能点之间的有机联系和逻辑关系。

3. 任务驱动法

以职业能力养成为核心，通过设计不同场景的项目任务来组织教学，从获取信息到制订步骤，再到决策和付诸行动，直至检查、反思与评估，完成一个完整的工作过程。教师只扮演一个"咨询者""协调者"和"观察员"的角色，引导学生自主学习，向学生提供资源、给予建议和操作指导，可加深学生对基础知识和基本技能的掌握，也有助于学生职业判断能力、决策能力的提升和团队合作精神的培养。

4. 情境教学法

在教学过程中，教师有目的地引入或采用虚拟企业、虚拟职能部门、虚拟业务流程等现代技术手段，将教学内容以视频、动漫等方式展示，提高学习的现场感、趣味性，激发学生的情感，使学生能够尽快适应、了解和掌握将来所从事的工作所必备的知识和技能，直至熟悉可能遇到的各种方法，帮助学生做出正确的决策，有效调动学生学习的主动性、积极性和创造性，培养学生职业能力。

5. 案例教学法

案例教学法包括讲解案例法和讨论案例法两种。讲解案例法，是将案例教学融入传统的讲授教学法之中的一种方法，教学中使用的案例通常是针对课程知识体系中的重点、难点问题设计的，也称"知识点案例"。讨论案例法，是以学生课堂讨论为主，案例是学生讨论的主题，学生通过对案例的剖析，提出各自的解决方案，并予以充分讨论。

6. 启发式教学法

启发式教学是根据教学目的和内容，通过设计启发、诱导型问题，引导学生养成多思考、善思考、勤思考的习惯，将问题解决贯穿于教学的每一环节，启迪学生思考，活跃学生思维，促进学生身心发展，提高学生学习的主动性、积极性和创造性，更好地激发学生的学习兴趣，加深对课程内容的理解。

7. 分工协作教学法

在成本核算学习阶段，可以按工作内容将学生分组，比如材料核算、人工费用核算、折旧费用核算、辅助生产费用核算等，也可以按工作流程将学生分组，比如开设成本明细账、各类费用核算、核算完工产品与月末在产品成本等。通过分组学习，培养学生分工协作能力。

8. 线上线下混合教学法

本课程课时量不能完全满足理论与实践同步推进的一体化教学需要，应充分利用在线课程培养学生自主学习能力，把基本理论知识的学习放在课外解决，课堂主要解决关键知识点存在的问题，完成实训任务。教师要利用好线上课程，设计课前、课中、课后环节，利用云课堂布置和批改、评讲作业，为学生打造移动课堂。

七、教学重点难点

1. 教学重点

教学重点：产品成本计算、成本预测、成本控制、财务估值、筹资管理、投资管理。

教学建议：结合实训资料，以产品成本计算为基础，让学生熟练掌握成本核算流程及各种费用分配方法。在学生充分理解和掌握品种法的基础上再利用实训资料或案例学习变动成本法、标准成本法、定额成本法，理解其成本管理思想，掌握成本管控的方法，学会成本分析及成本分析报告的撰写。通过掌握财务估值，理解筹资与投资管理的相关内容。

2. 教学难点

教学难点：产品成本计算、财务估值、筹资管理。

教学建议：通过选择合适的实训资料，帮助学生掌握品种法与分批法、分步法的关系，掌握成本核算流程与成本管理思想；通过引入适当的案例资料，训练学生养成运用标准成本法管理成本的思维；对照传统的制造成本法，结合案例帮助学生理解作业成本法产生的原因及其运作原理与优势。通过案例练习帮助学生理解货币时间价值与筹资管理。

八、教学评价

本课程主要考核学生知识目标、技能目标及素质目标的达标情况。理论知识的掌握情况主要通过期末闭卷考试进行考核，占总成绩的 40%；技能目标主要通过对学生提交的工作成果的完成情况进行考核，占总成绩的 30%；素质目标主要通过对线下出勤与课堂表现、线上学习、团队合作情况进行考核，占总成绩的 30%。

九、编制说明

1. 编写人员

课程负责人：许一平 广州番禺职业技术学院（执笔）

课程组成员：刘 飞 广州番禺职业技术学院

郝雯芳 广州番禺职业技术学院

潘 瑾 广州番禺职业技术学院

赵茂林 广州番禺职业技术学院

李其骏 广州番禺职业技术学院

2. 审核人员

杨则文 广州番禺职业技术学院

夏焕秋 广州番禺职业技术学院

"企业内部控制"课程标准

课程名称：企业内部控制/内部控制与风险管理/内部控制制度设计
课程类型：专业核心课
学　　时：54 学时
学　　分：3 学分
适用专业：大数据与审计

一、课程定位

本课程依据企业内部控制岗位对会计人员的专业能力要求开设，主要学习中小企业常用内部控制应用指引，能根据企业经济业务和内控目标进行风险识别、分析和管控。本课程是大数据与审计专业的职业能力核心课程。前置课程为"大数据会计基础""大数据审计基础""业务财务会计""智能化财务审计""税法""经济法""财务成本管理"。

二、课程设计思路

（1）本课程以企业工作项目为载体，根据中小企业内部控制岗位工作任务要求，选取 11 个工作项目作为主要教学内容，每个项目涉及相关工作组织及职责体系、工作流程、风险评估、风控措施，当项目结束时，工作任务随之完成并获取相应的标志性工作成果，相关理论知识融于工作任务之中。

（2）通过内部控制概念强调树立"千里之堤，溃于蚁穴"的忧患意识；通过预算管理活动养成"凡事预则立，不预则废"的处事观；通过人力资源管理活动遵循"用人之长，补其所短"的用人观；通过投资活动具有"未雨绸缪"的理财观；通过采购付款活动树立"一诺千金"的信用观；通过生产活动树立"长治久安"的治理观；通过销售活动建立"防微杜渐"的思想观。

三、课程目标

本课程旨在培养学生胜任企业内部控制岗位的能力，具体包括知识目标、技能目标和素质目标。

1. 知识目标

（1）了解内部控制规范体系的构成、内部控制五大要素、七大控制；

（2）掌握企业创立中发展战略管理、组织架构设计的内控目标，识别并分析其中的风险；

（3）掌握全面预算管理的内控目标，识别并分析其中的风险；

（4）掌握人力资源管理的内控目标，识别并分析其中的风险；

（5）掌握筹资活动的内控目标，识别并分析其中的风险；

（6）掌握投资活动的内控目标，识别并分析其中的风险；

（7）掌握采购与付款的内控目标，识别并分析其中的风险；

（8）掌握存货与生产的内控目标，识别并分析其中的风险；

（9）掌握销售与收款的内控目标，识别并分析其中的风险；

（10）掌握固定资产管理的内控目标，识别并分析其中的风险；

（11）掌握财务报告的内控目标，识别并分析其中的风险。

2. 技能目标

（1）能结合企业发展战略设计合适的组织架构，并管控此过程中的风险；

（2）能结合企业业务设计全面预算管理流程，并管控预算管理中的风险；

（3）能结合企业业务设计人力资源的引进、开发、使用、退出流程，并管控人力资源管理中的风险；

（4）能结合企业业务设计筹资活动的流程，并管控筹资中的风险；

（5）能结合企业业务设计投资活动的流程，并管控投资中的风险；

（6）能结合企业业务设计采购与付款的流程，并管控采购中的风险；

（7）能结合企业业务设计存货与生产的流程，并管控生产中的风险；

（8）能结合企业业务设计销售与收款的流程，并管控销售中的风险；

（9）能结合企业业务设计固定资产管理的流程，并管控固定资产管理中的风险；

（10）能结合企业业务设计财务报告的编制、对外提供、分析利用的流程，并管控财务报告中的风险。

3. 素质目标

（1）能激发忧国忧民、奋发图强的忧患意识；

（2）能导入社会主义核心价值观，树立正确的人生观、价值观。

四、教学内容要求及学时分配

序号	教学单元	教学内容	教学要求		学时
			知识和素养要求	技能要求	
1	认知企业内部控制	1. 内部控制规范体系的构成 2. 内部控制的含义及目标 3. 内部控制基本要素 4. 内部控制	1. 辨认内部控制基本规范、应用指引、评价指引、鉴证指引 2. 阐述内部控制的含义及目标 3. 分析五大内部控制基本要素 4. 举例说明七大内部控制措施 **思政点**：树立"千里之堤，溃于蚁穴"的忧患意识	1. 能结合企业业务明确其内控应达到的具体目标 2. 能结合企业业务明确其内控建设应具备的基本要素	4
2	企业创立的控制	1. 组织架构的概念及组成 2. 治理结构和内部机构的设计及运行风险 3. 发展战略的概念及内容 4. 发展战略的制定及实施风险	1. 阐释组织架构的组成及运行风险 2. 解释发展战略的内容及实施风险 3. 应用《企业内部控制应用指引》第 1 号（组织架构）、第 2 号（发展战略）	1. 能结合企业业务规划发展战略 2. 能结合发展战略设计合适的组织架构	4
3	全面预算管理的控制	1. 全面预算管理的概念及组织体制、内控目标 2. 全面预算管理的流程 3. 全面预算管理的风险评估 4. 全面预算管理的风险管控措施	1. 叙述全面预算管理的概念、内控目标 2. 绘制全面预算管理的流程 3. 识别并分析预算管理中的风险 4. 应用《企业内部控制应用指引》第 15 号（全面预算） **思政点**：养成"凡事预则立，不预则废"的处事观	能结合企业业务设计预算管理流程，并管控预算管理中的风险	6
4	人力资源管理的控制	1. 人力资源管理的概念及内控目标 2. 人力资源管理的流程 3. 人力资源管理的风险评估 4. 人力资源管理的风险管控措施	1. 叙述人力资源管理的概念及内控目标 2. 绘制人力资源管理的流程 3. 识别并分析人力资源管理中的风险 4. 应用《企业内部控制应用指引》第 3 号（人力资源）、第 16 号（合同管理） **思政点**：遵循"用人之长，补其所短"的用人观	能结合企业业务设计人力资源的引进、开发、使用、退出流程，并管控人力资源管理中的风险	4

续表

序号	教学单元	教学内容	教学要求		学时
			知识和素养要求	技能要求	
5	筹资活动的控制	1. 筹资的内容及内控目标 2. 筹资的流程 3. 筹资的风险评估 4. 筹资的风险管控措施	1. 阐述筹资的内控目标 2. 绘制筹资的流程 3. 识别并分析筹资中的风险 4. 应用《企业内部控制应用指引》第 6 号（资金）、第 16 号（合同管理）	能结合企业业务设计筹资的流程，并管控筹资中的风险	6
6	投资活动的控制	1. 投资的内容及内控目标 2. 投资的流程 3. 投资的风险评估 4. 投资的风险管控措施	1. 阐述投资的内控目标 2. 绘制投资的流程 3. 识别并分析投资中的风险 4. 应用《企业内部控制应用指引》第 6 号（资金）、第 16 号（合同管理）、第 2 号（发展战略）、第 11 号（工程项目） **思政点**：具有未雨绸缪的理财观	能结合企业业务设计投资的流程，并管控投资中的风险	6
7	采购与付款的控制	1. 采购与付款的内容及内控目标 2. 采购与付款的流程 3. 采购与付款的风险评估 4. 采购与付款的风险管控措施	1. 阐述采购的内控目标 2. 绘制采购的流程 3. 识别并分析采购中的风险 4. 应用《企业内部控制应用指引》第 7 号（采购业务）、第 16 号（合同管理） **思政点**：坚持一诺千金的信用观	能结合企业业务设计采购的流程，并管控采购中的风险	6
8	存货与生产的控制	1. 生产的内容及内控目标 2. 生产的流程 3. 生产的风险评估 4. 生产的风险管控措施	1. 阐述生产的内控目标 2. 绘制生产的流程 3. 识别并分析生产中的风险 4. 应用《企业内部控制应用指引》第 6 号（资金）、第 8 号（资产管理） **思政点**：支持长治久安的治理观	能结合企业业务设计生产的流程，并管控生产中的风险	4
9	销售与收款的控制	1. 销售的内容及内控目标 2. 销售的流程 3. 销售的风险评估 4. 销售的风险管控措施	1. 阐述销售的内控目标 2. 绘制销售的流程 3. 识别并分析销售中的风险 4. 应用《企业内部控制应用指引》第 7 号（销售业务）、第 16 号（合同管理） **思政点**：建立防微杜渐的思想观	能结合企业业务设计销售的流程，并管控销售中的风险	6

续表

序号	教学单元	教学内容	教学要求		学时
			知识和素养要求	技能要求	
10	固定资产管理的控制	1. 固定资产管理的内容及内控目标 2. 固定资产管理的流程 3. 固定资产管理的风险评估 4. 固定资产管理的风险管控措施	1. 阐述固定资产管理的内控目标 2. 绘制固定资产管理的流程 3. 识别并分析固定资产管理中的风险 4. 应用《企业内部控制应用指引》第8号（资产管理）	能结合企业业务设计固定资产管理的流程，并管控固定资产管理中的风险	4
11	财务报告的控制	1. 财务报告的内容及内控目标 2. 财务报告的流程 3. 财务报告的风险评估 4. 财务报告的风险管控措施	1. 阐述财务报告的内控目标 2. 绘制财务报告的流程 3. 识别并分析财务报告中的风险 4. 应用《企业内部控制应用指引》第14号（财务报告）	能结合企业业务设计财务报告的编制、对外提供、分析利用的流程，并管控财务报告中的风险	4

五、教学条件

1. 师资队伍

要求授课教师具有丰富的专业理论知识和一定的财会业务工作经历，熟悉《会计法》《企业会计准则》《企业财务通则》《中国注册会计师审计准则》《企业内部控制基本规范》及其《应用指引》等法律法规；能够运用教学模拟平台示范操作全面预算、资金活动、采购业务、销售业务等活动的业务流程及相应内部控制管控；能够熟练运用教育学、心理学等基础理论知识指导学生进行相关业务的管控。

2. 实践教学条件

（1）理实一体化实训室。建议在一体化专业实训室或智慧教室进行教学，需要每个座位配置一台电脑，网络应流畅，能播放在线教学视频。有条件的情况下应配备与本课程相适应的智能化教学软件。

（2）教学软件平台。借助教学软件虚拟真实企业的实际工作和业务需求，帮助学生从财务的角度对公司的业务流程进行设计、再造、重构。

（3）实训工具设备。配备内控工作所需的办公文具，如办公设施、计算器、相关票据、打印机、扫描仪、文件柜及各种日用耗材。

（4）实训指导资料。配备内控实务操作手册，相关法律、法规、制度等文档，如：《企业内容控制基本规范》《企业内部控制配套指引》。

3. 教材选用与编写

教材应符合《职业院校教材管理办法》等文件的规定和要求，探索使用新型活页式、工作手册式教材并配套信息化资源。教材编写应以本课程标准为依据，充分体现任务引领、实践导向的设计思想，将企业内部控制工作分解成若干典型的工作项目，按内控岗位职责和工作项目完成过程来组织教材内容。教材内容应体现新技术、新工艺、新规范，贴近中小微企业内部控制需求。

（1）教材是完成教学过程、达到教学目标的手段和媒介，在编写过程中应充分体现本课程项目设计的理念，依据本课程标准采用任务驱动型模式进行编写。

（2）教材应按内部控制的工作内容、操作流程的先后顺序、理解掌握程度的难易程度等进行编写。

（3）教材编写应根据高职高专学生的特点，从培养技能型人才出发，内容安排上要深入浅出、适度、够用，突出实用，语言组织要简明扼要、科学准确、通俗易懂，形式上应图文并茂、可操作性强，配备大量的案例分析题，使学生能够在学习完理论知识后及时得到相应的技能训练。

（4）教材内容应体现先进性、准确性、通用性和实用性，要将最新的会计准则及内部控制前沿知识及时纳入教材，使教材更贴近本专业的发展和实际需要。

（5）教材中的活动设计内容要具体，并在实训室环境下具有可操作性。教材中的案例可以采用企业真实案例，提高学生业务操作的仿真度。

4. 教学资源及平台

（1）线上教学资源。支持混合教学和 MOOC 开放的公共教学资源库或自建教学资源。建议利用智慧职教等平台建设教学资源库和在线开放课程，为实施线上线下混合教学提供条件。

（2）线上教学平台。采用符合国家有关互联网平台条件的公共教学平台。建议使用智慧职教等教学平台，利用职教云建设在线课程，设计教学活动；利用云课堂实施课堂教学。借助职教云强大的学习活动分析功能关注和分析学生的学习情况，及时解决学生学习中的短板问题。

六、教学方法

1. 头脑风暴教学法

头脑风暴教学法采用教师提出某一问题由学生自由发言，教师不对学生发言的正确性或标准性做任何点评的方式，教师和学生可以通过头脑风暴法讨论和搜集解决实际问题的建议，可以通过集体讨论得出结果。例如教师根据社会热点抛出问题，让学生集体讨论这一社会现象，学生学习知识的同时无形中树立价值观、道德观。

2. 项目教学法

项目教学法是以工作任务为依据设计教学项目，以学生为活动主体实施项目的教学方法，也就是将教学内容融入项目实施过程的一种教学方法。项目教学法是以学生为中心的教学模式，这种教学模式中学生是主动的学习者，教师是学生学习的指导者。每个项目的实施都有一个明确的任务、一个完整的过程，能够取得一个标志性成果。

3. 任务驱动法

任务驱动法是以职业能力养成为核心，通过设计不同场景的项目任务来组织教学，从获取信息到制订步骤，再到决策和付诸行动，直至检查、反思与评估，完成一个完整的工作过程。教师只扮演一个"咨询者""协调者"和"观察员"的角色，引导学生自主学习，向学生提供资源、给予建议和操作指导，可加深学生对基础知识和基本技能的掌握，也有助于学生职业判断能力、决策能力的提升和团队合作精神的培养。

4. 情境教学法

情景教学法是指在教学过程中，教师有目的地引入或采用虚拟企业、虚拟职能部门、虚拟业务流程等现代技术手段，将教学内容以视频、动漫等方式展示，提高学习的现场感、趣味性，激发学生的情感，使学生能够尽快适应、了解和掌握将来所从事的工作所必备的知识和技能，直至熟悉可能遇到的各种方法，帮助学生做出正确的决策，有效调动学生学习的主动性、积极性和创造性，培养学生职业能力。

5. 案例教学法

案例教学法包括讲解案例法和讨论案例法两种。讲解案例法，是将案例教学融入传统的讲授教学法之中的一种方法，教学中使用的案例通常是针对课程知识体系中的重点、难点问题设计的，也称"知识点案例"。讨论案例法，是以学生课堂讨论为主，案例是学生讨论的主题，学生通过对案例的剖析，提出各自的解决方案，并予以充分讨论。

6. 角色扮演教学法

在项目实训阶段，可以按工作内容将学生分组，分别扮演科员、主管、财务经理和总经理，对应负责资料准备、制度起草、制度审核和制度审批；每个同学轮流扮演不同角色。

7. 线上线下混合教学法

本课程课时量不能完全满足理论与实践同步推进的一体化教学需要，应充分利用在线课程培养学生自主学习能力，把基本理论知识的学习放在课外解决，课堂主要解决关键知识点存在的问题，完成实训任务。教师要利用好线上课程，设计课前、课中、课后环节，利用云课堂布置和批改、评讲作业，为学生打造移动课堂。

七、教学重点难点

1. 教学重点

教学重点：全面预算管理、筹资活动、投资活动、采购与付款、销售与收款、资产管理、财务报告。

教学建议：结合实训资料，以采购业务为基础，让学生熟练采购业务的内部控制流程及风险。在学生充分理解和掌握的基础.上再利用实训资料或案例学习采取哪些内部控制方法及措施，学会内部控制制度的设计。

2. 教学难点

教学难点：全面预算管理。

教学建议：通过选择合适的实训资料，帮助学生理解全面预算是全方位、全过程、全员参与编制与实施的预算管理模式。首先结合公司具体业务特点及管理需求制订"材料采购预算表""生产预算表""销售预算表""费用预算表""固定资产采购预算表"及"预算调整申请表"样式模板；其次根据各预算资料，制订各预算编制流程及预算调整流程，最终在各业务实际发生时，联系预算数据，与实际数据牵制。

八、教学评价

本课程主要考核学生知识目标、技能目标及素质目标的达标情况。理论知识的掌握情况主要通过期末闭卷考试进行考核，占总成绩的40%；技能目标主要通过对学生提交的工作成果的完成情况进行考核，占总成绩的30%；素质目标主要通过对线下出勤与课堂表现、线上学习、团队合作情况进行考核，占总成绩的30%。

九、编制说明

1. 编写人员

课程负责人：杜　方　广州番禺职业技术学院（执笔）

课程组成员：钟晓玲　广州番禺职业技术学院

　　　　　　盛国穗　广州番禺职业技术学院

　　　　　　刘炜亮　广州农村商业银行股份有限公司

2. 审核人员

　　　　　　杨则文　广州番禺职业技术学院

　　　　　　徐　杭　广州市番禺沙园集团有限公司

"财务决策（教学企业项目）"课程标准

课程名称：财务决策（教学企业项目）
课程类型：专业综合实践课
学　　时：28 学时
学　　分：1 学分
适用专业：大数据与会计

一、课程定位

本课程是基于业财税一体化、智能化要求开设，主要以网中网的财务决策平台的真实或仿真业务为载体，采取学生组队模式虚拟运营一家工业企业，参与学生四人一组分别承担四个不同岗位：运营管理、资金管理、成本管理和财务总监，共同配合完成企业三个月的生产经营活动、成本核算、账务处理和纳税申报。本课程是大数据与会计专业的综合实践课程。前置课程为"业务财务会计""智能化税费核算与管理""智能化成本核算与管理""战略管理会计""智能化财务管理""大数据财务分析"。

二、课程设计思路

（1）业财税融合。本课程让参与学生虚拟运营一家工业企业，让学生亲自体验从企业创立、初始的投产准备、生产经营、销售发货、资金回笼到投资、筹资等一系列经营过程，完成所有营运决策，完成模拟企业成本核算、账务处理、纳税申报，体会企业从投入、产出到盈利的全过程，让学生站在业务的源头去理解会计业务，站在企业整体视角去认识财务决策对企业绩效提升的重要作用，提升财税知识的实践应用能力。

（2）借鉴"财务共享服务职业技能等级标准"中级、高级考证要求，选取部分内容融入本课程之中。

（3）借助"网中网杯"财务决策技能大赛实现课赛融合，坚持"以赛促教，以赛促学，以赛促改，以赛促建"。

（4）教学过程强调"诚实守信，爱岗敬业"的职业素养；通过对企业经营决策的体验培养学生的探究精神和专业综合决策能力；通过业财税一体化操作让学生站在企业整体视角思考，具备统观全局视野和风险管控意识；通过分组协岗操作，培养学生沟通能力和团队意识。

三、课程目标

本课程通过对财务决策软件平台的实操，对学生所学的专业知识进行综合考察，在企业实操中检验学生对资金运筹、会计账务处理、纳税申报知识的掌握程度和对企业整体运营的把控，培养学生勇于探索的创新精神，锻炼学生的决策能力、风险管控能力和团队协作能力。具体而言，本课程学习目标由知识目标、能力目标及素质目标构成。

1. 知识目标

（1）熟悉工业企业生产经营活动流程；

（2）掌握工业企业常见经济业务的会计核算；

（3）掌握工业企业成本归集、核算的流程和方法；

（4）掌握增值税的计算原理和纳税申报；

（5）掌握企业所得税的计算原理和纳税申报；

（6）掌握印花税、房产税、附加税费等税费的计算和申报。

2. 技能目标

（1）能结合实际情况进行企业经营决策；

（2）能结合企业实际经济业务进行会计账务处理；

（3）能结合企业实际生产业务进行成本归集、核算；

（4）能结合企业实际情况正确计算增值税应纳税额和按期申报纳税；

（5）能结合企业实际情况正确进行企业所得税汇算清缴和申报纳税；

（6）能结合企业实际情况进行其他税费的计算和申报纳税。

3. 素质目标

（1）能具备探究精神和创新意识；

（2）能具备统观全局视野和风险管控意识；

（3）能具备良好的专业综合决策能力；

（4）能具备良好的沟通协作能力和团队意识；

（5）能具备诚实守信、爱岗敬业的职业素养。

四、教学内容要求及学时分配

序号	教学单元	教学内容	教学要求		学时
			知识和素养要求	技能要求	
1	认知财务决策	1. 财务决策软件平台基本架构和规则 2. 财务决策软件平台操作基本流程 3. 课程安排和要求	1. 熟悉财务决策软件平台规则 2. 掌握财务决策软件平台操作流程	能熟练操作财务决策软件平台	2
2	投产前准备	1. 租赁办公用房、厂房和生产线操作 2. 员工招聘入职操作 3. 生产线的安装调试操作	1. 掌握投产前各项准备工作的实操 2. 掌握边际贡献率预测分析 3. 掌握单位产品固定成本测算 4. 具备探究精神和专业综合决策能力	1. 能根据产品的贡献边际率进行产品生产决策 2. 能通过对产品的单位固定成本耗费的测算进行生产线选择决策	2
3	物资采购	1. 原材料采购操作 2. 其他固定资产购买操作	1. 掌握原材料采购和其他资产采购实训操作 2. 掌握利润无差别点的测算 3. 具备探究精神和专业综合决策能力	能通过利润无差别点的测算进行材料采购的决策	0.5
4	产品生产入库	产品生产操作	1. 掌握确定生产批次及产量的计算方法 2. 掌握预测产品成本的计算方法	1. 能根据生产情况确定最优生产批量 2. 能根据预计完成日期确定材料及人工投入	0.5
5	销售发货	1. 承接订单操作 2. 订单发货操作 3. 企业广告投入操作 4. 易货业务和原材料销售业务操作	1. 掌握承接订单、订单发货、广告投放、易货业务和原材料销售业务操作 2. 掌握信用政策选择的计算方法 3. 掌握广告投放决策方法 **思政点**：具备诚实守信、爱岗敬业的职业素养	1. 能结合市场咨询，预测产品价格走势从而制定产品销售策略与计划 2. 能正确进行信用政策的选择 3. 能正确进行广告投入决策	0.5
6	其他特殊业务操作	1. 短期借款业务操作 2. 股票业务操作	1. 熟悉短期借款业务操作 2. 熟悉股票业务操作 3. 具备统观全局视野和风险管控意识	1. 能根据企业运营资金需求进行短期借款决策 2. 能通过对股票损益的测算进行股票业务决策	0.5

续表

序号	教学单元	教学内容	教学要求		学时
			知识和素养要求	技能要求	
7	采购环节账务处理	1. 原材料采购业务账务处理 2. 固定资产购置业务账务处理 3. 租入固定资产账务处理 4. 支付水电费账务处理	1. 掌握原材料采购业务的账务处理 2. 掌握固定资产购入业务的账务处理 3. 掌握经营租赁方式租入固定资产业务的账务处理 4. 掌握支付水电费业务的账务处理 **思政点**：具备"诚实守信，不做假账"的职业操守	能根据企业具体采购业务在财务共享中心正确进行报账审核	1
8	生产环节账务处理	1. 工资费用分配表的编制和账务处理 2. 制造费用分配表的编制和账务处理 3. 完工产品和月末在产品分配表的编制和账务处理 4. 固定资产折旧计提表的编制和账务处理	1. 掌握工资费用分配表、制造费用分配表、完工产品和月末在产品分配表的编制和相应的账务处理 2. 掌握固定资产折旧计提表的编制和账务处 **思政点**：具备"诚实守信，不做假账"的职业操守	1. 能正确归集和分配工资费用并处理相关账务 2. 能正确归集分配制造费用并处理相关账务 3. 能正确分配完工产品和在产品成本并处理相关账务 4. 能正确计提固定资产折旧并处理相关账务	2
9	销售环节账务处理	1. 一般销售业务账务处理 2. 易货业务账务处理 3. 原材料销售业务账务处理 4. 广告投放业务账务处理	1. 熟悉易货业务、原材料销售业务的账务处理 2. 掌握一般商品销售业务、广告投放业务的账务处理 **思政点**：具备"诚实守信，不做假账"的职业操守	能根据企业具体销售业务在财务共享中心正确进行报账审核	1
10	投资筹资环节账务处理	1. 股票投资业务账务处理 2. 短期借款筹资业务账务处理	1. 熟悉交易性金融资产初始计量，后续计量和处理 2. 掌握筹资业务的账务处理 **思政点**：具备"诚实守信，不做假账"的职业操守	能根据企业具体投筹资业务在财务共享中心正确进行报账审核	0.5
11	月末计提事项账务处理	1. 产品质量保证金的计提 2. 坏账准备的计提 3. 未交增值税费用的结转 4. 企业所得税费用、附加税费的计提	1. 掌握产品质量保证金、坏账准备的计提 2. 掌握未交增值税费用的结转 3. 掌握企业所得税费用、附加税费的计提 4. 掌握无原始单据凭证的账务处理	1. 能根据企业具体情况计提产品质量保证金和坏账准备 2. 能根据企业纳税申报情况正确结转未交增值税费和计提企业所得税费、附加税费	1.5

续表

| 序号 | 教学单元 | 教学内容 | 教学要求 | | 学时 |
			知识和素养要求	技能要求	
12	增值税纳税申报	1. 增值税纳税申报表的填写 2. 增值税纳税申报	掌握增值税纳税申报表的填写 **思政点**：具备"诚实守信，依法纳税"的职业素养	能正确填写企业增值税纳税申报表并申报纳税	1
13	企业所得税纳税申报	1. 季度预缴企业所得税纳税申报 2. 企业所得税年度汇算清缴	1. 掌握企业所得税季度预缴纳税申报表的填写和账务处理 2. 掌握企业所得税年度汇算清缴及账务处理 **思政点**：具备"诚实守信，依法纳税"的职业素养	能根据具体企业情况正确进行企业所得税季度预缴或年度汇算清缴	4
14	其他税费纳税申报	1. 印花税纳税申报 2. 附加税费纳税申报 3. 房产税纳税申报	1. 掌握印花税、附加税费、房产税应纳税额的计算 2. 掌握其他税费纳税申报表的填写 **思政点**：具备"诚实守信，依法纳税"的职业素养	能根据企业实际情况正确进行其他税费的申报纳税	1
15	小组对抗	分组实训对抗：企业三个月运营、账务处理、纳税申报实训	**思政点**：具备良好的沟通能力和团队意识	能顺利进行三个月营运并正确进行账务处理和纳税申报	8
16	实训总结	分组实训总结汇报		能根据各组情况客观进行总结分析	2

五、教学条件

1. 师资队伍

（1）专任教师。要求具有扎实的财会理论、税收理论功底，对财务共享服务有一定认识；熟悉企业生产经营活动流程，熟悉企业财务会计、成本会计、税务会计工作流程，熟悉实训平台软件操作；能够指导学生完成企业经营决策，正确进行成本核算、账务处理和纳税申报。

（2）兼职教师。要求是实训软件平台的业务人员，熟悉实训平台规则和操作，能进行营运管理、财务共享中心等内容的示范教学，能帮忙解决实训操作过程遇到的各种问题。

2. 实训教学条件

（1）理实一体化实训室。建议在一体化专业实训室或智慧教室进行教学，需要每个座位配置一台电脑，网络应流畅，能播放在线实训教学视频。

（2）实训教学软件平台。建议使用厦门网中网软件有限公司的财务决策实训平台 V4.1.0。

（3）实训指导资料。配备实训操作手册，实训要求、实训规则等文档。

3. 实训教材选用与编写

实训教材应符合《职业院校教材管理办法》等文件的规定和要求，探索使用新型活页式、工作手册式教材并配套信息化资源。教材编写应以本课程标准为依据，充分体现工作任务引领的设计思想，应根据高职高专学生的特点，从培养技能型人才出发，内容安排上要深入浅出，适度、够用，突出实用，语言组织要简明扼要、科学准确、通俗易懂，形式上应图文并茂、操作指引清晰，能很好引导学生的实训操作。建议采用清华大学出版社出版、桑士俊主编的《财务决策实务教程》。

4. 教学资源及平台

（1）线上教学资源。支持混合教学和 MOOC 开放的公共教学资源库或自建教学资源。建议利用智慧职教等平台建设教学资源库和在线开放课程，为实施线上线下混合教学提供条件。建议采用智慧职教平台广州番禺职业技术学院欧阳丽华主持的会计专业群教学资源库《财务决策（教学企业项目）》课程资源。

（2）线上教学平台。采用符合国家有关互联网平台条件的公共教学平台。建议使用智慧职教等教学平台，利用职教云建设在线课程，把对相关专业理论知识的回顾和对软件操作的熟悉放在课外解决，课堂主要解决学习和操作中存在的问题，完成实训任务。

六、教学方法

1. 课堂讲授法

课堂讲授法是教师通过口头语言向学生描绘情境、叙述事实、解释概念、论证原理和阐明规律的教学方法。该方法以教师的语言作为主要媒介系统，连贯地向学生讲解实训中涉及的理论知识、实训操作流程，帮助学生回顾相关专业知识，熟悉实训操作流程，解决实训中的难点和易错点。

2. 翻转课堂教学法

本课程充分利用信息化教学手段开展信息化教学，利用智慧职教云等教学平台建立在线开放课程，引导学生进行课前自学，布置学习任务要求独立完成网中网财务决策实训软件系统的操作，教师通过分析实操平台学生的操作情况，发现学生学习中、操作中存在的问题，课堂上来解决。

3. 线上线下混合教学法

本课程需要回顾综合前置课程所学财会、成本、税务等专业知识，应充分利用在线课程把对专业理论知识的回顾和实训平台的熟悉放在课外解决，课堂主要解决实训操作中存在的问题，完成实训任务。教师要利用好线上课程，设计课前、课中、课后各环节的学习或实训操作任务，为学生打造移动课堂。

4. 分工协作教学法

本课程借助网中网财务决策实训平台，分组实训，通过扮演四个不同的岗位角色，在注重培养学生专业技能的同时，也相应培养学生的沟通能力与团队协作意识。本课程最后以小组为单位汇报各自的实训成果，培养学生的口头表达能力及公众场合的演讲能力。通过分组协岗学习，培养学生团队协作能力。

七、教学重点难点

1. 教学重点

教学重点：经营决策、成本核算、财务共享报账审核、增值税纳税申报、其他税费纳税申报、企业所得税季度预缴。

教学建议：借助财务决策实训平台，将整个实训分三轮进行，第一轮专注企业营运管理，让学生熟悉企业生产经营活动流程，完成所有经营决策；第二轮在学生熟悉企业经济业务基础上完成企业成本核算、财务共享报账审核和增值税、企业所得税、其他税费的申报缴纳；第三轮分组分岗实训，让学生分组分岗协同完成企业三个月生产经营活动、三个月的成本归集核算、三个月的账务处理和税费申报缴纳，进一步巩固所学知识、强化技能。

2. 教学难点

教学难点：经营决策、成本核算、企业所得税汇算清缴。

教学建议：借助财务决策技能大赛，引导学生积极探索，更好地理解经营决策的思维模式，提升企业营运能力，完成企业经营决策实训；通过翻转课堂、线上线下混合教学，帮助学生课前回顾成本核算、企业所得税汇算清缴理论知识，提前熟悉成本核算基本流程、所得税汇算清缴基本步骤，课中通过讲训结合解决实训中的易错点和各种难点问题，课后进一步强化，最终完成成本核算实训、所得税汇算清缴实训。

八、教学评价

本课程教学评价主要考核学生知识目标、技能目标及素质目标的达成情况。成绩由两部分组成：个人独立实训成绩和分组实训成绩。个人独立实训操作成绩占50%，主要根据个人平时课堂表现及独立实训操作情况进行综合评分；分组实训成绩占50%，通过对分组实训情况和实训汇报总结进行综合评分。实训成绩构成情况具体见下表：

考评构成	考核项目	目标达成情况
个人独立实训成绩（50%）	• 出勤情况、课堂表现、线上学习（10%） • 运营管理成绩（20%） • 账务处理、纳税申报（20%）	• 素质目标 • 知识目标、技能目标、素质目标 • 知识目标、技能目标、素质目标
分组实训成绩（50%）	• 分组实训结果（40%） • 实训汇报（10%）	• 知识目标、技能目标、素质目标 • 素质目标

九、编制说明

1. 编写人员

课程负责人：欧阳丽华　广州番禺职业技术学院（执笔）

课程组成员：刘　飞　　广州番禺职业技术学院

　　　　　　郝雯芳　　广州番禺职业技术学院

2. 审核人员

　　　　　　杨则文　　广州番禺职业技术学院

"企业所得税汇算清缴
（教学企业项目）"课程标准

课程名称：企业所得税汇算清缴（教学企业项目）
课程类型：专业综合实践课
学　　时：28 学时
学　　分：1 学分
适用专业：大数据与会计、大数据与审计、会计信息管理

一、课程定位

本课程以真实或仿真业务为载体，依据企业税务岗位对会计人员的专业综合实践能力要求开设。在熟悉常见经济业务税会差异税务处理基础上，了解企业所得税年度纳税申报表基本结构及表单勾稽关系，填制企业所得税年度纳税申报表并完成申报。本课程是大数据与会计、大数据与审计和会计信息管理专业职业能力综合课程。前置课程为"大数据会计基础""业务财务会计""智能化税费核算与管理""Excel 在财务中的应用"，后续课程为"财务决策（教学企业项目）"、顶岗实习与毕业调研。

二、课程设计思路

（1）按照"体现工作过程特征，符合行动导向教学要求"的课程设计理念，本课程以税务岗位年度终了完成企业所得税汇算清缴为项目载体，根据完成企业所得税汇算清缴工作流程组织课程结构，依据年度汇算清缴工作任务设计典型学习情境，学习情境围绕实训案例展开。学生通过在完成项目任务过程中将前导课程理论融会贯通、灵活运用，建构起完成年度企业所得税汇算清缴知识体系，提升岗位间沟通协调能力，提高创造性分析问题、解决问题能力，进一步增强会计职业综合素养。

（2）课程内容融合智能财税职业技能等级标准（中级）、财务数字化应用职业技能等级标准（高级）、业财一体信息化应用职业技能等级标准（高级）等多个 X 证书中企业所得税汇算清缴考核内容，将课程实践与 X 证书技能考核相融合。

（3）教学过程中强调"诚实纳税"职业操守。通过年度企业所得税税费计算过程培养

学生严谨、细心的工作作风；通过分组实践，培养学生协作共进的团队意识；通过多种不同类型的税收优惠政策学习与实践，培养社会参与感与责任感、创新创业意识。

三、课程目标

本课程旨在培养学生胜任完成年度企业所得税汇算清缴申报能力，具体包括知识目标、技能目标和素质目标。

1. 知识目标

（1）了解年度企业所得税纳税申报流程；

（2）熟悉年度企业所得税纳税申报表基本结构及表间关系；

（3）了解年度企业所得税纳税申报表数据基本来源；

（4）熟悉常见收入类、支出类业务税会差异税务处理；

（5）理解企业所得税亏损弥补税收政策；

（6）理解一般企业常见税收优惠政策；

（7）掌握境外所得独立于境内所得税会差异调整；

（8）掌握总分机构税额分摊计算比例。

2. 技能目标

（1）能完整准备办理汇算清缴所需资料；

（2）能正确填报企业基础信息表；

（3）能对税会存在差异的纳税项目进行税务调整；

（4）能正确确认、计算应税收入；

（5）能熟练确认允许税前扣除项目；

（6）能正确进行资产税务处理；

（7）能结合亏损弥补政策填报弥补亏损明细表；

（8）能根据不同税收优惠政策填报税收优惠类明细表；

（9）能结合境外所得税业务填报境外所得抵免类明细表；

（10）能正确填报跨地区经营汇总纳税企业年度分摊企业所得税明细表；

（11）能正确填报企业所得税汇总纳税分支机构所得税分配表。

3. 素质目标

（1）培养合理合法纳税意识；

（2）养成严谨的工作态度、实事求是工作作风；

（3）恪守会计职业道德，诚实守信。

四、教学内容要求及学时分配

序号	教学单元	教学内容	教学要求		学时
			知识和素养要求	技能要求	
1	认知企业所得税汇算清缴	企业所得税汇算清缴基本认识	1. 了解年度企业所得税汇算清缴时间 2. 了解年度企业所得税汇算清缴所需准备资料 3. 掌握年度企业所得税纳税申报流程	1. 能完整准备办理企业所得税汇算清缴所需资料 2. 能在规定时间内完成企业所得税汇算清缴	1
2	封面、基础信息表、主表的填报	1. 企业所得税年度纳税申报表封面的填写 2. A000000 企业基础信息表的填报 3. A100000 年度纳税申报表主表的填报	1. 了解 A000000 基础信息表所需信息获取途径 2. 掌握 A100000 年度纳税申报表主表数据来源 3. 理解主表数据与附表间的层级关系	1. 能正确填报纳税申报表封面 2. 能正确填报企业基础信息表 3. 能正确填报主表数据	2
3	收入明细表、支出明细表、期间费用明细表的填报	1. A101010 一般企业收入明细表的填报 2. A102010 一般企业成本支出明细表的填报 3. A104000 期间费用明细表的填报	1. 了解主营业务收入中可能存在税会差异调整的事项 2. 了解其他业务收入中可能存在税会差异调整的事项 3. 了解营业外收入中可能存在税会差异调整的事项 4. 了解主营业务成本中可能存在税会差异调整的事项 5. 了解其他业务成本中可能存在税会差异调整的事项 6. 了解营业外收入中可能存在税会差异调整的事项 7. 了解期间费用中可能存在税会差异调整的事项	1. 能结合财务资料正确填报收入明细表 2. 能结合财务资料正确填报支出明细表 3. 能结合财务资料正确填报期间费用明细表	1
4	纳税调整类明细表的填报	1. A105000 纳税调整项目明细表的填报 2. A105010 视同销售和房地产开发企业特定业务纳税调整明细表的填报 3. A105020 未按权责发生制确认收入纳税调整明细表的填报	1. 了解视同销售调整事项税收处理政策 2. 理解租金收入确认企业所得税政策 3. 理解利息收入确认企业所得税政策 4. 理解特许权使用费收入确认企业所得税政策	1. 能对会计与税法存在差异的纳税项目进行税务调整 2. 能正确确认、计算应税收入 3. 能熟练确认允许税前扣除项目 4. 能正确进行资产的税	8

续表

序号	教学单元	教学内容	知识和素养要求	技能要求	学时
			教学要求		
		4. A105030 投资收益纳税调整明细表的填报 5. A105040 专项用途财政性资金纳税调整明细表的填报 6. A105050 职工薪酬支出及纳税调整明细表 7. A105060 广告费和宣传费跨年度纳税调整明细表的填报 8. A105070 捐赠支出纳税调整明细表的填报 9. A105080 资产折旧、摊销及纳税调整明细表的填报 10. A1005090 资产损失税前扣除及纳税调整明细表的填报 11. A105100 企业重组及递延纳税事项调整明细表的填报 12. A105110 政策性搬迁纳税调整明细表的填报	5. 理解分期收款方式销售货物企业所得税政策 6. 理解债权性投资、权益性收益事项企业所得税政策 7. 理解交易性金融资产初始投资调整 8. 了解不征税收入政策 9. 理解工资薪金支出扣除政策 10. 理解职工福利费、职工教育经费、工会经费支出政策 11. 理解业务招待费、广告费、业务宣传费支出政策 12. 理解有扣除限额的公益性捐赠支出政策 13. 理解利息支出、税收滞纳金税收政策 14. 理解资产减值准备金税收政策 15. 掌握捐赠支出加计扣除税务处理 **思政点**：培养社会责任感，引导学生在生活中团结友爱、互帮互助、乐于助人	务处理 5. 能熟练根据业务内容完成纳税调整类明细表的填报	
5	企业所得税弥补亏损明细表的填报	A106000 企业所得税弥补亏损明细表的填报	1. 理解企业所得税亏损弥补税收政策 2. 掌握纳税调整后所得的填报口径	能结合亏损企业类型正确填报企业所得税弥补亏损明细表	1
6	税收优惠类明细表的填报	1. A107010 免税、减计收入及加计扣除优惠明细表的填报 2. A107011 符合条件的居民企业之间的股息、红利等权益性投资收益优惠明细表的填报 3. A107012 研发费用加计扣除优惠明细表的填报 4. A107020 所得减免优惠明	1. 理解国债利息收入税务处理政策 2. 了解符合条件的非营利组织收入税收政策 3. 了解证券投资基金相关免税收入政策 4. 了解综合利用资源生产产品取得的收入政策 5. 了解安置残疾人员及国家鼓励安置的其他就业人员所	能结合目标企业不同的税收优惠政策填报相应税收优惠类明细表	4

续表

序号	教学单元	教学内容	教学要求		学时
			知识和素养要求	技能要求	
		细表的填报 5. A107030 抵扣应纳税所得额明细表的填报 6. A107040 减免所得税优惠明细表的填报 7. A107041 高新技术企业优惠情况及明细表的填报 8. A107042 软件、集成电路企业优惠情况及明细表的填报 9. A107050 税额抵免优惠明细表的填报	支付的工资加计扣除政策 6. 掌握研发费用加计扣除政策 7. 掌握高新技术企业减免税政策 8. 掌握小微企业税收优惠政策 **思政点**：理解研发费用加计扣除背后意义，引导学生树立创新学习的理念，形成不断创新发展的学习意识		
7	境外所得抵免类明细表的填报	1. A108000 境外所得税收抵免明细表的填报 2. A108010 境外所得纳税调整后所得明细表的填报 3. A108020 境外分支机构弥补亏损明细表的填报 4. A108030 跨年度结转抵免境外所得税明细表的填报	1. 能区分来源于境外的所得与来源于境内的所得 2. 理解分国不分项的计算原则 3. 掌握境外所得独立于境内所得进行税会差异调整	能结合目标企业境外所得税业务填报境外所得抵免类明细表	2
8	汇总纳税企业明细表的填报	1. A109000 跨地区经营汇总纳税企业年度分摊企业所得税明细表的填报 2. A109010 企业所得税汇总纳税分支机构所得税分配表的填报	1. 明确跨地区汇总纳税企业总分机构的范围 2. 明确跨地区汇总纳税企业总机构所得税汇算清缴报送的申报资料 3. 掌握总分机构税额分摊计算比例	1. 能正确填报跨地区经营汇总纳税企业年度分摊企业所得税明细表 2. 能正确填报企业所得税汇总纳税分支机构所得税分配表	1
9	综合案例	1. 小微企业所得税汇算清缴综合案例 2. 高新技术企业所得税汇算清缴综合案例 3. 一般企业所得税汇算清缴综合案例	掌握企业所得税汇算清缴表单填报方法	能独立完成目标企业年度企业所得税汇算清缴填制、申报	8

五、教学条件

1. 师资队伍

（1）专任教师。要求具有扎实的税收理论功底和一定的办税业务岗位经历，熟悉国家税收法律法规知识和企业纳税工作流程；能够熟练计算企业所得税应纳税额，熟练操作企业所得税纳税申报软件，能示范演示纳税申报和税款缴纳流程；能够运用各种教学手段和教学工具指导学生进行税收知识学习和开展企业纳税实践教学。

（2）兼职教师。包括：①现任企业税务会计，要求能进行税务管理、税费计算、纳税申报、税款缴纳以及财产损失、亏损弥补、税收优惠事项报批等内容的教学；②现任税务师事务所或会计师事务所税务代理人员，要求能够针对中小企业的实际情况进行企业所得税纳税申报和税务咨询等内容的教学；③现任税务机关税收征管业务工作人员，要求能够进行纳税申报、税款征收、欠税管理、税务稽查等方面的教学。

2. 实践教学条件

（1）理实一体化实训室。建议在一体化专业实训室或智慧教室进行教学，需要每个座位配置一台电脑，网络应流畅，能播放在线教学视频。

（2）教学实操平台。模拟电子纳税申报平台，可在机上进行无纸化纳税申报操作。借助教学软件虚拟真实企业的年度汇算清缴资料，帮助学生完成企业所得税年度汇算清缴纳税申报。

（3）实训工具设备。配备纳税工作所需的办公文具，如办公设施、票据、打印机、扫描仪、计算器、文件柜及各种日用耗材，配置具有税费计算与申报功能的网络及计算机设备。

（4）实训指导资料。配备纳税实务操作手册，相关法律、法规、制度等文档。

3. 教材选用与编写

教材应符合《职业院校教材管理办法》等文件的规定和要求，探索使用新型活页式、工作手册式教材并配套信息化资源。教材编写应以本课程标准为依据，充分体现任务引领、实践导向的设计思想，将企业所得税年度纳税申报工作分解成若干典型的工作项目，按工作项目完成过程来组织教材内容。教材内容应体现新技术、新工艺、新规范。

（1）教材是完成教学过程、达到教学目标的手段和媒介，在编写过程中应充分体现本课程项目设计的理念，依据本课程标准采用任务驱动型模式进行编写。

（2）教材应按企业所得税年度纳税申报工作内容、操作流程的顺序、理解掌握的难易程度等进行编写。

（3）教材编写应根据高职高专学生的特点，从培养技能型人才出发，内容安排上要深入浅出，适度、够用，突出实用，语言组织要简明扼要、科学准确、通俗易懂，操作指引清晰，使学生能够在指引指导下完成企业所得税年度纳税申报。

（4）教材内容应体现及时性、先进性、准确性，要将最新的税收政策知识及时地纳入教材，使教材更贴近实务工作的实际需要。

（5）教材中的活动设计内容要具体，并在实训室环境下具有可操作性。教材中的案例可以采用企业真实案例，提高业务操作仿真度。

（6）本课程建议采用的教学工具参考书是中国税务出版社出版、冯秀娟主编的《一案解析企业所得税纳税申报》，因企业所得税汇算清缴的时效性较强，建议选择最新版本的指导教材，能与最新的税收政策相接。

4. 教学资源及平台

（1）职教云互联网＋智慧教学平台。利用职教云互联网＋智慧教学平台，将教学资源上传平台，实现教学资源库与教师自制教学资源自由组合，网页版和手机端云课堂 APP 方便教学设计、组织课堂讨论、头脑风暴、小组 PK 等活动，平台的学习轨迹记录功能实时记录学生课前、课中、课后学习数据，为过程性评价提供客观数据支持。

（2）真实企业案例。课程教学案例均来自于真实企业账务资料，学生通过训练不同规模、不同类型企业年度企业所得税汇算清缴的填报，提升岗位职业技能与素养。

（3）政府公开网络平台。根据填报资料来源不同，需要灵活登录不同的政府官方信息平台，以查阅企业基本信息资料。

六、教学方法

本课程以案例教学为主要教学方法。以完成企业所得税年度纳税申报工作任务设计教学情境，以任务驱动教学进程，学生通过独立思考、小组合作、查阅资料、分析讨论等方式，探究、合作完成工作任务。

七、教学重点难点

1. 教学重点

教学重点：企业基础信息表及纳税申报表主表的填报、纳税调整类项目明细表的填报、税收优惠类明细表的填报。

教学建议：教师通过具体案例演示并指导案例填报、提供多种不同类型企业、不同行业案例训练，掌握常见业务的填报。

2. 教学难点

教学难点：纳税调整类项目明细表的填报、税收优惠类明细表的填报、境外所得抵免类明细表的填报。

教学建议：对填报难点录屏操作讲解以供不同学习层次学生个性化学习，并通过指导案例填报、提供多种不同类型企业、不同行业案例训练。

八、教学评价

本课程采用过程性评价（50%）和综合案例评价（50%）两部分构成。过程性评价主要包括平时考勤、课堂讨论、独立单项实训成绩构成，通过单项业务实训，评价学生是否正确完成各类纳税申报表的填报，以检测学生知识、技能目标掌握情况，能否按时按质提交实训成果；综合案例评价主要考核学生独立完成目标企业年度企业所得税汇算清缴申报质量。

九、编制说明

1. 编写人员

课程负责人：黄丽丽　广州番禺职业技术学院（执笔）

课程组成员：刘　云　广州番禺职业技术学院

董月娥　广州美厨智能家居科技股份有限公司

邓菊兰　广州湖美实业股份有限公司

2. 审核人员

杨则文　广州番禺职业技术学院

徐　杭　广州市番禺沙园集团有限公司

"云财务应用（教学企业项目）"课程标准

课程名称：云财务应用（教学企业项目）
课程类型：专业综合实践课
学　　时：196 学时
学　　分：7 学分
适用专业：大数据与会计、大数据与审计、会计信息管理

一、课程定位

本课程以真实或仿真业务为载体，依据企业对会计人员的财税业务处理能力要求开设，利用财务云协同管理平台训练学生处理中小微企业真实财税业务的能力。本课程是大数据与会计专业、大数据与审计专业、会计信息管理专业的专业综合实践课程。前置课程为"业务财务会计""共享财务会计""智能化税费核算与管理""智能化成本核算与管理"，后续课程为"战略管理会计"。

二、课程设计思路

（1）本课程依托与公司共建的社会化财务云共享中心，引入真实企业业务，根据财务云共享中心业务特征，选取智能理票、智能核算、凭证审核、智能报税、税务核查、凭证装订 6 个工作岗位的主要工作内容作为教学内容，训练学生处理真实企业业务的能力。

（2）借鉴"财务共享服务职业技能等级标准"初级、中级考证要求，选取部分内容融入本课程之中。

（3）教学过程中强调"诚实守信，不做假账"的职业底线；通过处理税务申报与核查工作，强化学生依法纳税的公民意识；通过分岗协作，培养学生团队合作的精神。

三、课程目标

课程旨在培养学生胜任企业会计岗位的综合能力，具体包括知识目标、技能目标和素质目标。

1. 知识目标

（1）理解财务云共享中心运营特点；

（2）熟悉财务云共享中心各岗位职责；

（3）掌握单据鉴别方法；

（4）掌握单据分类要点；

（5）掌握单据扫描与上传方法；

（6）掌握采购业务核算方法；

（7）掌握销售业务核算方法；

（8）掌握货币资金收支业务核算方法；

（9）掌握薪酬业务核算方法；

（10）掌握成本费用核算方法；

（11）掌握期末摊提转核算方法；

（12）掌握常见税种申报与核算方法；

（13）掌握记账凭证审核方法；

（14）掌握税务申报核查方法；

（15）掌握凭证装订方法与流转要求。

2. 技能目标

（1）能熟练操作财务云管理平台；

（2）能识别、审核、归类、扫描、上传各种单据；

（3）能利用云平台处理企业采购业务；

（4）能利用云平台处理企业销售业务；

（5）能利用云平台处理企业货币资金收支业务；

（6）能利用云平台处理企业薪酬业务；

（7）能利用云平台处理企业成本业务；

（8）能利用云平台处理企业费用业务；

（9）能利用云平台分析审核企业账务；

（10）能利用云平台处理企业报税业务；

（11）能利用云平台核查企业税务；

（12）能装订并流转会计凭证。

3. 素质目标

（1）能具备"诚实守信，不做假账"的职业操守；

（2）能保持"爱岗敬业，谨慎细心"的工作态度；

（3）能弘扬"精益求精，追求卓越"的工匠精神；

（4）能遵守"分岗协作，共同进步"的合作原则；

（5）能贯彻"客户至上，质量第一"的执业理念。

四、教学内容要求及学时分配

序号	教学单元	教学内容	教学要求		学时
			知识和素养要求	技能要求	
1	岗位认知	1. 财务云协同管理平台模块与功能 2. 财务云共享中心组织架构与岗位职责	1. 掌握财务云协同管理平台常用模块与功能 2. 熟悉智能理票岗位职责 3. 熟悉凭证装订岗位职责 4. 熟悉智能核算岗位职责 5. 熟悉凭证审核岗位职责 6. 熟悉智能报税岗位职责 7. 熟悉税务核查岗位职责 **思政点**：团队协作，互相配合	能熟练操作财务云协同管理平台	4
2	票据整理	1. 票据认知 2. 票据整理 3. 票据扫描 4. 票据上传	1. 掌握常见单据鉴别方法 2. 掌握专用扫描仪扫描与保存方法 3. 掌握票据归类原则 4. 掌握平台上传单据流程 **思政点**：遵纪守法，甄别不合法票据	1. 能识别并审核常见原始单据 2. 能扫描、分类并按流程上传原始单据 3. 每组完成200家企业单据扫描上传	18
3	票据审核	1. 票据审核内容 2. 票据审核流程	1. 掌握平台已上传单据审核要点 2. 掌握平台票据审核流程 **思政点**：遵纪守法，甄别不合法票据	1. 能对平台已经上传的单据进行审核 2. 能对单据审核结果按流程进行处理 3. 每组完成200家企业单据审核	12
4	智能核算	1. 建立账套 2. 采购业务处理 3. 销售业务处理 4. 货币资金业务处理 5. 薪酬业务处理 6. 成本业务处理 7. 费用业务处理 8. 期末业务处理	1. 掌握采购业务会计分录 2. 掌握销售业务会计分录 3. 掌握货币资金业务会计分录 4. 掌握薪酬业务会计分录 5. 掌握成本业务会计分录 6. 掌握费用业务会计分录 7. 掌握折旧摊销等业务会计分录 **思政点**：坚守"诚实守信，不做假账"职业底线	1. 能在云平台完成企业初始化工作 2. 能利用平台自动采集采购业务发票并生成记账凭证 3. 能利用平台自动采集销售业务发票并生成记账凭证 4. 能核算货币资金业务 5. 能核算工资计提与发放业务 6. 能核算社保、住房公积金计提与缴纳业务 7. 能核算工会经费及职工教育经费计提业务 8. 能核算费用报销业务	60

续表

序号	教学单元	教学内容	教学要求		学时
			知识和素养要求	技能要求	
				9. 能核算固定资产变动及折旧业务、无形资产变动及摊销业务 10. 能核算期末结转业务 11. 每组完成200家企业会计业务录入工作	
5	智能审核	1. 科目余额表分析 2. 采购业务审核 3. 销售业务审核 4. 货币资金业务审核 5. 薪酬业务审核 6. 成本业务审核 7. 费用业务审核 8. 期末业务审核	1. 掌握科目余额表审核要点 2. 掌握采购业务审核要点 3. 掌握销售业务审核要点 4. 掌握货币资金业务审核要点 5. 掌握薪酬业务审核要点 6. 掌握成本业务审核要点 7. 掌握费用业务审核要点 8. 掌握会计期末摊提转业务审核要点 **思政点**：提高业务水平，善于发现问题	1. 能调用科目余额表并进行分析检查 2. 能结合进项发票信息分析检查采购业务会计处理 3. 能结合销项发票信息分析检查销售业务会计处理 4. 能结合银行对账单及银行回单分析检查货币资金收支业务会计处理 5. 能结合工资表及电子税局在册人数与社保信息检查薪酬业务会计处理 6. 能检查料工费结转与分配会计处理 7. 能判断费用业务与采购业务界限并检查费用业务会计处理 8. 能分析检查期末摊提转业务会计处理 9. 每组完成200家企业会计业务审核工作	30
6	智能报税	1. 增值税申报 2. 消费税申报 3. 城建税及附加税申报 4. 所得税申报 5. 印花税申报	1. 掌握应交增值税计算方法 2. 掌握应交消费税计算方法 3. 掌握应交城建税及附加税计算方法 4. 掌握应交企业所得税、个人所得税计算方法 5. 掌握应交印花税计算方法 **思政点**：依法纳税是企业和公民应尽的义务	1. 能利用财务云平台和电子税务局申报增值税、消费税、城建税及附加税并进行会计核算 2. 能利用电子税务局申报企业所得税并进行会计核算 3. 能利用电子税务局申报印花税并进行会计核算 4. 每组完成200家企业税务申报工作	30
7	税务核查	1. 增值税核查 2. 消费税核查 3. 城建税及附加税核查 4. 所得税核查 5. 印花税核查	1. 掌握各税种核查要点 2. 掌握各税种核查问题解决方法 **思政点**：谨慎细心，不偷税、不漏税	1. 能对企业各税种计提与申报情况进行核查并修正 2. 每组完成200家企业税务核查工作	12

续表

| 序号 | 教学单元 | 教学内容 | 教学要求 | | 学时 |
			知识和素养要求	技能要求	
8	凭证装订	1. 原始凭证整理 2. 会计凭证打印与装订 3. 会计凭证流转	1. 掌握原始凭证整理方法 2. 掌握会计凭证打印与装订方法 3. 掌握会计凭证流转流程 4. 精益求精，保证凭证整洁美观	1. 能依据记账凭证归类整理纸质原始凭证 2. 能设置打印机并打印记账凭证、科目余额表、会计报表、银行对账单 3. 能按要求装订会计凭证并完成装订流程 4. 每组完成200家企业会计凭证打印装订工作	30

五、教学条件

1. 师资队伍

（1）专任教师。专任教师应具有高校教师资格；有理想信念、有道德情操、有扎实学识、有仁爱之心；具有会计等相关专业本科及以上学历；具有扎实的本专业相关理论功底和实践能力，能熟练运用财务云协同管理平台处理中小微企业财税业务；具有较强信息化教学能力；有每5年累计不少于6个月的企业实践经历。

（2）兼职教师。兼职教师主要从本专业相关的行业企业聘任，要求具备良好的思想政治素质、职业道德和工匠精神，具有扎实的专业知识和3年以上企业财税业务处理经验；具备较好的语言表达能力和沟通能力，对学生有爱心和耐心。

2. 实践教学条件

（1）理实一体化实训室。建议在一体化专业实训室或智慧教室进行教学，需要每个座位配置一台电脑，网络应流畅，能播放在线教学视频。有条件的情况下应配备与本课程相适应的智能化教学软件。

（2）教学软件平台。配备智能化财税一体处理平台，该平台既具备智能处理真实企业业务的能力，也具备教学功能。为保证学生得到足够的专业训练，平台内应引入至少3000家企业业务。

（3）实训工具设备。配备处理财税业务所需的办公设备与文具，如电脑、高速打印机、扫描仪、计算器、文件柜、装订机、票据及各种日用耗材等。

（4）实训指导资料。配备平台操作手册、云财务核算标准化流程、相关法律、法规、制度等文档。

3. 教材选用与编写

教材应符合《职业院校教材管理办法》等文件的规定和要求，探索使用工作手册式教材并配套信息化资源。教材编写应以本课程标准为依据，充分体现任务引领、实践导向的设计思想，将企业财税处理工作分解成若干典型的工作项目，结合财务云协同管理平台模块和功能，按智能理票、智能核算、凭证审核、智能报税、税务核查、凭证装订 6 个岗位职责和工作项目完成过程来组织教材内容。教材内容应体现新技术、新工艺、新规范，贴近中小微企业财税工作处理需求。要将最新的会计准则及针对中小微企业的税收优惠政策纳入教材，使教材更贴近社会化财务共享中心工作需要。

4．教学资源及平台

（1）线上教学资源。支持混合教学和 MOOC 开放的公共教学资源库或自建教学资源。建议利用智慧职教等平台建设教学资源库和在线开放课程，为实施线上线下混合教学提供条件。

（2）线上教学平台。采用符合国家有关互联网平台条件的公共教学平台。建议使用智慧职教等教学平台，利用职教云建设在线课程，设计教学活动；利用云课堂实施课堂教学。借助职教云强大的学习活动分析功能关注和分析学生的学习情况，及时解决学生学习中的短板问题。

六、教学方法

1．项目教学法

项目教学法是以工作任务为依据设计教学项目，以学生为活动主体实施项目的教学方法，也就是将教学内容融入项目实施过程的一种教学方法。项目教学法是以学生为中心的教学模式，这种教学模式中学生是主动的学习者，教师是学生学习的指导者。每个项目的实施都有一个明确的任务、一个完整的过程，能够取得一个标志性成果。

2．课堂讲授法

课堂讲授法是教师通过口头语言向学生描绘情境、叙述事实、解释概念、论证原理和阐明规律的教学方法。该方法以教师的语言作为主要媒介系统，连贯地向学生讲授基础知识、基本理论或基本流程，帮助学生理解并准确掌握相关知识技能，特别是各个知识技能点之间的有机联系和逻辑关系。

3．任务驱动法

以职业能力养成为核心，通过设计不同场景的项目任务来组织教学，从获取信息到制订步骤，再到决策和付诸行动，直至检查、反思与评估，完成一个完整的工作过程。教师只扮演一个"咨询者""协调者"和"观察员"的角色，引导学生自主学习，向学生提供资源、给予建议和操作指导，可加深学生对基础知识和基本技能的掌握，也有助于学生职业判断能力、决策能力的提升和团队合作精神的培养。

4．启发式教学法

启发式教学是根据教学目的和内容，通过设计启发、诱导型问题，引导学生养成多思考、善思考、勤思考的习惯，将问题解决贯穿于教学的每一环节，启迪学生思考，活跃学生思维，促进学生身心发展，提高学生学习的主动性、积极性和创造性，更好地激发学生的学习兴趣，加深对课程内容的理解。

七、教学重点难点

1. 教学重点

教学重点：智能核算、智能报税。

教学建议：厘清智能核算流程及智能报税流程，让学生明晰智能核算与智能报税的工作顺序；通过线上课程帮助学生回顾中小微企业主要业务会计核算方法及相关税收知识；收集学生典型错误进行剖析；发挥小组组长龙头作用，带动小组学习，及时解决工作中存在的问题。

2. 教学难点

教学难点：智能审核。

教学建议：厘清智能审核流程和要点，让学生明晰智能核算与智能报税的工作顺序；优先安排学生从事理票装订工作、智能核算工作，在巩固"核算"技能的基础上再安排审核工作，由浅入深，循序渐进。

八、教学评价

课程主要考核学生专业技能目标及素质目标的达标情况。技能目标主要通过对工作任务完成的数量和质量情况进行考核，其中工作任务数量完成情况占总成绩的40%，工作任务质量达标情况占40%；素质目标主要通过对线下出勤与课堂表现、线上学习、团队合作情况进行考核，占总成绩的20%。

九、编制说明

1. 编写人员

课程负责人：刘　飞　　广州番禺职业技术学院（执笔）

课程组成员：刘　云　　广州番禺职业技术学院

　　　　　　黄丽丽　　广州番禺职业技术学院

　　　　　　欧阳丽华　广州番禺职业技术学院

　　　　　　周燕颜　　正誉企业管理（广东）集团股份有限公司

2. 审核人员

　　　　　　杨则文　　广州番禺职业技术学院

　　　　　　罗　颖　　正誉企业管理（广东）集团股份有限公司

"信息化审计（教学企业项目）"课程标准

课程名称：信息化审计（教学企业项目）、信息化审计
课程类型：专业综合实践课
学　　时：28学时
学　　分：1学分
适用专业：大数据与审计

一、课程定位

本课程以真实或仿真业务为载体，基于社会审计、企事业单位内部审计第一线需要，从毕业生面向的主要工作岗位分析入手，以职业能力培养为目标，将审计岗位任务转化成学习内容，培养学生成为适应社会需要的高技能应用型人才。本课程是审计专业开设的专业综合实践课，属于必修课。前置课程为"大数据审计基础""智能化财务审计""大数据会计基础""业务财务会计"，后续课程为顶岗实习与毕业调研。

二、课程设计思路

（1）本课程以会计师事务所和企业真实审计任务为载体，以财务报表审计项目的典型工作任务作为学习情境，据审计岗位工作任务要求，选取五个项目循环作为主要教学内容，每个项目由一个或多个独立的具有典型代表性的完整的工作任务贯穿，当项目结束时，工作任务随之完成并获取相应的标志性工作成果，相关理论知识融于工作任务之中。

（2）借鉴"智能审计"中级、高级考证要求，选取部分内容融入本课程之中。

（3）教学过程中强调"客观公正，诚信独立"的职业底线；通过大量繁琐的工作底稿的填制培养学生精益求精的工匠精神和谨慎细心的工作作风；通过分组学习与实操，培养学生协作共进、和而不同的团队意识；通过学习风险评估、风险应对构筑信仰法律、崇尚法制、客观公正、忠于职守的审计精神。

三、课程目标

本课程旨在培养学生胜任会计师事务所审计岗位的能力，具体包括知识目标、技能目标和素质目标。

1. 知识目标

（1）理解审计业务的承接；

（2）掌握审计计划工作；

（3）掌握销售与收款循环的控制测试、实质性程序；

（4）掌握采购与付款循环的控制测试、实质性程序；

（5）掌握生产与存货循环的控制测试、实质性程序；

（6）掌握人力资源与工薪循环的控制测试、实质性程序；

（7）掌握投资与筹资循环的控制测试、实质性程序；

（8）掌握审计报告编制要求。

2. 技能目标

（1）能运用大数据分析判断审计业务承接；

（2）能运用大数据分析填制初步审计计划；

（3）能结合信息化审计平台编制销售与收款循环控制测试表并实施实质性程序；

（4）能结合信息化审计平台编制采购与付款循环控制测试表并实施实质性程序；

（5）能结合信息化审计平台编制生产与存货循环控制测试表并实施实质性程序；

（6）能结合信息化审计平台编制人力资源与工薪循环控制测试表并实施实质性程序；

（7）能结合信息化审计平台编制投资与筹资循环控制测试表并实施实质性程序；

（8）能运用大数据分析工具进行报表差异分析及调整；

（9）能结合信息化审计平台撰写审计报告。

3. 素质目标

（1）能具备"诚信、客观、公正、独立、保密"的职业操守；

（2）能保持"敬业奉献，忠于职守"的工作态度；

（3）能弘扬"精益求精，持之以恒"的工匠精神；

（4）能遵守"团结协作，和谐共进"的合作原则；

（5）能贯彻"克勤克俭，追求卓越"的管理思想。

四、教学内容要求及学时分配

序号	教学单元	教学内容	教学要求		学时
			知识和素养要求	技能要求	
1	审计计划	1. 初步业务活动 2. 审计计划编写 3. 风险初步识别	1. 理解初步业务活动 2. 认知审计业务流程 3. 掌握风险评估程序 **思政点**：培养诚实守信、客观公正的职业道德素养	1. 能结合大数据分析编制初步业务活动底稿 2. 能结合大数据分析编制业务承接评价表 3. 能全面了解被审计单位信息系统的概况，编制审计计划 4. 能结合大数据分析进行风险评估	4
2	销售与收款循环的审计	1. 销售与收款循环控制测试 2. 销售与收款循环实质性程序	1. 熟悉销售与收款循环控制测试 2. 掌握销售与收款循环实质性程序能力目标 **思政点**：培养耐心、严谨、担当的工匠精神	1. 能结合信息化审计平台熟练完成销售与收款业务循环控制测试程序表 2. 能结合信息化审计平台熟练实施销售与收款业务循环实质性程序	6
3	采购与付款循环的审计	1. 采购与付款循环控制测试 2. 采购与付款循环实质性程序	1. 熟悉采购与付款循环控制测试 2. 掌握采购与付款循环实质性程序能力目标 **思政点**：培养耐心、严谨、担当的工匠精神	1. 能结合信息化审计平台熟练完成采购与付款业务循环控制测试程序表 2. 能结合信息化审计平台熟练实施采购与付款业务循环实质性程序	6
4	生产与存货循环的审计	1. 生产与存货循环控制测试 2. 生产与存货循环实质性程序	1. 熟悉生产与存货循环控制测试 2. 掌握生产与存货循环实质性程序能力目标 **思政点**：树立独立、保密的职业道德	1. 能结合信息化审计平台熟练完成生产与存货业务循环控制测试程序表 2. 能结合信息化审计平台熟练实施生产与存货业务循环实质性程序	4
5	人力资源与工薪循环的审计	1. 人力资源与工薪循环控制测试 2. 人力资源与工薪循环实质性程序	1. 熟悉人力资源与工薪循环控制测试 2. 掌握人力资源与工薪循环实质性程序能力目标 **思政点**：培养专业胜任能力及细致、严谨的职业素养	1. 能结合信息化审计平台熟练完成人力资源与工薪业务循环控制测试程序表 2. 能结合信息化审计平台熟练实施人力资源与工薪业务循环实质性程序	2

续表

序号	教学单元	教学内容	教学要求		学时
			知识和素养要求	技能要求	
6	投资与筹资循环的审计	1. 投资与筹资循环控制测试 2. 投资与筹资循环实质性程序	1. 熟悉投资与筹资循环控制测试 2. 掌握投资与筹资循环实质性程序能力目标 **思政点**：构建依法执业的职业素养	1. 能结合信息化审计平台熟练完成投资与筹资业务循环控制测试程序表 2. 能结合信息化审计平台熟练实施投资与筹资业务循环实质性程序	2
7	完成审计工作	期后事项的种类、审计报告的编写	1. 了解期后事项的种类 2. 熟悉审计报告的内容能力目标 **思政点**：树立爱岗敬业的精神	1. 能结合信息化审计平台熟练编制审计试算平衡表 2. 能结合信息化审计平台熟练编制审计报告	2

五、教学条件

1. 师资队伍

（1）专任教师。要求对信息化应用、互联网、大数据、云计算等现代技术有比较全面的了解，具有扎实的审计理论功底和一定的事务所审计岗位经历，熟悉国家税收法律法规知识和企业纳税工作流程；能够熟练操作账务信息化审计软件，能示范演示审计循环项目的控制测试和实质性程序；能够运用各种教学手段和教学工具指导学生进行信息化审计学习和开展信息化审计实践教学。

（2）兼职教师。现任会计师事务所经理，要求能进行审计计划、销售与收款循环的审计、采购与付款循环的审计、生产与存货循环的审计、人力资源与工薪循环的审计、投资与筹资循环的审计、完成审计工作等内容的教学。

2. 实践教学条件

（1）理实一体化实训室。建议在一体化专业实训室或智慧教室进行教学，需要每个座位配置一台电脑，网络应流畅，能播放在线教学视频。有条件的情况下应配备与本课程相适应的智能化教学软件。

（2）教学软件平台。模拟信息化审计平台、大数据分析软件等，可在机上进行无纸化审计实务操作。借助教学软件虚拟审计工作环境、循环审计流程及大数据分析，帮助学生学习信息化审计。

（3）实训工具设备。配备审计工作所需的办公文具，如办公设施、底稿装订机、打印机、扫描仪、计算器、文件柜及各种日用耗材，配置具有信息化审计、大数据分析的网络及计算机设备。

（4）仿真实训资料。配备会计师事务所财务报表项目信息化审计的教学仿真空白的工作底稿，配备仿真的工业企业、服务业财务报表、明细账、记账凭证等审计实训资料。

（5）实训指导资料。配备信息化审计操作手册，相关法律、法规、制度等文档。

3. 教材选用与编写

教材应符合《职业院校教材管理办法》等文件的规定和要求，探索使用新型活页式、工作手册式教材并配套信息化资源。教材编写应以本课程标准为依据，充分体现任务引领、实践导向的设计思想，将企业审计业务分解成若干典型的工作项目，按审计岗位职责和工作项目完成过程来组织教材内容。教材内容应体现新技术、新工艺、新规范，贴近信息化审计和大数据分析需求。

（1）教材是完成教学过程、达到教学目标的手段和媒介，在编写过程中应充分体现本课程项目设计的理念，依据本课程标准采用任务驱动型模式进行编写。

（2）教材应按信息化审计的工作内容、操作流程的先后顺序、理解掌握的难易程度等进行编写。

（3）教材编写应根据高职高专学生的特点，从培养技能型人才出发，内容安排上要深入浅出，适度、够用，突出实用，语言组织要简明扼要、科学准确、通俗易懂，形式上应图文并茂、可操作性强，配备大量的实务题，使学生能够在学习完理论知识后及时地得到相应的技能训练。

（4）教材内容应体现先进性、准确性、通用性和实用性，要将最新的注册会计师审计准则、会计准则、信息化技术前沿知识和技能及时纳入教材，使教材更贴近本专业的发展和实际需要。

（5）教材中的活动设计内容要具体，并在实训室环境下具有可操作性。教材中的案例可以采用企业真实案例，提高业务操作的仿真度。

（6）建议采用番禺职业技术学院陈贺鸿主编的《财务审计实训》。

4. 教学资源及平台

（1）线上教学资源。支持混合教学和 MOOC 开放的公共教学资源库或自建教学资源。建议利用智慧职教等平台建设教学资源库和在线开放课程，为实施线上线下混合教学提供条件。建议采用智慧职教平台广州番禺职业技术学院刘飞主持的会计专业群教学资源库"信息化审计"（教学企业项目）课程资源。

（2）线上教学平台。采用符合国家有关互联网平台条件的公共教学平台。建议使用智慧职教等教学平台，利用职教云建设在线课程，设计教学活动；利用云课堂实施课堂教学。借助职教云强大的学习活动分析功能关注和分析学生的学习情况，及时解决学生学习中的短板问题。

六、教学方法

1. 项目教学法

项目教学法是以工作任务为依据设计教学项目，以学生为活动主体实施项目的教学方法，也就是将教学内容融入项目实施过程的一种教学方法。项目教学法是以学生为中心的教学模式，这种教学模式中学生是主动的学习者，教师是学生学习的指导者。每个项目的实施都有一个明确的任务、一个完整的过程，能够取得一个标志性成果。

2. 课堂讲授法

课堂讲授法是教师通过口头语言向学生描绘情境、叙述事实、解释概念、论证原理和阐明规律的教学方法。该方法以教师的语言作为主要媒介系统，连贯地向学生讲授基础知识、基本理论或基本流程，帮助学生理解并准确掌握相关知识技能，特别是各个知识技能点之间的有机联系和逻辑关系。

3. 任务驱动法

以职业能力养成为核心，通过设计不同场景的项目任务来组织教学，从获取信息到制订步骤，再到决策和付诸行动，直至检查、反思与评估，完成一个完整的工作过程。教师只扮演一个"咨询者""协调者"和"观察员"的角色，引导学生自主学习，向学生提供资源、给予建议和操作指导，可加深学生对基础知识和基本技能的掌握，也有助于学生职业判断能力、决策能力的提升和团队合作精神的培养。

4. 情境教学法

在教学过程中，教师有目的地引入或采用虚拟企业、虚拟职能部门、虚拟业务流程等现代技术手段，将教学内容以视频、动漫等方式展示，提高学习的现场感、趣味性，激发学生的情感，使学生能够尽快适应、了解和掌握将来所从事的工作所必备的知识和技能，直至熟悉可能遇到的各种方法，帮助学生做出正确的决策，有效调动学生学习的主动性、积极性和创造性，培养学生职业能力。

5. 案例教学法

案例教学法包括讲解案例法和讨论案例法两种。讲解案例法，是将案例教学融入传统的讲授教学法之中的一种方法，教学中使用的案例通常是针对课程知识体系中的重点、难点问题设计的，也称"知识点案例"。讨论案例法，是以学生课堂讨论为主，案例是学生讨论的主题，学生通过对案例的剖析，提出各自的解决方案，并予以充分讨论。

6. 启发式教学法

启发式教学是根据教学目的和内容，通过设计启发、诱导型问题，引导学生养成多思考、善思考、勤思考的习惯，将问题解决贯穿于教学的每一环节，启迪学生思考，活跃学生思维，促进学生身心发展，提高学生学习的主动性、积极性和创造性，更好地激发学生的学习兴趣，加深对课程内容的理解。

7. 分工协作教学法

在信息化审计（教学企业项目）学习阶段，可以按工作内容将学生分组，比如审计计划、销售与收款循环的审计、采购与付款循环的审计、生产与存货循环的审计、人力资源与工薪循环的审计、投资与筹资循环的审计、完成审计工作等，也可以按工作流程将学生分组，比如风险评估、控制测试、实质性程序等。通过分组学习，培养学生分工协作能力。

8. 线上线下混合教学法

本课程课时量不能完全满足理论与实践同步推进的一体化教学需要，应充分利用在线课程培养学生自主学习能力，把基本理论知识的学习放在课外解决，课堂主要解决关键知识点存在的问题，完成实训任务。教师要利用好线上课程，设计课前、课中、课后环节，利用云课堂布置和批改、评讲作业，为学生打造移动课堂。

七、教学重点难点

1. 教学重点

教学重点：销售与收款循环的审计、采购与付款循环的审计、生产与存货循环的审计、完成审计工作。

教学建议：通过学生前置课掌握学习情况和学生兴趣爱好的了解，结合教学目标、教学能力和教学素养，同时融入大、智、移、物、云，在学生充分理解和掌握销售与收款循环审计的基础上再利用实训资料或案例学习采购与付款循环的审计、生产与存货循环，理解其信息化审计思想，掌握信息化审计的方法，学会完成审计工作及审计报告的撰写。

2. 教学难点

教学难点：审计计划、人力资源与工薪循环的审计、投资与筹资循环等。

教学建议：本课程学习的综合性较强，对前置课的掌握要求较高，首先通过学情分析，结合课程难点从易到难逐步融入真实企业审计案例，激发学生的学习兴趣；其次通过学生在职教云上传的实训的问题，进行深入浅出的讲解，引导学生轻松掌握审计计划、人力资源与工薪循环的审计、投资与筹资循环项目。

八、教学评价

本课程主要考核学生知识目标、技能目标及素质目标的达标情况。理论目标和技能目标主要通过对学生提交的工作成果的完成情况进行考核，占总成绩的60%；素质目标主要通过对线下出勤与课堂表现、线上学习、团队合作情况进行考核，占总成绩的40%。

九、编制说明

1. 编写人员

课程负责人：陈贺鸿　广州番禺职业技术学院（执笔）

课程组成员：夏焕秋　广州番禺职业技术学院

　　　　　　赵茂林　广州番禺职业技术学院

　　　　　　郭俊辉　中天运会计师事务所（特殊普通合伙）

2. 审核人员

　　　　　　杨则文　广州番禺职业技术学院

　　　　　　应文杰　中天运会计师事务所（特殊普通合伙）

"ERP 实施顾问（教学企业项目）"课程标准

课程名称：ERP 实施顾问（教学企业项目）/ERP 项目实施及维护/ERP 系统实施及维护/ERP 实施实训

课程类型：专业综合技能课

学　　时：28 学时

学　　分：1 学分

适用专业：会计信息管理

一、课程定位

本课程以真实或仿真业务为载体，依据会计信息管理专业标准来设计课程内容，对应的企业工作岗位包括 ERP 项目系统实施和维护岗位，主要培养学生掌握 ERP 项目实施计划的制订、需求调研、ERP 系统实施方法论、ERP 系统的规划与设计、ERP 系统的构建测试等职业技术能力，提高学生职业素养和创新能力。对于 ERP 系统的维护实施，不仅要具有综合的素质，清晰的逻辑思维，对实施企业的文化有充分了解，还要对于 ERP 系统、集团业务都要有全面的理解，从而才能针对企业需求，结合系统功能进行前期实施、人才培训，才能在后期面对用户的问题，去追根溯源、寻找问题的最终节点、分析诊断，解决问题。本课程是会计信息管理专业的专业综合技能课程。前置课程为业财一体化、业财管理信息系统应用、ERP 项目实施及维护。

二、课程设计思路

（1）ERP 项目实施是管理软件与企业业务之间的桥梁，是企业实现管理信息化、企业数据信息化的登陆艇。本课程是以企业的进销存项目、生产管理项目等项目为载体，以会计信息管理专业就业面向的工作岗位群软件的应用、维护、实施工作项目为导向，结合专业标准当中的课程体系，以岗位工作任务所需的相关知识与技能展开项目式教学。让学生在完成具体项目的过程中学会完成相应的工作任务，并构建相关的理论体系。

（2）借鉴"业财一体信息化"初级、中级考证要求，选取部分内容融入本课程之中。

（3）坚持以学生为中心，真正做到教、学、做、评融为一体，并有机融入思政元素。教学过程中强调"诚实守信，不做假账"的职业底线；通过分组学习与实操，培养学生协作共进、和而不同的团队意识；通过不断的学习企业项目管理、效率优先等管理知识，培养学生企业管理思维。

三、课程目标

本课程旨在培养学生胜任企业 ERP 实施顾问及系统维护岗位的能力，具体包括知识目标、技能目标和素质目标。

1. 知识目标

（1）掌握 ERP 基础资料初始化和业务系统初始化的主要内容；

（2）掌握 ERP 实施方法论的主要内容；

（3）理解企业在使用 ERP 时的主要维护任务，掌握维护技巧和维护应用；

（4）掌握诊断并解决分项目模块常见故障及问题；

（5）掌握总账核算中业务应用常见问题的解决方法；

（6）掌握固定资产管理中业务应用常见问题的解决方法；

（7）掌握薪资管理中业务应用常见问题的解决方法；

（8）掌握往来管理中业务应用常见问题的解决方法。

2. 技能目标

（1）能掌握项目实施调研方法、能制订实施计划；

（2）能结合企业实际情况进行项目调研并出具调研报告；

（3）能分析和判断企业客户需求，在客户需求分析中具备较强的主导能力；

（4）能根据企业客户需求分析、制订标准业务流程；

（5）能根据企业客户需求制订实施方案，包括系统建设、上线切换、持续支持；

（6）能制定 ERP 项目中心规划与设计，编写战略规划、组织规划、流程规划与组织建模，并能根据规划和设计实施测试；

（7）能进行 ERP 系统的数据备份和恢复工作；解决日常业务处理中出现的问题；

（8）能根据 ERP 项目实施情况与进度编写实施报告。

3. 素质目标

（1）能具备"诚实守信，不做假账"的职业操守；

（2）能保持"爱岗敬业，谨慎细心"的工作态度；

（3）能弘扬"精益求精，追求卓越"的工匠精神；

（4）能遵守"协作共进，和而不同"的合作原则；

（5）能贯彻"勤俭节约，提高效益"的管理思想。

四、教学内容要求及学时分配

序号	教学单元	教学内容	教学要求		学时
			知识和素养要求	技能要求	
1	项目顾问综合素质训练	1. 演讲训练 2. 顾问情商训练	1. 掌握一定的企业管理知识 2. 掌握演讲的知识技巧 3. 掌握企业应急事件处理与他人沟通知识 4. 掌握面向客户有效沟通的方法 5. 能够协调各方资源、团队合作	1. 具有较高的演讲技巧与现场互动能力 2. 能根据具体情境与具体人物进行有效沟通 3. 具有分析和判断客户需求的能力和较强的主导能力 4. 能够协调各方资源、团队合作	4
2	ERP实施方法论	1. 方法论概述 2. 项目规划设计 3. 蓝图设计	1. 掌握一定的企业管理知识 2. 掌握 ERP 系统的实施方法论理论知识 3. 掌握需求分析的方法	1. 具有分析和判断客户需求的能力和较强的主导能力 2. 能分析、制定企业标准购销存业务流程，设计项目流程 3. 能进行系统建设与上线切换、持续支持	4
3	ERP系统规划与设计	1. ERP 系统战略规划 2. ERP 系统组织规划 3. ERP 系统流程规划 4. ERP 系统组织建模	1. 了解软件产业链中实施顾问岗位运维业务涉及的主要内容 2. 掌握运维岗位的基本要求及工作内容 3. 了解计算机编码科学的基本理论；掌握 NC1909 架构解析与部署的内容	1. 能制订 ERP 项目中心规划与设计 2. 能对 NC1909 架构安装部署 3. 能编写战略规划、组织规划、流程规划与组织建模 4. 能根据规划和设计实施测试	4
4	ERP项目验收交付	1. 收交付的主要工作内容 2. 验收报告的编写	1. 了解系统验收的含义、重要性 2. 掌握验收交付的主要工作内容 3. 能够与客户进行良好沟通与问题解决	1. 能整理及编写项目文档 2. 能辅助客户建立信息化管理制度 3. 具有对客户提出建议的能力 4. 具有完成验收交付工作的能力	4
5	财务链常见问题分析及维护	1. 财务链常见问题分析 2. 财务链日常维护	1. 了解企业在使用 ERP 时的主要维护任务 2. 掌握维护技巧和维护应用，正确诊断并解决各模块常见故障及问题 3. 掌握总账核算中常见问题	1. 能进行 ERP 系统的数据备份和恢复工作 2. 能解决总账核算中系统业务设置问题、账簿及档案输出打印问题、账簿清理业务处理中的日期问题	4

续表

序号	教学单元	教学内容	教学要求		学时
			知识和素养要求	技能要求	
			的解决方法 4. 掌握固定资产管理中常见问题的解决方法 5. 掌握薪资管理中常见问题的解决方法 6. 掌握往来管理中常见问题的解决方法	3. 能解决固定资产管理及薪资管理中系统选项设置问题、参数含义与业务关系问题、卡片与档案输出问题、单据格式设置问题，机制凭证制单问题	
6	供应链常见问题分析及维护	1. 供应链模块常见故障及问题解决 2. 采购管理、销售管理、库存管理、存货核算中常见问题解决	熟练掌握维护技巧和维护应用，正确诊断财务供应链模块常见故障及问题的解决方法	1. 能解决采购期初、销售选项、库存选项与日常业务处理的关系问题 2. 能处理存货核算处理与业务单据的关联问题 3. 能对供应链中折扣、批次、退补、对账不平等的业务进行处理	4
7	数据库表及常见问题维护	1. 数据库的基本概念和常用操作 2. 后台数据库维护	1. 掌握数据库的基本概念和常用操作 2. 了解后台相关数据库表与应用软件的关系 3. 了解后台数据库维护 4. 掌握数据库的常用操作及命令	1. 对账套中数据库表能在后台进行处理 2. 能将前台数据档案在后台中进行查询与分析 3. 能熟练运用企业管理器与查询分析器	4

五、教学条件

1. 师资队伍

（1）专任教师。要求具备扎实的财务与税务理论知识功底，熟悉财务软件操作技能，熟悉 ERP 系统业务，具有行业背景的双师型教师；具备 ERP 系统、数据库的前端与后台维护能力，能够带领学生进行故障诊断分析，指导学生解决问题，排除故障；能够运用各种教学手段和教学工具指导学生进行 ERP 项目的具体实施。

（2）兼职教师。①现任管理软件公司的运维实施工程师，要求熟练掌握计算机软件硬件技术，能对 ERP 软件能够进行熟练的操作，能够指导学生解决问题，排除故障；②现有运维实施工作经历的企业内部培训讲师、管理人员、客户经理，要求熟练掌握计算机软件硬件技术，了解财务核算的规范流程及相关财务管理知识，能熟练操作 ERP 软件。

2. 实践教学条件

（1）理实一体化实训室。建议在一体化专业实训室或智慧教室进行教学，需要每个座

位配置一台电脑，网络应流畅，能播放在线教学视频。有条件的情况下应配备与本课程相适应的智能化教学软件。

（2）教学软件平台。模拟 ERP 项目实训平台、企业业财一体化软件等，可在机上进行 ERP 项目规划与实施操作。借助教学软件虚拟真实企业的管理模式、项目实施流程及相关后台维护，帮助学生学习 ERP 各个项目实施与维护。

（3）真实企业工作案例实训资料。配备仿真的工业企业、服务业的 ERP 项目实施的业务资料及其他相关资料。

（4）实训指导资料。配备 ERP 项目操作手册，相关法律、法规、制度等文档。

3. 教材选用与编写

教材应符合《职业院校教材管理办法》等文件的规定和要求，探索使用新型活页式、工作手册式教材并配套信息化资源。教材编写应以本课程标准为依据，充分体现任务引领、实践导向的设计思想，将 ERP 项目实施与维护工作分解成若干典型的工作项目，按项目实施与项目维护岗位职责和工作项目完成过程来组织教材内容。教材内容应体现新技术、新工艺、新规范，贴近中小微企业管理需求。

（1）教材应按 ERP 项目实施与维护的工作内容、操作流程的先后顺序、理解掌握的难易程度等进行编写。

（2）教材编写应根据高职高专学生的特点，从培养技能型人才出发，内容安排上要深入浅出、适度、够用，突出实用，语言组织要简明扼要、科学准确、通俗易懂，形式上应图文并茂、可操作性强，配备大量的实务题，使学生能够在学习完理论知识后及时地得到相应的技能训练。

（3）教材中的活动设计内容要具体，并在实训室环境下具有可操作性。教材中的案例可以采用企业真实案例，提高业务操作的仿真度。

（4）建议采用立信会计出版社出版的《ERP 项目实训教程》，人民邮电出版社出版、朱丽主编的《用友 ERP 财务管理系统项目化实训教程》。

4. 教学资源及平台

（1）线上教学资源。支持混合教学和 MOOC 开放的公共教学资源库或自建教学资源。建议利用智慧职教等平台建设教学资源库和在线开放课程，为实施线上线下混合教学提供条件。

（2）线上教学平台。采用符合国家有关互联网平台条件的公共教学平台。建议使用智慧职教等教学平台，利用职教云建设在线课程，设计教学活动；利用云课堂实施课堂教学。借助职教云强大的学习活动分析功能关注和分析学生的学习情况，及时解决学生学习中的短板问题。

六、教学方法

1. 项目教学法

采用项目法教学，以企业 ERP 实施顾问实际工作任务作为每个项目内容进行教学，使学生在完成具体项目的过程中学会完成相应工作任务，并构建相关理论知识，发展职业行动能力，在 ERP 项目实施的具体过程，提高学生的职业行动能力。

2. 任务驱动法

以职业能力养成为核心，通过设计不同工作内容的项目任务来组织教学，从获取信息到制订步骤，再到决策和付诸行动，直至检查、反思与评估，以团队形式完成一个完整的工作过程。教师扮演"引导者""咨询者""协调者"和"观察员"的角色，引导学生自主学习，向学生提供资源、给予建议和操作指导，可加深学生对基础知识和基本技能的掌握，也有助于学生职业判断能力、决策能力的提升和团队合作精神的培养。

3. 情境教学法

在教学过程中，通过引入 ERP 项目软件企业，聘请企业专家直接授课，将企业实际场景融入项目中进行教学，使学生能够尽快适应、了解和掌握将来从事工作所必备的知识和技能，直至熟悉可能遇到的各种方法，帮助学生做出正确的决策，有效调动学生学习的主动性、积极性和创造性，培养学生职业能力。

4. 案例教学法

教学中使用的案例通常是针对课程知识体系中的重点、难点问题设计的。企业案例是学生学习项目知识的载体，学生通过对案例的剖析，提出各自的解决方案，并予以充分讨论。

5. 团队协作教学法

在项目实施阶段，按项目内容的不同将学生分组，比如按照规划、实施、蓝图设计进行分组，也可以按工作流程将学生分组。通过分组学习，培养学生分工及团队协作能力。

6. 线上线下混合教学法

本课程课时量不能完全满足理论与实践同步推进的一体化教学需要，应充分利用在线课程培养学生自主学习能力，把基本理论知识的学习放在课外解决，课堂主要解决关键知识点存在的问题，完成实训任务。教师要利用好线上课程，设计课前、课中、课后环节，利用云课堂布置和批改、评讲作业，为学生打造移动课堂。

七、教学重点难点

1. 教学重点

教学重点：顾问情商训练、财务链项目实施、供应链项目实施、数据库维护。

教学建议：采用企业实际案例为例进行讲解与实施，增强教学的真实感和指导性，项目实施教学中让学生分小组进行讨论交流，小组间进行学习展示等活动。

2. 教学难点

教学难点：财务链项目实施、供应链项目实施。

教学建议：通过选择合适的实训资料，以 ERP 项目维护与问题解决的教学，针对学生难以理解内容，采用与企业真实运维当中出现的具体问题作引导进行学习，让学生带着问题融入情景进行学习、解决问题。

八、教学评价

本课程主要考核学生知识目标、技能目标及素质目标的达标情况。理论知识的掌握情况主要通过期末闭卷考试进行考核，占总成绩的40%；技能目标主要通过对学生提交的工作成果的完成情况进行考核，占总成绩的30%；素质目标主要通过对线下出勤与课堂表现、线上学习、团队合作情况进行考核，占总成绩的30%。

九、编制说明

1. 编写人员

课程负责人：洪钒嘉　广州番禺职业技术学院（执笔）

课程组成员：林祖乐　广州番禺职业技术学院

　　　　　　杜　方　广州番禺职业技术学院

　　　　　　魏佳丹　金蝶精一信息科技服务有限公司

2. 审核人员

　　　　　　杨则文　广州番禺职业技术学院

　　　　　　魏佳丹　金蝶精一信息科技服务有限公司

　　　　　　李　丽　新道科技股份有限公司

"财政与金融" 课程标准

课程名称：财政与金融
课程类型：专业拓展课
学　　时：36 学时
学　　分：2 学分
适用专业：大数据与会计、大数据与审计、会计信息管理

一、课程定位

本课程依据会计、审计及税务服务行业各业务岗位对会计人员、审计人员从事专业工作时所需的财政、金融方面的基本知识和实际运用能力的要求开设，主要学习财政与金融的基本理论、基本制度和基本业务知识，了解社会实践中的财政、金融现状、功能和表现，关注社会宏观经济政策与会计工作的关系，为学生学习专业知识和职业技能，提高对宏观经济现象的认知，提升综合素质打下一定的理论基础。本课程是大数据与会计专业、大数据与审计专业、会计信息管理专业的专业拓展课，前置课程为"经济学基础"，后续课程为"纳税筹划""智能财税""大数据金融应用""金融智能投顾"等一系列财税类及金融类拓展课程。

二、课程设计思路

本课程的总体设计思路是：以会计、审计从业人员对应岗位所需的基本财政与金融综合理论知识为基础搭建课程框架、选取课程内容，通过解读财政金融现象组织课程教学，以培养学生的综合分析应用能力，同时在教学过程以提升学生综合素质和职业道德为导向融入遵纪守法、诚实守信等社会主义核心价值体系和金融风险意识、社会责任感、精准扶贫观等课程思政内容。以期实现基本财政、金融知识与会计、审计职业岗位需求的最大限度的对接，以及人才培养过程中的知识获取、能力提升和人格教育的并重。

三、课程目标

本课程旨在培养学生胜任会计、审计岗位的综合能力，具体包括知识目标和素质目标。

1. 知识目标

（1）理解社会主义市场经济条件下财政的职能；

（2）认知财政收入的主要来源和财政支出的主要用途；

（3）掌握我国分税制财政管理体制；

（4）掌握货币制度的类型；

（5）掌握信用的主要形式和信用工具的种类；

（6）掌握利息的计算方法；

（7）熟悉中央银行、商业银行和非银行金融机构的主要业务；

（8）熟悉金融市场的分类和主要业务；

（9）理解通货膨胀和通货紧缩对经济的影响；

（10）理解财政政策工具及货币政策工具对微观经济的影响和对宏观经济的调控作用；

（11）掌握财政政策与货币政策的协调配合形式。

2. 素质目标

（1）具有遵纪守法、诚实守信的职业操守；

（2）具有金融风险意识与爱岗敬业的职业素养；

（3）具有高度的社会责任感和正确的财富观；

（4）具有实事求是的学风和创新意识、创新精神；

（5）具有精益求精，追求卓越的工匠精神；

（6）具有合理安排，效益至上的管理思想。

四、教学内容要求及学时分配

序号	教学单元	教学内容	教学要求		学时
			知识和素养要求	技能要求	
1	财政导论	1. 财政与公共财政 2. 财政的职能	1. 认知财政的含义和一般特征 2. 了解财政与政府、财政与经济的关系 3. 理解财政的职能 **思政点**：增强"四个自信"，培养爱国热情（以政府为民众提供公共产品与服务，提升民生工程品质为结合点）	能运用财政的基本知识观察社会经济现象	2
2	财政收入	1. 财政收入概述 2. 财政收入结构 3. 财政收入规模	1. 认知财政收入的概念、规模 2. 掌握我国财政收入的形式和分类 3. 了解我国财政收入合理规模确定标准 **思政点**：增强法制意识，培养社会责任感（以"纳税是公民应尽的义务""税收取之于民、用之于民"等税收收入为结合点）	能运用财政收入的基本知识观察财政实践现象，理解我国财政收入的基本特征	4

续表

序号	教学单元	教学内容	教学要求		学时
			知识和素养要求	技能要求	
3	财政支出	1. 财政支出概述 2. 购买性支出 3. 转移性支出	1. 了解财政的相关概念以及各种支出方式的定义分类 2. 熟悉我国财政支出的分类、依据、重点、范围、形式 **思政点**：精准扶贫和中国梦（以我国社会保障体系的建立和完善为结合点）	能运用所学知识分析和理解我国财政支出的现状和特征	4
4	财政预算	1. 政府预算与政府决算 2. 政府预算管理体制	1. 了解国家预算的概念、组成、原则、编制 2. 熟悉单式预算和复式预算的区别 3. 了解国家决算的概念及编制 4. 了解政府预算管理体制的概念 5. 熟悉政府预算收支划分的原则和形式 6. 掌握我国分税制预算管理体制	能阅读和理解政府预决算	4
5	金融导论	1. 金融概述 2. 货币与货币制度 3. 信用与信用工具 4. 利息与利息率	1. 了解金融与经济的关系（金融的功能、地位和作用） 2. 掌握货币的职能 3. 熟悉货币层次划分的依据和内容 4. 了解货币制度的类型 5. 掌握信用的含义、基本要素、特征、职能和主要形式 6. 熟悉信用工具的特征和种类 7. 了解利息和利率的含义、种类和计息方法 **思政点**：提升遵纪守法意识，树立诚实守信的社会主义核心价值观（以日常生活中各项金融守信和失信案例为结合点）	1. 能利用货币的职能来分析经济现象 2. 能深入理解一国两制三货币区 3. 能灵活与综合运用信用、利率等重要知识来认知我国的金融实践活动	5
6	金融机构	1. 金融机构概述 2. 中央银行和政策性银行 3. 商业银行 4. 其他金融机构	1. 了解金融机构体系的构成 2. 了解中央银行和政策性银行的性质、职能和主要业务 3. 熟悉商业银行的性质、职能和主要业务 4. 了解非银行金融机构的构成和业务范围 **思政点**：树立金融风险意识和诚实守信的社会主义核心价值观（以校园金融诈骗案例为结合点）	能通过解读我国商业银行等金融机构的资产负债表来正确归集、区分我国各类金融机构业务范围	5

续表

序号	教学单元	教学内容	教学要求		学时
			知识和素养要求	技能要求	
7	金融市场	1. 金融市场概述 2. 货币市场 3. 资本市场 4. 外汇市场和黄金市场	1. 了解金融市场的含义、构成要素、种类和功能 2. 熟悉货币市场的分类和主要业务 3. 掌握资本市场上发行市场和流通市场的区别 4. 熟悉世界上主要的黄金和外汇市场	能运用金融市场的基本知识观察社会金融实践现象	4
8	货币供求	1. 货币供给 2. 货币需求 3. 货币均衡 4. 通货膨胀和通货紧缩	1. 了解基础货币、货币乘数的含义和货币创造的过程 2. 了解货币需求的含义和影响因素 3. 熟悉货币均衡的含义和标志 4. 掌握通货膨胀和通货紧缩的概念和衡量方法 5. 了解通货膨胀和通货紧缩对经济的影响 **思政点**：树立正确的科学发展观和动态均衡观，激发爱国热情和民族自豪感（以国外货币供求失衡引发通货膨胀及我国治理通货膨胀案例为结合点）	能初步认识和分析社会经济活动中通货膨胀和通货紧缩的现象和影响	4
9	经济政策	1. 财政政策 2. 货币政策 3. 财政政策与货币政策的配合	1. 掌握财政政策与货币政策的含义、类型、工具以及区别性 2. 了解财政政策与货币政策对微观经济的影响 3. 理解财政政策工具及货币政策工具对宏观经济的调控作用，财政政策与货币政策的协调配合形式	能初步观察国家宏观经济政策背景和目标、分析社会经济活动发展状态	4

五、教学条件

1. 师资队伍

（1）专任教师。要求具有扎实的财金理论功底，熟悉国家财政金融政策法规和各类金融机构工作范畴；能够运用各种教学手段和教学工具指导学生进行财政金融知识学习和利用所学知识开展对宏微观经济现象分析能力训练实践教学。

（2）兼职教师。①现任银行、保险、证券等金融机构的专业技术骨干；②现任财政机关从事预算、财务管理、综合管理等岗位的骨干工作人员；③现任税务机关从事税收征管等业务的骨干工作人员。要求既要有较熟练的金融操作技能，又要有较高的学历和丰富的理论知识，同时还要有一定的表达能力和与学生沟通的能力。

2. 教学实施条件

利用校内智慧化教室和金融项目中心（生产性实训中心），注重与银行、保险、证券等各类金融机构合作，提供让学生理论与实践相结合的契机。一方面满足学生利用现代化教学工具和通信网络进行财政金融资源查找和数据分析的需求；另一方面，以金融产品资源为载体丰富教学内容，提高教学资源的针对性，并强化理论知识的可视性和可操作性。

3. 教材选用与编写

教材应符合《职业院校教材管理办法》等文件的规定和要求，探索使用新形态立体化教材并配套信息化资源。

（1）教材是完成教学过程、达到教学目标的手段和媒介，在编写过程中应充分体现本课程设计的理念，依据本课程标准采用进行编写。充分体现以提升学生分析应用能力为导向的设计思想，以会计、审计从业人员对应岗位所需的基本财政与金融综合理论知识为基础搭建教材框架、选取教材内容。

（2）教材应以学生为本，内容安排上要深入浅出、突出重点。语言组织要简明扼要、科学准确，并配备翔实的案例和拓展资料，提高学生的学习兴趣，加深学生对业务的认识和理解。

（3）教材内容应体现先进性、准确性、通用性和实用性，要将最新的政策法规及财政金融前沿知识及时地纳入教材，使教材更贴近企业会计和审计等工作人员对了解宏观经济政策和经济形势发展的需求。

（4）教材建设应采用新形态立体化形式，通过移动互联网技术，以嵌入二维码的纸质教材为载体，嵌入视频、音频、作业、试卷、拓展资源、主题讨论等数字资源，将教材、课堂、教学资源三者融合，实现线上线下结合的教材建设新模式。

（5）建议以中国人民大学出版社高建侠主编的《财政与金融》为参考教材。

4. 教学资源及平台

（1）线上教学资源。支持混合教学和 MOOC 开放的公共教学资源库或自建教学资源。建议利用智慧职教等平台建设教学资源库和在线开放课程，为实施线上线下混合教学提供条件。

（2）线上教学平台。采用符合国家有关互联网平台条件的公共教学平台。建议使用智慧职教等教学平台，利用职教云建设在线课程，设计教学活动；利用云课堂实施课堂教学。借助职教云强大的学习活动分析功能关注和分析学生的学习情况，及时解决学生学习中的短板问题。

六、教学方法

本课程属于纯理论课程，教学过程中容易陷入抽象、枯燥和沉闷的困境。为调动学生学习积极性，改善教学效果，培养学生专业思维方式和专业技能，在教学方法运用上务必重视理论联系实际。因此本课程建议的教学方法有：线上线下混合教学法、翻转课堂教学法、案例教学法、启发式教学法等。

1. 线上线下混合教学法

本课程课时量有限，不能完全满足理论与实际相结合，通过剖析现实经济现象提升学生分析与解决问题能力的教学目的，所以应充分利用信息化教学手段开展信息化教学，利用爱课程、智慧职教等教学平台建立在线开放课程，引导学生进行课前预习，课后巩固，培养学生自主学习的能力。课堂主要解决关键知识点存在的问题，完成各项教学活动。教师要充分利用线上线下混合教学法为学生打造移动课堂。

2. 翻转课堂教学法

采用翻转课堂教学方法引导学生完成课前预学，课后自学，课堂以小组活动为主。教师作为课前、课堂、课后学习活动的组织引导者，布置学习内容，安排学习方式，提出重点难点，并及时掌握学习效果进行评价。

3. 案例教学法

包括讲解型案例和讨论型案例两种，两种方法都需将理论教学中融入典型经济案例，引导学生了解并参与讨论最新财政金融热点，就学生关注的财政金融知识热点难点问题与课程知识点相结合，提高学生运用所学知识解决实际问题的能力，提升学生的综合素养。

4. 启发式教学法

启发式教学是根据教学目的和内容，通过设计启发、诱导型问题，引导学生养成多思考、善思考、勤思考的习惯，将问题解决贯穿于教学的每一环节，启迪学生思考，活跃学生思维，促进学生身心发展，提高学生学习的主动性、积极性和创造性，更好地激发学生的学习兴趣，加深对课程内容的理解。

七、教学重点难点

1. 教学重点

教学重点：财政收入、财政支出、信用工具、利率、金融市场、商业银行、财政政策与货币政策。

教学建议：通过引入相关的案例，组织学生围绕现实经济问题开展讨论，加深理解；采用学生分小组合作探究、知识点测评与讲解等方式学习教学重点。

2. 教学难点及处理方法

教学难点：国家预算管理体制、货币均衡、财政政策与货币政策的配合机制。

教学建议：利用线上资源开展翻转课堂教学，以微课视频、小组讨论、完成作业的方式进行知识点预习，课堂针对学生讨论和作业完成情况重点讲授疑难点，再辅以课堂实操训练等方式强化学生对知识点的理解。

八、教学评价

本课程主要考核学生知识目标和素质目标的达标情况。理论知识的掌握情况主要通过期末闭卷考试进行考核，占总成绩的 50%，期末考试主要以案例分析为主，结合我国财政金融领域的现实活动进行出题，引导学生运用财政金融知识分析、解决实际问题，做到理论与实践相结合，提高学生分析宏观经济政策的能力。

素质目标主要通过对线下出勤与课堂表现、作业、经济趋势分析训练、线上学习、团队合作情况进行考核，占总成绩的 50%。

九、编制说明

1. 编写人员

课程负责人：邓华丽　广州番禺职业技术学院（执笔）

课程组成员：高　燕　广州番禺职业技术学院

邹　韵　广州番禺职业技术学院

刘　婧　广州农商银行

2. 审核人员

杨则文　广州番禺职业技术学院

王春娜　中国太平洋保险（集团）股份有限公司广东分公司

"管理学原理"课程标准

课程名称：管理学原理/管理学基础/管理基础与实务
课程类型：理论课
学　　时：36 学时
学　　分：2 学分
适用专业：大数据与会计、大数据与审计、会计信息管理

一、课程定位

本课程依据管理活动的一般规律、管理的基本原理和基本方法要求开设。以管理为主线，围绕决策、组织、领导、控制、创新，培养学生学习管理的兴趣，了解管理学的学科特征，熟悉基本的管理工作程序，掌握基本的管理工具、方法，运用基本的管理知识解释现实中的管理现象，树立现代的管理理念和思维，学会自我管理和自我激励，提升管理技能和水平。管理无处不在，任何一个部门、组织，要协同劳动，要经营发展，都需要进行管理。无论任何类型的组织，管理都有相通之处，都要遵循共同的规律。本课程是专业选修课库开设的拓展课程，为学生的职业核心能力培养起到技能支撑与促进作用。

二、课程设计思路

（1）本课程以"面向学生、面向市场、面向实践"为理念，以"培养高素质技能型专业人才"为指导思想，以职业能力培养为主线，以知识学习为基础，注重管理素养训练，突出技能和能力目标，建立开放性课程体系，增强课程的实践性、应用性和职业性。

（2）过程中以社会主义核心价值观为核心教育指向，以政治认同、国家意识、文化自信为重点的教学体系设计，把许多源自于欧美的管理学理论、管理方法与工具在教学中提炼出中国文化基因，将其转化为社会主义核心价值观，从而指导学生将其所学服务于中国特色社会主义建设和实现中华民族伟大复兴中国梦的宏伟目标中。

三、课程目标

本课程旨在培养学生较全面而系统地掌握管理活动、管理思想、管理理论、管理道德、

管理的五大职能（决策与计划、组织、领导、控制、创新）。具体包括知识目标和素质目标：

1. 知识目标

（1）掌握管理的含义、属性、基本职能和环境；

（2）理解学习管理知识对个人的价值；

（3）熟悉管理者的类型、素质和技能；

（4）了解古典管理理论和现代管理理论的主要思想及最新管理趋势；

（5）了解计划的的含义、分类、编制程序；

（6）掌握决策的含义、分类、原则、程序；

（7）掌握决策的定性和定量方法；

（8）掌握组织的含义、管理幅度和管理层次、集权和分权、直线和参谋、设计的原则；

（9）熟悉几种常见的组织形式；

（10）理解组织变革的因素、动力和阻力、过程；

（11）了解领导的含义、权力的构成、领导理论、领导方式；

（12）掌握激励的含义、原则、激励理论、激励方式；

（13）掌握沟通的含义、方式、技巧；

（14）理解控制的概念、分类、过程；

（15）掌握控制的方法与技术。

2. 素质目标

（1）能具备敬业、精益、专注、创新等方面的工匠精神；

（2）能保持任何管理岗位"爱岗敬业，谨慎细心"的工作态度；

（3）能遵守"协作共进，和而不同"的合作原则；

（4）能树立"他为我用、因地制宜"的管理思想和文化自信；

（5）能具备良好的职业道德和行为操守，诚实守信，严把行业政策法规。

四、教学内容要求及学时分配

序号	教学单元	教学内容	教学要求		学时
			知识和素养要求	技能要求	
1	管理与管理学	1. 人类的管理活动 2. 管理的职能与性质 3. 管理者的角色与技能 4. 管理学的对象与方法	1. 了解管理的含义、属性、基本职能和环境 2. 理解学习管理知识对个人的价值 3. 掌握管理者的类型、素质和技能 4. 理解并能有意识地培养自己的管理素质和技能 **思政点**：培养学生敬业、专注的工匠精神	1. 能理解并解释说明管理的基本概念 2. 能明确自己学习管理知识的目标 3. 能有意识地培养自己的管理素质和技能	2

续表

序号	教学单元	教学内容	教学要求		学时
			知识和素养要求	技能要求	
2	管理思想的发展	1. 中国传统管理思想 2. 西方传统管理思想 3. 西方现代管理思想的发展 4. 中国现代管理思想的发展	1. 熟悉古典管理理论和现代管理理论的主要思想及最新管理趋势 2. 掌握应用现代管理理论和理念分析与处理实际管理问题的能力 **思政点**：培养学生"他为我用、因地制宜"的管理思想和文化自信	能具有应用现代管理理论和理念分析与处理实际管理问题的能力	2
3	管理的基本原理管理道德与社会责任	1. 管理原理的特征 2. 系统原理 3. 人本原理 4. 责任原理 5. 适度原理 6. 企业管理为什么需要伦理道德 7. 企业的社会责任	1. 了解管理原理的特征 2. 了解系统原理、人本原理、责任原理、适度原理 3. 掌握管理的基本原理，联系实践运用 **思政点**：培养良好的职业道德和行为操守，诚实守信，严格遵守行业政策法规	1. 能掌握管理的基本原理，联系实践运用 2. 能区分几种相关的道德观 3. 能掌握改善道德行为的途径	2
4	决策	1. 决策的定义、原则与依据 2. 决策的类型与特点 3. 决策的理论 4. 决策的过程与影响因素 5. 决策的方法	1. 理解决策的含义、分类、原则、程序 2. 掌握决策的定性和定量方法 **思政点**：培养"爱岗敬业，谨慎细心"的工作态度	1. 能运用决策方法根据掌握的信息进行决策 2. 能运用系统图和过程决策程序图对目标进行任务分解	4
5	计划与计划工作	1. 计划的概念及其性质 2. 计划的类型 3. 计划编制过程	理解计划的含义、分类、编制程序 **思政点**：培养敬业、精益、专注、创新等"工匠"精神	能根据企业环境分析编写工作计划、方案、任务书等	3
6	计划的实施	1. 目标管理 2. 滚动计划法 3. 网络计划技术 4. 业务流程再造	1. 熟悉目标管理 2. 熟悉滚动计划法 3. 掌握业务流程再造 **思政点**：培养学生严谨求实、一丝不苟的工作作风	1. 能够熟悉滚动计划法 2. 能够进行业务流程再造	3
7	组织设计	1. 组织设计概述 2. 组织设计的影响因素分析 3. 部门化 4. 集权与分权	1. 理解组织的概念构的类型及特点、组织设计的意义 2. 理解程序和内容、组织结构的发展趋势、组织变革的原因、动力与阻碍 **思政点**：培养敬业、精益、专注、创新等"工匠"精神	1. 能够根据提供的材料识别或绘制组织结构图 2. 能做好接近顾客的准备，合理规范约见顾客，掌握最有效的方法接近顾客	6

续表

序号	教学单元	教学内容	教学要求		学时
			知识和素养要求	技能要求	
8	领导、激励与沟通	1. 性质和作用 2. 领导者与领导集体 3. 领导方式及其理论 4. 领导艺术 5. 激励 6. 沟通	1. 了解领导的含义、权利的构成、领导理论、领导方式 2. 掌握激励的含义、原则、激励理论、方式 3. 掌握理论分析和解释企业有关领导问题 4. 掌握激励理论分析和解释企业有关激励 **思政点**：培养学生遵守"协作共进，和而不同"的合作原则	1. 能运用理论分析和解释企业有关领导问题 2. 能运用激励理论分析和解释企业有关激励问题	6
9	沟通与控制	1. 掌握沟通的形式和方法 2. 理解沟通的原则和要求 3. 掌握沟通的障碍与克服方法 4. 掌握控制的性质及类型 5. 掌握控制的方法	1. 熟悉组织中的沟通、沟通的障碍及其克服 2. 熟悉控制及其分类、控制的要求和过程、危机与管理控制 3. 掌握沟通的方法，清楚如何克服沟通障碍 4. 掌握控制的方法，清楚如何进行有效控制 **思政点**：培养学生遵守"协作共进，和而不同"的合作原则	1. 能正确掌握沟通的方法，清楚如何克服沟通障碍 2. 能正确掌握控制的方法，清楚如何进行有效控制	6
10	管理创新	1. 管理的创新职能 2. 企业技术创新 3. 企业组织创新	1. 理解创新职能的基本作用、创新的过程和组织 2. 理解技术创新的内涵和贡献、技术创新的战略及其选择 3. 了解企业制度创新、文化创新 **思政点**：培养敬业、精益、专注、创新等"工匠"精神	1. 能掌握创新理论与技能 2. 能根据企业面临的问题进行一定的管理创新	2

五、教学条件

1. 师资队伍

（1）专任教师。要求具有扎实的管理理论功底和一定的基层企业管理经历，熟悉管理的内涵，包括管理入门、管理理论的发展、管理的基本原理和方法、管理环境与道德；熟练管理过程，包括决策、计划、组织、领导、激励、沟通、控制、创新等管理的职能活动；能够运用各种教学手段和教学工具指导学生进行管理活动实践教学。

（2）兼职教师。①现任企业高级经理，要求能进行决策、计划、组织等管理内容的教学；②现任企业总监，要求能够针对企业的实际情况进行领导、激励、沟通、控制、创新等内容的教学。

2. 实践教学条件

（1）多媒体教室。遵循现代化多媒体教学技术为主，传统的黑板式教学为辅等多种形式相结合的原则。实训工具设备：电脑、电话、传真机、电视机、DVD、信函、名片、笔记本、计算器、写字板、活动挂图、计算机投影仪、录音笔等。实训室配置 Wise CRM 专业客户关系管理软件、SPSS 统计软件、Office 办公自动化软件等，可以帮助学生实现管理决策、计划、组织、领导等方面技能的提升。

（2）线上资源建设。绝大多数情况下采用现代化教学技术智慧职教、云课堂、中国大学 MOOC 实行课前准备、上课和课后辅导，即备课时以自有讲义为蓝本，辅以网络教学资源包括最新的进展、图片和案例等；上课内容全程采用 PPT 进行教学或 Internet 网络传输、下载；课后辅导充分利用学校提供的现代化教学设施，如学校的网络资源、多媒体教室，实现教学材料上网查询。建立 QQ 群、微信群与同学交流、互动，及时收集和解答同学们学习过程中存在的疑问，实现实时的网上讨论和学习。

3. 教材选用与编写

本课程建议选用单凤儒主编，高等教育出版社出版的《管理学基础》（第六版）。该教材构建了以培养基层管理岗位的综合管理技能与素质为一级目标，以培养计划与决策能力、组织与人事能力、领导与沟通能力、控制与评价能力四大基本管理能力为二级目标，包含十项实务技能的三级目标的"三层次目标体系"。

（1）注重基层，注重实务，注重技能，根据高职高专学生的特点，从培养技能型人才出发，内容安排上要深入浅出，适度、够用，突出实用；

（2）强化"互联网"管理，增加"互联网·管理故事"栏目，教材内容应体现先进性、准确性、通用性和实用性；

（3）创设情景，重在应用，创建生活渗透化教学模式；

（4）全书关联资源，配套资源数字化、网络化。学习者利用智能移动终端设备扫描，即时观看微课、动画，并实现全书交互式自测。

4. 教学资源及平台

（1）线上教学资源。支持混合教学和 MOOC 开放的公共教学资源库或自建教学资源。建议利用智慧职教等平台建设教学资源库和在线开放课程，为实施线上线下混合教学提供条件。建议采用智慧职教平台上的《管理学基础》，课程负责人：单凤儒，国家精品资源共享课程。通过中国大学 MOOC 网站、推荐阅读经典名著、开设管理知识讲座等形式，努力拓展学习空间，开阔眼界，激发学生学习的内在动力和潜力，实现可持续发展能力的培养。重点培养语言表达、人际交往、计划决策、组织人事、领导沟通、绩效考核等六大基本技能，建立理论联系实际的开放性教学内容体系。

（2）线上教学平台。采用符合国家有关互联网平台条件的公共教学平台。建议使用智慧职教等教学平台，利用职教云建设在线课程，设计教学活动；利用云课堂实施课堂教学。借助职教云强大的学习活动分析功能关注和分析学生的学习情况，及时解决学生学习中的短板问题。教学过程中将企业实际背景、运作等方面植入教学项目，让学生在学与做的过程中，体会学生学习与员工工作的差异，培养学生"善思考、会动手、勤反思"的习惯。

六、教学方法

本课程因材施教，结合课程特点采用多种教学方法，可采用如下教学方法：

1. 线上线下混合教学法

部分理论知识的讲解，以视频为载体将"课堂""搬"进企业，由企业家针对管理理论分享其管理感悟和实战经验。同时运用多种模拟实践教学的形式，采用模拟公司系列实训、调查与访问、岗位见习、校园体验、管理游戏等多种方式和手段。

2. 项目教学法

项目教学法是以工作任务为依据设计教学项目，以学生为活动主体实施项目的教学方法，也就是将教学内容融入项目实施过程的一种教学方法。项目教学法是以学生为中心的教学模式，这种教学模式中学生是主动的学习者，教师是学生学习的指导者。每个项目的实施有一个明确的任务、一个完整的过程，能够取得一个标志性成果。

3. 课堂讲授法

课堂讲授法是教师通过口头语言向学生描绘情境、叙述事实、解释概念、论证原理和阐明规律的教学方法。该方法以教师的语言作为主要媒介系统，连贯地向学生讲授基础知识、基本理论或基本流程，帮助学生理解并准确掌握相关知识技能，特别是各个知识技能点之间的有机联系和逻辑关系。

4. 案例教学法

使用大量生动有趣的实践案例与理论相结合，调动学生的学习兴趣和参与的热情，让学生在模拟的商业环境中充当决策者，培养学生判断和独立思考的能力。

5. 课堂活动设计法

利用智慧职教的云课堂设计课堂教学活动，将课堂讨论、提问、头脑风暴、课堂测验等课堂活动环节融入教学。

6. 立体教学法

将教师讲授与教学课件、视频资料、在线课程资源等多媒体现代化教学相结合，利用纸质、声音、图像、网络等相融合的立体化教学实现课堂互动。教师及时向学生推荐扩充性学习材料（包括相关学术论文、理论前沿跟踪、企业经营管理实例、各类的相关参考书籍等）并指导学生阅读学习，从而拓宽学生的知识面，为学生的自主学习创造良好的条件。

七、教学重点难点

1. 教学重点

教学重点：管理的基本原理、计划与计划工作、计划的实施、组织力量的整合、组织变革与组织文化、领导与领导者。

教学建议：通过案例故事、典型人物，通过音频、视频丰富教学手段。教师连贯地向学生讲授基础知识、基本理论或基本流程，使用大量生动有趣的实践案例与理论相结合，调动学生的学习兴趣和参与的热情。

2. 教学难点

（1）教学难点：管理学发展史的梳理。

教学建议：纵向，为发展史的内容列表梳理；横向，为代表性学术观点和代表人物重点梳理。

（2）教学难点：职位设计与职权配置。

教学建议："模拟公司法"教学，使学生有感性认识。

八、教学评价

本课程主要考核学生知识目标和素质目标的达标情况。理论知识的掌握情况主要通过期末闭卷考试进行考核，占总成绩的70%；素质目标主要通过对线下出勤与课堂表现、线上学习、团队合作情况进行考核，占总成绩的30%。

九、编制说明

1. 编写人员

课程负责人：彭　静　广州番禺职业技术学院（执笔）

课程组成员：曾　卉　广州番禺职业技术学院

　　　　　　任碧峰　广州番禺职业技术学院

　　　　　　林秀兰　明亚保险经纪有限公司

2. 审核人员

　　　　　　杨则文　广州番禺职业技术学院

　　　　　　向　舒　明亚保险经纪有限公司

"大数据与统计基础"课程标准

课程名称：大数据与统计基础/统计学基础

课程类型：专业拓展课

学　　时：36 学时

学　　分：2 学分

适用专业：金融服务与管理、国际金融、金融科技应用、大数据与会计、大数据与审计、会计信息管理

一、课程定位

大数据时代，一切都离不开数据，对数据进行统计和分析变得尤为重要。本课程依据企业统计岗位、数据分析岗位、数据运营岗位、数据管理岗位对统计从业人员的专业能力要求开设，主要学习利用统计分析软件从大量的数据资料里挖掘信息，为实际业务场景提供合理的数据分析和数据解释，进而为企业管理层制定相关政策和决策提供有效的数据信息支持，从而帮助企业获得直接和间接的经济效益。本课程是金融服务与管理专业群和大数据与会计专业群的专业拓展课，前置课程为"高等数学""金融学基础""经济学基础""会计学基础"与"财务会计"，后续课程为"金融数据处理""大数据金融应用""大数据技术应用""财务大数据分析""证券投资实务""个人理财业务""期货投资实务""基金投资实务"。

二、课程设计思路

（1）本课程以学生为中心，突出以工作岗位为依据、以任务为驱动的主导思想，培养学生实践应用能力和数据素养。课程设计以金融营销、运营、风控、产品、服务五大工作任务为依据，对应形成五个学习情景，并梳理出统计调查、统计整理、统计描述、统计推断、统计分析、统计指数、统计报告七大模块作为主要教学内容。将理论学习置于真实情境之中，提高学生问题识别能力、宏观设计能力、搜集整理能力、数据分析能力、报告撰写能力和软件使用能力。

（2）借鉴中级统计师、高级统计师考证要求，从统计专业技术资格认定标准出发，按照考试大纲的要求，选取部分内容融入本课程之中。

（3）教学设计中通过挖掘统计素养的内涵，培养学生的职业精神和信息素养。在教学

过程中强调"守住统计数据质量的生命线"的职业担当；通过任务驱动，培养学生收集数据的科学性、严谨性和务实性，处理数据的精益求精的工匠精神，分析数据的辩证唯物主义的科学思维，解释数据的批判性思维；通过分组学习与实操，培养学生协作共进、和而不同的团队意识；通过真实案例和特定个案，培养学生大数据时代的统计思维，引导学生树立正确的人生观、价值观和世界观，厚植家国情怀。

三、课程目标

本课程旨在培养学生胜任企业统计岗位的能力，具体包括知识目标、技能目标和素质目标。

1. 知识目标

（1）了解统计的含义和数据与统计的基本概念；

（2）掌握统计调查方案的设计、统计调查的类型和方法；

（3）掌握 Python 爬取数据的方法；

（4）掌握统计分组、编制分组数列和绘制常用统计图的方法；

（5）掌握大数据可视化 Python 代码；

（6）掌握测定数据集中趋势、离散程度、偏态及峰度指标的计算方法及其相互之间的关系；

（7）掌握点估计、区间估计的方法；

（8）掌握总体参数进行假设检验的步骤和方法；

（9）掌握相关关系的判断和线性回归分析的方法和原理；

（10）掌握多元线性回归 Python 操作代码；

（11）掌握时间序列构成要素和复合型时间序列预测方法；

（12）掌握 ARMA 模型 Python 操作代码；

（13）掌握综合指数与平均指数的编制方法和指数体系因素分析方法；

（14）掌握统计分析报告的格式和表达方式；

（15）掌握 Tableau 实现数据可视化的方法。

2. 技能目标

（1）能认识基本的统计现象；

（2）能设计统计调查方案和调查问卷，进而运用抽样调查、重点调查、典型调查等调查方式和技术灵活地进行统计调查；

（3）能用 Python 爬取数据；

（4）能运用统计分组的方法进行资料整理，并根据分组资料编制统计表和绘制统计图；

（5）能准确选用数据分布特征值指标进行数据描述统计；

（6）能计算抽样误差进行参数的区间估计，能根据统计误差和业务容许度确定必要的样本容量；

（7）能确定原假设和备择假设，并利用置信区间和 p 值对假设成立与否做出判断；

（8）能利用相关系数判断现象相关的方向和密切程度；

（9）能利用回归分析方法研究现象之间的数量关系并进行预测；

（10）能利用时间序列分析方法对现象变动发展趋势进行分析和预测；

（11）能编制指数以及根据指数体系进行因素分析；

（12）能熟练运用 Excel、SPSS 处理和分析数据；

（13）能用 Python 构建多元线性回归模型和时间序列模型；

（14）能撰写一篇简短的统计分析报告；

（15）能运用 Tableau 软件定制个性化仪表板。

3．素质目标

（1）能具备"守住统计数据质量的生命线"的职业担当；

（2）能保持"爱岗敬业，求真务实，严谨细心"的工作态度；

（3）能弘扬"精益求精，追求卓越，创新进取"的工匠精神；

（4）能遵守"协作共进，和而不同"的合作原则；

（5）能传承中国传统文化中的辩证智慧。

四、教学内容要求及学时分配

序号	教学单元	教学内容	教学要求		学时
			知识和素养要求	技能要求	
1	认识统计	1. 大数据背景下的统计学科建设 2. 大数据时代的统计应用领域 3. 统计工作过程 4. 统计中的几个基本概念	1. 了解大数据下的统计理论体系 2. 了解大数据时代统计学的应用领域 3. 熟悉统计工作流程 4. 掌握总体和样本、参数和统计量、变量的基本概念 5. 培养大数据时代的统计学思维	1. 能熟练运用统计中的基本概念 2. 能根据企业统计岗位招聘信息，总结统计岗位职责及工作内容	2
2	统计调查	1. 统计数据的类型 2. 大数据的结构类型 3. 统计数据的来源 4. 统计调查方案的设计 5. 统计调查的组织形式 6. 电子调查问卷的创建	1. 熟悉数据类型和大数据结构类型 2. 了解统计数据的直接来源和间接来源 3. 熟悉统计调查方案的设计 4. 掌握常用的统计调查方式 5. 掌握电子调查问卷的创建方法 **思政点**：分析带有偏差的样本案例，养成严谨细心的工作态度	1. 能根据企业统计调查的目的和要求，设计完整的调查方案 2. 能设计调查问卷及创建电子调查问卷 3. 能根据统计任务的不同，选择最佳的统计调查方式进行统计调查	2

续表

序号	教学单元	教学内容	教学要求		学时
			知识和素养要求	技能要求	
3	统计整理	1. 统计整理的内容和步骤 2. 数据预处理 3. 品质数据的整理与展示 4. 数值型数据的整理与展示 5. 大数据可视化（Pandas 内置可视化和 Seaborn 绘图）	1. 了解统计整理的内容和步骤 2. 掌握数据预处理的内容和方法 3. 熟悉统计表的结构及编制规则 4. 熟悉统计图的特征和绘制方法 5. 掌握大数据可视化 Python 代码 **思政点**：展示 https：//www. gapminder. org/tools 上的图表，对比我国和其他国家的发展指标，增强道路自信，树立精品意识，培养科学鉴赏力和审美观	1. 能针对统计调查收集的统计数据进行简单预处理和整理 2. 能运用统计分组的方法进行资料整理 3. 能编制分组数列 4. 能编制统计表，绘制统计图并合理使用图表	4
4	统计描述	1. 集中趋势的度量 2. 离散趋势的度量 3. 偏态与峰态的度量 4. Excel 描述统计工具的内容及其应用	1. 了解众数、中位数、分位数、平均数的含义并掌握计算方法 2. 了解异众比率、四分位差、方差和标准差的含义并掌握计算方法 3. 熟悉偏态系数和峰态系数的计算和判断 **思政点**：探寻精挑细选平均数，培养批判性思维；不歪曲数据特征，培养实事求是的工作作风和态度	1. 能计算数据集中趋势、离散程度、分布形状各测度值 2. 能辨别每个集中趋势和离散程度指标应用场合并分析实际问题 3. 能准确判断数据分布形状 4. 能用 Excel 的描述统计工具进行数据分析	4
5	抽样分布	1. 正态分布 2. 由正态分布导出的几个重要分布 3. 样本均值的分布 4. 利用 Excel 模拟抽样过程	1. 掌握正态分布函数的性质 2. 了解卡方分布、t 分布、F 分布的性质和特点 3. 掌握样本均值的抽样分布 **思政点**：揭示正态分布所蕴含的人生哲理，树立科学的成败观；树立大局观，把握整体和部分的辩证关系	1. 能利用统计软件生成正态分布概率表 2. 能解读标准正态分布表 3. 能用 Excel 模拟抽样过程	2
6	参数估计	1. 参数估计的一般问题 2. 一个总体参数的区间估计 3. 样本量的确定 4. Excel 在总体均值、总体比例、总体方差估计中的应用	1. 理解参数估计的基本原理 2. 掌握抽样极限误差 3. 理解置信区间、置信水平的内涵 4. 了解评价估计量的标准 5. 掌握小样本、大样本总体均值、总体比例、总体方差的估计方法 6. 了解确定样本量的计算方法 **思政点**：培养逻辑思维能力和归纳推理能力	1. 能计算抽样极限误差 2. 能描述区间估计的步骤 3. 能根据有关资料，运用 Excel 进行参数的区间估计	4

续表

序号	教学单元	教学内容	教学要求		学时
			知识和素养要求	技能要求	
7	假设检验	1. 假设检验的基本问题 2. 假设检验的步骤 3. 总体参数的检验 4. Excel 在总体均值、总体比例、总体方差检验中的应用	1. 了解假设检验的基本原理 2. 熟悉两类错误的内涵 3. 掌握假设检验的步骤 4. 掌握总体均值、总体比例、总体方差的检验 **思政点**：通过反证法揭示与人和睦相处的智慧，培养优良的个人品德，增强文化自信	1. 能将实际问题提炼为统计问题 2. 能根据研究问题正确提出原假设和备择假设 3. 能根据检验统计量和利用 P 值进行统计决策 4. 能用 Excel 进行总体均值、总体比例、总体方差检验	4
8	相关分析与回归分析	1. 变量间关系的度量 2. 一元线性回归 3. 多元线性回归 4. 多元线性回归 Python 操作实现	1. 了解相关关系的类型、相关系数的计算方法及其取值含义 2. 理解相关与回归的联系与区别 3. 掌握线性回归方程的建立方法 4. 理解参数的最小二乘估计的基本原理 5. 了解线性关系和回归系数的检验 6. 掌握多元线性回归 Python 操作代码 **思政点**：分析目前影响国家经济发展的各种因素，强调政策对经济金融的影响，增强国家自豪感和道路自信	1. 能利用相关系数判断现象相关的方向和密切程度 2. 能编制相关表、绘制相关图 3. 能利用回归分析方法研究现象之间的数量关系，并进行预测 4. 能用 Python 构建多元线性回归模型并实现模型预测	4
9	时间序列分析	1. 时间序列的构成要素及其分解方法 2. 时间序列的描述性分析 3. 时间序列的预测 4. ARMA 模型 Python 操作实现	1. 熟悉时间序列的成分 2. 掌握时间序列分析的水平指标和速度指标 3. 了解时间序列的预测程序 4. 掌握平稳序列、趋势型序列和复合型序列的预测方法 5. 掌握 ARMA 模型 Python 操作代码 **思政点**：树立持之以恒的学习态度；培养用动态的、发展的、联系的、全面的观点看问题的习惯	1. 能准确理解动态趋势分析的目的 2. 能准确判断时间序列的成分 3. 能利用水平指标和速度指标对社会经济问题进行动态分析 4. 能对现象进行长期趋势和季节变动的测定 5. 能用 Python 构建 ARMA 模型对股价进行预测	4
10	统计指数	1. 统计指数的分类 2. 综合指数和平均指数的编制 3. 指数体系和因素分析	1. 了解统计指数的概念、作用和种类 2. 掌握综合指数和平均指数的编制原则和方法 3. 掌握指数体系因素分析的过程和步骤 4. 了解几种典型领域的指数 **思政点**：阐述指数数据，认识我国发展进程，培养爱国主义情怀	1. 能根据所给资料编制总指数、数量指标指数、质量指标指数并进行分析 2. 能根据所给资料进行指数体系的因素分析	4

续表

序号	教学单元	教学内容	教学要求		学时
			知识和素养要求	技能要求	
11	统计报告	1. 统计分析报告的意义 2. 统计分析报告的格式 3. 统计分析报告的表达方式 4. 可视化数据分析报告	1. 了解统计分析报告的意义 2. 掌握统计分析报告的格式和表达方式 3. 掌握 Tableau 可视化实现的方法	1. 能撰写一篇简短的统计分析报告 2. 能运用 Tableau 软件定制个性化仪表板	2

五、教学条件

1. 师资队伍

（1）专任教师。要求具有扎实的统计理论功底和一定的统计业务、数据运营和数据管理岗位经历，熟悉国家统计法律法规知识和企业统计工作流程；具有业务视角的统计思维，能将业务问题转化统计问题，至少熟练操作如 Excel、SPSS、Python、SAS、R 等其中一门的统计软件；能示范演示统计工作方案设计、统计资料搜集、统计数据整理、统计数据分析，并熟知以上工作任务之间的关系，能在整体把握知识体系性的基础上，熟练地对工作任务、知识、能力进行序化、分解和重构；能够运用各种教学手段和教学工具指导学生进行统计知识学习和开展企业统计实践教学。

（2）兼职教师。①企业统计师，要求能进行统计工作过程、统计调查方案设计、数据收集和汇总、统计报表、统计指数等内容的教学。②大数据分析师，要求能进行数据预处理、数据展示、统计描述、参数估计、假设检验、相关与回归分析和时间序列分析等大数据下的统计分析方法应用、指数的编制方法和因素分析方法的示范教学。③统计企业高级项目经理，要求能进行调查问卷设计、统计模型、统计报告等方面的教学。

2. 实践教学条件

（1）理实一体化实训室。建议在一体化专业实训室或智慧教室进行教学，需要每个座位配置一台电脑，网络应流畅，能播放在线教学视频。电脑配置 Office 办公自动化软件，至少配置 SPSS、Python、SAS、R 等其中的一门统计软件。有条件的情况下应配备统计分析模拟实训系统，有统计法规、统计知识、统计调查、统计案例、应用分析、实验笔记、实验报告等业务操作，帮助学生巩固理论知识，提高分析和解决实际经济问题的综合能力。实训指导资料：软件操作手册，《中华人民共和国统计法》《统计从业人员统计信用档案管理办法》、统计条例等文档。

（2）线上资源建设。运用现代化教学平台，如智慧职教、云课堂、中国大学 MOOC，实行课前准备、上课和课后辅导。完成网络课程基本资源建设，包括教案、教学大纲、课件、课后拓展等教学资源的即时访问、下载等等。同时，应持续关注统计业务过程中的新知识、新技术和新方法，及时更新图片、案例、实训任务等网络教学资源。建议建立 QQ 群、微信群方便与同学交流、互动，及时收集和解答同学们学习过程中存在的疑问，实现实时网上讨论和学习。

（3）校外实训基地建设。学院与企业、事业单位合作构建校外实训、实习基地，有条件的情况下积极创建产业学院，吸收企业、事业单位的优秀专家担任兼职教师，给学生创造一个真实或仿真的操作环境，使专任老师及时了解统计学专业发展有关的政策动向及统计人才具体需求信息。学生通过跟岗和顶岗实习，熟悉企业、事业单位真实的统计业务流程，熟练真实环境中的统计业务操作，增强职业能力和提升职业素养。

3. 教材选用与编写

教材应符合《职业院校教材管理办法》等文件的规定和要求，探索使用新型活页式、工作手册式教材并配套信息化资源。可选用"十三五"规划教材或近三年出版的精品教材。教材编写应以本课程标准为依据，适应大数据环境要求，充分体现任务引领、实践导向的设计思想，将统计工作分解成若干典型的工作项目，按统计业务或数据分析岗位职责和工作项目完成过程来组织教材内容。教材内容应体现新技术、新工艺、新规范、新成果，贴近中小微企业统计需求。

（1）教材是完成教学过程、达到教学目标的手段和媒介，在编写过程中应充分体现本课程项目设计的理念和就业导向的基本思路，依据本课程标准采用任务驱动型模式进行编写。

（2）教材编写应根据高职高专学生的特点，从培养技能型人才出发，内容安排上要深入浅出，适度、够用，突出实用，语言组织要简明扼要、科学准确、通俗易懂，形式上应图文并茂、可操作性强，配备大量的实务题，使学生能够在学习完理论知识后及时地得到相应的技能训练。

（3）教材内容应体现先进性、准确性、通用性和实用性，要将最新的从小数据到大数据统计分析的前沿知识和典型案例及时纳入教材，使教材更贴近本专业的发展和实际需要。

（4）教材中的活动设计内容要具体，并在实训室环境下具有可操作性。教材中的案例可以采用企业真实案例，提高业务操作的仿真度。

（5）强调与计算机的结合。为着力提高学生运用统计方法分析解决问题的能力，教材所涉及的统计计算，需要运用目前已有的统计软件，建议选用 Excel、SPSS、Eviews、Statistica、Minitab 等。

（6）建议参考清华大学出版社出版、汪大金主编的《统计学基础》，东北财经大学出版社出版、刘玉玫主编的《统计学基础》，中国水利水电出版社出版、王维鸿主编的《Excel 在统计中的应用》，清华大学出版社出版、李士华主编的《统计软件应用与实训教程》。

4. 教学资源及平台

（1）线上教学资源。支持混合教学和 MOOC 开放的公共教学资源库或自建教学资源。建议利用智慧职教等平台建设教学资源库和在线开放课程，为实施线上线下混合教学提供条件。建议采用中国大学 MOOC 平台南京财经大学陈耀辉主持的国家精品课"统计学"课程资源，中国大学 MOOC 平台浙江中医药大学郑卫军主持的"妙趣横生统计学"课程资源。

（2）线上教学平台。采用符合国家有关互联网平台条件的公共教学平台，建议使用智慧职教、学习通等教学平台。利用职教云建设在线课程，课前发布课件、发布并收集课前测试结果进行学情分析，课中创建讨论、提问、头脑风暴、小组 PK、问卷调查等活动引入真实工作任务，课后发布作业并进行课后辅导。借助职教云强大的学习活动分析功能关注和分析学生的学习情况，及时解决学生学习中的短板问题。

六、教学方法

1. 课堂讲授法

课堂讲授法是教师通过口头语言向学生描绘情境、叙述事实、解释概念、论证原理和阐明规律的教学方法。该方法以教师的语言作为主要媒介系统，连贯地向学生讲授基础知识、基本理论或基本流程，帮助学生理解并准确掌握相关知识技能，特别是各个知识技能点之间的有机联系和逻辑关系。

2. 任务驱动法

任务驱动教学法在建构主义教学理论指导下，通过对教学或工作目标的任务分解（化成若干个中小任务）和情境创设，师生互动开展学习。以职业能力养成为核心，通过设计不同场景的项目任务来组织教学，从获取信息到制订步骤，再到决策和付诸行动，直至检查、反思与评估，完成一个完整的工作过程。

3. 实践教学法

通过组建调查小组和多种形式的实习团队，参与社会统计实践，引导学生根据社会实际，有目的有针对性地选择调查课题，进行全过程的社会调查活动，掌握调查技巧和数据汇总、整理、分析方法，培养和锻炼使用社会调查方法与技术的实践能力，增强团队协作能力和创新能力。

4. 案例教学法

案例教学法包括讲解案例法和讨论案例法两种。讲解案例法，是将案例教学融入传统的讲授教学法之中的一种方法，教学中使用的案例通常是针对课程知识体系中的重点、难点问题设计的，也称"知识点案例"。讨论案例法，是以学生课堂讨论为主，案例是学生讨论的主题，学生通过对案例的剖析，提出各自的解决方案，并予以充分讨论。

5. 启发式教学法

启发式教学是根据教学目的和内容，通过设计启发、诱导型问题，引导学生养成多思考、善思考、勤思考的习惯。将最新经济、社会、文化热点问题贯穿于教学的每一环节，启迪学生思考，活跃学生思维，提高学生学习的主动性、积极性和创造性，培养学生捕捉社会热点问题和经济现象的敏感性。

6. 角色扮演法

本课程在培养学生专业技能的同时，也应培养学生的沟通能力与团队协作意识，通过调查人员、被调查者、助理统计师、统计师、项目经理等分角色扮演的训练方法，让学生体验统计岗位工作职责、工作流程和工作技巧，培养学生的口头表达能力和团队协作精神。

7. 线上线下混合教学法

本课程课时量不能完全满足理论与实践同步推进的一体化教学需要，应充分利用在线课程培养学生自主学习能力，把基本理论知识的学习放在课外解决，课堂主要解决关键知识点存在的问题，完成实训任务。教师要利用好线上课程，设计课前、课中、课后环节，利用云课堂布置和批改、评讲作业，为学生打造移动课堂。

七、教学重点难点

1. 教学重点

教学重点：统计调查、统计整理、参数估计、假设检验、相关与回归分析、时间序列预测。

教学建议：结合实训资料，引入最新典型案例和生动有趣的统计小故事，结合音频、视频等教学资源，调动学生的学习兴趣，积极参与学生分小组合作探究、知识点测评等学习活动。

2. 教学难点

教学难点：假设检验、时间序列预测。

教学建议：利用线上资源开展翻转课堂教学。依托微课视频进行知识点预习，课中使用合适的实训资料，利用统计分析模拟实训系统和统计软件进行实操训练，结合实操重点讲授疑难点，再辅以课后作业等方式强化学生对知识点的理解。

八、教学评价

本课程主要考核学生知识目标、技能目标及素质目标的达标情况。理论知识的掌握情况主要通过云课堂随堂测验和课后作业进行考核，占总成绩的40%；技能目标主要通过对学生课堂实训表现、提交的项目成果的完成情况和展示情况进行考核，占总成绩的40%；素质目标主要通过对线下出勤与课堂表现、线上学习、团队合作情况进行考核，占总成绩的20%。

九、编制说明

1. 编写人员

课程负责人：刘　皇　广州番禺职业技术学院（执笔）

课程组成员：罗书嵘　广州番禺职业技术学院

梁穗东　广州番禺职业技术学院

梁春鼎　广州零点有数数据科技有限公司

2. 审核人员

杨则文　广州番禺职业技术学院

梁春鼎　广州零点有数数据科技有限公司

"国际贸易实务"课程标准

课程名称：国际贸易实务
课程类型：专业拓展课
学　　时：36 学时
学　　分：2 学分
适用专业：大数据与会计

一、课程定位

本课程依据外贸企业财务会计岗位对会计人员的业务知识能力要求开设，主要学习国际商品交换的具体过程，了解外贸企业业务运行规律。本课程通过进出口业务各环节引领的项目活动，帮助学生掌握外贸型企业进出口业务中国际贸易理论与政策、国际贸易法律与惯例、国际金融、国际运输与保险等基本知识，使学生在完成本课程的学习后，具备运用相关的贸易、保险、金融方面的知识从事外贸企业会计岗相关工作的职业能力。

本课程是大数据与会计专业的专业拓展课程。前置课程为"经济学基础"，后续课程为"国际结算业务""国际金融函电""业务财务会计"。

二、课程设计思路

（1）本课程以进出口业务流程与国际贸易从业人员的工作内容作为载体，结合国际贸易实训软件开展情景教学。采用项目教学模式，基于混合式教学理念组织教学，把相关的知识点分解到相应的操作过程中，采用理论与实践一体化的教学模式，在配备有仿真国际贸易实务平台系统的实训室开展教学活动。

（2）教学过程中引导学生学习了解我国对外经济发展情况，在此基础上形成中国特色社会主义道路自信、理论自信、制度自信、文化自信，积极践行社会主义核心价值观；通过贸易术语与国际惯例的学习，培养学生遵守法纪以及行业企业标准的习惯；通过业务流程各环节的学习，培养学生在商务谈判中的理解和沟通能力等。

三、课程目标

本课程拟通过国际贸易出口业务流程中各环节引领的工作项目活动，培养学生熟练掌握和运用国际贸易基础理论、国际结算、国际保险等相关知识，解决会计岗位相关任务的职业能力。

1. 知识目标

（1）熟悉国际贸易业务流程；

（2）了解境外合作企业拓展方法并掌握业务建立函的撰写方法；

（3）熟悉询盘、发盘、还盘、接受的基本含义与函件撰写内容与结构；

（4）掌握主要六种国际贸易术语以及其价格构成与换算；

（5）理解并掌握进出口商品作价原则与方法；

（6）熟悉进出口合同种类、内容构成与条款注意事项；

（7）熟悉合同履行阶段各环节基本含义、内容与条款。

2. 技能目标

（1）能熟练掌握进出口业务流程；

（2）能运用互联网寻找到境外潜在合作客户；

（3）能熟练掌握撰写成功询盘函、发盘函、还盘函、接受函的方法；

（4）能根据实际业务需要，选择合适的国际贸易术语；

（5）能熟练换算不同贸易术语下的商品价格；

（6）能通过合同履行各环节内容的学习，高效无误地履行进出口合同。

3. 素质目标

（1）能拥有"制度自信、文化自信"的社会主义核心价值观；

（2）能树立马克思主义的世界观，拥护中国共产党的领导，拥护社会主义制度；

（3）能具备国际商务谈判中必要的理解和沟通能力；

（4）能树立价格敏感、职场时效观念；

（5）能贯彻遵守法纪及行业惯例的习惯。

四、教学内容要求及学时分配

序号	教学单元	教学内容	教学要求（动宾结构）		学时
			知识和素养要求	技能要求	
1	交易前的准备	1. 国际市场调研的内容 2. 交易信息搜集途径 3. 建立业务合作关系信函的撰写技巧	1. 了解国际市场调研的内容与方法 2. 熟悉寻找目标客户的途径 3. 熟悉撰写建立业务关系函的结构与语言特色 4. 通过网络寻找潜在客户的方法学习，培养高效精准的信息搜集能力以及良好的分析能力	1. 能利用各种途径寻找合适的贸易伙伴 2. 能根据业务需要，撰写成功的建立业务合作关系函	4

续表

序号	教学单元	教学内容	教学要求（动宾结构）		学时
			知识和素养要求	技能要求	
2	发盘与出口报价核算	1. 国际贸易术语 2. 出口商品报价核算 3. 发盘与发盘函	1. 了解贸易术语的含义 2. 熟悉有关贸易术语的国际惯例 3. 掌握常用的六个国际贸易术语买卖双方当事人的权利与义务 4. 掌握出口商品作价原则与作价方法 5. 掌握主要贸易术语的价格构成与相互换算 **思政点**：在实践国际贸易业务操作中，树立马克思主义的世界观，拥护中国共产党的领导，拥护社会主义制度	1. 能根据业务需要合理选用贸易术语 2. 会进行出口商品不同贸易术语使用下的价格换算 3. 能理解国际惯例与法律的区别 4. 能根据进口商的报价要求，正确核算并报送商品价格 5. 能根据业务需要，正确撰写发盘函	10
3	还盘与出口还价核算	1. 还盘与还盘函 2. 出口还价核算	1. 了解还盘的含义与性质 2. 熟练掌握还价核算的原理 3. 熟练掌握还盘函撰写结构 4. 通过业务流程各环节往来函电的学习，培养学生在商务谈判中的理解和沟通能力	1. 能够根据客户的还盘，核算公司的利润、采购成本和费用情况 2. 能根据业务需要，正确拟写还盘函	4
4	进出口合同签订	进出口合同的形式、内容、条款	1. 了解进出口合同的种类和生效条件 2. 熟悉进出口合同的内容构成以及各项条款内容要求 3. 通过标准化格式的合同文本学习，培养学生遵守法纪以及行业企业标准的习惯 4. 通过规范化的书面语言运用，培养学生形成一种专业的表达思维和表达范式	1. 能正确把握进出口合同各项条款的构成 2. 能根据交易磋商结果正确拟订进出口合同	2
5	信用证业务	1. 票据 2. 国际结算方式 3. 信用证	1. 了解国际结算票据的含义与用途 2. 熟悉国际结算方式的含义与分类 3. 掌握信用证的含义、流程、内容、特点、种类等 4. 熟悉信用证的开立、审核、修改流程 **思政点**：在实践国际贸易业务操作中，树立马克思主义的世界观，拥护中国共产党的领导，拥护社会主义制度	1. 能在国际贸易中根据实际业务需求，与进口商或出口商磋商选择合适的国际结算方式 2. 能够根据业务需要，开展信用证的开立、审核等工作	8

续表

序号	教学单元	教学内容	教学要求（动宾结构）		学时
			知识和素养要求	技能要求	
6	出口托运订舱	1. 国际货物运输方式 2. 国际货物运输条款 3. 货物租船订舱	1. 熟悉国际货物运输方式 2. 掌握出口托运订舱的工作流程和要求 3. 了解国际货物运输条款 **思政点：** 在学习了解我国对外经济发展情况的基础上，形成中国特色社会主义道路自信、理论自信、制度自信、文化自信，积极践行社会主义核心价值观	1. 能根据商品的特点、交易对象合理选择货物运输方式 2. 能够计算海运运费	2
7	出口投保	1. 海上货物运输风险 2. 海上货物运输保险	1. 认识海上货物运输的风险类别 2. 掌握国际货物运输保险的险别，明确保障范围 3. 熟悉国际货物运输投保流程 **思政点：** 在学习了解我国对外经济发展情况的基础上，形成中国特色社会主义道路自信、理论自信、制度自信、文化自信，积极践行社会主义核心价值观	1. 能正确判断货物运输风险并购买正确的货物运输保险 2. 能掌握不同保险品种的承保范围和除外责任 3. 会计算投保金额和保险费用	4
8	核销退税	1. 收汇核销的含义与程序 2. 出口退税的含义与流程	1. 熟悉收汇核销和出口退税的含义 2. 熟悉收汇核销和出口退税的业务流程 **思政点：** 在实践国际贸易业务操作中，树立马克思主义的世界观，拥护中国共产党的领导，拥护社会主义制度	能办理核销退税手续，完成收汇核销和出口退税工作	2

五、教学条件

1. 师资队伍

（1）专任教师。要求应具有扎实的国际经济与贸易理论功底和一定的对外贸易实践经验，熟悉进出口贸易工作流程，了解如何与国外客户顺利进行交易磋商，能对出口产品进行报价核算，掌握国际贸易术语的风险、责任、价格划分，能在不同贸易术语之间正确切换报价；熟悉国际支付工具、国际支付方式，能根据业务背景正确选择合适的结算方式；了解海上运输风险与损失，掌握国际贸易海上运输保险与购买实务等；能够运用各种教学手段和教学工具指导学生进行国际贸易实务知识学习和开展 simtrade 仿真实训平台实践教学。

（2）兼职教师。要求拥有丰富的国际贸易实务操作经验，应为大中型国际贸易公司的进出口业务部门人员，或是自行创业的进出口有限责任公司经理以上人员，本身应具备本科以上的教育背景，拥有较强的沟通能力、培训能力、学习能力，能够在通过兼职教师教学培训后，较好地将从事国际贸易实务的工作经验传授给学生。

2. 实践教学条件

（1）理实一体化实训室。建议在一体化专业实训室或智慧教室进行教学，需要每个座位配置一台电脑，网络应流畅，能播放在线教学视频。有条件的情况下应配备与本课程相适应的智能化教学软件。

（2）教学软件平台。模拟国际贸易实务交易环境，可在机上进行进出口贸易各环节的仿真实务操作，帮助学生学习和掌握国际贸易术语、进出口商品作价原则和计算方法、国际结算方式等。

（3）实训指导资料。配备国际贸易实务操作手册，相关国际惯例、统一规则等文档。

3. 教材选用与编写

教材应符合《职业院校教材管理办法》等文件的规定和要求，探索使用新型活页式、工作手册式教材并配套信息化资源。教材编写应以本课程标准为依据，充分体现任务引领、实践导向的设计思想，将外贸企业进出口业务工作分解成若干典型的工作项目，按工作项目完成过程来组织教材内容。

（1）教材是完成教学过程、达到教学目标的手段和媒介，在编写过程中应充分体现本课程项目设计的理念，依据本课程标准采用任务驱动型模式进行编写。

（2）教材应按外贸企业进出口业务的工作内容、操作流程的先后顺序、理解掌握的难易程度等进行编写。

（3）教材编写应根据高职高专学生的特点，从培养技能型人才出发，内容安排上要深入浅出，适度、够用，突出实用，语言组织要简明扼要、科学准确、通俗易懂，形式上应图文并茂、可操作性强，配备大量的实务题，使学生能够在学习完理论知识后及时地得到相应的技能训练。

（4）教材内容应体现先进性、准确性、通用性和实用性，要将最新的国际贸易惯例等前沿知识及时地纳入教材，使教材更贴近本专业的发展和实际需要。

（5）教材中的活动设计内容要具体，并在实训室环境下具有可操作性。教材中的案例可以采用企业真实案例，提高业务操作的仿真度。

（6）建议采用中国财政经济出版社出版、黄振山主编的《国际贸易实务教程》。

4. 教学资源及平台

（1）线上教学资源。支持混合教学和 MOOC 开放的公共教学资源库或自建教学资源。建议利用智慧职教等平台建设教学资源库和在线开放课程，为实施线上线下混合教学提供条件。建议采用中国大学 MOOC 深圳职业技术学院郭云云主持的"国贸那些事"以及广州番禺职业技术学院严美姬主持的"国际贸易实务"课程资源。

（2）线上教学平台。采用符合国家有关互联网平台条件的公共教学平台。建议使用智慧职教等教学平台，利用职教云建设在线课程，设计教学活动；利用云课堂实施课堂教学。借助职教云强大的学习活动分析功能关注和分析学生的学习情况，及时解决学生学习中的短板问题。

六、教学方法

1. 项目教学法

本课程以国际贸易业务出口业务作为教学主线，以贯穿一笔业务整个流程的外贸业务员的工作任务和要求为核心，按照完成一笔外贸业务的基本过程，采用基于工作业务流程分析的设计思路，根据出口业务各环节进行项目化拆分，即根据工作项目安排教学内容。

2. 情境教学法/任务驱动法

本课程引入世格贸易实训平台，该平台仿真国际贸易实务过程，教师根据教学内容中的工作项目设置工作任务，学生即可通过该实训平台分别以"出口商""进口商""工厂""广告公司""银行"等角色相互开展外贸业务，完成教师设置的工作任务。学生通过实训平台的操作，熟悉外贸业务流程，同时将所学的理论知识运用于仿真工作任务中，实现知识的熟悉和掌握。

3. 案例教学法

本课程作为一门实务课，涉及众多真实工作场景和工作案例。重点内容国际贸易术语、信用证等知识部分，将呈现大量的实务案例，让学生们根据所学的贸易术语责任、风险、成本划分，以及信用证的定义、特征等，来对案例中的实际情况进行讨论分析。

七、教学重点难点

1. 教学重点

教学重点1：进出口贸易流程与磋商技巧。

教学建议：熟悉完整的进出口贸易链是成功开展国际贸易业务的基础，纯熟的磋商技巧是使企业收获订单与拿下合适价格的重要技能。通过视频演示、流程图绘制，同时结合实训平台操作，让学生熟悉进出口贸易流程大致环节；通过模拟企业实际业务磋商过程，运用实训平台，让学生扮演不同角色，撰写业务磋商函，熟悉谈判语言与谈判技巧。

教学重点2：常用的六种国际贸易术语。

教学建议：国际贸易术语是国际贸易实务中非常重要的内容，学生必须完全掌握。通过视频动态介绍各种贸易术语下的交易过程，对比不同贸易术语的风险、责任划分点，同时通过实际案例还原分析不同贸易术语交易的现实责任与风险，切实让学生完全理解并能够在不同的进出口业务下选择合适的贸易术语。

2. 教学难点

教学难点1：出口商品价格核算。

教学建议：价格关系到企业实际利润。进出口企业在贸易磋商过程中耗时最多的内容就是报价与还价。通过真实案例背景，让学生角色代入企业，站在企业人的角度，熟悉企业利润获得的计算公式，掌握不同贸易术语价格换算方法，能够准确熟练地帮助企业核算出符合利润预期的商品报价。

教学难点2：国际贸易中货款的收付。

教学建议：不同的货款收付方式对进口和出口企业来说风险各有千秋。只有完全理解多种国际支付方式的内涵，才能为企业选择最有利的结算方式。通过视频演示、结算方式业务流程图的绘制、智慧职教平台设置测验题等方式，帮助学生理解不同结算方式的当事人及各自职责、风险承担以及业务流程。

八、教学评价

本课程主要考核学生知识目标、技能目标及素质目标的达标情况。理论知识的掌握情况主要通过期末闭卷考试进行考核，占总成绩的50%；技能目标主要通过世格国际贸易实务实训平台工作成果的完成情况进行考核，占总成绩的30%；素质目标主要通过对线下出勤与课堂表现、线上学习、团队合作情况进行考核，占总成绩的20%。

九、编制说明

1. 编写人员

课程负责人：王　慧　广州番禺职业技术学院（执笔）

课程组成员：刘　皇　广州番禺职业技术学院

　　　　　　梁　勇　广州亿沃新能源科技有限公司

2. 审核人员

　　　　　　杨则文　广州番禺职业技术学院

　　　　　　梁　勇　广州亿沃新能源科技有限公司

"纳税筹划"课程标准

课程名称：纳税筹划

课程类型：专业拓展课

学　　时：36 学时

学　　分：2 学分

适用专业：大数据与会计、大数据与审计、会计信息管理

一、课程定位

本课程是会计专业群的专业拓展课。学生在掌握本专业核心课程并具有一定的专业技术能力的基础上，展开对纳税筹划的学习与应用。通过学习该课程，使学生提升专业能力的同时形成业财融合的管理意识，在业务执行中思考纳税管理，在纳税筹划中提出管理问题。通过该课程的学习，使学生在具备专业岗位能力要求以后，能够提升纳税管理能力。

二、课程设计思路

（1）本课程以企业工作项目为载体，根据企业各发展阶段不同经营环节的纳税要求，选取九个工作项目作为主要教学内容，每个项目由一个或多个独立的具有典型代表性的完整的工作任务贯穿，当项目结束时，工作任务随之完成并获取相应的标志性工作成果，相关理论知识融于工作任务之中。

（2）借鉴"智能财税职业技能等级标准"中级、高级考证要求，选取部分内容融入本课程之中。

（3）教学过程中强调"依法纳税、诚信纳税"的职业道德；课程采用分项目、细流程、看案例、重分析的理论实践一体化教学，强化学生实际工作中所需具备的税收政策以及税收筹划意识，锻炼学生通过对不同类型典型案例的分析归纳总结，通过分组学习与实操，培养学生协作共进、和而不同的团队意识；在案例分析与模拟设计纳税筹划方案的过程中弘扬诚实守信的传统美德。

三、课程目标

本课程旨在培养学生纳税业务的纳税筹划管理能力以及纳税风险防范能力,具体包括知识目标、技能目标和素质目标。

1. 知识目标

(1) 理解纳税筹划的概念与特点;

(2) 掌握纳税筹划的方法与技巧;

(3) 掌握企业设立环节的纳税筹划方案设计要点;

(4) 掌握企业采购环节的纳税筹划方案设计要点;

(5) 掌握企业职工薪酬的纳税筹划方案设计要点;

(6) 掌握企业生产环节的纳税筹划方案设计要点;

(7) 掌握企业销售环节的纳税筹划方案设计要点;

(8) 掌握企业纳税环节的纳税筹划方案设计要点;

(9) 掌握企业战略发展的纳税筹划方案设计要点;

(10) 掌握企业终止环节的纳税筹划方案设计要点;

(11) 掌握企业纳税风险防控的纳税筹划方法。

2. 技能目标

(1) 能结合纳税筹划案例区分纳税筹划与避税、偷税和骗税等行为;

(2) 能结合纳税筹划案例描述企业进行纳税筹划的工作流程;

(3) 能结合纳税筹划案例设计企业设立环节的纳税筹划方案;

(4) 能结合纳税筹划案例设计企业采购环节的纳税筹划方案;

(5) 能结合纳税筹划案例设计企业职工薪酬的纳税筹划方案;

(6) 能结合纳税筹划案例设计企业生产环节的纳税筹划方案;

(7) 能结合纳税筹划案例设计企业销售环节的纳税筹划方案;

(8) 能结合纳税筹划案例设计企业纳税环节的纳税筹划方案;

(9) 能结合纳税筹划案例设计企业战略发展的纳税筹划方案;

(10) 能结合纳税筹划案例设计企业终止环节的纳税筹划方案。

3. 素质目标

(1) 能具备"依法纳税,诚信纳税"的职业操守;

(2) 能保持"爱岗敬业,谨慎细心"的工作态度;

(3) 能遵守"协作共进,灵活应变"的合作原则;

(4) 能贯彻"勤俭节约,提高效益"的管理思想。

四、教学内容要求及学时分配

序号	教学单元	教学内容	教学要求		学时
			知识和素养要求	技能要求	
1	纳税筹划概念	1. 纳税筹划概念 2. 纳税筹划特点 3. 纳税筹划流程 4. 纳税筹划方法	1. 理解纳税筹划概念特点 2. 理解纳税筹划目标原则 3. 掌握纳税筹划流程 4. 掌握纳税筹划常用方法 **思政点**：形成依法纳税爱国意识		2
2	企业设立环节的纳税筹划方案设计	1. 企业性质对纳税筹划的影响 2. 经营范围对纳税筹划的影响 3. 经营规模对纳税筹划的影响 4. 经营场地对纳税筹划的影响	1. 掌握不同企业性质、经营范围与场地涉及的税种与税率 2. 熟悉不同经营规模涉及的税收优惠政策 **思政点**：依法纳税、诚信纳税	1. 能根据经营范围信息设计纳税筹划方案 2. 能根据机构设置要求设计纳税筹划方案	4
3	企业采购环节的纳税筹划方案设计	1. 物资采购纳税筹划 2. 固定资产纳税筹划 3. 无形资产纳税筹划	1. 熟悉不同物资采购方式的纳税影响 2. 熟悉固定资产不同采购方式的纳税影响 3. 熟悉无形资产不同采购方式的纳税影响	1. 能根据物资采购方式设计纳税筹划方案 2. 能根据固定资产采购方式设计纳税筹划方案 3. 能根据无形资产采购方式设计纳税筹划方案	4
4	企业职工薪酬的纳税筹划方案设计	1. 员工薪酬纳税筹划 2. 综合所得纳税筹划 3. 其他所得纳税筹划	1. 掌握工资薪金的纳税筹划方法 2. 掌握综合所得转换的纳税筹划方法 3. 掌握其他所得的纳税筹划方法 **思政点**：形成诚信纳税意识	1. 能根据工资薪金所得设计纳税筹划方案 2. 能根据综合所得设计纳税筹划方案 3. 能根据其他所得设计纳税筹划方案	4
5	企业生产环节的纳税筹划方案设计	1. 生产方式的纳税筹划 2. 经营费用的纳税筹划	1. 理解自主生产对纳税筹划的影响 2. 理解委托加工对纳税筹划的影响 3. 理解应税消费品的生产方式对纳税筹划的影响 4. 熟悉生产环节其他纳税业务的纳税筹划 **思政点**：形成纳税管理意识	1. 能根据不同生产方式设计纳税筹划方案 2. 能设计生产应税消费品的纳税筹划方案	6

续表

序号	教学单元	教学内容	教学要求		学时
			知识和素养要求	技能要求	
6	企业销售环节的纳税筹划方案设计	1. 销售方式的纳税筹划 2. 视同销售的纳税筹划 3. 包装物品的纳税筹划 4. 相关费用的纳税筹划	1. 理解不同销售方式对纳税筹划的影响 2. 理解包装物的处理对纳税筹划的影响 3. 理解其他销售费用的不同处理对纳税筹划影响 **思政点**：形成纳税管理意识	1. 能根据不同销售方式设计纳税筹划方案 2. 能根据包装物设计纳税筹划方案 3. 能根据其他销售费用信息设计纳税筹划方案	6
7	企业纳税环节的纳税筹划方案设计	1. 延迟纳税的纳税筹划 2. 即征即退的纳税筹划	1. 理解延迟纳税对纳税筹划的影响 2. 理解即征即退对纳税筹划的影响 **思政点**：形成依法节税的纳税意识	1. 能设计延迟纳税的纳税筹划方案 2. 能设计即征即退的纳税筹划方案	2
8	企业战略发展的纳税筹划方案设计	1. 设立分支机构纳税筹划 2. 企业合并纳税筹划 3. 企业投融资纳税筹划	1. 理解企业分立对纳税筹划的影响 2. 理解企业合并对纳税筹划影响 3. 熟悉投融资方式对纳税筹划的影响 **思政点**：形成纳税管理意识	1. 能设计企业分立纳税筹划方案 2. 能设计企业合并纳税筹划方案 3. 能设计投融资纳税筹划方案	4
9	企业终止环节的纳税筹划方案设计	1. 企业缩减规模的纳税筹划 2. 企业终止清算的纳税筹划	1. 理解企业缩减规模对纳税筹划的影响 2. 理解企业终止清算对纳税筹划的影响 **思政点**：形成依法纳税意识	1. 能设计企业缩减规模的纳税筹划方案 2. 能设计企业终止清算的纳税筹划方案	2
10	企业纳税风险防控的纳税筹划方法	1. 纳税风险类型 2. 风险防控方法	1. 了解常见纳税风险类型 2. 熟悉风险防控方法 **思政点**：形成依法纳税、诚信纳税意识		2

五、教学条件

1. 师资队伍

（1）专任教师。要求具有扎实的税收理论功底，掌握各税种的计算方式，能够熟练计算各税种的应纳税额，了解国家最新的税收法律法规；能够运用各种教学手段和教学工具指导学生进行纳税业务的分析与筹划等实践教学。

（2）兼职教师。要求现任企业税务管理职务，能针对企业内部管理、对外业务、企业的战略发展以及税务风险等内容进行教学。

2. 实践教学条件

理实一体化实训室。建议在一体化专业实训室或智慧教室进行教学，需要每个座位配置一台电脑，网络应流畅，能播放在线教学视频。有条件的可配备与本课程相适应的智能化教学软件。

3. 教材选用与编写

教材应符合《职业院校教材管理办法》等文件规定和要求，按企业经营发展的顺序、纳税筹划常用方法等进行编写，探索使用新型活页式、工作手册式教材并配套信息化资源。教材内容应体现及时性、通用性和实用性，采用最新的税收法规以及税收优惠政策。教材中应配置大量的纳税筹划案例，模拟企业真实业务，提高学生对实际业务的纳税筹划能力。

4. 教学资源及平台

（1）线上教学资源。根据教学内容要求，划分课程知识点，设计课程教学方案，制作课件、微课以及拓展资源、开发习题库等，以满足线上线下混合教学及学生自主学习的需求。

（2）线上教学平台。通过智慧职教或中国大学 MOOC 平台建设课程资源，设计教学活动，开展在线教学。借助职教云强大的学习活动分析功能关注和分析学生的学习情况，及时解决学生学习中的短板问题。

六、教学方法

1. 任务驱动法

任务驱动法是指教师给学生布置探究性的学习任务，学生查阅资料，对知识体系进行整理，再选出代表进行讲解，最后由教师进行总结。任务驱动教学法可以以小组为单位进行，也可以以个人为单位组织进行，要求教师布置任务要具体，其他学生要积极提问，以达到共同学习的目的。

2. 启发式教学法

启发教学可以由一问一答、一讲一练的形式来体现，也可以通过教师的生动讲述使学生产生联想，留下深刻印象而实现。启发性是一种对各种教学方法和教学活动都具有指导意义的教学思想，启发式教学法就是贯彻启发性教学思想的教学法。

3. 分组讨论法

分组讨论法是在教师的指导下，针对教材中的基础理论或主要疑难问题，在学生独立思考之后，共同进行讨论、辩论的教学组织形式及教学方法，可以全班进行，也可分组进行。

4. 线上线下混合教学法

本课程课时量不能完全满足讲解所有类型纳税筹划业务以及纳税筹划案例，应充分利用在线课程培养学生自主学习能力，把基本理论知识的学习放在课外解决，课堂主要解决关键知识点存在的问题，完成实训任务。教师要利用好线上课程，设计课前、课中、课后环节，利用云课堂布置和批改、评讲作业，为学生打造移动课堂。

七、教学重点难点

1. 教学重点

教学重点：纳税筹划思路。

教学建议：根据企业发展的不同阶段以及企业经营目标结合仿真案例，围绕纳税业务展开案例分析，让学生掌握纳税筹划流程；重新分析各税种的税法条文，了解各税种的纳税筹划空间；熟悉近年来税收优惠政策，理解纳税筹划思路变化情况。

2. 教学难点

教学难点：纳税筹划方案设计。

教学建议：通过典型案例分析，帮助学生认识到纳税筹划对业务的影响，通过仿真实训使学生掌握纳税筹划方案设计并进行纳税筹划分析，确定纳税筹划结论。

八、教学评价

本课程主要考核学生知识目标、技能目标及素质目标的达标情况。课程的知识目标与技能目标的掌握情况主要以纳税筹划仿真实训成果作为考核，占总成绩的80%；素质目标主要通过对线下出勤与课堂表现、线上学习、团队合作情况进行考核，占总成绩的20%。

九、编制说明

1. 编写人员

课程负责人：裴小妮　　广州番禺职业技术学院（执笔）

课程组成员：洪钒嘉　　广州番禺职业技术学院

　　　　　　陈贺鸿　　广州番禺职业技术学院

　　　　　　欧阳丽华　广州番禺职业技术学院

　　　　　　李　映　　广州番禺职业技术学院

　　　　　　罗　颖　　正誉企业管理（广东）集团股份有限公司

2. 审核人员

　　　　　　杨则文　　广州番禺职业技术学院

　　　　　　陆艳萍　　厦门网中网软件有限公司

"高等经济数学" 课程标准

课程名称：高等经济数学
课程类型：专业群平台课
学　　时：48 学时
学　　分：2.5 学分
适用专业：金融服务与管理、国际金融、金融科技应用、大数据与会计、大数据与审计、会计信息管理

一、课程定位

本课程是依据经管类专业人才培养目标和相关职业岗位（群）的能力要求而设置的，对各专业所面向的岗位群所需要的知识、技能和素质目标的达成起支撑作用。本课程是财经学院金融服务与管理专业群、大数据与会计专业群专业开设的专业群平台课。同步课程有"经济学基础"，后续课程有"统计学""财务管理"等课程。

二、课程设计思路

（1）通过本课程学习，能够较系统地掌握经济模型中必需的数学基础理论、基本知识和常用的运算方法，为学生更好地进行后续课程的学习打好基础。授课过程中要注重思想方法和应用，以及与专业课的联系，并随着新知识的出现不断将新问题揉合进来，充分体现高职数学教学的基础性和实用性。

（2）教学过程中通过数学与经济学理论的有效结合，注重培养学生的数学应用意识，进而提高数学文化素养和自主学习能力，奠定学生可持续发展的基础。通过对学生在数学的抽象性、逻辑性与严密性等方面进行一定的训练和熏陶，使学生能利用数学思维和逻辑分析问题、解决问题。

三、课程目标

本课程的总目标是要通过对高等数学在高等职业教育阶段的学习，使学生能够获得相关

专业课及高等数学应用基础，学习适应未来工作及进一步发展所必需的重要的数学知识，使学生学会用数学的思维方式去观察、分析现实社会，去解决学习、生活、工作中遇到的实际问题，具体包括知识目标、技能目标和素质目标：

1. 知识目标

（1）理解市场均衡的概念及其蕴含的数学关系；

（2）掌握需求函数、供给函数、价格函数以及成本函数和收益函数、利润函数的数学公式；

（3）理解函数的概念和类型；

（4）掌握复合函数的分解及性质；

（5）理解数列极限、无穷极数和乘数效应；

（6）掌握实际利率和名义利率的关系及间断复利和连续复利条件下二者的计算公式；

（7）理解导数、微分、隐函数求导法的概念；

（8）掌握洛必达法则；

（9）掌握基本初等函数的求导公式和四则运算法则；

（10）掌握函数的单调性、极值、凹向性及拐点的概念；

（11）掌握经济函数的边际分析方法和弹性分析方法；

（12）理解不定积分的概念及几何意义；

（13）理解定积分的定义、性质及其几何意义；

（14）理解无穷区间上的广义积分；

（15）理解洛伦兹曲线和基尼系数的含义。

2. 技能目标

（1）能计算市场均衡价格；

（2）能计算盈亏平衡条件下的产量；

（3）能计算单利和复利条件下资金的现值和终值；

（4）能计算出函数极限；

（5）能计算年金、永续年金的现值和将来值；

（6）能计算隐函数和复合函数的导数；

（7）能用导数描述一些简单的实际问题；

（8）能判断函数的单调性、极值、凹向性及拐点；

（9）能计算经济应用问题中的最大值和最小值；

（10）能计算二元经济函数的极值；

（11）能运用直接积分法计算函数的不定积分；

（12）能运用凑微分法和分部积分法计算函数的不定积分；

（13）能运用换元法和分部积分法计算定积分；

（14）能计算无穷区间上的广义积分；

（15）能计算简单平面图形的面积；

（16）能由边际函数求经济函数以及二者的增量关系；

（17）能计算资金流在连续复利计息下的现值与将来值；

（18）能计算消费者剩余和生产者剩余。

3．素质目标

（1）能持有严谨的工作态度；

（2）能具备理性消费的价值观；

（3）能做到理论联系实际的学习思维；

（4）能拥有文化自信。

四、教学内容要求及学时分配

序号	教学单元	教学内容	教学要求		学时
			知识和素养要求	技能要求	
1	经济中常见的数学模型	1. 函数——变量之间依存关系的数学模型 2. 函数在经济变量中的应用	1. 理解市场均衡的概念及其蕴含的数学关系 2. 掌握需求函数、供给函数、价格函数以及成本函数和收益函数、利润函数的数学公式 3. 理解函数的概念和类型 4. 掌握复合函数的分解及性质 **思政点**：具备爱国主义情怀，由函数的界限联想到保护国家的界限	1. 能计算市场均衡价格 2. 能计算盈亏平衡条件下的产量 3. 能计算单利和复利条件下资金的现值和终值	6
2	无限变化的函数模型——极限与经济函数	1. 极限思想概述 2. 数列极限、无穷级数和乘数效应 3. 变化趋势的函数模型——极限 4. 极限的计算方法 5. 极限在连续复利及年金中的应用	1. 理解数列极限、无穷极数和乘数效应 2. 掌握实际利率和名义利率的关系及间断复利和连续复利条件下二者的计算公式	1. 能计算出函数极限 2. 能计算年金、永续年金的现值和将来值	9
3	经济分析的基本工具——导数、微分	1. 函数的局部变化率——导数、微分 2. 求导数的方法 3. 微分及计算 4. 二元函数的偏导数	1. 理解导数、微分、隐函数求导法的概念 2. 掌握基本初等函数的求导公式和四则运算法则	1. 能计算基本初等函数的导数 2. 能计算导数的和、差、积、商 3. 能计算复合函数、隐函数的导数 4. 能用导数描述一些简单的实际问题	9

续表

序号	教学单元	教学内容	教学要求		学时
			知识和素养要求	技能要求	
4	导数在经济上的应用问题——边际、弹性、最值、函数形态	1. 函数的形态分析——函数的单调性 2. 导数在边际分析中的应用 3. 导数在弹性分析中的应用 4. 经济中的最优化问题 5. 偏导数在经济分析中的应用 6. 计算未定式极限的一般方法——洛必达法则	1. 掌握函数的单调性、极值、凹向性及拐点的概念 2. 掌握经济函数的边际分析方法 3. 掌握需求弹性和收益弹性的方法 4. 理解经济应用问题中的最大值和最小值 5. 掌握洛必达法则的概念 **思政点**：具备理性消费的价值观	1. 能判断函数的单调性、极值、凹向性和拐点 2. 能计算经济应用问题中的最大值和最小值 3. 能计算二元经济函数的极值 4. 能计算边际成本和二元函数的极值 5. 能运用洛必达法则求极限	9
5	微分的逆运算应用问题——不定积分及其经济应用	1. 不定积分及其性质 2. 凑微分法 3. 分部积分法	1. 理解不定积分的概念及几何意义 2. 理解不定积分的运算性质 **思政点**：弘扬精益求精的工匠精神	1. 能运用直接积分法计算函数的不定积分 2. 能运用凑微分法和分部积分法计算函数的不定积分 3. 能由边际成本函数计算成本函数 4. 能由边际收入函数计算收入函数	6
6	求总量或变化量的问题——定积分及其在经济上的应用	1. 定积分的概念 2. 计算定积分的一般方法——换元积分法和分部积分法 3. 定积分概念的拓展——无穷区间上的广义积分 4. 定积分的应用——求平面图形的面积 5. 定积分在经济分析中的应用	1. 理解定积分的定义、性质及其几何意义 2. 理解无穷区间上的广义积分 3. 理解洛伦兹曲线和基尼系数的含义 **思政点**：弘扬社会主义核心价值观，缩小贫富差距	1. 能计算无穷区间上的广义积分 2. 能计算简单平面图形的面积 3. 能由边际函数求经济函数以及二者的增量关系 4. 能计算资金流在连续复利计息下的现值与将来值 5. 能计算消费者剩余和生产者剩余	9

五、教学条件

1. 师资队伍

要求任课教师具有扎实的经济学、数学功底，熟悉经济学模型和数学模型；能够熟练计算函数、极限、导数、微分、定积分等相关题目，并能够熟练推导主要定理；能够熟练地运用数学模型结合经济模型分析经济现象。

2. 实践教学条件

（1）多媒体教室。本门课程为纯理论课程，建议在多媒体教室或智慧教室进行教学，教室需要配备投影仪、电脑、黑板或者白板等基本教学设施，网络应流畅，能播放在线教学视频及 PPT 课件。

（2）习题资料。鉴于本门课程的课程类型，需要学生自己动手计算数学题目，建议日常授课配备习题集，方便学生动手学习、理解。

3. 教材选用与编写

教材应符合《职业院校教材管理办法》等文件的规定和要求，教材编写应以本课程标准为依据，有完整的数学理论结构，并且充分地将数学模型与经济理论进行有效融合来组织教材内容。

（1）教材是完成教学过程、达到教学目标的手段和媒介，在编写过程中应充分体现本课程设计思路，依据本课程标准进行编写。

（2）教材应按数学理论知识的递进关系、理解掌握的难易程度等进行编写。

（3）教材编写应根据高职高专学生数学基础薄弱的特点，内容安排上要深入浅出，适度、够用，突出实用，语言组织要简明扼要、科学准确、通俗易懂，形式上应图文并茂，使学生能够在学习完理论知识后及时地得到相应的巩固。

（4）建议采用电子科学出版社出版、康永强主编的《经济数学基础与应用》。

4. 教学资源及平台

（1）线上教学资源。支持混合教学和 MOOC 开放的公共教学资源库或自建教学资源。建议利用智慧职教等平台建设教学资源库和在线开放课程，为实施线上线下混合教学提供条件。

（2）线上教学平台。采用符合国家有关互联网平台条件的公共教学平台。建议使用智慧职教等教学平台，利用职教云建设在线课程，设计教学活动；利用云课堂实施课堂教学。借助职教云强大的学习活动分析功能关注和分析学生的学习情况，及时解决学生学习中的短板问题。

六、教学方法

1. 课堂讲授法

鉴于本课程抽象性和运用性强的特点，教学方式应以"讲授法"和"泛问答法"为主。

讲授法可以在较短的时间里传授大量的知识，泛问答法（即在讲授过程中经常面对全体学生提问题）可以代替一般课程教学中的研讨法，又可节约时间并达到全体参与的效果。又鉴于本课程与社会经济联系非常密切，所以在教学中还要广泛地运用"例证法"即在讲授过程中用学生熟悉的社会现实做例证。

2. 任务驱动法

以职业能力养成为核心，通过设计不同场景的项目任务来组织教学，从获取信息到制订步骤，再到决策和付诸行动，直至检查、反思与评估，完成一个完整的工作过程。教师只扮演一个"咨询者""协调者"和"观察员"的角色，引导学生自主学习，向学生提供资源、给予建议和操作指导，可加深学生对基础知识和基本技能的掌握，也有助于学生职业判断能力、决策能力的提升和团队合作精神的培养。

3. 学生为中心教学法

为减轻学生的学习负担，提高学习兴趣，本课程的习题、作业等有助于学生掌握教学内容的工作要放在课堂上完成。形式可以多样化，可以"例题"的方式讲解，可以"问答"的方式巩固，可以"辅导"的方式解疑等等。本课程的授课要做到教学语言通俗化、教学内容趣味化、教学方式多样化，使学生能从不同角度理解同一个原理。要求授课教师在备课过程中从语言、内容和方式等各方面考虑不同专业的学生的可接受信息。

4. 线上线下混合教学法

鉴于本课程课是一门理论课程以及高职学生数学基础相对较弱的特殊性，应充分利用在线课程培养学生自主学习能力，方便学生更好地查缺补漏，课堂主要解决关键知识点存在的问题，完成实训任务。教师要利用好线上课程，设计课前、课中、课后环节，利用云课堂布置和批改、评讲作业，为学生打造移动课堂。

七、教学重点难点

1. 教学重点

教学重点：函数、经济中常用的函数、函数的极限、无穷小与无穷大、函数的连续性、导数的概念、不定积分的概念与性质、定积分的概念与性质、求导基本法则、函数的微分、边际与弹性、换元积分法、分部积分法。

教学建议：通过理论的讲解结合配套的习题，由浅入深地引导学生系统的学习理论知识。

2. 教学难点

教学难点：复利条件下资金的现值和终值的计算、极限的收敛、发散、无穷大、无穷小、连续之间的联系、年金和永续年金现值和未来值的计算、函数的单调性、极值、凹向性、拐点的判断。

教学建议：通过生活中常见的案例导入，激发学生探究的兴趣，将数学模型与经济理论进行有效的融合。

八、教学评价

本课程主要考核学生知识目标、技能目标及素质目标的达标情况。理论知识的掌握情况主要通过期末闭卷考试进行考核，占总成绩的 50%；素质目标主要通过对线下出勤与课堂表现、线上学习情况进行考核，占总成绩的 50%。

九、编制说明

1. 编写人员

课程负责人：朱晓婷　广州番禺职业技术学院（执笔）

课程组成员：王祥兵　广州番禺职业技术学院

罗书嵘　广州番禺职业技术学院

2. 审核人员

杨则文　广州番禺职业技术学院

"会计英语"课程标准

课程名称：会计英语/会计专业英语/会计英语实务/财务会计英语/实用会计英语
课程类型：专业拓展课
学　　时：36 学时
学　　分：2 学分
适用专业：大数据与会计、大数据与审计、会计信息管理

一、课程定位

本课程依据大数据与会计、大数据与审计专业标准来设计课程内容，对应的企业工作岗位包括外贸会计、往来会计、外汇交易员等岗位。本课程采用双语讲授财务会计的专业知识，在帮助学生掌握财经词汇的同时，讲授财务会计相关知识、流程和资料，通过阅读使学生能够较为全面地学习财务方面的专业英语知识，掌握对英文类财务报表的解读，熟悉国际财经和商业惯例，满足对外交流与合作的需要，以提升择业竞争能力。

通过本课程的学习，应使学生对会计英语方面的基础理论和基本运行方式有较全面的认识和了解，对"如何用英语的方式表达会计"有清醒的感知和认识，对 Accounting Elements，Accounting Equation，Debits and Credits，Vouchers of Accounting，Journal，Account，General Ledger and Subsidiary Ledger 等范畴有较为系统的理解和掌握，以达到培养具备职业技术应用能力和基本素质的高等技术应用型专门人才的目的。本课程是大数据与会计、大数据与审计、会计信息管理专业的专业拓展课程。前置课程为"大数据会计基础""大学英语"。

二、课程设计思路

（1）本课程以岗位标准为依托，按典型任务授课。按照"必需、够用"的原则，注重培养学生的职业素养，突出了知识和技能的实用性，满足对外交流和使用的需要。

（2）践行理论与实操一体化教学，以实践教学为中心，以财务类英语职业能力为培养重点。理论与实操紧密联系，环环相扣，以工作任务为主线，注重理论与实操的结合，使理论真正起到指导实操的作用。教学目标以学生职业能力为指导目标，一切以学生职业能力的培养引领教学全过程。

（3）坚持以学生为中心，真正做到教、学、做、评融为一体，并有机融入思政元素。

通过分组学习与实操，培养学生协作共进、和而不同的团队意识；通过学习国际贸易与交流文化内涵，提升学生知识面与拓展眼界。

三、课程目标

通过本课程的学习，使学生对会计英语方面的基本知识、基本概念、基本理论有较全面的理解和较深刻的认识，对会计要素、会计凭证、会计等式、复式记账、总账与明细账、资产类账户、负债类账户等有较全面的认识和理解。使学生掌握观察和分析会计英语的理论知识与技能，培养对外交流辨析财务理论和解决会计实际问题的能力。培养学生树立正确的国际会计意识和全新的会计理念，努力提高广大学生对外会计交流的理论和知识素养。具体包括知识目标、技能目标和素质目标。

1. 知识目标

（1）掌握英文基础会计知识，包括会计主体、会计准则；

（2）掌握会计恒等式、会计要素、会计基本循环；

（3）掌握流动性资产内容；

（4）掌握非流动性资产内容；

（5）掌握流动性负债与非流动性负债；

（6）掌握股票、期权、实收资本、注册资本等所有者权益知识；

（7）掌握商品销售收入确认的条件；

（8）掌握资产负债表、利润表、现金流量表的编制方法。

2. 技能目标

（1）能理解会计主体、会计准则；

（2）能熟练运用会计恒等式，能理解会计资金运动；

（3）能准确核算现金、应收账款、存货；

（4）能准确区分固定资产与无形资产；

（5）能运用知识核算流动性负债；

（6）能处理实收资本、资本公积的业务；

（7）能核算一般商品销售、分期收款销售、委托代销的业务；

（8）能编制资产负债表、利润表、现金流量表。

3. 素质目标

（1）能具备"诚实守信，不做假账"的职业操守；

（2）能保持"爱岗敬业，谨慎细心"的工作态度；

（3）能弘扬"精益求精，追求卓越"的工匠精神；

（4）能遵守"协作共进，和而不同"的合作原则；

（5）能贯彻"勤俭节约，提高效益"的管理思想。

四、教学内容要求及学时分配

序号	教学单元	教学内容	教学要求		学时
			知识和素养要求	技能要求	
1	Model 1 General Introduction to Accounting	1. 1 Origin and Development of Accounting 1. 2 Accounting Entity 1. 3 Accounting Principles	1. 了解会计发展史 2. 掌握基础会计知识，包括会计主体、会计准则	1. 能了解会计发展史 2. 能理解会计主体、会计准则	2
2	Model 2 Accounting Equation and Double – entry	2. 1 Accounting Title and Accounts 2. 2 Accounting Elements and Accounting Equation 2. 3 Double Entry 2. 4 Accounting Circle	1. 掌握会计恒等式 2. 掌握会计要素 3. 掌握会计基本循环	1. 能熟练掌握会计恒等式并运用 2. 熟悉会计循环，理解会计资金运动	4
3	Model 3 Cuurrent Assets	3. 1 Cash 3. 2 Recaivables 3. 3 Inventories	1. 掌握流动性资产定义、内容 2. 掌握应收款项、存货	能准确核算现金、应收账款、存货	4
4	Model 4 Non – Cuurrent Assets	4. 1 Long – trem Investment 4. 2 Plant Assets 4. 3 Intangible Assets Practice Class	1. 掌握非流动性资产内容 2. 掌握固定资产与无形资产的内容	1. 能准确区分固定资产与无形资产 2. 能准确核算长期股权投资	4
5	Model 5 Liabilities	5. 1 Current Liabilities 5. 2 Long – term Liabilities	掌握流动性负债与非流动性负债	能正确核算流动性负债	4
6	Model 6 Owners' Equity	6. 1 Capital Stock 6. 2 Retained Earning	1. 理解股票、期权等所有者权益 2. 了解实收资本、注册资本	1. 能处理实收资本的业务 2. 能处理资本公积的业务	4
7	Model 7 Revenue, Expenses and Profit	7. 1 Revenue 7. 2 Expenses	1. 掌握商品销售收入确认的条件 2. 掌握一般商品销售的入账价值	1. 能处理一般商品销售的业务 2. 能处理分期收款销售的业务 3. 能处理发出商品、委托代销的业务	4

续表

序号	教学单元	教学内容	教学要求		学时
			知识和素养要求	技能要求	
8	Model 8 Balance Sheet	8.1 Conception of Balance Sheet 8.2 Components of Balance Sheet 8.3 How to prepare Balance Sheet	1. 掌握资产负债表的概念和用途 2. 掌握资产负债表的结构和格式 3. 掌握资产负债表的编制方法	能编制资产负债表	4
9	Model 9 Income Statement	9.1 Conception of Income Statement 9.2 Components of Income Siaiement 9.3 How to Prepare Income Statement	1. 掌握利润表的概念和用途 2. 掌握利润表的结构和格式 3. 掌握利润表的编制方法	能编制利润表	4
10	Model 10 Statement of Cash Flow	10.1 Conception of Statement of Cash Flow 10.2 Structrue of Statement of Cash Flow 10.3 How to Prepare Statement of Cash Flow	1. 掌握现金流量表的概念和用途 2. 掌握现金流量表的结构和格式 3. 掌握现金流量表的编制方法	能编制现金流量表	2

五、教学条件

1. 师资队伍

（1）专任教师。要求具备扎实的财务知识功底，具备良好的英文水平，能双语讲授财务会计知识，熟悉国际经济与贸易业务，具有行业背景的双师型教师；能够运用各种教学手段和教学工具在会计双语教学上给学生充分指导。

（2）兼职教师。要求是现任外贸服务公司的对外贸易会计师，熟悉会计基础知识，具备良好英文能力，能帮助学生理解英文类财务知识和专业技能。

2. 实践教学条件

（1）理实一体化实训室。建议在一体化专业实训室或智慧教室进行教学，需要每个座位配置一台电脑，网络应流畅，能播放在线教学视频。有条件的情况下应配备与本课程相适应的智能化教学软件。

3. 教材选用与编写

教材应符合《职业院校教材管理办法》等文件的规定和要求，探索使用新型活页式、工作手册式教材并配套信息化资源。教材编写应以本课程标准为依据，充分体现任务引领、实践导向的设计思想，教材内容要体现实用性，同时注重与时俱进，要把会计专业英语的新知识、新手段融入教材中，使教材更贴近财务管理的发展变化和实际需要。

（1）教材是完成教学过程、达到教学目标的手段和媒介，在编写过程中应充分体现本课程项目设计的理念，依据本课程标准采用任务驱动型模式进行编写。

（2）教材编写应根据高职高专学生的特点，从培养技能型人才出发，内容安排上要深入浅出，适度、够用，突出实用，语言组织要简明扼要、科学准确、通俗易懂，形式上应图文并茂、可操作性强，配备大量的实务题，使学生能够在学习完理论知识后及时地得到相应的技能训练。

4. 教学资源及平台

（1）线上教学资源。支持混合教学和 MOOC 开放的公共教学资源库或自建教学资源。建议利用智慧职教等平台建设教学资源库和在线开放课程，为实施线上线下混合教学提供条件。

（2）线上教学平台。采用符合国家有关互联网平台条件的公共教学平台。建议使用智慧职教等教学平台，利用职教云建设在线课程，设计教学活动；利用云课堂实施课堂教学。借助职教云强大的学习活动分析功能关注和分析学生的学习情况，及时解决学生学习中的短板问题。

六、教学方法

1. 项目教学法

采用项目法教学，以企业实际工作任务引领提高学生学习兴趣，激发学生的成就动机，使学生在教学过程中掌握会计英语知识的能力。每一项目的知识都有相关案例与之配套，通过案例分析引入所学知识，教学过程中有相对应的案例引入，通过案例能够让学生更深的理解所学知识。

2. 课堂讲授法

课堂讲授法是教师通过口头语言向学生描绘情境、叙述事实、解释概念、论证原理和阐明规律的教学方法。该方法以教师的语言作为主要媒介系统，连贯地向学生讲授基础知识、基本理论或基本流程，帮助学生理解并准确掌握相关知识技能，特别是各个知识技能点之间的有机联系和逻辑关系。

3. 任务驱动法

以职业能力养成为核心，通过设计不同场景的项目任务来组织教学，从获取信息到制订步骤，再到决策和付诸行动，直至检查、反思与评估，完成一个完整的工作过程。不定期的选择具有现实意义的主题内容组织学生进行讨论，通过教师引导，激发学生的学习欲望和热情，引导学生独立思考问题，学会搜集相关信息资料，在小组内讨论，并总结讨论结果在课堂上大胆发言。教师只扮演一个"咨询者""协调者"和"观察员"的角色，引导学生自主学习，向学生提供资源、给予建议和操作指导，可加深学生对基础知识和基本技能的掌握，也有助于学生职业判断能力、决策能力的提升和团队合作精神的培养。

4. 团队协作教学法

在项目实施阶段，可以按工作内容将学生分组，也可以按工作流程将学生分组。通过分组学习，培养学生分工及团队协作能力。

5. 线上线下混合教学法

本课程应充分利用在线课程培养学生自主学习能力，把基本理论知识的学习放在课外解决，课堂主要解决关键知识点存在的问题，完成实训任务。教师要利用好线上课程，设计课前、课中、课后环节，利用云课堂布置和批改、评讲作业，为学生打造移动课堂。

七、教学重点难点

1. 教学重点

教学重点：Cuurrent Assets、Liabilities、Owners' Equity、Revenue, Expenses and Profit、Balance Sheet、Income Statement。

教学建议：通过多种渠道、多种教学方法灵活运用，再配以课外作业等形式激发学生的学习动力，增强学生的学习兴趣，提高教学效果；建设和完善课程的网络资源，为学生的学习提供多种渠道的便利条件；加强任课教师实践能力的培养，增强其教学能力等。

2. 教学难点

教学难点：Liabilities、Owners' Equity、Balance Sheet、Income Statement。

教学建议：采取教师讲授，使学生掌握要点，然后选择典型案例对讲授的理论进行阐明和分析的方法，目的在于使学生更好地理解和掌握基本原理，提高其分析问题、解决问题的能力。

八、教学评价

本课程主要考核学生知识目标、技能目标及素质目标的达标情况。理论知识的掌握情况主要通过期末闭卷考试进行考核，占总成绩的40%；技能目标主要通过对学生提交的工作成果的完成情况进行考核，占总成绩的30%；素质目标主要通过对线下出勤与课堂表现、线上学习、团队合作情况进行考核，占总成绩的30%。

九、编制说明

1. 编写人员
课程负责人：洪钒嘉　广州番禺职业技术学院（执笔）
课程组成员：裴小妮　广州番禺职业技术学院
　　　　　　谌　丹　广州番禺职业技术学院
　　　　　　蔡海珠　广州番禺职业技术学院
　　　　　　钟敏镱　承一教育科技有限公司
2. 审核人员
　　　　　　杨则文　广州番禺职业技术学院

"当代世界经济政治与国际关系"课程标准

课程名称：当代世界经济政治与国际关系

课程类型：专业拓展课

学　　时：36 学时

学　　分：2 学分

适用专业：大数据与会计、大数据审计、会计信息管理

一、课程定位

本课程是一门涉及政治、经济、国际关系等多学科领域的综合课程，课程依据大数据与会计专业群岗位对从业人员的经济政治综合分析能力要求开设。本课程立足当下、着眼未来，以第二次世界大战后的世界经济、政治与国际关系的发展变化为主线，对当代世界经济、世界政治进行宏观概括和综合分析；对发达国家、发展中国家、社会主义国家和转型国家四种不同类型国家的经济、政治和对外战略进行分类介绍；对国际法及当代国际关系新议题进行介绍；对中国的对外战略进行重点分析，以拓展学生的国际视野，培养胸怀世界的大国公民。本课程是财经类专业拓展课程，需要一定的经济、金融、政治学理论基础，以进行进一步的宏观战略实践分析应用。

二、课程设计思路

（1）本课程以通用的国际政治、经济及马克思理论为依托，以包括企事业单位在内的各级各类机构对宏观分析、战略决策等岗位通用能力需求为导向，通过世界各国各地区的政治经济实践，对当今世界的政治经济的主要矛盾和问题进行分析，以国际化的视角观察世界和中国。

（2）课程天然包含各种思政元素，学生在正确认识中国国际地位的变化、中国特色大国外交思想的基础上，认识世界的多样性和中国的特殊性，树立为实现中华民族伟大复兴而奋斗的理想信念，拓展学生的国际视野，培养胸怀世界的大国公民。

三、课程目标

本课程旨在培养学生胜任跨国公司、政府、企业及社会组织各级岗位决策分析所需要的通用宏观经济政治分析能力，具体包括以下知识目标和素质目标。

1. 知识目标

（1）正确认识中国国际地位的变化、对外战略的选择；

（2）熟悉中国特色大国外交思想；

（3）理解全球化对国际关系、世界政治秩序所带来的影响；

（4）掌握全球化对世界经济、文化和社会发展所带来的影响。

2. 素质目标

（1）拓展学生的国际视野，增强国际意识；

（2）培养胸怀世界的大国公民；

（3）树立为实现中华民族伟大复兴而奋斗的理想信念；

（4）提高学生对国际关系与政治经济发展的独立思考与思辨能力。

四、教学内容要求及学时分配

序号	教学单元	教学内容	教学要求		学时
			知识和素养要求	技能要求	
1	当代世界经济、政治	1. 战后世界经济政治的演变 2. 当代世界经济的主体及运行机制 3. 当今世界经济政治的特点 4. 当今世界经济政治面临的焦点问题 讨论：同盟的破裂与对抗——两极格局形成原因 超级大国的世纪对决——美苏争霸 思考：大厦崩塌——两极格局终结的原因	1. 了解国际经济、政治的基本理论 2. 熟悉世界经济政治运行的机制 3. 初步认识世界经济政治所面临的主要问题	1. 具有大国公民的国际视野 2. 具备国际公民意识，能正确认识中国国际地位的变化 3. 能够理解对外战略的选择 4. 能够把握中国特色大国外交思想	6

续表

序号	教学单元	教学内容	教学要求		学时
			知识和素养要求	技能要求	
2	发达资本主义国家经济与政治	1. 发达资本主义国家经济政治对外关系与对外政策 2. 发达资本主义国家经济 3. 发达资本主义国家政治 4. 发达资本主义国家对外关系与对外政策 思考：发达资本主义国家较强生命力来源何处？战后发达资本主义国家的经济和面临的问题	1. 认识以美日欧为核心的发达国家的政治、经济状况 2. 了解发达国家较强生命力的来源 3. 熟悉当前世界政治经济新秩序 **思政点**：民主制度是最不坏的制度吗？西方主要资本主义国家政治制度的特点	1. 能够对构建公正合理的国际政治经济新秩序提出自己的观点和看法 2. 能够客观地看待发达国家在经济、政治方面的领先地位	6
3	发展中国家的经济与政治	1. 第三世界的崛起及其在国际舞台上的作用 2. 政治发展的不同道路与存在的问题 3. 经济发展的艰难曲折与调整改革 4. 对外关系的发展变化 讨论：向现代工业文明的奋起直追：发展中国家经济发展的巨大成就 思考：鞋子合不合脚，只有穿了才知道：发展中国家政治发展道路的多样性	1. 了解第三世界崛起的政治、经济和文化因素 2. 认识第三世界国家在国际舞台上的作用	1. 能够正确分析发展中国家经济、政治发展落后的原因 2. 能够对各发展中国家经济政治发展提出自己的观点	6
4	社会主义国家、转型国家的经济与政治	1. 第二次世界大战后社会主义国家的发展壮大、苏联社会主义模式及其改革、对外关系的发展变化、社会主义事业的继往开来 2. 转型国家经济制度、政治制度、外交政策的转变、俄罗斯的政治经济形势 讨论：苏东国家的反转人生：转型国家的政治与经济	1. 了解苏联及东欧等社会主义国家在苏东剧变后政治经济及对外关系状况 2. 掌握转型国家各国探寻本国经济政治发展的基本情况	1. 能够客观分析苏东剧变的内外因素 2. 能够分析俄罗斯及东欧各国探寻本国经济政治发展的经验教训	6
5	国际法	1. 国际法上的领土、海洋 2. 国际法上的居民、国际人权法 3. 外交关系法、领事关系法和条约法	1. 了解国际法的概念、特性、渊源与编纂 2. 了解国际法与国内法的关系、国际法的基本原则和主体	1. 能够正确认识国际法的相关理论和实践 2. 能够分析人权的国际保护和不干涉内政原则的关系	4

续表

序号	教学单元	教学内容	教学要求		学时
			知识和素养要求	技能要求	
		4. 国际争端的和平解决、战争与武装冲突法	3. 了解国际法上的领土、海洋、居民及国际人权法 4. 了解外交关系法、领事关系法、条约法、国际争端的和平解决、战争与武装冲突法等	3. 能够分析国家履行条约义务的理论和实践	
6	当代国际关系的新主题	1. 经济、能源、首脑外交 2. "软实力"理论研究 3. 非传统安全 4. 小国组织	1. 熟悉经济、能源、首脑外交的内涵 2. 理解"软实力"理论的重要性 3. 了解非传统安全和小国组织的重要意义	1. 能够分析战后日本经济外交的作用和影响 2. 能够认识国家软实力和硬实力之间的辩证关系 3. 能够认识非传统安全威胁的特点	4
7	当代国际舞台上的中国	1. 中国改革开放前的外交政策与外交关系 2. 改革开放以来中国外交政策的重大调整和对外关系大发展 3. 冷战后中国的国际地位、国际安全环境与国家利益 4. 中国外交的基本原则与新时期外交理念 讨论：走向世界舞台中央的中国：新中国外交政策演变	1. 认清中国在世界政治经济和国际关系中的地位 2. 了解新时代中国特色大国外交的内涵 **思政点**：树立为中华民族伟大复兴而奋斗的理想信念	1. 能够客观分析中国的国际经济政治地位 2. 能够客观看待中国同世界各国的经济政治外交关系 3. 能够对中国的重要全球战略和项目（如"一带一路"等）进行客观解读	4

五、教学条件

1. 师资队伍

（1）专任教师。要求具有扎实的财经、经济、金融理论功底和一定的企业工作或顶岗经历，能够进行世界形势的宏观分析；具有丰富的教学技巧和课堂组织能力、多元的教学方法和教学手段的应用，能够运用各种教学手段和教学工具指导学生把握国际国内大势，应对机构决策所面临的复杂国际国内形势。

（2）兼职教师。要求有企业或社会机构 3 年以上相关岗位工作经历，有丰富的财经、经济、金融理论功底及实际工作经验；具有较强的教学组织能力。

2. 实践教学条件

（1）实训场所。本课程需要使用网络接入、移动互联网信号畅通的实训机房，以获取最新的世界政治经济及国际关系信息，从而营造国际化的教学学习环境。

（2）实训工具设备。多媒体教学设备（含音频、视频设备）、计算机、智慧数据大屏等。

（3）实训指导资料。配备相关习题集、案例集及讨论问题等，用于进行相关网络资源的获取和分析。

3. 教材选用与编写

（1）院校可依据本课程标准以及项目设计要求编写教材，教材应充分体现现代社会会计专业岗位对世界经济政治形势的宏观把握与分析能力及对未来财务人员的战略分析能力要求。

（2）教材应体现先进性、通用性和实用性，教材内容跟进最新的世界经济政治问题，使教材更好地服务于企业发展和实际需要。

（4）配备课程网络教学资源，形成课程教学资源库，努力实现多媒体资源的共享，提高课程资源利用效率。

（5）参考资料：高等教育出版社出版、刘廷忠主编的《当代世界经济与国际关系》等相关文献。

4. 教学资源及平台

（1）线上教学资源。支持混合教学和 MOOC 开放的公共教学资源库或自建教学资源。建议利用智慧职教等平台建设教学资源库和在线开放课程，为实施线上线下混合教学提供条件。

（2）线上教学平台。采用符合国家有关互联网平台条件的公共教学平台。建议使用智慧职教等教学平台，利用职教云建设在线课程，设计教学活动；利用云课堂实施课堂教学。借助职教云强大的学习活动分析功能关注和分析学生的学习情况，及时解决学生学习中的短板问题。

六、教学方法

本课程作为一门理论性和实践性都很强的课程，建议采用案例教学法、模拟教学法和小组讨论法等教学方法。

（1）课堂讨论：通过案例演示和视频新闻播放，让学生了解并参与讨论最新国际政经关系热点，就学生关注的热点难点问题展开讨论，提高运用所学知识解决实际问题的能力。

（2）小组展示：利用智慧职教云平台设计翻转课堂教学，安排学生自学，并以小组为单位展示学习成果；以某一热点问题为主题，由小组完成 PPT 进行课堂展示和讨论。

（3）课堂活动设计：利用智慧职教的云课堂设计课堂教学活动，将课堂讨论、提问、头脑风暴、课堂测验等课堂活动环节融入教学。

（4）线上线下混合教学法。本课程课时量不能完全满足理论与实践同步推进的一体化教学需要，应充分利用在线课程培养学生自主学习能力，把基本理论知识的学习放在课外解决，课堂主要解决关键知识点存在的问题，完成实训任务。教师要利用好线上课程，设计课前、课中、课后环节，利用云课堂布置和批改、评讲作业，为学生打造移动课堂。

七、教学重点难点

1. 教学重点

教学重点：要求学生在学习、理解的过程中掌握基本概念和基本理论，把握当代世界经济与政治发展的历史进程与全貌，充分认识和把握世界经济与政治的辩证关系及其运动规律。

教学建议：通过对教学资源库案例资料的学习，特别是对第二次世界大战后国际经济政治大事进行分析，结合当下国际国内热点问题，全方位、多视角地支持学生进行有效的综合学习。

2. 教学难点

教学难点：学会在实践中正确认识和分析复杂多变的世界经济与政治形势，使自己成为符合祖国和时代发展需要的创新人才。

教学建议：通过线上数据库和公开资源了解世界经济政治大事，以国际国内重大热点事件为项目基础进行实践训练，并用国际政治、经济理论进行分析研讨和汇报。

八、教学评价

本课程的考核及评价，分为理论知识、实践技能和素质三部分。主要考核评价学生的课程知识应用能力以及职业素养，可借助智慧职教平台或系统，自动记录学习过程，加强过程考核和素质考核。教师上课前可自由选择评价维度及考核权重。学习结束后，系统将自动生成每一位学生学习的学习报告，包含学生成绩、知识及素养的水平报告等，其中，期末终结性考核占40%，过程考核占60%。

九、编制说明

1. 编写人员

课程负责人：杜连雄　广州番禺职业技术学院（执笔）

课程组成员：郭鉴旻　金智东博教育科技有限公司

2. 审核人员

　　　　杨则文　广州番禺职业技术学院

　　　　徐　杭　广州市番禺沙园集团有限公司

"Python 基础"课程标准

课程名称：Python 基础
课程类型：专业拓展课
学　　时：36 学时
学　　分：2 学分
适用专业：大数据与会计、大数据与审计、会计信息管理

一、课程定位

本课程是依据大数据时代对财经专业人才的技术素养要求开设的计算机编程基础课程，主要学习 Python 基础语法、数据结构、分支语句、循环语句、异常处理、函数基础、文件操作基础、Pandas 库基础和 Matplotlib 库基础。本课程是大数据与会计、大数据与审计、会计信息管理等专业的职业能力拓展课程，属于大数据技术的基础课，后续课程为"Python 财务应用""财务大数据分析""大数据财务分析"等。

二、课程设计思路

（1）本课程以企业工作项目为载体，根据企业各岗位在数据计算与分析方面的工作任务要求，选取六个工作项目作为主要教学内容，每个项目由一个或多个独立的具有典型代表性的完整的工作任务贯穿，当项目结束时，工作任务随之完成并获取相应的标志性工作成果，相关理论知识融于工作任务之中。

（2）借鉴"全国计算机等级考试——二级 Python"要求，选取部分内容融入本课程之中。

（3）教学过程中强调培养学生"学会学习，勇于探索，积极创新"的职业素养；通过设计程序，编写、调试代码，培养学生"精益求精"的工匠精神和"谨慎细心"的工作作风；通过分组学习与实操，培养学生"协作共进、和而不同"的团队意识；通过不断地学习与创新应用 Python 工具，弘扬"锐意进取"的传统美德；通过项目情境培养学生的"家国情怀"，树立正确的金钱价值观。

三、课程目标

本课程旨在使学生掌握 Python 编程语言基础，培养其编程思维，为后续学习 Python 财务应用等课程以及将 Python 工具应用于大数据分析、办公自动化奠定基础。具体包括知识目标、技能目标和素质目标。

1. 知识目标

（1）了解大数据的含义与特征；

（2）了解大数据分析的流程；

（3）熟悉 Python 语法结构；

（4）理解 Python 数据结构；

（5）理解 Series 和 Data Frame 数据结构；

（6）理解函数的意义；

（7）理解分支语句、循环语句的用途；

（8）理解异常处理的用途；

（9）掌握文件操作的流程；

（10）掌握 Pandas 库数据分析的流程；

（11）掌握 Matplotlib 库数据可视化的流程；

（12）掌握程序开发的流程。

2. 技能目标

（1）能安装和使用 Python 解释器、VS Code 编辑器和 Jupyter Notebook 编辑器；

（2）能使用 Python 输出员工信息及简单分析员工信息；

（3）能使用 Python 计算员工薪酬、个人所得税、职工福利；

（4）能使用 Python 编写交互查询福利品程序；

（5）能使用 Python 计算理财收益及计算理财投资额；

（6）能使用 Python 管理应收款信息和客户信息及开发客户信息管理程序；

（7）能使用 Python 读入、修改、写出 Txt 和 Excel 文件，并统计不同区域和不同子类的销售量数据；

（8）能使用 Pandas 库分析销量变化趋势和动因；

（9）能使用 Matplotlib 库分析可视化销量变化趋势与动因；

（10）能够阅读和分析 Python 程序。

3. 素质目标

（1）能具备"诚实守信，追求创新"的职业素养；

（2）能保持"爱岗敬业，谨慎细心"的工作态度；

（3）能弘扬"精益求精，追求卓越"的工匠精神；

（4）能遵守"协作共进，和而不同"的合作原则；

（5）能具备"爱家爱国"情怀；

（6）能树立"君子爱财，取之有道"的金钱价值观。

四、教学内容要求及学时分配

序号	教学单元	教学内容	教学要求		学时
			知识和素养要求	技能要求	
1	大数据及Python概述	1. 大数据的含义与特征 2. 认识Python语言	1. 了解大数据的概念和特征 2. 了解Python语言及其特点 3. 熟悉大数据处理涉及的过程及内容 4. 理解Python在解决大数据问题处理方面的优势		2
2	Python开发环境搭建	1. 安装和使用Python解释器 2. 安装和使用Vs Code编辑器 3. 安装和使用Jupyter Notebook编辑器	理解解释器和编辑器的作用	1. 能安装Python解释器 2. 能使用pip安装库 3. 能安装VS Code编辑器 4. 能使用VS Code编辑器 5. 能安装Jupyter Notebook编辑器 6. 能使用Jupyter Notebook编辑器	2
3	员工信息管理	1. 输出员工信息 2. 分析员工信息	熟悉注释、字符串、变量、保留字的含义 **思政点：** 学生经常会在此项目的实训中出差错，原因是观察与实施不细致，因此本项目在于培养"爱岗敬业，谨慎细心"的工作态度	1. 能用结合print（）函数、字符串的拼接、重复输出、首尾字符移除、大小写字符转换等输出员工信息 2. 能用input（）函数接收并存储输入内容 3. 能用#号或三引号为代码添加注释 4. 能使用列表索引、切片等方法分析员式信息； 5. 能使用变量进行信息分析及结合print（）函数进行输出	4
4	职工薪酬核算	1. 计算员工薪酬 2. 计算个人所得税 3. 计算职工福利	1. 熟悉"分支判断"的应用场景 2. 熟悉"循环"的应用场景	1. 能使用eval（）函数将字符串转换数字格式 2. 能利用index（）函数获取列表索引号	6

续表

序号	教学单元	教学内容	教学要求		学时
			知识和素养要求	技能要求	
			3. 熟悉不同类型数据的应用场景 **思政点**：探讨税收"取之于民，用之于民，造福于民"的意义，培养"爱国爱家"的情怀	3. 能结合变量使用数值型数据的算术运算符计算员工薪酬 4. 能进行整型数据与浮点数据的转换使结果输出符合要求 5. 能结合分支判断的需求使用 IF 语句设计个人所得税自动计算程序 6. 能结合循环的需求使用 FOR 语句和 WHILE 语句设计职工福利计算程序	
5	理财收益计算	1. 计算理财利息 2. 计算理财投资额	1. 了解函数的功能作用 2. 能描述定义函数、调用函数以及变量作用域 3. 能区分定义函数与调用函数，能区分不同的变量作用域 4. 理解函数的利用功能对程序开发的意义 **思政点**：探讨求财之"道"，树立正确的金钱价值观	1. 能阐述形参与实参、位置参数与关键字参数、默认参数，以及局部变量与全局变量、内置变量的概念 2. 能正确定义和调用单利利息、本利和计算函数 3. 能运用不同的参数传递方法调用单利本利和计算函数 4. 能使用 iambda（）表达式简化单利本利和计算函数 5. 能采用闭包函数进行函数式编程	4
6	应收账款管理	1. 管理应收款信息 2. 管理客户信息 3. 开发客户信息管理程序	1. 熟悉三类基本组合数据类型 2. 熟悉列表、字典的概念 3. 理解列表数据与字典数据的异同 **思政点**：培养学生站在企业角度思考问题，养成"诚实守信"的职业素养；开发客户通讯录过程中激发学生探索多种算法，培养"追求创新"的职业素养	1. 能运用列表采集、管理应收款金额的信息，构建数据结构 2. 能使用 Python 列表的常用函数与方法统计、分析应收款金额信息 3. 能运用字典采集、管理客户的联系信息 4. 能使用 Python 字典的常用函数与方法访问、提取、修改、删除及分析客户信息 5. 能结合列表与字典开发出客户信息管理程序	6

续表

序号	教学单元	教学内容	教学要求		学时
			知识和素养要求	技能要求	
7	销售业绩统计	1. 统计业务员业绩 2. 统计汇总区域销量	1. 了解 utf－8 编码 2. 理解计算机文件的含义 3. 理解二进制文件和文本文件 4. 理解 Python 操作外部文件的思路 **思政点**：小组协作完成项目任务，遵守"协作共进，和而不同"的合作原则	1. 能打开、关闭 txt 文件 2. 能将数据读入、写入 txt 文件 3. 能运用文件的基本操作方法和 split（）函数把读入数据整理成列表 4. 能运用 CVS 模块的方法打开、读入、写入 Excel 表	4
8	销售数据分析与可视化	1. 分析销量变化趋势与动因 2. 可视化销量变化趋势与动因	1. 能阐述数据描述性统计的概念 2. 理解数据可视化的意义 3. 探索数据分析的路径 **思政点**：在分析销量变化及探求动因的过程中，弘扬"精益求精，追求卓越"的工匠精神	1. 能创建和访问 Series 和 DataFrame 数据结构 2. 能使用 describe（）函数描述数据的统计信息 3. 能使用 grouply（）函数对数据进行分组汇总 4. 能创建和辨识画布、子图等 Matplotlib 库的基本对象 5. 能分析可视化产品销售收入占比、变动与趋势 6. 能使用 Matplotlilb 库绘制折线图、条形图、饼图等基础图形	8

五、教学条件

1. 师资队伍

（1）专任教师。要求具备一定的计算机基础知识，具有扎实的 Python 基础编程功底和一定的会计、金融实务知识，具备较好的数据分析思维；熟悉面向过程和对象的计算机编程思想，熟悉程序报错提示信息，能熟练调试程序；能够运用各种教学手段和教学工具指导学生进行 Python 基础知识学习和开展程序编写与调试的实践教学。

（2）兼职教师。①现任制造业企业、互联网企业、银行等金融机构 Python 初级工程师，要求能进行将 Python 工具应用于会计业务岗位和金融业务岗位实际工作的教学；②现任制造业企业、互联网企业、银行等金融机构 Python 数据分析师，要求能使用 Python 进行企业数据分析方面的教学。

2. 实践教学条件

（1）理实一体化实训室。建议在一体化专业实训室或智慧教室进行教学，需要每个座

位配置一台电脑，网络应流畅，能播放在线教学视频。有条件的情况下应配备与本课程相适应的智能化教学软件。

（2）Python 解释器和编辑器。如：IDLE、VS Code、Jupyter Notebook 等，这是学生开发程序的软件环境。Python 解释器、VS Code 编辑器，Jupyter Notebook 编辑器等均可以在相应的官网免费下载。

（3）项目实训资料。配备实训项目情境说明资料和部分代码的 Python 文件素材。

（4）实训指导资料。配备项目程序实现思路分析文档及程序实现代码 Python 文件。

3. 教材选用与编写

教材应符合《职业院校教材管理办法》等文件的规定和要求，探索使用新型活页式、工作手册式教材并配套信息化资源。教材编写应以本课程标准为依据，充分体现任务引领、实践导向的设计思想，将 Python 基础的知识与技能融入若干工作项目中。按照工作项目完成过程来组织教材内容。教材内容应体现新技术、新工艺、新规范，贴近中小微企业日常工作中 Python 工具使用的需求。

（1）教材是完成教学过程、达到教学目标的手段和媒介，在编写过程中应充分体现本课程项目设计的理念，依据本课程标准采用任务驱动型模式进行编写。

（2）教材应以财务工作常见情景为载体，有机融入 Python 知识与技能，按任务内容、操作流程的先后顺序、理解掌握的难易程度等进行编写。

（3）教材编写应根据高职高专学生的特点，从培养技能型人才出发，内容安排上要深入浅出，适度、够用，突出实用，语言组织要简明扼要、科学准确、通俗易懂，形式上应图文并茂、可操作性强，配备大量的实务题，使学生能够在学习完理论知识后及时得到相应的技能训练。

（4）教材内容应体现先进性、准确性、通用性和实用性，要将最新的会计准则及成本管理前沿知识及时纳入教材，使教材更贴近本专业的发展和实际需要。

（5）教材中的活动设计内容要具体，并在实训室环境下具有可操作性。教材中的案例可以采用企业真实案例，提高学生业务操作的仿真度。

（6）建议采用高等教育出版社出版，杨则文、盛国穗主编的《财务大数据基础与实务（Python 版）》。

4. 教学资源及平台

（1）安装 Python 解释器、VS Code 编辑器或 Jupyter NoteBook 编辑器作为代码开发环境，以上解释器及编辑器均为免费，且使用简单，适合财经专业学生使用。

（2）线上教学资源。支持混合教学和 MOOC 开放的公共教学资源库或自建教学资源。建议利用智慧职教等平台建设教学资源库和在线开放课程，为实施线上线下混合教学提供条件。建议采用智慧职教平台广州番禺职业技术学院盛国穗主持的会计专业群教学资源库《财务大数据基础与实务（Python 版）》课程资源。

（3）线上教学平台。采用符合国家有关互联网平台条件的公共教学平台。建议使用智慧职教等教学平台，利用职教云建设在线课程，设计教学活动；利用云课堂实施课堂教学。借助职教云强大的学习活动分析功能关注和分析学生的学习情况，及时解决学生学习中的短板问题。

六、教学方法

1. 项目教学法

项目教学法是以工作任务为依据设计教学项目，以学生为活动主体实施项目的教学方法，也就是将教学内容融入项目实施过程的一种教学方法。该教学法以学生为中心，学生是主动的学习者，教师是学生学习的指导者。每个项目的实施都有一个明确的任务、一个完整的过程，最后取得一个项目实施的 Python 代码作为标志性成果。

2. 课堂讲授法

课堂讲授法是教师通过口头语言向学生描绘情境、叙述事实、解释概念、论证原理和阐明规律的教学方法。该方法以教师的语言作为主要媒介系统，连贯地向学生讲授 Python 工具的基本理论与应用、编写程序的基本流程，帮助学生理解并准确掌握 Python 工具的相关知识技能，特别是编程中的逻辑思维。

3. 任务驱动法

以职业能力养成为核心，通过设计不同场景的项目任务来组织教学，从获取信息到制订步骤，再到决策和付诸行动，直至检查、反思与评估，完成一个完整的工作过程。教师只扮演一个"咨询者""协调者"和"观察员"的角色，引导学生自主学习 Python 工具及相关库的知识，加深学生对知识和技能的掌握，向学生提供资源、给予建议和操作指导，帮助学生拓展思维，鼓励学生用多种计算方法完成项目任务，助力学生提升计算思维和团队合作精神。

4. 案例教学法

教学案例包括讲解型案例和讨论型案例法两种。讲解案例法，是将案例教学融入传统的讲授教学法之中的一种方法。教师通过讲解典型案例，让学生熟悉 Python 相关库中函数与方法的应用场景及使用方法。讨论案例法，是以学生课堂讨论为主，案例是学生讨论的主题，学生通过对案例的剖析，提出各自的解决方案，并予以充分讨论。通过讨论案例，激发学生的扩散性思维，加深对知识技能的认知。

5. 启发式教学法

启发式教学是根据教学目的和内容，通过设计启发、诱导型问题，引导学生养成多思考、善思考、勤思考的习惯，将问题解决贯穿于教学的每一环节，启迪学生思考，活跃学生思维，促进学生身心发展，提高学生学习的主动性、积极性和创造性，更好地激发学生的学习兴趣，加深对课程内容的理解。

七、教学重点难点

1. 教学重点

教学重点：Python 基础语法、数据结构、分支语句、循环语句、函数基础、文件操作基础、Pandas 库基础、Matplotlib 库基础。

教学建议：结合项目任务，以 Python 基础语法为基础，让学生熟练掌握数据结构、分支语句和循环语句。在学生能熟练运用上述技能后再利用项目任务学习函数基础、文件操作基础，理解计算机编程思想，掌握 Python 编程方法。在学生具备一定的编程思想并掌握 Python 编程方法之后，结合项目任务学习 Pandas 库基础和 Matplotlib 库基础，学会简单的数据分析和可视化数据分析结果。

2. 教学难点

教学难点：循环语句、文件操作基础、Pandas 库基础、Matplotlib 库基础。

教学建议：通过实训项目及选择合适的案例，帮助学生理解不同循环语句的使用情境，理解缩进在循环语句中的作用，掌握 CONTINUE 语句和 BREAK 语句的使用；通过案例理解文件编码，训练学生运用 Python 读入、修改和写入 txt、Excel 文件；结合实训项目帮助学生掌握数据分析的流程，应用 Pandas 库和 Matplotlib 库对读入的外部数据进行数据分析与可视化。

八、教学评价

本课程主要考核学生知识目标、技能目标及素质目标的达标情况。理论知识的掌握情况主要通过期末开卷考试进行考核，占总成绩的 40%；技能目标主要通过对学生提交的工作成果的完成情况进行考核，占总成绩的 30%；素质目标主要通过对线下出勤与课堂表现、线上学习、团队合作情况进行考核，占总成绩的 30%。

九、编制说明

1. 编写人员

课程负责人：盛国穗　广州番禺职业技术学院（执笔）

课程组成员：杜　方　广州番禺职业技术学院

　　　　　　李枳葳　广州番禺职业技术学院

　　　　　　林祖乐　广州番禺职业技术学院

　　　　　　杨彩华　新道科技股份有限公司

2. 审核人员

　　　　　　杨则文　广州番禺职业技术学院

　　　　　　冯　添　新道科技股份有限公司

"Python 与量化投资分析" 课程标准

课程名称：Python 与量化投资分析
课程类别：专业拓展课
学　　时：54 学时
学　　分：3 学分
适用专业：大数据与会计、大数据与审计、会计信息管理

一、课程定位

通过本课程的学习，使学生认知和理解 Python 语言与量化投资的基本概念、技术特征、行业实践创新和应用场景等内容，理解 Python 语言与量化投资的技术应用对金融投资领域带来的冲击与变革。本课程依据当前金融投资领域的发展与人才的专业能力要求开设，主要学习 Python 语言与量化投资的基础概念、使用 Python 语言开展量化投资策略的设计与应用。本课程是大数据与会计专业群的专业拓展课程，前置课程为"经济学基础""金融学基础""Python 语言基础"。

二、课程设计思路

本课程以金融量化投资交易工作项目为载体，根据金融量化投资岗位的工作任务流程，将 Python 语言与金融量化投资的工作相结合，选取六个工作项目作为主要教学内容，每个项目由一个或多个独立的具有典型代表性的、完整的工作任务贯穿，当项目结束时，工作任务随之完成并获取相应的标志性工作成果，相关理论知识融于工作任务之中。

三、课程目标

通过本课程的学习，培养学生对金融量化投资技术与应用的正确认知，理解 Python 语言与量化投资的技术对金融投资领域带来的冲击与变革，理解量化交易技术的风险与防范，能够使用 Python 开展金融量化投资的分析与策略设计编写。

1. 知识目标

（1）了解量化交易的概念与发展；

（2）了解量化投资的应用场景；

（3）了解量化投资的平台；

（4）了解 Python 语言与特点；

（5）了解 Python 开发环境与编程基础；

（6）理解 Python 的流控制与特征数据类型；

（7）理解 Python 函数与面向对象；

（8）理解 Python 量化交易策略的常用函数；

（9）理解 Python 量化交易的常用策略。

2. 技能目标

（1）能够区分量化投资与传统交易方式；

（2）能够下载安装 Python 软件；

（3）能够设置 Python 的流控制与特征数据变量；

（4）能够编写 Python 函数与面向对象的参数；

（5）能够编写 Python 量化交易策略的常用函数；

（6）能够编写 Python 量化交易策略的获取数据的函数；

（7）能够进行 Python 量化交易策略的回测；

（8）能够编写简单的 Python 量化交易策略。

3. 素质目标

（1）形成正确的金融投资领域新技术应用与发展的认知方法；

（2）增强对量化投资技术应用下投资领域的风险意识；

（3）养成金融投资领域的创新意识和创造精神；

（4）养成量化投资技术应用条件下，适应投资市场变革的职业素养；

（5）形成具有主动迎接新技术的应用与发展，不断自我学习的意识；

（6）通过学习，提高在金融投资领域中强大自身能力，振兴中华民族的自信心。

四、教学内容要求及学时分配

序号	教学单元	教学内容	教学要求		学时
			知识和素养要求	技能要求	
1	认识量化交易	1. 量化交易的概念与特点 2. 量化交易应用的场景 3. 量化交易平台与软件 4. 量化交易投资基金	1. 掌握量化交易的概念 2. 了解量化交易的发展历史 3. 了解量化交易的特点 4. 了解量化交易应用的场景 5. 了解市场主要的量化交易平台与软件 6. 了解主要的量化交易投资基金	1. 能识别量化交易与算法交易 2. 能区分量化交易与传统交易 3. 能区分量化交易与算法交易 4. 能区分量化交易与程序化交易 5. 能区分量化交易与技术分析 6. 能区分量化交易与人工交易	4

续表

序号	教学单元	教学内容	教学要求		学时
			知识和素养要求	技能要求	
2	Python 的下载与安装	1. 下载、安装 Python 软件 2. 设置 Python 的环境变量 3. Python 的基本运算 4. Python 的代码操作	1. 了解 Python 语言的发展历程 2. 理解 Python 语言的特点 3. 了解量化交易应用的场景 4. 了解 Python Notebook 研究平台 5. 理解 Python 的基本数据类型 6. 理解 Python 的变量与赋值 7. 理解 Python 的代码格式	1. 能下载、安装 Python 软件 2. 能设置 Python 的环境变量 3. 能进行 Python 变量赋值操作 4. 能进行 Python 的基本运算 5. 能进行 Python 的代码操作	6
3	Python 金融数据存取	1. Python – NumPy 数据存取 2. Python – Scipys 数据存取 3. Python_pandasdes 的 csv 格式数据文件存取 4. Python_pandas 的 Excel 格式数据文件存取 5. 网站数据的搜索与存取	1. 掌握使用 Python 存取不同格式的数据路资料的方法 2. 掌握能使用 Python 搜索存取网络财经数据资源库	1. 掌握使用 Python 存取不同格式的数据路资料的方法 2. 掌握能使用 Python 搜索存取网络财经数据资源库	6
4	Python 统计分析应用	1. Python 描述统计 2. Python 参数估计与应用 3. Python 相关分析与回归分析应用	1. 了解 Python 统计分析的基本概念 2. 掌握 Python 统计分析的基本方法	1. 能使用 Python 编程工具开展基本的统计分析操作 2. 能利用 Python 编程工具开展统计参数估计与应用 3. 能利用 Python 编程工具开展相关分析与回归分析应用	6
5	Python 量化交易的常用函数	1. Python 的量化交易策略 2. Python 量化交易策略常用函数设置	1. 理解 Python 量化交易的一般结构 2. 掌握 Python 量化交易的设置函数 3. 掌握 Python 量化交易的定时函数 4. 掌握 Python 量化交易的下单函数 5. 掌握 Python 量化交易的日志 Logo 6. 掌握 Python 量化交易的常用对象	1. 能设置 Python 量化交易的初始化以及开盘前、开盘中、收盘运行函数 2. 能设置 Python 量化交易的常用函数 3. 能设置 Python 量化交易的下单函数 4. 能设置 Python 量化交易的日志 Logo 5. 能设置 Python 量化交易的常用对象参数	8

续表

序号	教学单元	教学内容	教学要求		学时
			知识和素养要求	技能要求	
6	Python 量化交易的数据函数获取	1. history 函数 2. get _ fundamentals 函数 3. get _ current _ datas 函数 4. get _ index _ stocks 函数 5. get _ all _ securites 函数 6. get _ security _ info 函数 7. get _ billboard _ list 函数 8. get_locked_sharess 函数	1. 理解 history 函数运用 2. 理解 get_fundamentals 函数 3. 理解 get_current_datas 函数 4. 理解 get_index_stocks 函数 5. 理解 get_all_securites 函数 6. 理解 get_security_info 函数 7. 理解 get_billboard_list 函数 8. 理解 get_locked_sharess 函数	1 能运用 history 函数 2. 能运用 get_fundamentals 函数 3. 能运用 get_current_datas 函数 4. 能运用 get_index_stocks 函数 5. 能运用 get_all_securites 函数 6. 能运用 get_security_info 函数 7. 能运用 get_billboard_list 函数 8. 能运用 get_locked_sharess 函数	8
7	Python 量化交易的回测	1. Python 量化交易的回测 2. MACD 指标量化交易的风险指标	1. 理解 Python 量化交易的回测概念 2. 了解 Python 量化交易的回测流程 3. 理解 MACD 指标量化交易的风险指标	1. 能使用 Python 编写简单的量化交易 2. 能设置量化交易的回测参数	6
8	Python 量化交易的应用	1. Python 的股票量化交易 2. Python 的期货量化交易 3. Python 的期权量化交易 4. Python 的债券量化交易	1. 理解 MA 均线量化交易 2. 理解多种均线量化交易 3. 理解 MACD 均线量化交易 4. 理解 KD 均线量化交易 5. 理解 BOLL 均线量化交易 6. 理解 MACD 均线量化交易 7. 理解量化交易的风险与防范	1. 能使用 Python 编写简单股票交易 2. 能使用 Python 编写简单期货交易 3. 能使用 Python 编写简单期权交易 4. 能使用 Python 编写简单债券交易	10

五、教学条件

1. 师资条件

（1）专任教师。要求具有扎实的金融基础理论功底和一定的金融与投资岗位的经历；有一定的 Python 语言编程基础，具备一定的 Python 语言应用的经验；能够指导学生采用案例教学法、角色扮演法、启发式教学法和任务驱动法等开展 Python 语言在量化交易中应用的示范教学。

（2）兼职教师。要求是：①Python 语言的应用技术专家，能进行 Python 语言知识、Python 语言应用的示范教学；②量化交易行业的专业人士，具有比较丰富的量化交易投资分析经验的专业人员，能使用 Python 语言进行量化交易的实践来开展示范教学。

2. 实践教学条件

（1）实训场所：本课程需要使用具有较高网速接入、移动互联网信号畅通的金融综合实训室。实训室应有比较高配置的电脑以使用与 Python 语言软件及量化交易平台的运行。

（2）实训软件：Python 语言软件、金融量化交易平台。

3. 教材选用与编写

（1）可依据本课程标准以及项目设计要求编写教材，教材应充分体现任务引领、工作过程导向的思想，将量化交易的各项工作，按照 Python 语言编写框架与量化交易的流程的组织教材内容。

（2）教材应与量化交易工作中使用的实时数据相结合，表达应通俗易懂、图文并茂、精炼、准确、科学。

（3）教材内容应体现先进性、通用性、实用性，要将 Python 语言与量化交易的前言技术、应用等及时地纳入教材，教材内容应包括 Python 语言在量化交易分析中典型的主要架构和相关应用，使教材更贴近 Python 语言与量化交易技术的发展和应用的需要。

4. 配备课程网络教学资源

形成课程教学资源库，努力实现多媒体资源的共享，提高课程资源利用效率。

六、教学方法

本课程教学方法主要包括任务驱动法、案例教学法、角色扮演法、启发式教学法、项目教学法等。

1. 案例教学法

本课程引入了众多 Python 语言与量化交易实操的案例。通过案例的学习，让学生能够深刻理解 Python 语言与量化交易的应用场景，如在股票市场、期货市场、期权与外汇市场以及基金投资领域的量化交易。

2. 角色扮演法

分角色实训有利于学生在工作中进行换位思考，比如在学习量化交易与传统交易的联系和差异这个环节当中，不同角色的呼唤，能够让学生更深刻理解量化交易对金融投资市场与传统交易方法带来的冲击与变革，作为投资者需要如何在量化交易市场中适应市场的变化。

3. 任务驱动法

以职业能力养成为核心，通过设计不同项目任务来组织教学，从获取信息到制订步骤，再到决策和付诸行动，直至检查、反思与评估，完成一个完整的工作过程。教师引导学生自主学习，向学生提供资源、给予建议和操作指导，培养学生职业判断能力、决策能力的提升和团队合作精神。

4. 启发式教学法

设计启发、诱导型的问题，将设问、答疑贯穿于教学的每一个环节，引发学生思考和讨论，进而促进学生积极主动地学习，更好地激发学生的学习兴趣，加深对课程的理解。

5. 项目教学法

项目教学，是师生通过共同实施一个完整的项目工作而进行的教学活动。职业教育中的项目一般是来自职业实践的工作任务。项目教学法适合于复杂问题的分析和解决。比如在掌握一定的 Python 语言编写方法及量化投资策略的基础上，学生学习用 Python 语言编写某个投资项目的量化交易策略的时候，就可以按照项目流程开展项目教学。

6. 线上线下混合教学法

本课程课时量不能完全满足理论与实践同步推进的一体化教学需要，应充分利用在线课程培养学生自主学习能力，把基本理论知识的学习放在课外解决，课堂主要解决关键知识点存在的问题，完成实训任务。教师要利用好线上课程，设计课前、课中、课后环节，利用云课堂布置和批改、评讲作业，为学生打造移动课堂。

七、教学重点难点

1. 教学重点

教学重点：量化投资策略程序的编写。

教学建议：通过大量的案例学习，在量化交易平台的反复练习，开展模拟交易，使学生获得成就感，乐于学习，掌握更多的 Python 与量化投资分析的策略的应用知识与技能。

2. 教学难点

教学难点：Python 语言函数的理解。

教学建议：通过引入适当的案例和习题，反复练习，熟能生巧。引导学生参加相关的 Python 语言编程比赛，利用比赛促进学生的学习动力；结合量化交易平台的综合应用，提高对 Python 语言的掌握熟练程度。

八、教学评价

本课程的考核方案分三个维度：课程学习知识与技能的结果评价占 30%——测评考核结果（测评题）；课程学习过程评价占 40%——学习行为考核（签到、学习时间、学习次数、完成度）、学习作业、实训日志等；课程学习综合应用评价占 30%——实训成果考核。除了"实训成果考核"为教师主观评判外，其余维度均由教学平台自动评价。教师可根据本校具体情况，在教学平台上自由调整各维度的考核权重。本考核方案主要考核评价学生对

Python 与量化投资基本概念的理解、对 Python 与量化投资的构建和 Python 与量化投资在行业应用的掌握。

九、编制说明

1. 编写人员

课程负责人：邓永平　广州番禺职业技术学院（执笔）

课程组成员：任碧峰　广州番禺职业技术学院

　　　　　　张　曦　广州番禺职业技术学院

　　　　　　王晓斌　广发证券股份有限公司

　　　　　　李　炯　广州天安马股权投资基金

2. 审核人员

　　　　　　杨则文　广州番禺职业技术学院

"Uipath RPA 助理认证" 课程标准

课程名称：Uipath RPA 助理认证

课程类型：专业拓展课

学　　时：36 学时

学　　分：2 学分

适用专业：大数据与会计、大数据与审计、会计信息管理

一、课程定位

随着"大智移云物"时代的到来，财务机器人在会计工作领域的运用越来越广泛，因熟悉业务流程和需求，具有财务专业背景的人员在财务机器人的开发过程中具有独到的优势，财会类学生取得 RPA 工程师认证将进一步提升其适应行业转型的能力。Uipath 是国际上 RPA 开发平台的头部企业之一，完成 Uipath RPA 助理认证同时更有助于大数据与会计专业学生提升国际化职场适应能力。本课程主要通过 Uipath RPA 开发知识的学习和技能的培养，指导学生针对 Uipath RPA 助理认证的备考。课程针对 Uipath RPA 助理认证考试内容，结合财务典型业务，主要学习 Uipath 的流程自动化知识和技能，包括 RPA 部署、自动化流程设计、维护，以及 Uipath Studio、Uipath Orchestrator、Uipath Robots 的应用。

二、课程设计思路

（1）本课程内容以 Uipath RPA 助理工程师的主要工作任务为线索，将相似任务整合成一个个项目设计教学内容和教学过程，与 Uipath 官方对 RPA 助理的认证要求相呼应，利用每个具体工作任务，以任务驱动学生实现做中学。

（2）本课程最重要的教学目标就是帮助学生通过 Uipath 官方的 RPA 助理工程师认证，以证书认证要求为导向，辅以财务典型工作场景整合的案例，实现高度的课证融合。

（3）让学生深刻理解科学技术是第一生产力，培养学生团结奋斗、精益求精的劳动精神，在教学内容中将合适的知识点发展成思政映射点，在教学过程中融入思政元素，实现润物细无声，以培养学生坚持"四个自信"、践行社会主义核心价值观的品质。

三、课程目标

本课程旨在培养学生胜任企业 RPA 助理工程师岗位的能力，具体包括知识目标、技能目标和素质目标。

1. 知识目标

（1）掌握 RPA 机器人的概念、特点和功能；

（2）熟悉 RPA 机器人的应用与开发理念；

（3）掌握 RPA 机器人业务分析、流程分析、数据定义的原理。

2. 技能目标

（1）能熟练应用 Studio 中的变量、参数和控制流；

（2）能熟练应用 Studio 中的 UI 自动化；

（3）能熟练应用 Studio 中的数据表和 Excel 自动化；

（4）能胜任 Studio 中的数据管理工作；

（5）能熟练应用 Studio 中的项目组织；

（6）能熟练应用 Studio 中的机器人测试、错误及异常排除；

（7）能熟练应用 Studio 与电子邮件的自动化；

（8）能熟练应用 Studio 中的 PDF 自动化；

（9）能熟练应用与 RPA 开发人员相关的 Orchestrator 基本功能；

（10）能根据应用场景独立完成 Studio 中的版本控制系统集成；

（11）能根据应用场景独立完成 RPA 测试与 StudioPro。

3. 素质目标

具备利用先进技术替代简单重复工作的理念和信息化能力；培养团结协作和精益求精的劳动精神，强化创新意识，促进创新创业能力。

四、教学内容要求及学时分配

序号	教学单元	教学内容	教学要求		学时
			知识和素养要求	技能要求	
1	Introduction to RPA and Automation	1. What Is RPA? What Is Automation? 2. Automation Is Driving the Digital Transformation 3. Automation in Business 4. The Automation Journey	1. 掌握 RPA 和自动化的定义，理解其对数字化转型的影响 2. 理解典型企业自动化过程的主要阶段以及卓越中心所扮演的角色	1. 能绘制和评估企业适合自动化的业务流程 2. 能解释 Uipath 平台的组件及其给全自动化企业带来的好处	2

续表

序号	教学单元	教学内容	教学要求		学时
			知识和素养要求	技能要求	
2	Get Started with RPA Development	1. Uipath Platform Overview 2. Uipath First Run 3. Your Learning Journey 4. Build Your First Automation Process	1. 掌握 Uipath 核心 RPA 组件（Studio、Orchestrator 和 Robot with Assistant）协同工作的方式 2. 理解 Uipath 机器人有人值守和无人值守两种类型的区别	1. 能设置 Uipath stuiio 和 Assistant 的工作环境，并连接到 Orchestrator 2. 能列出成为助理级开发人员所需的关键技能，能按照指引构建企业自动化项目 3. 能熟练运用 Uipath 社区生态系统	2
3	A Day in the Life of an RPA Developer	1. The Automation First Mindset 2. About Business Processes 3. Evaluating Automation Candidates 4. The Automation Project Lifecycle	1. 掌握自动化第一思维 2. 能解释什么是过程，掌握过程与程序的区别	1. 能准确评估各领域工作流程是否适合自动化 2. 能准确描述自动化生命周期的各个阶段	2
4	Variables, Arguments, and Control Flow in Studio	1. Variables 2. Invoke Workflow and Arguments 3. Data Types 4. Control Flow Overview 5. The If Statement 6. Loops 7. Switch 8. Parallel 9. Practice	1. 理解变量的定义及用途 2. 理解参数的定义及用途 3. 掌握变量和参数的区别	1. 能在自动化项目中创建和配置变量 2. 能熟练使用"调用工作流文件"活动链接工作流执行并通过参数传递数据 3. 能在 Uipath 中熟练使用最常见的控制流语句（If 语句、循环和开关），并根据规范进行配置	2
5	UI Automation with Studio	1. Introduction to User Interface Automation 2. UI Automation with the Modern Experience 3. UI Automation with the Classic Experience （1）Input Activities and Methods （2）Output Activities and Methods （3）UI Synchronization	1. 掌握 Uipath 中 UI 自动化的关键要素 2. 理解 Studio 中现代与经传统设计方式的差异	1. 能利用最新方法有效构建用户界面自动化项目 2. 能准确选择适合自动化环境的数据输入方式 3. 能准确设置自动化的应用程序和流程的数据输出方式 4. 能熟练设置活动属性以提高 UI 自动化的可靠性和有效性 5. 能根据需要选择最合适的活动来识别 UI 元素，最大限度地提高项目的可靠性	2

续表

序号	教学单元	教学内容	教学要求		学时
			知识和素养要求	技能要求	
6	DataTables and Excel Automation with Studio	1. What are DataTables? 2. Working with DataTables 3. Workbooks and Common Activities 4. Excel Application Scope and Specific Activities 5. The Select Method Practice	理解作用于 Excel 文件不同的活动类别：工作簿活动和 Excel 应用程序集成活动	1. 能创建、自定义和填充数据表变量 2. 掌握最常用的数据表操作方法 3. 能熟练使用特定活动处理 Excel 文件（读取数据、写入数据、保存文件等） 4. 能使用 Select 方法筛选数据表	2
7	Data Manipulation in Studio	1. What is Data Manipulation? 2. Strings 3. Lists 4. Dictionaries 5. RegEx Builder 6. DateTime Variables 7. Practice	掌握常见的 .NET 语言下有关数据操作的特定方法	1. 能熟练使用最常用的 .NET 语法操作字符串变量 2. 能使用特定方法初始化和操作列表变量、字典变量 3. 能使用 Uipath Studio 中的正则表达式生成器执行复杂的字符串操作 4. 能使用特定的方法完成 DateTime 变量执行数据操作	2
8	Selectors in Studio	1. Introducing Selectors 2. The UI Explorer 3. Types of Selectors 4. Fine – tuning 5. Managing Difficult Situations 6. Practice	1. 掌握选择器的定义及工作原理 2. 掌握用户界面元素捕捉的要素	1. 在开发流程自动化程序时能选择正确的选择器类型及进行设置 2. 能微调选择器以提高元素识别精度	2
9	Project Organization in Studio	1. Workflow Layouts 2. Organize Projects Using Workflows 3. Libraries 4. Project Templates 5. Exception Handling 6. Version Control Integration 7. Best Practices 8. Practice	1. 掌握跨项目的可重用组件的区分方法，理解"库"的备用意义 2. 理解使用异常处理技术的优点 3. 理解 Uipath 的版本控制功能保持开发工作的可跟踪性和可靠性的优点	1. 能为每个工作流选择合适的项目布局 2. 能将复杂的自动化项目拆分为可单独开发的功能工作流 3. 能熟练创建和共享项目模板以加快开发	2

续表

序号	教学单元	教学内容	教学要求		学时
			知识和素养要求	技能要求	
10	Debugging in Studio	1. Debugging Features Overview 2. Basic Debugging Features 3. Advanced Debugging Features 4. Practice	1. 理解所有调试操作的作用 2. 掌握所有调试面板指示的内容	能熟练使用所有 Uipath Studio 调试功能使项目按预期运行	2
11	Error and Exception Handling in Studio	1. Common Exceptions 2. TryCatch, Throw, and Rethrow 3. Retry Scope 4. The Continue On Error Property 5. The Global Exception Handler 6. Practice	掌握常见的异常处理技术，并能区分异常处理技术的使用条件	1. 能在自动化项目中熟练使用 Try Catch 和 Retry 活动处理异常情况 2. 能在有人参与和无人参与的机器人中使用全局异常处理程序	2
12	Introduction to Logging in Studio	1. Logging Overview 2. Accessing and Reading Robot Execution Logs 3. Logging Best Practices 4. Practice	1. 掌握机器人执行日志的内涵 2. 掌握默认日志、用户定义日志的区别及日志级别的划分	1. 能读懂机器人执行日志 2. 能有效地使用日志消息活动	2
13	Orchestrator for RPA Developers	1. Introducing Uipath Orchestrator 2. Orchestrator Entities, Tenants, and Folders 3. Robot Provisioning and License Distribution 4. Unattended Automation with Folders 5. Libraries and Templates in Orchestrator 6. Storage Buckets 7. Queues 8. Intermission – Transaction Processing Models 9. Triggers and SLAs 10. Monitoring and Alerts 11. Practice	1. 掌握 Orchestrator 的主要功能和作用 2. 掌握 Orchestrator 的使用方法，以及用户的上下文和文件夹上下文的区分 3. 掌握在 Orchestrator 中分配和使用许可证的方法	1. 能从 Orchestrator 创建、配置和调配无人值守机器人 2. 能熟练使用无人值守机器人以不同的方式执行作业，包括作为单个作业、队列或大规模部署 3. 能建立大规模无人值守机器人队伍，并能在 Studio 中直接使用 Orchestrators 资源 4. 能在 Orchestrator 中发布、安装和更新库和模板 5. 能将文件存储在存储库中，并在自动化项目中使用 6. 能熟练使用触发器和 SLA 自动执行作业	4

续表

序号	教学单元	教学内容	教学要求		学时
			知识和素养要求	技能要求	
14	Email Automation with Studio	1. Email Automation Overview 2. Retrieving Emails 3. Filtering Emails 4. Sending Emails 5. Practice	掌握电子邮件及其服务器的工作原理	1. 能在 Uipath Studio 中熟练使用和设置专用电子邮件活动 2. 能根据正在使用的电子邮件客户端和服务器检索电子邮件 3. 能过滤和下载电子邮件附件，完成机器人与电子邮件的数据交互 4. 能熟练使用不同的"发送电子邮件"活动 5. 能使用消息模板发送电子邮件	2
15	PDF Automation in Studio	1. Extracting Data from PDF 2. Extracting A Single Piece of Data from PDF 3. Extracting Data Using Anchor Base 4. Practice	掌握 PDF 编辑和存储的原理	1. 能安装 Uipath PDF 活动包 2. 能使用不同的活动从 PDF 文件中提取大段文本 3. 能从 PDF 文档中提取单个信息 4. 能使用 Studio 的 UI 自动化功能从具有相同结构的多个文件中提取类似值	2
16	Version Control Systems Integration in Studio	1. Introduction to Version Control Systems 2. A Closer Look at Git 3. Adding A Project to GitHub 4. Cloning A Repository, Committing, and Pushing to GitHub 5. Using Show Changes and Solving Conflicts 6. Creating and Managing Branches	掌握控制系统的原理和作用	1. 能在 Uipath Studio 中集成版本控制系统 2. 能在版本控制系统集成中执行最重要的操作（以 Git 为例）	2

续表

序号	教学单元	教学内容	教学要求		学时
			知识和素养要求	技能要求	
17	RPA Testing with Studio Pro	1. Introduction to RPA Testing 2. Basic and Data – driven RPA Test Cases 3. Mock Testing 4. RPA Testing Best Practices 5. Practice	1. 掌握机器人维护的影响因素及解决方法 2. 了解 RPA 测试的级别 3. 根据 RPA 优秀开发案例掌握 RPA 测试方法和注意事项	1. 能为 RPA 工作流构建测试案例 2. 能为 RPA 工作流编制基本的和数据驱动的测试用例 3. 能使用 Studio Pro 的活动覆盖工具来评估测试用例是否充分覆盖了 RPA 工作流 4. 能使用模拟测试来模拟 RPA 测试场景中的真实对象	2

五、教学条件

1. 师资队伍

（1）专任教师。要求具有扎实的计算机、RPA 开发、财务软件应用、. NET 语言等方面的知识，熟悉系统开发和维护方面的知识，掌握系统开发和维护的工作流程；能熟练操作 Uipath Studio、Uipath Orchestrator、Uipath Robots 的各项功能，获得 Uipath Certified Advanced RPA Developer（UiARD）Level 1 以上认证；能够运用各种教学手段和教学工具指导学生进行 Uipath 机器人应用与开发的知识学习和实践。

（2）兼职教师。①现任企业 RPA 机器人管理员，要求熟悉企业各类软件和业务系统，获得 Uipath Certified RPA Associate（UiRPA）以上认证，具备较高的 RPA 机器人运维和开发能力。②现任 RPA 机器人开发工程师，要求具备计算机专业背景或工作经历，获得 Uipath Certified Advanced RPA Developer（UiARD）Level 3 认证。

2. 实践教学条件

（1）理实一体化实训室。建议在一体化专业实训室或智慧教室进行教学，需要每个座位配置一台电脑，网络应流畅，硬件设备能支持 Uipath Studio、Uipath Orchestrator、Uipath Robots 的部署，网速能达到 10M/S 以上，网络延迟 70ms 以内。

（2）教学软件平台。部署 Uipath Studio、Uipath Orchestrator、Uipath Robots 三个平台及 chrome 浏览器，具备基本的 Uipath RPA 机器人开发环境。

3. 教材选用与编写

教材应符合《职业院校教材管理办法》等文件的规定和要求，探索使用新型活页式、工作手册式教材并配套信息化资源。教材应具备能保持持续更新的机制，例如通过二维码技术在后台根据行业技术发展更新教材内容，再结合活页式的教材形式，方便师生及时更新教材内容。教材编写应以本课程标准为依据，充分体现任务引领、实践导向的设计思想，将RPA 机器人应用与开发分解成若干典型的工作项目，按机器人开发者岗位职责和工作项目完成过程来组织教材内容。教材内容应体现新技术、新工艺、新规范，贴近 Uipath RPA 机器人开发的需求。建议根据学情分析和行业技术发展现状自编授课讲义。

4. 教学资源及平台

（1）线上教学资源。支持混合教学和 MOOC 开放的公共教学资源库或自建教学资源。建议利用智慧职教等平台建设教学资源库和在线开放课程，为实施线上线下混合教学提供条件。建议采用智慧职教平台广州番禺职业技术学院李福主持的大数据与会计专业群教学资源库 Uipath RPA 助理认证课程资源。

（2）线上教学平台。采用符合国家有关互联网平台条件的公共教学平台。建议使用智慧职教等教学平台，利用职教云建设在线课程，设计教学活动；利用云课堂实施课堂教学。借助职教云强大的学习活动分析功能关注和分析学生的学习情况，及时解决学生学习中的短板问题。

六、教学方法

1. 项目教学法

项目教学法是以工作任务为依据设计教学项目，以学生为活动主体实施项目的教学方法，也就是将教学内容融入项目实施过程的一种教学方法。项目教学法是以学生为中心的教学模式，这种教学模式中学生是主动的学习者，教师是学生学习的指导者。本课程将 Uipath RPA 助理认证考核所需掌握的知识和技能整理成若干典型工作项目，每个项目的实施都有一个明确的任务、一个完整的过程，能够取得一个标志性成果。

2. 任务驱动法

本课程操作性较强，教师可以以职业能力养成为核心，通过各项目任务来组织教学，从任务分析到信息获取，再到机器人的应用、开发、测试，以及后续的总结与评估，在各项目教学中，教师只扮演一个"技术指导""协调者"和"观察员"的角色，引导学生自主学习，向学生提供资源、给予建议和操作指导，可加深学生对基础知识和基本技能的掌握，也有助于学生掌握 RPA 机器人的应用与开发技能、培养团队合作精神。

3. 启发式教学法

启发式教学是根据教学目的和内容，通过设计启发、诱导型问题，引导学生养成多思考、善思考、勤思考的习惯，将问题解决贯穿于教学的每一环节，启迪学生思考，活跃学生思维，促进学生身心发展，提高学生学习的主动性、积极性和创造性，更好地激发学生的学习兴趣，加深对课程内容的理解。本课程各项目的 RPA 机器人开发模块可采取启发式教学法，从 RPA 机器人开发的需求分析到开发过程中的问题解决等领域。利用启发式教学法有助于提升学生的学习主动性及创造性思维培养。

4. 小组合作教学法

在大型 RPA 机器人开发综合实践阶段，可以按工作内容将学生分组，小组内设需求分析岗、RPA 机器人设计岗、RPA 机器人开发岗、RPA 机器人测试岗、RPA 机器人交付岗，小组内分工协作，互帮互助。

七、教学重点难点

1. 教学重点

教学重点：Variables，Arguments，and Control Flow in Studio、UI Automation with Studio、DataTables and Excel Automation with Studio。

教学建议：通过设置能激发学生兴趣的教学活动，使学生能全身心投入到教学重点的学习当中，保障课程学习的参与度；采用全过程的量化评价指标体系，对教学重点的掌握情况进行评价，对掌握不足的部分采取额外知识包、个性化任务包的方式进行巩固。

2. 教学难点

教学难点：Error and Exception Handling in Studio、Orchestrator for RPA Developers。

教学建议：根据学情分析确定教学难点，利用学生互评的方式从学生的角度掌握其难点关键所在，利用课堂翻转的形式挑选学生的优秀作品让其自我展示和讲解，突破教学难点。

八、教学评价

本课程主要考核学生知识目标、技能目标及素质目标的达标情况。理论知识的掌握情况和技能目标达成情况考核主要通过 Uipath Certified RPA Associate（UiRPA）认证考试来评价，占总成绩的 70%；素质目标主要通过对线下出勤与课堂表现、线上学习、团队合作情况进行考核，占总成绩的 30%。

九、编制说明

1. 编写人员

课程负责人：李　福　广州番禺职业技术学院（执笔）

课程组成员：郝雯芳　广州番禺职业技术学院

　　　　　　陆家寅　北京融智国创科技有限公司

2. 审核人员

　　　　　　杨则文　广州番禺职业技术学院

　　　　　　刘温泉　北京融智国创科技有限公司

"用友财务管理"课程标准

课程名称：用友财务管理
课程类型：专业拓展课
学　　时：36 学时
学　　分：1.5 学分
适用专业：大数据与会计、大数据与审计、会计信息管理

一、课程定位

本课程是大数据与会计等专业的专业拓展课程。主要依据企业会计信息系统分析与设计原理，全面、系统地介绍如何利用计算机技术进行记账、算账、报账的基本理论、基本方法和基本操作技能，培养学生实际动手操作财务软件的能力。学生学习本课程之前应具备会计学基础以及计算机基础知识等，本课程是"会计学基础与实务"课程的延伸，同时为 1＋X "财务数字化应用""业财一体化"证书等课程的后续学习打基础。通过本课程的学习，学生能掌握财务软件的基本工作原理和会计核算与管理的全部工作过程，掌握建账、基础资料设置、总账、报表管理、薪资管理、固定资产、应付款管理、应收款管理的工作原理和过程，以及企业会计业务数据处理的流程、查找账务数据和报表资料的方法。

二、课程设计思路

本课程的设计贯彻"以就业为导向，以能力为本位，以职业实践为主线，以项目化教学为主体"的现代职教思想。坚持把会计相联系的理论知识与会计工作实践紧密结合在一起，把会计工作的基本程序与其所涉及的理论知识联系分析。本课程重视学习过程，构建评价体系，考核方法、手段科学，实行软件仿真操作考核办法，客观评价学生的软件操作能力。本课程设计了系统管理、基础资料设置、总账系统、报表管理、薪资管理、固定资产管理、应付款管理、应收款管理等 8 个项目，重点突出培养"互联网＋"背景下财务人员需要具备的会计信息化操作职业素养。其中项目的设计遵循任务导向原则，以学生熟练掌握企业不同业务信息化处理为出发点，通过创设工作情境和完成学习任务，实现教学做一体化。

三、课程目标

1. 知识目标

（1）熟悉企业业务和财务相关事项的具体操作，了解财务软件的相关知识；

（2）理解财务软件的设计理念，理解各子系统之间的关系；

（3）理解财务软件中各项业务的处理流程。

2. 能力目标

（1）能对总账核算系统初始设置、凭证处理、账表查询、转账定义及生成等进行操作；

（2）能进行薪资管理系统初始设置、工资变动、工资分摊等操作；

（3）能进行固定资产管理系统初始设置、资产变动、折旧计提等操作；

（4）能对应收款管理系统进行业务操作；

（5）能对应付款管理系统进行业务操作；

（6）能对财务软件中各子系统其他业务和期末处理进行操作；

（7）能进行报表格式定义和报表公式定义，编制规范的财务报表。

3. 素质目标

（1）能了解《企业会计准则》《中小企业会计制度》等相关制度，具有职业谨慎素养和会计信息化实时处理意识；

（2）培养学生信息化素养，锻炼其分析问题、解决问题、沟通协调等综合能力；

（3）树立良好的会计职业道德观念、职业精神和一定的团队合作能力；

（4）养成耐心细致、精益求精的工匠精神。

四、教学内容要求及学时分配

序号	教学单元	教学内容	教学要求		学时
			知识和素养要求	技能要求	
1	系统管理	1. 账套设置 2. 用户管理 3. 引入、输出账套	1. 掌握账套设置（创建、修改、删除）的要点 2. 掌握增加角色、用户设置、权限设置的方法 3. 熟悉引入账套、账套备份（手工备份、自动备份）的要点 4. 熟悉系统启用、异常任务处理（清除异常任务、清退站点）的要点	1. 能够根据企业资料设置用户，为企业新建账套，并设置相关用户的权限 2. 能够引入、输出已建账套	2

续表

序号	教学单元	教学内容	教学要求		学时
			知识和素养要求	技能要求	
2	基础设置	1. 设置基础数据 2. 设置部门档案 3. 设置职员档案 4. 客户与供应商分类 5. 客户与供应商档案 6. 设置凭证类型 7. 设置计量单位组 8. 设置结算方式 9. 存货分类 10. 存货属性 11. 仓库档案	1. 掌握部门、职员档案、供应商档案、客户档案、外币设置、设置凭证类型、存货分类及档案设置的要求 2. 掌握计量单位组、结算方式、开户银行设置相关知识点 3. 熟悉仓库档案、收发类别、采购及销售类型、费用项目等内容相关知识	1. 能够熟练建立部门职员档案、供应商档案、客户档案、外币设置、设置凭证类型、存货分类及档案 2. 能够熟练操作计量单位组设置、结算方式、开户银行设置 3. 能够进行仓库档案、收发类别、采购及销售类型、费用项目设置	6
3	总账	1. 总账系统初始设置 2. 日常业务处理 3. 期末业务处理	1. 熟练进行会计科目、凭证类别、录入期初余额等相关操作与初始设置 2. 掌握总账在系统中的地位和作用 3. 掌握日常账务处理相关规定 4. 掌握期末处理的要求	1. 能根据企业情况，增加、修改及指定科目；能设置项目目录、凭证类别、结算方式 2. 能输入期初余额并试算平衡 3. 能填制、审核、修改、删除、查询并冲销凭证，会记账并能定义查询各类账簿、登记支票登记簿、银行对账、转账分录生成机制凭证 4. 能进行期末对账和结账	4
4	报表管理	1. 资产负债表 2. 利润表 3. 财务比率分析	1. 掌握套用资产负债表模板生成并保存报表的要求 2. 掌握套用利润表模板生成并保存报表的要求 3. 熟悉自定义设计报表，以及资产负债表和利润表期初、期末函数及从其他表取数公式的方法 4. 掌握财务比率分析跨表面取数公式设置的方法	1. 能够调用模板以及自定义生成报表，并根据需要调整相关计算公式 2. 能够设计资产负债表、利润表等报表的格式及计算公式 3. 能够设置财务比率分析跨表面取数公式设置	4
5	薪资管理	1. 初始设置 2. 正式人员工资类别初始设置 3. 正式人员工资类别日常业务 4. 临时人员工资处理	1. 熟悉设置工资核算系统参数、设置部门档案、设置人员档案、设置人员附加信息、设置工资项目的方法 2. 掌握定义工资计算公式、建立工资类别、工资变动（含人员变动、工资数据变动）、扣缴所得税的要点 3. 熟悉汇总工资类别、账表查询、月末处理的方法	1. 能根据核算企业情况建立工资账套并进行基础设置 2. 能设置工资项目、人员档案和计算公式 3. 能够对核算企业薪资进行核算与管理 4. 能够录入并计算工资数据，扣缴所得税 5. 能够进行工资分摊并生成相应的凭证	4

续表

序号	教学单元	教学内容	教学要求		学时
			知识和素养要求	技能要求	
6	固定资产管理	1. 初始设置 2. 日常及期末处理	1. 掌握设置固定资产系统参数、设置资产列别、设置部门对应折旧科目、设置使用状况、设置增减方式、设置折旧的方法 2. 熟悉录入原始卡片、固定资产增加、固定资产减少、资产变动、固定资产折旧计提与分配的方法 3. 掌握生成记账凭证、账表管理（查询分析表、减值准备表、统计表、总账及明细账表）、固定资产和总账对账的方法	1. 能够在系统中建立固定资产子账套并进行基础设置 2. 能够录入固定资产原始卡片 3. 能够根据企业业务资料修改固定资产卡片，增加、减少固定资产并生成凭证 4. 能够进行折旧处理、计提折旧 5. 能够进行固定资产变动的处理	4
7	应收款管理	1. 初始设置 2. 日常处理 3. 期末处理	1. 熟悉设置基本科目、设置结算方式科目的方法 2. 掌握应收期初数据录入、账龄区间设置、应收款管理系统相关设置的方法 3. 掌握应收单、收款单录入与审核、票据管理、现收款管理、转账处理（应收冲应收、预收冲应收、应收冲应付，红票对冲） 4. 熟悉坏账处理、制单处理、生成记账凭证、期末处理的方法	1. 能够设置系统参数、存货分类、计量单位、存货档案等基础性资料 2. 能够录入期初信息并与总账系统对账，能根据业务信息录入、审核、修改、删除应收单据、收款单据 3. 能够对收款单据进行核销处理 4. 能够对应收单据、收款单据进行账务处理 5. 能够填制商业承兑汇票，对汇票进行贴现和结算并制单	4
8	应付款管理	1. 初始设置 2. 日常处理 3. 期末处理	1. 熟悉设置基本科目、设置结算方式科目的方法 2. 掌握期初数据录入、应付款管理系统相关设置、应付单、付款单录入与审核的要点 3. 掌握付款结算、转账处理（应付冲应收）的要点 4. 掌握制单处理、生成记账凭证、期末处理的方法	1. 能够进行应付款管理系统初始化操作 2. 能够对应付单据和付款单据进行录入、修改等处理 3. 能够应用系统进行核销业务处理 4. 能够在系统中对商业承兑汇票进行填制、贴现和结算的管理 5. 能够进行应付冲应付、预付冲应付的转账处理	4
9	综合实训	综合实训+复习			4

五、教学条件

1. 师资条件

（1）具有一定的财务软件应用工作经验或顶岗锻炼经历的专任教师授课，熟悉工业企业和商品流通企业业务流程。

（2）具有较高的财务软件应用教学水平。

（3）能够结合学生的实际情况，选择适合的教学内容开展教学。

2. 实践教学条件

（1）实训场所。安装有财务软件的实训室、某企业财务共享服务中心。

（2）仿真实训资料。用于进行财务软件应用教学相关的企业业务财务仿真实训资料。

（3）实训软件。用友 U8 财务软件，包括财务各子系统和业务各子系统，配备对应的用友财务软件教考系统，可实现日常教学考核。

3. 教材的编写与选用

使用自编校本教材或选用知名出版社的相关教材。如：《财务软件应用实训教程》主编杜素音、裴小妮，清华大学出版社出版；《用友 ERP 供应链管理系统实训教程》主编杜素音，清华大学出版社出版；《用友 ERP 财务软件应用》主编王大海、张立伟，南京大学出版社出版。

4. 教学资源与平台

智慧职教搜索财务软件应用相关课程或中国大学 MOOC 在线开放课程搜索相关课程。

六、教学方法

1. 项目任务驱动教学法

本课程在教学过程中根据财务会计岗位实际工作流程和生产组织特点进行任务分解，让学生熟悉财务岗位典型工作流程，掌握财务各岗位工作的主要操作方法。教师在本课程和每个项目开始时，阐述所要讲授的知识和技能要点，同时将课程目标、考评方法和学习资源介绍给学生，便于学生自主学习。

2. 演示教学法

本课程主要运用演示教学法，教师利用用友 U8 财务软件实操演示与讲解，学生上机操作实际业务。教师主要负责讲授重点和难点，并针对每个项目的典型业务进行操作演示，让学生掌握业务规则、审批流程、操作方法、具体步骤。

3. 角色扮演法

学生分别扮演会计、出纳、客户、供应商、银行等不同身份角色，模拟一家中小企业的具体工作任务和内容，针对教学重点与难点，布置小组讨论，增强学生的感性认识，提升团队协作能力。

七、教学重点难点

1. 教学重点

教学重点：系统管理、基础资料设置、总账、报表管理、薪资管理系统、应收款管理系统、应付款管理系统。

教学建议：通过学生分组，每小组建立微信群，利用翻转课堂，在课前课后观看视频演示，在线操作，以合作学习形式完成学习任务，并充分利用课堂时间加强沟通理解，深刻理解重点内容。

2. 教学难点

教学难点：自定义转账、期末结转。

教学建议：通过实训软件，让学生将难点内容分解为碎片化容易理解的知识点。

八、教学评价

本课程主要考核学生知识目标、技能目标及素质目标的达标情况。理论知识、技能目标的掌握情况主要通过期末闭卷考试进行考核，占总成绩的 50%；素质目标主要通过课堂表现、团队合作情况进行考核，出勤 10% + 作业 20% + 课堂实操 20%，占总成绩的 50%。

九、编制说明

1. 编写人员

课程负责人：杜素音　广州番禺职业技术学院（执笔）

课程组成员：洪钒嘉　广州番禺职业技术学院

　　　　　　裴小妮　广州番禺职业技术学院

　　　　　　陈建明　新道科技股份有限公司

2. 审核人员

　　　　　　杨则文　广州番禺职业技术学院

　　　　　　陈建明　新道科技股份有限公司

"用友供应链管理" 课程标准

课程名称：用友供应链管理
课程类型：专业拓展课
学　　时：36 学时
学　　分：1.5 学分
适用专业：大数据与会计、大数据与审计、会计信息管理

一、课程定位

本课程是大数据与会计等专业的专业拓展课程。依据企业会计信息系统分析与设计原理，全面、系统地介绍如何利用计算机技能代替人工进行记账、算账、报账的基本理论、基本方法和基本操作技能，学生学习本课程之前应学习"会计学基础""计算机基础知识"等课程，本课程是"用友财务管理"课程的延伸，同时为"管理会计""财务会计"1 + X "财务数字化应用""业财一体化"证书等课程的后续学习打基础。通过本课程的学习，学生能通过用友财务软件掌握财务软件的理论和方法分析，解决企业财务处理的基础问题，理解业务流、资金流和信息流之间的关系，培养学生使用用友财务软件的信息技术能力和素养，为以后从事企业会计业务信息化工作奠定基础。

二、课程设计思路

本课程贯彻"以就业为导向，以能力为本位，以职业实践为主线，以项目化教学为主体"的现代职教思想来设计。把会计相联系的理论知识与会计工作实践紧密结合在一起，把会计工作的基本程序与其所涉及的理论知识联系分析。本课程重视学习过程，构建评价体系。考核方法、手段科学，实行软件仿真操作考核办法，客观评价学生的软件操作能力。设计了系统管理、基础设置、总账系统、采购管理、销售管理、库存管理与存货核算 7 个项目，重点突出培养互联网 + 背景下财务人员需要具备的财务软件操作职业素养。其中项目的设计遵循任务导向原则，以学生解决任务为目标，以熟练掌握企业不同业务信息化处理为出发点，通过创设工作情境和完成学习任务，实现教学做一体化。

三、课程目标

1. 知识目标

（1）理解供应链、供应链管理的相关知识；

（2）理解会计信息系统基本知识和内容，理解各子系统之间的关系；

（3）理解业务处理要求，建立单位账套，设置操作员并进行财务分工，能够对各子系统进行参数设置。

2. 技能目标

（1）能对总账核算系统初始设置、凭证处理、账表查询、转账定义及生成等进行操作；

（2）能对采购业务在采购管理系统进行业务操作；

（3）能对销售业务在销售管理系统进行业务操作；

（4）能对库存业务在库存管理系统进行业务操作；

（5）能对存货核算业务在存货核算系统进行业务操作；

（6）能对财务软件中各子系统其他业务和期末处理进行操作。

3. 素质目标

（1）了解《企业会计准则》《中小企业会计制度》等相关制度，具有职业谨慎素养和信息化实时处理意识；

（2）培养严谨的工作作风、实事求是的学风和创新意识；

（3）树立良好的会计职业道德观念、职业精神和善于交流沟通的团队合作能力；

（4）养成耐心细致、精益求精的工匠精神。

四、教学内容要求及学时分配

序号	教学单元	教学内容	教学要求		学时
			知识和素养要求	技能要求	
1	系统管理	1. 账套设置 2. 用户管理 3. 引入、输出账套	1. 掌握账套设置（创建、修改、删除）的方法 2. 掌握增加角色、用户设置、权限设置的要点 3. 熟悉引入账套、账套备份（手工备份、自动备份）的方法 4. 熟悉系统启用、异常任务（清除异常任务、清退站点）的要点	1. 能够根据企业资料设置用户，为企业新建账套，并设置相关用户的权限 2. 能够引入、输出已建账套	2

续表

序号	教学单元	教学内容	教学要求		学时
			知识和素养要求	技能要求	
2	基础设置	1. 设置基础数据 2. 设置部门档案 3. 设置职员档案 4. 客户与供应商分类 5. 客户与供应商档案 6. 设置凭证类型 7. 设置计量单位组 8. 设置结算方式 9. 存货分类 10. 存货属性 11. 仓库档案	1. 掌握部门档案、职员档案、供应商档案、客户档案、外币设置、设置凭证类型、存货分类及档案设置的相关要求 2. 掌握计量单位组、结算方式、开户银行设置相关知识点 3. 熟悉仓库档案、收发类别、采购及销售类型、费用项目等内容的相关知识	1. 能够熟练建立部门档案、职员档案、供应商档案、客户档案、外币设置、设置凭证类型、存货分类及档案 2. 熟练操作计量单位组设置、结算方式、开户银行设置 3. 能够进行仓库档案、收发类别、采购及销售类型、费用项目设置	6
3	总账	1. 总账系统初始设置 2. 日常业务处理 3. 期末业务处理	1. 熟练进行会计科目、凭证类别、录入期初余额等相关操作与初始设置 2. 了解总账在系统中的地位和作用 3. 掌握日常账务处理的相关规定 4. 掌握期末处理的相关知识和要求	1. 能根据企业情况，增加、修改及指定科目；能设置项目目录、凭证类别、结算方式 2. 能输入期初余额并试算平衡 3. 能填制、审核、修改、删除、查询并冲销凭证，会记账并能定义查询各类账簿、登记支票登记簿、银行对账、转账分录生成机制凭证 4. 能进行期末对账和结账	4
4	采购管理	1. 初始设置 2. 普通采购业务 3. 采购特殊业务 4. 月末处理	1. 掌握采购管理系统初始化设置的要点 2. 掌握采购日常业务处理的方法 3. 采购退货业务处理的方法 4. 掌握采购管理系统月末结账的要点	1. 能够进行请购业务、采购订货、采购到货、采购入库、采购发票、采购结算等业务操作 2. 能够进行采购日常业务处理 3. 能够进行采购月末结账业务处理	6
5	销售管理	1. 初始设置 2. 普通销售业务 3. 销售特殊业务 4. 月末处理	1. 掌握销售管理系统初始化设置的要点 2. 掌握普通销售业务处理的相关知识 3. 销售退货业务处理的方法 4. 掌握销售管理系统月末结账的相关知识	1. 能够进行销售报价、销售订货、销售发货、销售开票、代垫费用等业务处理 2. 能够进行普通销售业务、销售退货业务处理 3. 能够进行直运业务、分期收款业务、零售日报业务处理	6

续表

序号	教学单元	教学内容	教学要求		学时
			知识和素养要求	技能要求	
6	库存管理	1. 初始设置 2. 日常及期末处理	1. 掌握库存管理系统初始化设置的相关知识 2. 掌握入库业务的相关知识 3. 掌握出库业务的相关知识 4. 掌握调拨业务的相关知识	1. 能够在系统中进行库存管理系统初始化设置 2. 能够进行入库业务、出库业务、调拨业务处理 3. 能够进行盘点、对账、账表查询	4
7	存货核算	1. 初始设置 2. 日常处理 3. 期末处理	1. 掌握存货核算系统初始化设置的相关知识 2. 掌握日常业务、业务核算的相关知识 3. 掌握财务核算、财表查询、月末结账的相关知识	1. 能够对进行存货核算系统初始化设置 2. 能够进行存货核算日常业务、业务核算的处理 3. 能够进行财务核算 4. 能够进行财务报表查询、月末结账	4
8	综合实训	综合实训 + 复习			4

五、教学条件

1. 师资条件

（1）具有一定的财务软件应用工作经验或顶岗锻炼经历的专任教师授课，熟悉工业企业和商品流通企业业务流程；

（2）具有较高的财务软件应用教学水平；

（3）能够结合学生的实际情况、选择适合的教学内容开展教学。

2. 实践教学条件

（1）实训场所。安装有财务软件的实训室、某企业财务共享服务中心。

（2）仿真实训资料。用于进行财务软件应用教学相关的企业业务财务仿真实训资料。

（3）实训软件。用友 U8 财务软件，包括财务各子系统和业务各子系统，配备对应的用友软件教考系统，可实现日常教学考核。

3. 教材选用与编写

使用自编校本教材或选用知名出版社的相关教材。如《用友 ERP 供应链管理系统实训教程》，主编杜素音，清华大学出版社出版；《财务软件应用实训教程》，主编杜素音、裴小妮，清华大学出版社出版；《用友 ERP 财务软件应用》，主编王大海、张立伟，南京大学出版社出版。

4. 教学资源及平台

智慧职教搜索财务软件应用相关课程或中国大学 MOOC 在线开放课程搜索相关课程。

六、教学方法

1. 项目任务驱动教学法

本课程在教学过程中根据财务会计岗位实际工作流程和生产组织特点进行任务分解，让学生熟悉财务岗位典型工作流程，掌握财务各岗位工作的主要操作方法。教师在本课程和每个项目开始时，阐述所要讲授的知识和技能要点，同时将课程目标、考评方法和学习资源介绍给学生，便于学生自主学习。

2. 演示教学法

本课程主要运用演示教学法，教师利用用友 U8 财务软件实操演示与讲解，学生上机操作实际业务。教师主要负责讲授重点和难点，并针对每个项目的典型业务进行操作演示，让学生掌握业务规则、审批流程、操作方法、具体步骤。

3. 角色扮演法

学生分别扮演会计、出纳、客户、供应商、银行等不同身份角色，模拟一家中小企业的具体工作任务和内容，针对教学重点与难点，布置小组讨论，增强学生的感性认识，提升团队协作能力。

七、教学重点难点

1. 教学重点

教学重点：采购管理系统、销售管理系统、库存管理系统、存货核算系统。

教学建议：通过学生分组，每小组建立微信群，利用翻转课堂，在课前课后观看视频演示，在线操作，以合作形式完成学习任务，并充分利用课堂时间加强沟通理解，深刻理解重点内容。

2. 教学难点

教学难点：采购特殊业务处理、销售特殊业务处理。

教学建议：通过实训软件，让学生将难点内容分解为碎片化容易理解的知识点。

八、教学评价

本课程主要考核学生知识目标、技能目标及素质目标的达标情况。理论知识、技能目标的掌握情况主要通过期末闭卷考试进行考核，占总成绩的 50%；素质目标主要通过课堂表现、团队合作情况进行考核，出勤 10% + 作业 20% + 课堂实操 20%，占总成绩的 50%。

九、编制说明

1. 编写人员
课程负责人：杜素音　广州番禺职业技术学院（执笔）
课程组成员：洪钒嘉　广州番禺职业技术学院
　　　　　　裴小妮　广州番禺职业技术学院
　　　　　　陈建明　新道科技股份有限公司
2. 审核人员
　　　　　　杨则文　广州番禺职业技术学院
　　　　　　陈建明　新道科技股份有限公司

"出纳实务"课程标准

课程名称：出纳实务/出纳岗位实务

课程类型：专业拓展课

学　　时：28 学时

学　　分：1 学分

适用专业：大数据与会计、大数据与审计、会计信息管理

一、课程定位

本课程是依据出纳岗位对会计人员的专业能力要求开设的，是会计专业群的专业拓展课。本课程主要学习现金业务办理中的真假钞识别及点钞技术，现金收款业务办理，现金支付业务办理，现金存取业务办理，库存现金的预算管理等业务；银行存款业务办理中的银行存款账户的开设与管理、银行柜台基本知识、支票及其他银行票据结算业务办理；出纳岗位业务管理中的出纳账簿的设置与登记，现金、银行存款日报表的编制，货币资金的清查，出纳工作的交接等业务。本课程应充分利用实训条件，将理论知识与技能训练融合在一起，最终使学生具备运用计算机进行出纳核算的能力。本课程的学习也为"财务管理""会计报表分析"等后续课程的学习打下基础。前置课程为"大数据会计基础""Excel 在财务中的应用"，后续课程为"税法""业务财务会计"等。

二、课程设计思路

（1）本课程的设计方案是在岗位调研、行业专家论证的基础上，在企业财务资深人士的指导和参与下，与本课程专职教师共同开发。课程直接对接企业出纳岗位，教学过程就是指导学生完成工作任务的过程，教学内容就是系统化的出纳岗位工作内容，教学任务的设计以出纳核算任务为载体，教学模块的设计以出纳的工作流程为依据，将相关理论知识分解嵌入到各个任务模块中。

（2）借鉴"业财税融合出纳职业技能等级标准"初级、中级考证要求，选取部分内容融入本课程之中。

（3）在以社会主义核心价值观为课政思想"底色"要素基础上，课前通过发布出纳警

示案例强调"诚信为基，行以致远"的职业底线；课中通过大量出纳岗位任务培养学生谨慎细心的工作作风，通过分组学习与实操，培养学生协作共进、和而不同的团队意识；课后通过完成出纳实训练习，检验学生对诚实守信、精益求精的认知。

三、课程目标

本课程旨在培养学生胜任企业出纳岗位的能力，具体包括知识目标、技能目标和素质目标。

1. 知识目标

（1）掌握出纳岗位责任；

（2）掌握现金收款流程；

（3）掌握现金付款流程；

（4）掌握现金存取流程；

（5）掌握现金预算流程；

（6）掌握支票结算流程；

（7）掌握汇兑结算流程；

（8）掌握托收结算流程；

（9）掌握商业汇票结算流程；

（10）掌握银行汇票结算流程；

（11）掌握银行本票结算流程；

（12）掌握货币资金清查原理。

2. 技能目标

（1）能办理出纳移交业务；

（2）能办理现金收款业务；

（3）能办理现金付款业务；

（4）能办理现金存取业务；

（5）能办理支票结算业务；

（6）能办理汇兑结算业务；

（7）能办理托收结算业务；

（8）能办理商业汇票结算业务；

（9）能办理银行汇票结算业务；

（10）能办理银行本票结算业务；

（11）能办理货币资金清查业务。

3. 素质目标

（1）能具备"诚实守信，不做假账"的职业操守；

（2）能保持"爱岗敬业，谨慎细心"的工作态度；

（3）能弘扬"精益求精，追求卓越"的工匠精神；

（4）能遵守"协作共进，和而不同"的合作原则；

（5）能贯彻"勤俭节约，提高效益"的管理思想。

四、教学内容要求及学时分配

序号	教学单元	教学内容	教学要求		学时
			知识和素养要求	技能要求	
1	认知出纳岗位	1. 出纳交接工作内容 2. 出纳交接程序	1. 了解广义和狭义出纳人员的概念 2. 出纳岗位的职责 3. 出纳人员的素质要求和业务技能要求 4. 出纳工作内部控制要求	1. 能厘清出纳岗位责任 2. 能填制出纳工作交接表	2
2	库存现金结算业务	1. 真假钞识别 2. 点钞技能 3. 掌握现金收款业务办理知识 4. 掌握现金支付业务现金支付业务知识 5. 掌握现金存取业务知识 6. 掌握库存现金的预算管理	1. 熟悉第五套人民币防伪特征与鉴定方法 2. 掌握识别假钞的方法 3. 了解点钞的要求 4. 熟练掌握常见人工点钞的方法和机器点钞的具体操作方法 5. 了解破损人民币处理方法 6. 掌握现金收款业务的内容、管理制度 7. 熟悉办理流程及办理技能 8. 掌握现金付款业务的内容、管理制度 9. 熟悉办理流程及办理技能 10. 掌握库存现金限额制度 11. 现金存取款办理 12. 掌握库存现金预算基本要求	1. 能识别假钞 2. 能熟悉常见人工点钞的方法和机器点钞的具体操作方法 3. 能办理现金收款业务 4. 能办理现金付款业务 5. 能办理现金存取业务 6. 能编制库存现金预算表	8
3	银行存款网上结算业务	1. 掌握银行存款账户的开设与管理知识 2. 掌握银行柜台基本知识 3. 掌握支票结算业务知识 4. 掌握汇兑结算业务知识 5. 掌握托收结算业务知识 6. 掌握商业汇票结算业务知识 7. 掌握银行本票结算业务知识 8. 掌握银行汇票结算知识	1. 掌握银行结算账户的概念、种类及开设流程 2. 熟悉账户变更、合并、迁移和撤销流程 3. 理解银行柜台的基本技能要求 4. 掌握银行柜台业务流程的要点 5. 掌握支票结算的概念 6. 掌握支票收付款及结算业务的办理 7. 掌握汇兑结算的概念，熟悉汇兑结算收付款业务的办理 8. 掌握托收结算的概念，熟悉	1. 能进行银行结算账户的开设 2. 能设立、变更、合并、迁移和撤销账户 3. 能模拟银行柜台完成为用户办理活期存款业务 4. 能办理支票收付款及结算业务 5. 能办理汇兑结算收付款业务 6. 能办理托收结算收付款业务	12

续表

序号	教学单元	教学内容	教学要求		学时
			知识和素养要求	技能要求	
			托收结算收付款业务的办理 9. 掌握商业汇票结算的概念 10. 熟悉结算收付款业务的办理 11. 掌握银行本票结算的概念 12. 汇兑结算收付款业务的办理 13. 掌握理解银行汇票结算的概念	7. 能运用商业汇票结算收付款业务的办理技能 8. 能运用银行本票结算收付款业务的办理技能 9. 能运用银行汇票结算收付款业务的办理技能	
4	日常核算业务	1. 出纳账簿的设置与登记 2. 现金、银行存款日报表的编制 3. 货币资金的清查	1. 理解出纳账簿的设置、登记 2. 熟悉对账及结账的概念 3. 掌握现金、银行存款日报表的编制的要求 4. 掌握库存现金及银行存款的清查	1. 能准确设置及登记出纳账簿的对账及结账相关账务处理 2. 能够进行现金、银行存款日报表的编制及分析 3. 能处理库存现金的清查 4. 能处理银行对账单	4
5	出纳工作移交业务	1. 出纳工作的移交 2. 出纳移交程序	1. 掌握出纳工作的移交要求 2. 熟悉出纳工作移交流程	能填制出纳工作移交表	2

五、教学条件

1. 师资队伍

（1）专任教师。要求具有扎实的出纳理论和一定的出纳岗位经历，熟悉企业出纳岗位工作业务和工作流程；能够熟练办理库存现金、银行存款结算业务，熟练操作出纳业务软件，能示范演示库存现金、银行存款结算业务工作过程；能够运用各种教学手段和教学工具指导学生进行出纳知识学习和开展企业出纳实践教学。

（2）兼职教师。选自现任企业会计、出纳等岗位工作人员，要求能进行出纳移交、库存现金结算、银行存款结算、日常结算、日常管理、日常核算等内容的教学；具有一定的教学能力和教学素养，能够结合企业实际业务完成出纳实践教学。

2. 实践教学条件

（1）理实一体化实训室。建议在一体化专业实训室或智慧教室进行教学，需要每个座位配置一台电脑，网络应流畅，能播放在线教学视频。有条件的情况下应配备与本课程相适应的智能化教学软件。

（2）教学软件平台。模拟出纳操作平台等，可在机上进行无纸化出纳业务操作。借助教学软件虚拟真实企业的库存现金、银行存款票据、表单等，帮助学生学习出纳核算与管理智能化。

（3）实训工具设备。配备纳税工作所需的办公文具，如办公设施、银行票据、账簿、打印机、扫描仪、计算器、文件柜及各种日用耗材，配置具有出纳核算相关功能的计算机设备。

（4）仿真实训资料。配备库存现金、银行存款教学仿真空白表样及附表，各种空白税务处理文书；配备仿真的工业企业、服务业的出纳经济业务资料及其他相关资料。

（5）实训指导资料。配备出纳岗位操作手册，相关法律、法规、制度等文档。

3. 教材选用与编写

教材应符合《职业院校教材管理办法》等文件的规定和要求，探索使用新型活页式、工作手册式教材并配套信息化资源。教材编写应以本课程标准为依据，充分体现任务引领、实践导向的设计思想，将企业出纳工作岗位分解成若干典型的工作项目，以库存现金和银行存款核算、管理项目完成过程来组织教材内容。教材内容应体现新技术、新工艺、新规范，贴近中小微企业出纳管理需求。

（1）教材是完成教学过程、达到教学目标的手段和媒介，在编写过程中应充分体现本课程项目设计的理念，依据本课程标准采用任务驱动型模式进行编写。

（2）教材应按出纳岗位的工作内容、操作流程的先后顺序、理解掌握的难易程度等进行编写。

（3）教材编写应根据高职高专学生的特点，从培养技能型人才出发，内容安排上要深入浅出，适度、够用，突出实用，语言组织要简明扼要、科学准确、通俗易懂，形式上应图文并茂、可操作性强，配备大量的实务题，使学生能够在学习完理论知识后及时地得到相应的技能训练。

（4）教材内容应体现先进性、准确性、通用性和实用性，要将最新的会计准则及出纳前沿知识及时地纳入教材，使教材更贴近本专业的发展和实际需要。

（5）教材中的活动设计内容要具体，并在实训室环境下具有可操作性。教材中的案例可以采用企业真实案例，提高学生对业务操作的仿真度。

（6）建议采用电子工业出版社出版、陈贺鸿主编的《出纳岗位实务》。

4. 教学资源及平台

（1）线上教学资源。支持混合教学和 MOOC 开放的公共教学资源库或自建教学资源。建议利用智慧职教等平台建设教学资源库和在线开放课程，为实施线上线下混合教学提供条件。建议采用智慧职教平台广州番禺职业技术学院刘飞主持的会计专业群教学资源库"出纳实务"课程资源。

（2）线上教学平台。采用符合国家有关互联网平台条件的公共教学平台。建议使用智慧职教等教学平台，利用职教云建设在线课程，设计教学活动；利用云课堂实施课堂教学。借助职教云强大的学习活动分析功能关注和分析学生的学习情况，及时解决学生学习中的短板问题。

六、教学方法

1. 项目教学法

项目教学法是以工作任务为依据设计教学项目，以学生为活动主体实施项目的教学方法，也就是将教学内容融入项目实施过程的一种教学方法。项目教学法是以学生为中心的教学模式，这种教学模式中学生是主动的学习者，教师是学生学习的指导者。每个项目的实施都有一个明确的任务、一个完整的过程，能够取得一个标志性成果。

2. 课堂讲授法

课堂讲授法是教师通过口头语言向学生描绘情境、叙述事实、解释概念、论证原理和阐明规律的教学方法。该方法以教师的语言作为主要媒介系统，连贯地向学生讲授基础知识、基本理论或基本流程，帮助学生理解并准确掌握相关知识技能，特别是各个知识技能点之间的有机联系和逻辑关系。

3. 任务驱动法

以职业能力养成为核心，通过设计不同场景的项目任务来组织教学，从获取信息到制订步骤，再到决策和付诸行动，直至检查、反思与评估，完成一个完整的工作过程。教师只扮演一个"咨询者""协调者"和"观察员"的角色，引导学生自主学习，向学生提供资源、给予建议和操作指导，可加深学生对基础知识和基本技能的掌握，也有助于学生职业判断能力、决策能力的提升和团队合作精神的培养。

4. 情境教学法

在教学过程中，教师有目的地引入或采用虚拟企业、虚拟职能部门、虚拟业务流程等现代技术手段，将教学内容以视频、动漫等方式展示，提高学习的现场感、趣味性，激发学生的情感，使学生能够尽快适应、了解和掌握将来所从事的工作所必备的知识和技能，直至熟悉可能遇到的各种方法，帮助学生做出正确的决策，有效调动学生学习的主动性、积极性和创造性，培养学生职业能力。

5. 案例教学法

案例教学法包括讲解案例法和讨论案例法两种。讲解案例法，是将案例教学融入传统的讲授教学法之中的一种方法。教学中使用的案例通常是针对课程知识体系中的重点、难点问题设计的，也称"知识点案例"。讨论案例法，是以学生课堂讨论为主，案例是学生讨论的主题，学生通过对案例的剖析，提出各自的解决方案，并予以充分讨论。

6. 启发式教学法

启发式教学是根据教学目的和内容，通过设计启发、诱导型问题，引导学生养成多思考、善思考、勤思考的习惯，将问题解决贯穿于教学的每一环节，启迪学生思考，活跃学生思维，促进学生身心发展，提高学生学习的主动性、积极性和创造性，更好地激发学生的学习兴趣，加深对课程内容的理解。

7. 分工协作教学法

在库存现金、银行存款结算学习阶段，可以按工作内容将学生分组，比如存取现金、银行支票办理业务流程等，让每组学生按银行、企业办理出纳业务的不同要求，完成工作任务。通过分组学习、小组 PK，培养学生的分工协作能力。

8. 线上线下混合教学法

本课程课时量不能完全满足理论与实践同步推进的一体化教学需要，应充分利用在线课程培养学生自主学习能力，把基本理论知识的学习放在课外解决，课堂主要解决关键知识点存在的问题，完成实训任务。教师要利用好线上课程，设计课前、课中、课后环节，利用云课堂布置和批改、评讲作业，为学生打造移动课堂。

七、教学重点难点

1. 教学重点

教学重点：现金存取业务办理、银行存款网上结算、支票结算业务、银行承兑汇票结算业务、货币资金的清查。

教学建议：结合实训资料，以出纳岗位工作流程为载体，让学生熟练掌握各种货币资金、银行存款业务的结算流程及办理。在学生充分理解和掌握出纳岗位工作流程的基础上再利用实训资料或案例学习银行存款网上结算、支票结算业务、银行承兑汇票结算业务、货币资金的清查，理解出纳管理的思想，掌握出纳核算的方法，学会出纳业务的办理。

2. 教学难点

教学难点：现金预算的管理、银行存款账户的开设与管理、货币资金的清查。

教学建议：通过选择恰当的实训资料，帮助学生理解现金预算的基本要求，掌握现金预算表的编制；通过选择合适的实训平台，帮助学生理解银行存款账户开设与银行业务办理的关系，掌握银行存款账户开设与管理的要求；通过引入适当的案例资料，帮助学生理解货币资金清查的原因及其原理，训练学生掌握货币资金清查的操作技能。

八、教学评价

本课程主要考核学生知识目标、技能目标及素质目标的达标情况。理论知识的掌握情况主要通过期末闭卷考试进行考核，占总成绩的 30%；技能目标主要通过对学生提交的工作成果的完成情况进行考核，占总成绩的 40%；素质目标主要通过对线下出勤与课堂表现、线上学习、团队合作情况进行考核，占总成绩的 30%。

九、编制说明

1. 编写人员

课程负责人：陈贺鸿　广州番禺职业技术学院（执笔）

课程组成员：裴小妮　广州番禺职业技术学院

　　　　　　潘　瑾　广州番禺职业技术学院

　　　　　　董月娥　广州美厨智能家居科技股份有限公司

2. 审核人员

　　　　　　杨则文　广州番禺职业技术学院

　　　　　　徐　杭　广州市番禺沙园集团有限公司

"商业银行会计"课程标准

课程名称：商业银行会计
课程类型：专业拓展课
学　　时：54 学时
学　　分：3 学分
适用专业：大数据与会计、大数据与审计、会计信息管理

一、课程定位

本课程依据银行一线临柜交易会计岗位对会计人员的专业能力要求开设，主要学习应用会计的基本理论，审核业务凭证和进行业务核算。通过及时、真实、准确的会计信息为银行管理层完善和化解风险提供重要决策依据，消除隐患，促进银行经营有序良性化发展。本课程是大数据与会计专业的专业拓展课程。前置课程为"大数据会计基础""业务财务会计"，后续课程为"智能化财务管理""战略管理会计"等。

二、课程设计思路

（1）本课程以企业工作项目为载体，根据银行会计岗位工作任务要求，选取八个工作项目作为主要教学内容，每个项目由一个或多个独立的、具有典型代表性的、完整的工作任务贯穿，当项目结束时，工作任务随之完成并获取相应的标志性工作成果，相关理论知识融于工作任务之中。

（2）借鉴"银行从业资格"初级、中级考证要求，选取部分内容融入本课程之中。

（3）教学中，要让学生明白银行是和货币资金直接打交道的行业，除了专业知识以及专业技能，良好的道德品质是衡量能否胜任银行会计岗位工作的前提。通过《商业银行法》《票据法》《会计法》等法律法规的学习，让学生理解这些法律法规在银行会计发展中的重要作用和地位，增强法制观念。通过分组实训，培养团队合作精神。通过填制和审核会计凭证、登记会计账簿，要求学生严格遵守会计准则，以公允、客观及严谨认真的态度核算每一笔业务。积极引导学生提升职业素养，培养学生诚实守信、爱岗敬业、严谨专注的工匠精神。

三、课程目标

本课程旨在培养学生胜任银行一线临柜交易会计岗位的能力,具体包括知识目标、技能目标和素质目标。

1. 知识目标

(1)了解《票据法》《商业银行法》《支付结算办法》等法律法规的有关规定;

(2)掌握《有价单证和重要空白凭证管理办法》《印章管理条例》《凭证管理条例》等银行内控相关规定。

(3)熟悉个人存贷款业务的有关会计科目设置,掌握有关银行计账方法。

(4)熟悉对公存贷款业务的有关会计科目设置,了解各种业务凭证的区别,理解各类印章的用途,掌握有关银行计账方法。

(5)熟悉对票据结算业务的有关会计科目设置,了解各种业务凭证的区别,理解各类印章的用途,掌握有关银行计账方法。

(5)熟悉对非票据结算业务的有关会计科目设置,了解各种业务凭证的区别,理解各类印章的用途,掌握有关银行计账方法。

(6)熟悉银行内部往来业务的有关会计科目设置,了解各种业务凭证的区别,理解各类印章的用途,掌握有关银行计账方法。

(7)熟悉跨系统业务的有关会计科目设置,了解各种业务凭证的区别,理解各类印章的用途,掌握有关银行计账方法。

(8)熟悉损益业务的有关会计科目设置,了解各种业务凭证的区别,理解各类印章的用途,掌握有关银行计账方法。

(9)熟悉银行报表的种类、内容及结构。

2. 技能目标

(1)根据会计结算业务办法及规章制度,规范进行个银行人存贷款业务核算。

(2)能根据对公存贷款业务凭证上的印章、背书等要素,审核业务凭证,规范进行银行内部往来的凭证传递;根据会计结算业务办法及规章制度,在指定的会计凭证上加盖特定用途的、清晰可辨的印章,规范进行对银行公存贷款业务核算。

(3)能根据票据结算业务凭证上的印章、背书等要素,审核业务凭证,规范进行银行内部往来及跨系统的凭证传递;根据会计结算业务办法及规章制度,在指定的会计凭证上加盖特定用途的、清晰可辨的业务印章,规范进行银行支付结算业务核算。

(4)能根据银行内部业务凭证上的印章、背书等要素,审核业务凭证,规范进行银行内部往来的凭证传递;根据会计结算业务办法及规章制度,在指定的会计凭证上加盖特定用途的、清晰可辨的印章,规范进行银行系统内部往来业务核算。

(5)能根据跨系统业务凭证上的印章、背书等要素,审核业务凭证,规范进行跨系统往来的凭证传递;根据会计结算业务办法及规章制度,在指定的会计凭证上加盖特定用途的、清晰可辨的印章,规范进行银行跨系统业务核算。

（6）能根据会计结算业务办法及规章制度，规范进行银行损益业务核算。

（7）能根据实际发生的交易和事项，在遵循各项具体会计准则进行确认和计量的基础上，编制银行财务报表。

3. 素质目标

（1）能遵守"坚持准则、廉洁自律、严谨规范的法律意识"。

（2）能恪守"爱岗敬业、诚实守信、客观公正、保守秘密"的职业道德。

（3）能具备"团队合作，沟通协调的工作能力"。

（4）能拥有"认真细致、勤勉尽责、精益求精"的职业素养"。

（5）能拥有"加强学习，不断更新知识的能力。

四、教学内容要求及学时分配

序号	教学单元	教学内容	教学要求		学时
			知识和素养要求	技能要求	
1	从业准备	1. 银行会计科目设置 2. 银行会计账方法 3. 银行会计凭证 4. 银行账务组织	1. 熟知银行会计科目的设置 2. 通晓银行会计记账方法 3. 熟悉会计凭证的分类、填制要求、审核要求、签章、传递等 4. 掌握账务处理和账务核对的程序 5. 知悉记账规则与错账冲正方法 **思政点：** 恪守"爱岗敬业、诚实守信、客观公正、保守秘密"的职业道德；热爱自己所从事的工作	1. 能对银行会计科目进行归类 2. 能审核原始凭证的真实性和准确性 3. 能运用单式记账法及复式记账法处理银行业务 4. 能进行试算平衡 5. 能进行错账调整	6
2	个人存贷款业务核算	1. 个人存款业务核算 2. 个人存款利息计算要求及核算 3. 个人贷款业务核算	1. 掌握个人存款业务核算方法 2. 掌握个人贷款业务核算方法 3. 掌握个人存款利息计算要求及核算方法 **思政点：** 养成合规意识及反洗钱意识；知法、守法、敬法、决不参与非法金融服务	1. 能规范进行活期储蓄存款业务核算 2. 能规范进行定期储蓄存款业务核算 3. 能规范进行定活两便储蓄存款业务核算 4. 能规范进行个人通知存款业务核算 5. 能规范进行商业性住房贷款发放、未减值贷款、已减值贷款业务核算 6. 能规范进行个人信用卡业务核算	6

续表

序号	教学单元	教学内容	教学要求		学时
			知识和素养要求	技能要求	
3	对公存贷款业务核算	1. 对公存款业务的核算 2. 对公贷款业务的核算 3. 票据贴现业务的核算	1. 掌握对公存款业务的基本规定、凭证审核要点、各种业务凭证的区别及业务核算方法 2. 掌握对公贷款业务的基本规定及业务核算方法 3. 掌握票据贴现业务记账方法 **思政点**：养成认真、平等、公平、公正的职业态度	1. 能根据对公活期存款业务凭证上的要素，审核业务凭证，规范进行银行内部往来的凭证传递，在指定的会计凭证上加盖特定用途的、清晰可辨的印章，规范进行对公活期款业务核算 2. 能根据对公定期存款业务凭证上的要素，审核业务凭证，规范进行银行内部往来的凭证传递，在指定的会计凭证上加盖特定用途的、清晰可辨的印章，规范进行对公定期款业务核算 3. 能规范进行对公一般贷款发放及未减值贷款、已减值贷款业务核算 4. 能规范进行票据贴现业务核算	8
4	票据结算业务核算	1. 支票业务核算 2. 银行汇票业务核算 3. 商业汇票业务核算	1. 掌握支票的基本规定、凭证审核要点、各类印章的用途及业务核算方法 2. 掌握银行汇票的基本规定、凭证审核要点、各类印章的用途及业务核算方法 3. 掌握商业汇票的基本规定、凭证审核要点、各类印章的用途及业务核算方法 **思政点**：拥有认真、细致、严谨的敬业精神及团队协作意识	1. 能根据支票上的要素，审核业务凭证，规范进行凭证传递，在指定的会计凭证上加盖特定用途的、清晰可辨的印章，规范进行同行及跨行支票业务核算 2. 能根据银行汇票上的要素，审核业务凭证，规范进行凭证传递，在指定的会计凭证上加盖特定用途的、清晰可辨的印章，规范进行同行及跨行银行汇票业务核算 3. 能根据商业汇票上的要素，审核业务凭证，规范进行凭证传递，在指定的会计凭证上加盖特定用途的、清晰可辨的印章，规范进行纸质商业汇票及电子商业汇票业务核算	8

续表

序号	教学单元	教学内容	教学要求		学时
			知识和素养要求	技能要求	
5	非票据结算方式核算	1. 汇兑业务核算 2. 委托收款业务核算 3. 托收承付业务核算	1. 掌握汇兑的基本规定、凭证审核要点、各类印章的用途及业务核算方法 2. 掌握委托收款的基本规定、凭证审核要点、各类印章的用途及业务核算方法 3. 掌握托收承付的基本规定、凭证审核要点、各类印章的用途、业务适用范围及业务核算方法 **思政点：** 培养风险防范意识以及诚实守信的社会主义核心价值观	1. 能根据汇兑凭证上的要素，审核业务凭证，规范进行凭证传递，在指定的会计凭证上加盖特定用途的、清晰可辨的印章，规范进行汇兑业务核算 2. 能根据委托收款凭证上的要素，审核业务凭证，规范进行凭证传递，在指定的会计凭证上加盖特定用途的、清晰可辨的印章，规范进行委托收款业务核算 3. 能根据托收承付上的要素，审核业务凭证，规范进行凭证传递，在指定的会计凭证上加盖特定用途的清晰可辨的印章，规范进行托收承付业务核算	6
6	银行间资金清算及往来业务核算	1. 系统内资金清算业务核算 2. 依托大额支付系统的业务核算 3. 依托小额支付系统的业务核算 4. 依托同城票据交换系统的业务核算	1. 掌握系统内资金清算的业务范围、总体框架、基本做法及业务核算方法 2. 掌握依托大额支付系统的业务范围、总体框架、基本做法及业务核算方法 3. 掌握依托小额支付系统的业务范围、总体框架、基本做法及业务核算方法 4. 掌握依托同城票据交换系统的业务范围、总体框架、基本做法及业务核算方法 **思政点：** 通过支付清算系统的变迁，提升学生的民族自豪感，树立民族自信	1. 能规范进行系统内贷记及借记业务的清算及核算 2. 能规范进行依托大额支付系统的一般贷记支付业务、城市商业银行银行汇票业务及即时转账业务的清算及核算 3. 能规范进行依托小额支付系统的普通贷记支付业务、定期贷记业务、实时贷记业务、普通借记支付业务、定期借记业务及实时借记业务的清算及核算 4. 能规范进行依托同城票据交换系统办理业务的清算及核算	8
7	损益核算	1. 收入的核算 2. 费用支出的核算 3. 利润的核算	1. 掌握银行收入的构成及确认原则 2. 掌握银行费用支出的构成及确认原则 3. 掌握银行利润的构成及计算方法 **思政点：** 养成勤俭节约，量入为出的良好习惯	1. 能规范进行收入的核算 2. 能规范进行费用的核算 3. 能规范进行利润结转及利润分配的核算	6

续表

序号	教学单元	教学内容	教学要求		学时
			知识和素养要求	技能要求	
8	银行会计报表编制	1. 资产负债表的编制 2. 利润表的编制 3. 现金流量表的编制	1. 了解资产负债表的结构及编制要求 2. 了解利润表的结构及编制要求 3. 了解现金流量表的结构及编制要求 **思政点**：养成精益求精的工匠精神及社会责任感	1. 能根据实际发生的交易和事项，在遵循各项具体会计准则进行确认和计量的基础上，编制资产负债表 2. 能根据实际发生的交易和事项，在遵循各项具体会计准则进行确认和计量的基础上，编制利润表 3. 能根据实际发生的交易和事项，在遵循各项具体会计准则进行确认和计量的基础上，编制现金流量表	6

五、教学条件

1. 师资队伍

（1）专任教师。要求具有扎实的银行会计理论功底和一定的银行会计业务岗位经历，熟悉会计法律法规知识和银行会计工作流程；能够熟练进行各项银行业务的核算，熟练操作有关银行业务软件，能示范演示各种业务凭证和各项业务流程；能够运用各种教学手段和教学工具指导学生进行银行会计知识的学习和开展银行会计实践教学。

（2）兼职教师。①现任银行会计，要求能进行业务凭证审核，凭证传递、业务印章管理、业务核算等内容的教学；②现任银行会计主管，要求能进行《会计法》等金融法律、法规和各项财会制度、会计岗位责任制和工作质量考核制度方面的教学；③现任银行管理人员，要求能进行会计工作绩效管理、服务意识、团队合作意识、激励机制、内控监督等方面的教学。

2. 实践教学条件

（1）理实一体化实训室。建议在一体化专业实训室或智慧教室进行教学，需要每个座位配置一台电脑，网络应流畅，能播放在线教学视频。有条件的情况下应配备与本课程相适应的智能化教学软件。

（2）教学软件平台。模拟银行业务及会计平台，可在机上进行无纸化实务操作。借助教学软件虚拟真实企业的生产环境及相关单据，帮助学生学习智能化核算。

（3）实训工具设备。配备银行会计工作所需的办公文具，如办公设施、票据、打印机、扫描仪、计算器、文件柜及各种日用耗材，配置具有银行会计核算功能的网络及计算机设备。

（4）仿真实训资料。配备各种教学仿真空白的凭证账表及其他相关资料。

（5）实训指导资料。配备银行会计实训指导手册，相关法律、法规、制度等文档。

3. 教材选用与编写

教材应符合《职业院校教材管理办法》等文件的规定和要求，探索使用新型活页式、工作手册式教材并配套信息化资源。教材编写应以本课程标准为依据，充分体现任务引领、实践导向的设计思想，将银行会计工作分解成若干典型的工作项目，按银行会计岗位职责和工作项目完成过程来组织教材内容。教材内容应体现新技术、新工艺、新规范，贴近银行会计核算与管理需求。

（1）教材是完成教学过程、达到教学目标的手段和媒介，在编写过程中应充分体现本课程项目设计的理念，依据本课程标准采用任务驱动型模式进行编写。

（2）教材应将本专业职业活动，分解成若干典型的工作项目，按完成工作项目的需要和岗位操作规程，结合"银行从业资格证"等职业技能证书考证组织教材内容。要增加实践实操内容，强调理论在实践过程中的应用。

（3）教材应图文并茂，应针对银行各项业务的处理程序以图解的方式直观地展现给学生，提高学生的学习兴趣，加深学生对商业银行会计的认识和理解。教材表达必须精炼、准确、科学。

（4）教材内容应体现先进性、通用性、实用性，要与我国当前金融、会计改革的进程同步，从而使教材更贴近本专业发展和实际需要。

（5）教材中的活动设计内容要具体，并在实训室环境下具有可操作性。教材中的案例可以采用银行真实案例，提高学生业务操作的仿真度。

（6）建议采用中国财政经济出版社出版、贾芳琳主编的《商业银行会计》。

4. 教学资源及平台

（1）线上教学资源。建议利用智慧职教等平台建设教学资源库和在线开放课程，为实施线上线下混合教学提供条件。建议采用智慧职教平台广州番禺职业技术学院贾芳琳主持的金融专业群教学资源库"商业银行会计"课程资源。主要有：课程标准、授课计划、教学设计、电子课件（PPT）、学习指南、操作手册、课程实训、习题作业、教学案例、模拟试卷、动画和视频等。

（2）线上教学平台。采用符合国家有关互联网平台条件的公共教学平台。建议使用智慧职教等教学平台，利用职教云建设在线课程，设计教学活动；利用云课堂实施课堂教学。借助职教云强大的学习活动分析功能关注和分析学生的学习情况，及时解决学生学习中的短板问题。

（3）国内银行、信用社等银行类金融机构的《会计管理手册》《柜员岗位培训教材》《产品手册》及其他相关资料。

（4）中国人民银行、财政部、中国银保监会、各商业银行、各地金融办等官方网站。

六、教学方法

1. 项目教学法

本课程以银行会计岗位工作任务为导向，将银行实际会计岗位中的核算内容按照工作项目的内在联系进行整合，分解成八个工作项目，并根据工作项目分别设定不同的学习情境，以完成每一工作项目的实际工作流程为组织教学的主线，让学生在完成各项会计业务的具体项目过程中学会完成相应工作任务，并构建相关银行会计理论知识。课程突出了对学生职业能力的训练，理论知识的选取紧紧围绕八大工作项目中工作任务完成的需要来进行，同时又结合"银行从业资格"等相关职业资格证书对知识、技能和态度的要求。

2. 比较教学法

教学中，注意对比银行会计与其他行业的差异。银行会计是会计学科的一个重要分支，2007年，随着财政部（2006）3号《企业会计准则1号——存货》等38项具体准则的实施，银行将不再执行《金融企业会计制度》，银行会计与其他行业会计的差异逐步缩小。但是，由于银行作为社会资金中介组织，主要以吸收存款、发放贷款、开展支付结算业务，谋求存贷款利差及相关手续费为经营目标。因此，其业务的特殊性决定了它在会计核算上具有特殊性，银行会计形成了自身一套从会计凭证、会计账户直到会计报表的独特的会计核算体系。所以，在教学过程中，不仅要根据《企业会计准则》，还要要结合有关金融业务与管理的制度方法来理解会计核算的有关内容。

3. 趣味教学法

在教学过程中，营造学生愉快学习、自主学习的氛围，注重寓教于乐，将系统性和趣味性有机结合，注意活跃课堂气氛，以便进一步调动学生学习的积极性和主动性。例如，通过趣味化的实体展示来引起学生的好奇心，通过日常中常用的原始空白票据、原空白记账凭证、明细账、总账等材料的演示，看到这些实物，学生会好奇这些凭证等是怎么操作完成的？促使其带着探索发现的心理急切想知道会计实际工作的程序及内容，从而在教学过程中既可缓解同学们的疲劳状态，同时又能使同学们在愉悦的情境下学到知识。

4. 案例教学法

由于银行会计的会计主体多样化，会计核算涉及中央银行及多家商业银行，账务处理繁杂，学生对于这些会计主体的业务运作及业务关系并不了解，在学习过程中，往往只会一知半解，很难实现理论向实践的转化。在业务分析过程中还很容易与企业会计的内容混淆。基于上述情况，在课堂教学中，将实际的案例素材呈现给学生，在案例分析的过程中让学生了解各银行的业务运作过程，在理解业务的基础上再来分析账务处理就相对容易得多了，学生对账务处理的原理也会理解得更为透彻。

5. 图示法

由于"商业银行会计"课程内容较为复杂，如果不能清楚地梳理知识内容，学生无法掌握知识的重点以及难点，而图示教学法则以简单的符号对知识内容进行展示，将文字以线条或表格的方式展现出来，用图文并茂的方式，将重难点知识进行整合，帮助学生理清知识框架结构，让抽象的银行会计理论变得简单、明确和条理清晰。以依托大额支付系统的核算及清算为例，其过程所涉及的会计主体众多，包括发起行、发起清算行、发报中心、中央银行、收报中心、接收清算行及接收行等，流程复杂且繁琐，学生学习时很容易在某一环节出现差错，进而影响最终学习效果。此时，应用图示教学法，用箭头、框架将整个流程及基本做法表示出来，使学生明确该环节的具体内容，并与前后环节串联起来，可以显著提高教学效果。

6. 角色扮演法

根据银行会计的实际工作任务，将学生分成若干小组，确定角色及其各自工作任务。模拟审核业务凭证，加盖业务印章，传递会计资料及规范进行业务核算，同时了解业务流程及岗位牵制等问题，结束后各个小组将账务处理展示给大家。教师在对各个小组的成果展示做评价并就业务处理中的重点、难点内容做总结，不仅可以提高学生发现问题、分析问题的能力，还有助于培养学生团队合作意识，加深学生对银行会计理论的理解和未来职业领域角色及角色岗位的认知。

7. 任务驱动法

在确立了以学生为中心、以行动导向为指引的一体化教学模式的基础上，学生需要面对的是每一个工作项目，是完成工作项目的工作任务。对每一个具体项目，老师只做基本的讲解，给定与实际工作岗位相同的工作任务，指出完成工作任务的基本方法和过程，让学生自己动手，把每一项任务完成。例如，对于某一工作任务，老师给定与实际工作相同的原始凭证，由学生判断该项业务的性质与内容，最终要求学生拿出根据原始凭证所编制的记账凭证及相关账簿资料等。

8. 基于互联网＋的移动教学法

创建智能手机与"互联网＋"课堂教学新模式。通过手机进行快速便捷的学习知识查询与阅读，更在新技术的应用与操作过程中获得了知识体系的完善。还可以通过微信、QQ以及电子邮件等方式创建方便快捷的即时交流与分享互动，不仅打破了时间与空间上的局限，还使信息接收更快捷、准确而有效。例如，教师通过灵活运用微信二维码进行活动签到，在丰富学生学习体验的同时，也使学生们增添了学习兴趣。智能手机与"互联网＋"的创新教学方法，既为教师提供了极其丰富的教学资源，更为学生们提供了较为便利的学习条件。

9. 启发式教学法

启发式教学法，让老师在课堂上边讲边启发，让学生开动脑筋思考，领悟教学内容，实现了"教师启发，学生参与"的效果，使教师既能根据学生的接受能力调整上课的方式、教授的内容，同时又能激发学生学习的内在动力，提高学生课堂注意力，起到事半功倍的效果。如在讲授"单位活期存款业务"核算时，可以提出以下问题：银行存款业务与工业企业存款业务核算在账户设置上有哪些区别？在核算上有什么差异？可先略作提示，让学生思考，然后由教师重点讲解。通过与工业企业账户结构、账户分类、记账规则等方面的对比分析，使学生最终全面把握相关知识。

七、教学重点难点

1. 教学重点

教学重点：票据业务核算、个人存贷款业务核算、对公存贷款业务核算。

教学建议：通过会计手工模拟实验，采用仿真的账证资料，指导学生按实际工作步骤和工作内容完成工作项目。采用角色扮演法，由学生分别代表票据业务各个当事人：出票人、出票人开户银行、持票人和持票人开户银行等角色，进行结算凭证的填制、结算程序演示及核算。学生亲自参与到教学过程中去，在做的过程中掌握教学重点内容，可有效提高学生的自主学习能力。

2. 教学难点

教学难点：对公贷款业务核算、银行资金清算及往来业务核算。

教学建议：将相关理论教学的内容有机地嵌入各个相关工作项目中，穿插到银行会计核算的操作过程中。通过模拟实训及启发式教学法、案例教学法等多种教学方法，活跃课堂气氛，降低学习难度，提高课堂教学的时效性。

八、教学评价

本课程主要考核学生知识目标、技能目标及素质目标的达标情况。理论知识的掌握情况主要通过期末开卷考试进行考核，占总成绩的40%；技能目标主要通过对学生提交的工作成果的完成情况进行考核，占总成绩的30%；素质目标主要通过对线下出勤与课堂表现、线上学习、团队合作情况进行考核，占总成绩的30%。

九、编制说明

1. 编写人员

课程负责人：贾芳琳　广州番禺职业技术学院（执笔）

课程组成员：吴　娜　广州番禺职业技术学院

　　　　　　刘毓涛　广州番禺职业技术学院

　　　　　　李燕君　广州银行信用卡部

2. 审核人员

　　　　　　杨则文　广州番禺职业技术学院

　　　　　　徐　杭　广州市番禺沙园集团有限公司

"行政事业单位会计"课程标准

课程名称：行政事业单位会计
课程类型：专业拓展课
学　　时：36 学时
学　　分：2 学分
适用专业：大数据与会计、大数据与审计、会计信息管理

一、课程定位

本课程依据行政事业的出纳、财务核算、纳税申报等岗位对会计人员的专业能力要求开设，以职业能力教育为本的教学理念，注重学生的技能培养。该课程与"财务会计"构成了会计系统的两大体系，在会计专业其他相关主干课程（如"基础会计""财务会计""成本会计"等）作为先学课的基础上，一方面作为整体会计知识的完善，另一方面培养学生掌握行政事业单位会计的基本知识，具备行政事业单位会计核算与管理的基本技能和专业技能，能够胜任行政事业单位会计岗位工作。本课程以行政事业单位会计核算过程为主线，根据行政事业单位会计核算工作岗位对会计人员知识、能力和素质的要求设计课程教学内容。在进行理论教学的同时，更注重基本理论和方法的实用性、实践性和职业性，以够用为度，为会计专业知识整体框架的理解和后续职业发展打下基础。

二、课程设计思路

本课程立足行政事业单位会计工作岗位的实际需要，重在解决行政事业单位财务管理和会计核算中的具体问题。本课程通过行政事业单位会计的岗位工作流程和要求进行设计，以行政事业单位会计核算过程为主线，课程内容以行政事业单位会计实际工作需求为基础，在教学过程中，为学生展现行政事业单位会计发展的历史沿革，让学生知过去、明未来、会思考；在具体的业务核算环节中，将实际工作中的核算过程进行分解，将理论知识与技能实训进行融合，在学习与实训过程中，以"实际、实用、实践"为原则，遵循高职教育的发展规律，借助信息化手段，带领学生以小组合作、自主探究的方式学习新知，锻炼技能，完善知识储备，强调"做中学，做中教"，增强学生对于行政事业单位会计岗位与财务管理、核算过程的认知，培养学生解决实际问题的能力。

三、课程目标

1. 知识目标

（1）理解行政事业单位会计准则体系的构成及各层次间的关系；

（2）理解行政事业单位会计制度的沿革及制定的原则、行政事业单位会计的会计核算模式及核算的双重目标；

（3）理解行政事业单位会计假设，熟悉行政事业单位会计基础，掌握行政事业单位会计核算原则；

（4）理解会计要素的定义、熟悉行政事业单位财务会计要素和预算会计要素的定义；

（5）理解行政事业单位财务会计要素和预算会计要素的种类及要素间关系；

（6）理解行政事业单位会计科目的分类，熟悉行政事业单位会计科目的分级，掌握行政事业单位会计科目设置的依据；

（7）理解行政事业单位收支分类科目的种类、支出功能分类科目的内容及政府预算经济分类科目的内容；

（8）理解支出经济分类科目的种类及使用要求，掌握部门预算经济分类科目的内容；

（9）理解国库集中收付制度的定义，熟悉国库单一账户体系的构成及各账户的功能；

（10）理解国库集中收付的内容、形式、方式与程序。

2. 能力目标

（1）能掌握行政事业单位会计资产类账户核算的基本程序和方法；

（2）能掌握行政事业单位会计负债类账户核算的基本程序和方法；

（3）能掌握行政事业单位收入（预算收入）类账户核算的基本程序和方法；

（4）能掌握行政事业单位费用（预算支出）类账户核算的基本程序和方法；

（5）能掌握行政事业单位预算结余类账户核算的基本程序和方法；

（6）能掌握行政事业单位净资产类账户核算的基本程序和方法；

（7）能掌握行政事业单位财务会计报表基本内容、编制的基本要求、方法；

（8）能掌握行政事业单位预算会计报表基本内容、编制的基本要求、方法。

3. 素质目标

（1）能了解《行政事业单位会计准则》《行政事业单位会计制度》等相关制度，树立会计人员法制规范观念；

（2）能培养严谨的工作作风、实事求是的学风和创新意识；

（3）能树立良好的会计职业道德观念、职业精神，培养善于交流沟通、规矩谨严的团队合作能力；

（4）能养成耐心细致、精益求精的工匠精神。

四、教学内容要求及学时分配

序号	教学单元	教学内容	教学要求		学时
			知识和素养要求	技能要求	
1	行政事业单位会计基础知识	行政事业单位会计基础知识	1. 了解行政事业单位会计准则体系的构成 2. 掌握行政事业单位会计核算模式及核算的双重目标	能区分行政事业单位会计准则体系与企业会计准则体系的不同之处	2
2	财政预算基础知识	财政预算基础知识	1. 了解行政事业单位会计假设；熟悉财政预算基础知识 2. 掌握行政事业单位会计核算原则 3. 了解行政事业单位预算会计要素和财务会计要素的定义，熟悉行政事业单位预算会计要素和财务会计要素的种类及要素间关系 4. 了解行政事业单位会计科目的分类，熟悉行政事业单位会计科目的分级；掌握行政事业单位会计科目设置的依据	能正确区分行政事业单位会计假设、核算原则、会计要素、会计科目与企业会计的不同之处	2
3	资产	1. 库存现金、银行存款、零余额账户用款额度、其他货币资金、财政应返还额度、应收票据、应收账款、预付账款、其他应收款、待摊费用 2. 长期待摊费用、库存物资、投资、固定资产、无形资产、公共基础设施、政府储备物资、文物文化资产、保障性住房	1. 了解单位库存现金管理的原则、银行结算账户的种类及用途 2. 熟悉行政事业单位库存现金收付业务办理的流程、零余额账户管理的要求熟悉财政应返还额度、应收票据、应收账款、预付账款、其他应收款、待摊费用、长期待摊费用等的相关管理要求 3. 掌握单位库存现金清查盘点的要点、零余额账户的定义与性质 4. 了解库存物资、投资、固定资产、无形资产、公共基础设施、政府储备物资、文物文化资产、保障性住房、资产处置等科目的核算方法	1. 能对单位库存现金、银行存款、零余额账户用款额度、其他货币资金进行核算 2. 能对财政应返还额度、应收票据、应收账款、预付账款、其他应收款、待摊费用、长期待摊费用进行核算	12

续表

序号	教学单元	教学内容	教学要求		学时
			知识和素养要求	技能要求	
4	负债	1. 短期借款、长期借款、应付职工薪酬、应付票据、应付账款、应付政府补贴款、预收账款、其他应付款、预提费用 2. 长期应付款、预计负债、应交增值税、其他应交税费、应缴财政款	1. 了解事业单位借入款项的内容与分类，熟悉短期借款和长期借款利息账务处理的规定 2. 了解应付职工薪酬、应付票据、应付账款、应付政府补贴款、预收账款、其他应付款、预提费用、长期应付款、预计负债的定义；熟悉应付及预收款项的确认与计量依据 3. 了解应交增值税、其他应交税费、应缴财政款的内容与区别；熟悉应缴款项的核算内容	1. 学会短期借款和长期借款的本金和利息的核算 2. 学会应付及预收款项的核算 3. 学会应缴款项的核算方法	4
5	收入（预算收入）	1. 财政拨款收入 2. 财政拨款预算收入 3. 事业收入 4. 事业预算收入	1. 了解财政拨款收入与财政拨款预算收入的定义；掌握财政拨款收入与财政拨款预算收入确认与计量的依据 2. 了解事业收入和事业预算收入的定义；熟悉事业收入和事业预算收入的管理方式；熟悉事业收入和事业预算收入的确认与计量 3. 了解上级补助收入与上级补助预算收入、附属单位上缴收入与附属单位上缴预算收入、经营收入与经营预算收入、非同级财政拨款收入与非同级财政拨款预算收入、捐赠收入与捐赠预算收入、利息收入与利息预算收入、租金收入与租金预算收入、其他收入与其他预算收入的定义；熟悉其他非财政（预算）收入的确认与计量的依据	1. 能学会财政拨款收入与财政拨款预算收入的核算 2. 能学会事业收入和事业预算收入的核算 3. 学会了解其他非财政（预算）收入的核算	4
6	费用（预算支出）	1. 业务活动费用 2. 单位管理费用 3. 行政支出 4. 事业支出	1. 了解业务活动费用、单位管理费用、行政支出、事业支出的定义；熟悉其确认与计量的依据 2. 了解经营费用与经营支出、上缴上级费用与上缴上级支出、对附属单位补助费用与对附属单位补助支出、所得税费用、其他费用与其他支出的定义 3. 熟悉以上费用（支出）确认与计量的依据	能对费用（预算支出）等项目进行会计核算	2

续表

序号	教学单元	教学内容	教学要求		学时
			知识和素养要求	技能要求	
7	预算结余	1. 财政拨款结转结余 2. 非财政拨款结转结余 3. 专用结余 4. 经营结余和其他结余及其分配	1. 了解资金结存的定义，熟悉资金结存包含的内容，掌握资金结存的确认与核算 2. 了解财政拨款结转结余的定义；掌握财政拨款结转结余的计算公式；熟悉财政拨款结转结余的确认与核算 3. 了解非财政拨款结转结余的定义；熟悉非财政拨款结转结余的计算公式 4. 了解专用结余、经营结余和其他结余的定义；熟悉专用结余、经营结余和其他结余计提与计算的方法	1. 能学会资金结存的核算 2. 能学会财政拨款结转结余的核算 3. 能学会非财政拨款结转结余的核算 4. 能学会专用结余、经营结余和其他结余的核算	4
8	净资产	1. 本期盈余及其分配 2. 累计盈余及其调整	1. 了解本期盈余的定义；熟悉本期盈余的计算公式及年末盈余分配的步骤 2. 了解累计盈余及其调整的定义；熟悉当年累计盈余的计算公式	1. 能学会本期盈余及其分配的核算 2. 能学会累计盈余及其调整的核算	2
9	财务会计报表	1. 资产负债表 2. 收入费用表 3. 净资产变动表 4. 现金流量表及附注	1. 了解资产负债表的定义及格式；熟悉资产负债表各项目反映的内容 2. 了解收入费用表的定义及格式；熟悉收入费用表各项目反映的内容 3. 了解净资产变动表的定义及格式；熟悉净资产变动表各项目反映的内容 4. 了解现金流量表的定义与格式；熟悉现金流量表各项目反映的内容 5. 了解附注的定义；熟悉附注的内容；学会会计报表重要项目说明主要项目披露表格的填写	1. 能填列资产负债表各项目 2. 能填列收入费用表各项目 3. 能填列净资产变动表各栏目 4. 能填列现金流量表各项目	2
10	预算会计报表	1. 预算收入支出表 2. 预算结转结余变动表 3. 财政拨款预算收入支出表	1. 了解预算收入支出表的定义和格式；熟悉预算收入支出表各项目反映的内容 2. 了解预算结转结余变动表的定义和格式；熟悉预算结转结余变动表各项目反映的内容 3. 了解财政拨款预算收入支出表的定义及格式；熟悉财政拨款预算收入支出表各项目反映的内容	1. 能填列预算收入支出表各项目 2. 能填列预算结转结余变动表各项目 3. 能填列财政拨款预算收入支出表各项目	2

五、教学条件

1. 师资队伍

任课教师要求具有行政与事业单位会计基础知识，熟悉国库集中收付制度和行政与事业单位会计工作流程；能够运用各种教学手段和教学工具指导学生进行行政与事业单位会计知识学习。

2. 实践教学条件

（1）理实一体化实训室。建议在一体化专业实训室或智慧教室进行教学，需要每个座位配置一台电脑，网络应流畅，能播放在线教学视频。

（2）实训工具设备。配备行政事业单位工作所需的办公文具，如办公设施、票据、打印机、扫描仪、计算器、文件柜及各种日用耗材，配置具有网络及计算机设备。

3. 教材选用

教材应符合《职业院校教材管理办法》等文件的规定和要求，探索使用新型活页式、工作手册式教材并配套信息化资源。建议采用中国人民大学出版社出版、李启明主编的《政府会计实务（第四版）》。

4. 教学资源及平台

线上教学平台。借助职教云、超星学习平台强大的教学资源，利用学习活动分析功能关注和分析学生的学习情况，及时解决学生学习中的短板问题。

六、教学方法

（1）课前，在教学平台上传学习资料，查看学生旧知回顾与课前自测情况。

（2）课中，根据学生自测完成情况，适时调整教学策略。为了突出重点、化解难点，落实教学目标，遵循学生主体、教师主导的教学理念，强调"做中学，做中教"，在信息化手段的帮助下，运用观看视频、模拟情境、小组活动、分组讨论、课程实训、游戏等实践活动，提升学生学习兴趣和学习能力，使学生参与到课堂中，使教学组织活动效率更高、效果更好，并对活动结果进行总结，对相关知识进行归纳。

（3）课后，利用信息化手段发布课后作业，检查学生的学习情况。

七、教学重点难点

1. 教学重点

教学重点：行政事业单位会计基础知识，财政预算基础知识，资产，负债，收入（预算收入），费用（预算支出），预算结余，净资产。

教学建议：通过学生分组，每小组建立微信群，利用翻转课堂，在课前课后观看视频演示，在线操作，以合作学习形式完成学习任务，并充分利用课堂时间加强沟通理解，深刻理解重点内容。

2. 教学难点

教学难点：编制财务会计报表、预算会计报表。

教学建议：通过查找并浏览政府机关、事业单位的财务报表和预算报表进行学习。

八、教学评价

本课程采用模拟情境、小组活动、分组讨论、课程实训、游戏等实践活动，考核学生的实践运用能力、思考能力、表达能力以及学习态度，所以考试采用过程考试和期末考试相结合的方式，考核的最终成果由两部分组成，即课堂项目活动的参与情况及能力表现（50%）、线上平台进行的综合能力考核（50%）。

九、编制说明

1. 编写人员

课程负责人：杜素音　广州番禺职业技术学院（执笔）

课程组成员：石先兵　广州番禺职业技术学院计财处

2. 审核人员

　　　　杨则文　广州番禺职业技术学院

"行业会计比较" 课程标准

课程名称：行业会计比较
课程类型：专业拓展课
学　　时：36 学时
学　　分：2 学分
适用专业：大数据与会计、大数据与审计、会计信息管理

一、课程定位

本课程依据企业会计核算岗位对会计人员的专业能力要求开设。课程主要学习四个特定行业典型会计业务核算方法，使学生比较系统地了解不同行业会计核算的基本原理、基本方法和基本技能，从而具备不同行业会计专业理论知识和实际工作能力，能完成多行业会计核算。本课程是大数据与会计专业、大数据与审计专业、会计信息管理专业的职业能力拓展课程。前置课程为"大数据会计基础""业务财务会计"，后续课程为顶岗实习与毕业调研。

二、课程设计思路

（1）本课程对接四个主要行业会计核算岗位，采用工作领域模块化的课程开发理念。依据商品流通企业、房地产开发企业、交通运输企业、旅游餐饮服务企业会计核算岗位知识、能力要求设计教学项目，通过项目训练掌握各行业会计的经营管理特点，熟悉各行业典型经济业务的会计处理方法，增强实际动手操作能力、岗位迁移能力和行业账务处理能力。

（2）教学项目训练培养学生具有敬业精神、团队合作精神和良好的职业道德修养，并以此为基础，通过校企合作和工学结合方式，充分开发教学资源，给学生提供丰富的实践机会，突出培养学生的综合素质和可持续发展能力。

三、课程目标

本课程旨在培养学生胜任特定行业会计核算岗位的能力，具体包括知识目标、技能目标和素质目标。

1. 知识目标

（1）了解商品流通企业经营管理特点、典型经济业务原始单据；

（2）熟悉商品流通企业典型经济业务类型和业务流程；

（3）掌握商品流通企业典型经济业务会计核算方法；

（4）了解房地产开发企业经营管理特点、典型经济业务原始单据；

（5）熟悉房地产开发企业典型经济业务类型和业务流程；

（6）掌握房地产开发企业典型经济业务会计核算方法；

（7）了解交通运输企业经营管理特点、典型经济业务原始单据；

（8）熟悉交通运输企业典型经济业务类型和业务流程；

（9）掌握交通运输企业典型经济业务会计核算方法；

（10）了解旅游餐饮服务企业经营管理特点、典型经济业务原始单据；

（11）熟悉旅游餐饮服务企业典型经济业务类型和业务流程；

（12）掌握旅游餐饮服务企业典型经济业务会计核算方法。

2. 技能目标

（1）能依据商品流通企业行业经营管理特点设置会计科目和账户；

（2）能依据商品流通企业行业经营管理特点选用不同的会计核算方法；

（3）能对商品流通企业典型经济业务进行账务处理；

（4）能依据房地产开发企业行业经营管理特点设置会计科目和账户；

（5）能依据房地产开发企业行业特点选用不同的会计核算方法；

（6）能对房地产开发企业典型经济业务进行账务处理；

（7）能依据交通运输企业行业经营管理特点设置会计科目和账户；

（8）能依据交通运输企业行业经营管理特点选用不同的会计核算方法；

（9）能对交通运输企业典型经济业务进行账务处理；

（10）能依据旅游餐饮服务企业经营管理特点设置会计科目和账户；

（11）能依据旅游餐饮服务企业行业经营管理特点选用不同的会计核算方法；

（12）能对旅游餐饮服务企业典型经济业务进行账务处理。

3. 素质目标

（1）具备良好的会计职业道德；

（2）具备良好的人际沟通与协作能力；

（3）具备爱岗敬业精神和良好的团队协作能力；

（4）具有较强的灵活应变能力。

四、教学内容要求及学时分配

序号	教学单元	教学内容	教学要求		学时
			知识和素养要求	技能要求	
1	行业会计比较认知	1. 行业与行业会计 2. 行业会计核算 3. 行业会计比较的方法	1. 了解行业划分标准及行业规范体系内容 2. 掌握行业会计核算的原则、对象、方法	能根据企业业务判断行业归属	1
2	商品流通企业会计	1. 商品流通企业会计主要经营活动与业务特点 2. 商品存货的核算 3. 营业收入的核算 4. 商品流通费用、成本和利润的核算	1. 了解商品流通企业会计的主要特点 2. 掌握商品批发企业和零售企业存货流转的核算要点 3. 掌握商品流通企业营业收入、营业成本、费用的会计核算要点	1. 能独立完成批发企业商品购进、销售的核算（毛利率法下商品销售成本的计算） 2. 能独立完成零售企业商品购进、销售的核算（售价金额核算法下商品进销差价率的计算） 3. 能核算受托代销商品销售业务	11
3	房地产开发企业会计	1. 房地产开发企业业务特点 2. 房地产开发企业产品的核算 3. 房地产开发企业成本的核算 4. 房地产开发企业损益的核算	1. 了解房地产开发企业业务特点 2. 掌握房地产开发企业开发产品的会计核算要点 3. 掌握土地开发成本、代建工程开发成本、配套设施开发成本、房屋开发成本、开发间接费用的会计核算要点 4. 掌握周转房的会计核算要点	1. 能正确核算土地开发与代建工程开发成本 2. 能正确核算配套设施开发与房屋开发成本 3. 能正确计算开发间接成本 4. 能正确进行周转房相关业务核算	10
4	交通运输企业会计	1. 交通运输企业业务特点 2. 交通运输企业存货的核算 3. 交通运输企业营业收入的核算 4. 交通运输企业费用、成本和利润的核算	1. 了解交通运输企业业务特点 2. 掌握交通运输企业存货（燃料、轮胎）的会计核算要点 3. 掌握交通运输企业营业收入的核算要点 4. 掌握交通运输企业营运成本的核算要点	1. 能正确核算燃料成本 2. 能正确核算轮胎成本 3. 能正确进行基层站、所营业收入的核算 4. 能正确核算汽车运输成本、燃料费用、材料费用、折旧费用、养路费分配	8

续表

序号	教学单元	教学内容	教学要求		学时
			知识和素养要求	技能要求	
5	旅游餐饮服务企业会计	1. 旅游餐饮服务企业业务特点 2. 旅游餐饮服务企业存货的核算 3. 旅游餐饮服务企业营业收入的核算 4. 旅游餐饮服务企业费用、成本的核算	1. 了解旅游餐饮服务企业业务特点 2. 掌握旅游餐饮服务企业食品原料、物料用品的核算要点 3. 掌握饭店营业收入的核算要点 4. 掌握旅行社营业收入的核算要点 5. 掌握旅游业营业成本的核算要点	1. 能正确核算饭店购买、领用食材成本 2. 能正确计算饭店客房出租率和租金收入率，完成客房收入的核算 3. 能正确计算饭店餐饮食品售价，完成餐饮收入的核算 4. 能正确核算旅行社（组团社、接团社）营业收入 5. 能正确核算旅行业营业成本	6

五、教学条件

1. 师资队伍

（1）专任教师。要求具有扎实的会计理论功底和一定的会计核算岗位经历，熟悉企业会计准则、会计制度和企业核算工作流程；能够熟练核算不同类型企业经济业务，具备多行业账务处理能力。

（2）兼职教师。①现任企业会计岗位，要求能胜任不同类型企业经济业务账务处理能力；②现任会计师事务所记账代理人员，要求能够针对中小企业的实际情况进行代办设置账目期初余额、日常经济业务账务处理等内容的教学。

2. 实践教学条件

（1）理实一体化实训室。建议在一体化专业实训室或智慧教室进行教学，需要每个座位配置一台电脑，网络应流畅，能播放在线教学视频。有条件的情况下应配备与本课程相适应的智能化教学软件。

（2）教学软件平台。借助教学软件虚拟仿真企业的经济业务及相关业务单据，建立模拟实训业务情景，帮助学生完成不同类型企业的会计核算。

（3）实训工具设备。配备会计核算工作所需的办公文具，如办公设施、票据、打印机、扫描仪、计算器、文件柜及各种日用耗材。

（4）实训指导资料。配备业务核算操作手册，相关法律、法规、制度等文档。

3. 教材选用与编写

教材应符合《职业院校教材管理办法》等文件的规定和要求，探索使用新型活页式、工作手册式教材并配套信息化资源。教材编写应以本课程标准为依据，充分体现任务引领、实践导向的设计思想，将不同行业会计核算工作分解成若干典型的工作项目，按会计岗位职责和工作项目完成过程来组织教材内容。

建议采用人民邮电出版社出版、狄建红主编的《行业会计比较》，西南财经大学出版社出版、杨莉贞主编的《行业会计比较模拟实训》。

4. 教学资源

（1）线上教学平台。采用符合国家有关互联网平台条件的公共教学平台。建议使用智慧职教等教学平台，利用职教云建设在线课程，设计教学活动；利用云课堂实施课堂教学。借助职教云强大的学习活动分析功能关注和分析学生的学习情况，及时解决学生学习中的短板问题。

（2）线上教学资源。支持混合教学和 MOOC 开放的公共教学资源库或自建教学资源。建议利用智慧职教等平台建设教学资源库和在线开放课程，为实施线上线下混合教学提供条件。

六、教学方法

1. 线上线下混合教学法

本课程应充分利用在线课程培养学生自主学习能力，把基本理论知识的学习放在课外解决，课堂主要解决关键知识点存在的问题，完成模拟企业典型会计核算业务。教师要利用好线上课程，设计课前、课中、课后环节，利用云课堂布置和批改、评讲作业，为学生打造移动课堂。

2. 项目教学法

以不同类型企业业务核算作为工作任务设计教学项目，以学生为活动主体实施项目教学，将教学内容融入项目实施过程。学生主动参与项目活动，教师指导为辅，通过明确的项目任务，最终获得项目学习标志性成果。

3. 情境教学法

结合不同行业领域业务特点，构建专题学习情境，在会计专业通识能力基础上，引导学生过渡到专项业务能力的培养。以每个行业的真实企业的背景资料作为案例导入，分析不同行业企业的生产经营特点、主要业务及业务流程。

4. 任务驱动法

从每个行业会计的岗位职责入手，介绍不同行业典型工作任务。将学生分组并分配学习任务，以小组形式开展实训，实现"做中学""学中做"的理实一体化，加强学生思维训练与动手实操能力训练。

七、教学重点难点

1. 教学重点

教学重点：商品流通企业、房地产开发企业、交通运输企业会计、旅游餐饮服务企业会计典型经济业务账务处理。

教学建议：对每个不同类型企业设置项目实训，学生通过业务训练，巩固理论知识，加深对实务操作的理解。

2. 教学难点

教学难点：不同行业会计核算方法差异。

教学建议：通过选择合适的实训资料、仿真实训平台，通过实训训练加深学生对不同行业企业账务处理的理解与体会；对照四种不同类型企业业务特点，结合具体实务案例加深对不同行业业务处理的理解。

八、教学评价

本课程主要考核学生知识目标、技能目标及素质目标的达标情况。理论知识的掌握情况主要通过期末闭卷考试进行考核，占总成绩的 50%；技能目标主要通过对学生提交的项目实训工作成果的完成情况进行考核，占总成绩的 30%；素质目标主要通过对线下出勤与课堂表现、线上学习、团队合作情况进行考核，占总成绩的 20%。

九、编制说明

1. 编写人员

课程负责人：黄丽丽　广州番禺职业技术学院（执笔）

课程组成员：刘　云　广州番禺职业技术学院

　　　　　　裴小妮　广州番禺职业技术学院

　　　　　　董月娥　广州美厨智能家居科技股份有限公司

2. 审核人员

　　　　　　杨则文　广州番禺职业技术学院

　　　　　　徐　杭　广州市番禺沙园集团有限公司

"企业财税顾问" 课程标准

课程名称：企业财税顾问
课程类型：专业拓展课
学　　时：36 学时
学　　分：2 学分
适用专业：大数据与会计

一、课程定位

本课程依据企业对财务规划、税务筹划的人才需求开设，主要学习如何将已学过的财务专业知识与技能在实务中转化并应用于企业的财税管理中，为企业管理、筹资、投资、经营与发展等活动决策提供财税业务的信息支持。本课程是大数据与会计专业的专业拓展课程。前置课程包括大数据与会计专业的专业课程以及核心课程，后续课程为顶岗实习与毕业调研。

二、课程设计思路

（1）通过本课程的学习，学生能够达到中小企业财税顾问岗位工作的任职条件，能提出满足财务与税务方面的专业咨询与方案的任职要求。拓宽就业渠道，提升就业率及职场发展整体评价。在训练学生真实业务处理能力的同时，注重培养学生严谨准确的精神、快速高效的作风、客观诚信的态度、灵活解决问题的能力。

（2）教学过程中强调"客观真实，依法纳税"的职业道德；通过实际工作案例实训培养学生精益求精的工匠精神和追求卓越的工作作风；通过分组学习与实操，培养学生协作共进、团结友爱的团队意识；通过不断的学习企业财税顾问思想，弘扬诚实守信的传统美德。

三、课程目标

本课程旨在培养学生胜任企业财税顾问的基本能力，具体包括知识目标、技能目标和素质目标。

1. 知识目标

（1）了解企业财税管理岗位的工作内容；

（2）理解企业采购业务的分析方法；

（3）理解企业销售业务的分析方法；

（4）理解企业资金管理的分析方法；

（5）理解企业投融资业务的分析方法；

（6）理解企业人员薪酬的分析方法；

（7）理解企业财税管理方案的实施方法。

2. 技能目标

（1）能绘制企业的业财税工作流程图；

（2）能运用企业财税管理的分析方法；

（3）能设计企业采购业务的财税优化方案；

（4）能设计企业销售业务的财税优化方案；

（5）能设计企业资金管理的财税优化方案；

（6）能设计企业投融资业务的财税优化方案；

（7）能设计企业人员薪酬的财税优化方案。

3. 素质目标

（1）能具备"客观真实，依法纳税"的职业操守；

（2）能贯彻"控制成本，节约纳税"的管理理念；

（3）能遵守"协作共进，团结友爱"的合作原则；

（4）能弘扬"精益求精，追求卓越"的工匠精神。

四、教学内容要求及学时分配

序号	教学单元	教学内容	教学要求		学时
			知识和素养要求	技能要求	
1	初识企业财税顾问	1. 认知企业财税顾问的岗位 2. 熟悉企业财税顾问的工作内容 3. 熟悉企业财税顾问的工作流程	1. 理解企业财税顾问的定义和职责 2. 掌握企业财税管理的内容与分类 3. 了解企业财税管理方法与流程	能绘制企业财税管理的工作流程图	4

续表

序号	教学单元	教学内容	教学要求		学时
			知识和素养要求	技能要求	
2	分析和诊断企业财税管理现状	1. 编制企业业务流程图 2. 编制企业财税关系图 3. 企业财税管理现状与诊断	1. 理解采购与销售的业务流程关系 2. 掌握成本与费用的核算流程 3. 掌握工资薪金与社保的核算流程 4. 具有财税专业服务意识	1. 能绘制采购业务流程图 2. 能绘制销售业务流程图 3. 能绘制成本核算流程图 4. 能绘制费用核算流程图 5. 掌握客户沟通技巧	4
3	采购业务的财税咨询	1. 选择与变更供应商 2. 选择报价的财税咨询 3. 签订采购合同的财税咨询 4. 优化采购业务流程	1. 了解收取发票的情形 2. 理解合同中运输方式、支付方式的涉税条款 **思政点**：形成细心、谨慎的工作态度	1. 能选择正确的发票开具方式、运输方式、货款支付方式 2. 能准确核算采购环节的税费 3. 能对采购环节的涉税内容设计优化方案	6
4	销售业务的财税咨询	1. 选择与优化销售模式 2. 选择与优化销售方式 3. 签订销售合同的财税咨询 4. 优化销售业务流程	1. 了解合同发票开具方式 2. 理解合同发货方式、合同收款方式等涉税条款 **思政点**：培养认真谨慎的工作态度和精益求精的专业精神	1. 能选择正确的发票开具方式、发货方式、收款方式 2. 能准确核算采购环节的税费 3. 能对销售环节的涉税内容设计优化方案	6
5	企业资金管理的财税咨询	1. 费用报销业务处理的财税咨询 2. 往来款项管理的财税咨询 3. 优化资金管理制度	1. 了解不同费用业务的处理对企业财税的影响 2. 了解加速收回应收账款的方法 3. 了解应付账款的管理方法	1. 能制定费用报销的优化方案 2. 能设计应收账款的优化方案 3. 能设计应付账款的优化方案	6
6	投融资项目管理的财税咨询	1. 投资项目的财税咨询 2. 融资项目的财税咨询 3. 优化投融资项目管理	1. 了解借款方式、期限、还款方式等借款信息对企业财税的影响 2. 理解投资形式、分红方式对企业财税的影响	1. 能设计投资项目的优化方案 2. 能设计融资项目的优化方案	4
7	人员薪酬的财税咨询	1. 分析工资薪金构成对企业财税的影响 2. 优化工资薪金结构	了解员工福利、补贴、提成的发放方式对企业财税的影响	能制订工资薪金结构的优化方案	4

续表

序号	教学单元	教学内容	教学要求		学时
			知识和素养要求	技能要求	
8	实施企业财税管理方案	1. 收集方案实施反馈信息 2. 分析反馈信息 3. 完善企业财税管理方案	1. 理解方案实施情况对企业财税的影响 2. 具备财税专业服务精神	1. 能正确核算实施情况对企业财税的实际影响 2. 能进一步完善实施方案及其后续事项	2

五、教学条件

1. 师资队伍

（1）专任教师。要求具有扎实的财务与税务的理论基础，并且有一定的企业财务工作经历或是税务相关工作能力；能够熟练进行账务处理，掌握各税种的应纳税额的计算方法，熟练操作税费申报业务；能有效整合财税业务内容，针对企业一般财税业务容易出现的问题有解决能力。

（2）兼职教师。要求现任企业财务管理工作，能进行财税顾问工作内容、岗位职责、风险评估、税务文书编写、咨询服务沟通等内容的教学。

2. 实践教学条件

建议在一体化专业实训室或智慧教室进行教学，需要每个座位配置一台电脑，网络应流畅，能播放在线教学视频。有条件的情况下应配备与本课程相适应的智能化教学软件。

3. 教材选用与编写

教材应符合《职业院校教材管理办法》等文件的规定和要求，探索使用新型活页式、工作手册式教材并配套信息化资源。教材编写应以本课程标准为依据，充分体现任务引领、实践导向的设计思想，将企业财税顾问的课程内容分解成若干典型的工作项目，按其岗位职责和工作项目完成过程来组织教材内容。教材内容应体现新技术、新工艺、新规范，贴近中小企业财税业务问题的实际需求。

4. 教学资源及平台

（1）线上教学资源。支持混合教学和 MOOC 开放的公共教学资源库或自建教学资源。建议利用智慧职教等平台建设教学资源库和在线开放课程，为实施线上线下混合教学提供条件。

（2）线上教学平台。采用符合国家有关互联网平台条件的公共教学平台。建议使用智慧职教等教学平台，利用职教云建设在线课程，设计教学活动；利用云课堂实施课堂教学。借助职教云强大的学习活动分析功能关注和分析学生的学习情况，及时解决学生学习中的短板问题。

六、教学方法

1. 项目教学法

项目教学法是以工作任务为依据设计教学项目，以学生为中心的教学模式，这种教学模式中学生是主动的学习者，教师是学生学习的指导者。每个项目的实施都有一个明确的任务、一个完整的过程，能够取得一个标志性成果。

2. 情境教学法

在教学过程中，教师有目的地引入或采用虚拟企业、虚拟职能部门、虚拟业务流程等现代技术手段，将教学内容以视频、动漫等方式展示，提高学习的现场感、趣味性，激发学生的情感，使学生能够尽快适应、了解和掌握将来所从事的工作所必备的知识和技能，直至熟悉可能遇到的各种方法，帮助学生做出正确的决策，有效调动学生学习的主动性、积极性和创造性，培养学生职业能力。

3. 案例教学法

案例教学法包括讲解案例法和讨论案例法两种。讲解案例法，是将案例教学融入传统的讲授教学法之中的一种方法，教学中使用的案例通常是针对课程知识体系中的重点、难点问题设计的，也称"知识点案例"。讨论案例法，是以学生课堂讨论为主，案例是学生讨论的主题，学生通过对案例的剖析，提出各自的解决方案，并予以充分讨论。

4. 线上线下混合教学法

本课程课时量不能完全满足理论与实践同步推进的一体化教学需要，应充分利用在线课程培养学生自主学习能力，把基本理论知识的学习放在课外解决，课堂主要解决关键知识点存在的问题，完成实训任务。教师要利用好线上课程，设计课前、课中、课后环节，利用云课堂布置和批改、评讲作业，为学生打造移动课堂。

七、教学重点难点

1. 教学重点

教学重点：职业道德与职业素养、企业财税顾问的定位及专业素养要求。

教学建议：通过引入企业真实的业务活动和真实的工作任务，匹配真实的职场场景案例，带领学生提前感受职场经历。通过生动的现实案例，在强化学生对财税职业发展及职业定位的同时，更有效地运用自己理论知识结合实际，从而培养学生社会生存适应能力、沟通表达能力、职场礼仪、财税顾问服务综合能力。

2. 教学难点

教学难点：企业财税业务的优化。

教学建议：教学过程中，可以不定期地根据学生掌握层次给予相应职场真实案例体验，针对实际业务过程常用的专业知识，结合理论知识进行延展。采用思维结合理论结合案例的形式，使学生强联动、强动脑，划分项目小组，结合模拟实际业务，分析解决问题思路及方法，并给出优化方案。

八、教学评价

本课程主要考核学生知识目标与素质目标的达标情况。理论知识的掌握情况主要通过期末综合能力考核，占总成绩的30%；素质目标主要通过对线下出勤与课堂表现、线上学习、团队合作情况进行考核，占总成绩的70%。

九、编制说明

1. 编写人员

课程负责人：裴小妮　广州番禺职业技术学院（执笔）

课程组成员：王　丹　正誉企业管理（广东）集团股份有限公司（共同执笔）

　　　　　　罗　颖　正誉企业管理（广东）集团股份有限公司

2. 审核人员

　　　　　　杨则文　广州番禺职业技术学院

　　　　　　罗　颖　正誉企业管理（广东）集团股份有限公司

"绩效审计" 课程标准

课程名称：绩效审计
课程类型：选修课
学　　时：32 学时
学　　分：2 学分
适用专业：大数据与审计、大数据与会计、会计信息管理

一、课程定位

本课程依据审计（包括注册会计师审计、内部审计、政府审计）工作岗位对从业人员的专业能力要求开设，主要学习绩效审计的目标、审计程序（包括计划阶段、实施阶段、终结阶段）、审计方法，为从事绩效审计工作打下坚实基础，达到"合理确定评价指标体系、掌握审计方法、正确出具审计报告"的专业标准。

本课程同时是大数据审计、大数据与会计、会计信息管理专业的选修课。

二、课程设计思路

"审计学基础""财务审计"两门课程的主要内容是财务报表审计，实现的是审计的鉴证职能，而"绩效审计"课程内容实现的是审计的评价职能，即评价审计对象的经济性、效率性、效果性。本课程的设计主要分两个部分：第一部分，弄清绩效审计经济性、效率性、效果性的含义，以及对审计程序、审计证据、审计报告的影响；第二步，弄清楚不同情况下指标体系、评价方法，从而达到提升学生职业能力的目的。本课程要求学生有一定的审计学知识，至少需学习过"审计学基础"。

三、课程目标

本课程旨在培养学生胜任公司、审计机关及会计师事务所审计岗位的能力，具体包括知识目标、技能目标和素质目标。

1. 知识目标

（1）了解绩效审计的职能和作用；

（2）了解绩效审计的范围；

（3）了解绩效审计的目标；

（4）掌握绩效审计的方法。

2. 技能目标

（1）能熟练掌握绩效评价指标体系；

（2）能熟练掌握绩效审计的方法；

（3）能出具绩效审计报告。

3. 素质目标

（1）能具有数字思维、数字敏感及用数字提供决策建议的职业素养；

（2）具备"掌握审计方法，正确出具审计报告"的审计工作能力；

（3）能保持"爱岗敬业，谨慎细心"的工作态度；

（4）能弘扬"精益求精，追求卓越"的工匠精神；

（5）能遵守"协作共进，和而不同"的合作原则。

四、教学内容要求及学时分配

序号	教学单元	教学内容	教学要求		学时
			知识和素养要求	技能要求	
1	走进绩效审计	1. 绩效审计的昨天、今天、明天 2. 绩效审计的职能 3. 绩效审计的目标 4. 绩效审计的作用 5. 绩效审计的程序	1. 了解绩效审计的产生与发展 2. 熟悉绩效审计目标 3. 熟悉绩效审计的职能、作用 4. 熟悉绩效审计程序		4
2	投资建设项目审计	1. 投资项目概述 2. 投资项目评价的指标体系 3. 审计证据的取得 4. 评价方法 5. 审计报告	1. 熟悉投资项目的政策要求 2. 熟悉投资项目的构成 3. 熟悉投资项目的指标体系 4. 熟悉投资项目的评价方法 5. 掌握审计报告的撰写要求	1. 能计算项目投资，分析项目投资构成 2. 能分析项目投资的合法性、合理性 3. 能对投资项目作正确评价	10
3	经费支出审计	1. 经费支出概述 2. 经费支出评价的指标体系 3. 审计证据的取得 4. 评价方法 5. 审计报告	1. 熟悉经费支出的政策要求 2. 熟悉经费支出的指标体系 3. 熟悉经费支出的评价方法 4. 掌握审计报告的撰写要求	1. 能分析经费支出的合法性、合理性 2. 能对经费支出做出正确评价	8

续表

序号	教学单元	教学内容	教学要求		学时
			知识和素养要求	技能要求	
4	经济效益审计	1. 经济效益概述 2. 经济效益评价的指标体系 3. 审计证据的取得 4. 评价方法 5. 审计报告	1. 熟悉经济效益评价的要求 2. 熟悉经济效益评价的指标体系 3. 熟悉经济效益的评价方法 4. 掌握审计报告的撰写要求	1. 能计算经济效益 2. 能分析经济效益的合法性、合理性 3. 能对经济效益作正确评价	10

五、教学条件

1. 师资队伍

（1）专任教师。要求具有扎实的审计功底和一定的审计业务岗位经历，具有一定的审计技术操作能力，熟悉审计理论知识、会计准则、审计准则及法律法规知识；能够熟练运用审计标准、审计准则、审计方法，能编制审计工作底稿和审计报告、绩效审计报告；能够运用各种教学手段和教学工具进行理论及审计业务实践的教学。

（2）兼职教师。要求是现任公司内部高级审计人员、政府审计较高层次的审计人员及会计师事务所高级审计人员，从事过具体审计工作，符合审计教学的基本要求。

2. 实践教学条件

（1）理实一体化实训室。建议在一体化专业实训室或智慧教室进行教学，需要每个座位配置一台电脑，网络应流畅，能播放在线教学视频。有条件的情况下应配备与本课程相适应的智能化教学软件。

（2）实训工具设备。配备审计工作所需的办公文具，如办公设施、工作底稿、打印机、扫描仪、计算器、文件柜及各种日用耗材，配置网络及计算机设备。

（3）仿真实训资料。配备投资项目、经费支出、效益审计所需的全部资料，配备空白的审计工作底稿。

（4）实训指导资料。配备《审计准则》《会计准则》《内部控制制度》等相关文档。

3. 教材选用与编写

教材应符合《职业院校教材管理办法》等文件的规定和要求，使用新形态立体化教材，探索新型活页式、工作手册式教材并配套信息化资源。教材编写应以本课程标准为依据，充分体现任务引领、实践导向的设计思想。教材内容应与最新情况相适应。

（1）教材是完成教学过程、达到教学目标的手段和媒介，在编写过程中应充分体现本课程项目设计的理念，依据本课程标准采用任务驱动型模式进行编写。

（2）教材应按绩效审计的工作内容、操作流程的先后顺序、理解掌握的难易程度等进行编写。

（3）教材编写应根据高职高专学生的特点，从培养技能型人才出发，内容安排上要深入浅出、适度、够用，突出实用，语言组织要简明扼要、科学准确、通俗易懂，形式上应图文并茂、可操作性强，配备大量的实务题，使学生能够在学习完理论知识后及时地得到相应的技能训练。

（4）教材内容应体现先进性、准确性、通用性和实用性，要将最新的《会计准则》及《审计准则》内容及时纳入教材，使教材更贴近本专业的发展和实际需要。

（5）教材中的活动设计内容要具体，并在实训室环境下具有可操作性。教材中的案例可以采用真实案例，提高学生业务操作的仿真度。

4. 教学资源及平台

（1）线上教学资源。支持混合教学和 MOOC 开放的公共教学资源库或自建教学资源。建议利用智慧职教等平台建设教学资源库和在线开放课程，为实施线上线下混合教学提供条件。

（2）线上教学平台。采用符合国家有关互联网平台条件的公共教学平台。建议使用智慧职教等教学平台，利用职教云建设在线课程，设计教学活动；利用云课堂实施课堂教学。借助职教云强大的学习活动分析功能关注和分析学生的学习情况，及时解决学生学习中的短板问题。

六、教学方法

1. 项目教学法

项目教学法是以工作任务为依据设计教学项目，以学生为活动主体实施项目的教学方法，也就是将教学内容融入项目实施过程的一种教学方法。项目教学法是以学生为中心的教学模式，这种教学模式中学生是主动的学习者，教师是学生学习的指导者。每个项目的实施都有一个明确的任务、一个完整的过程，能够取得一个标志性成果。

2. 课堂讲授法

课堂讲授法是教师通过口头语言向学生描绘情境、叙述事实、解释概念、审计论证原理和阐明规律的教学方法。该方法以教师的语言作为主要媒介系统，连贯地向学生讲授基础知识、基本理论或基本流程，帮助学生理解并准确掌握相关审计知识技能，特别是各个知识技能点之间的有机联系和逻辑关系。

3. 任务驱动法

以职业能力养成为核心，通过设计不同场景的项目任务来组织教学，从获取信息到制订步骤，再到决策和付诸行动，直至检查、反思与评估，完成一个完整的工作过程。教师只扮演一个"咨询者""协调者"和"观察员"·的角色，引导学生自主学习，向学生提供资源、给予建议和操作指导，可加深学生对基础知识和基本技能的掌握，也有助于学生职业判断能力、决策能力的提升和团队合作精神的培养。

4. 情境教学法

在教学过程中，教师有目的地引入或采用上市公司实例，利用其职能部门、业务流程等现代技术手段，将教学内容以视频、动漫等方式展示，提高学习的现场感、趣味性，激发学生的情感，使学生能够尽快适应、了解和掌握将来所从事的工作所必备的知识和技能，直至熟悉可能遇到的各种方法，帮助学生做出正确的决策，有效调动学生学习的主动性、积极性和创造性，培养学生职业能力。

5. 案例教学法

案例教学法包括讲解案例法和讨论案例法两种。讲解案例法，是将案例教学融入传统的讲授教学法之中的一种方法，教学中使用的案例通常是针对课程知识体系中的重点、难点问题设计的，也称"知识点案例"。讨论案例法，是以学生课堂讨论为主，案例是学生讨论的主题，学生通过对案例的剖析，提出各自的解决方案，并予以充分讨论。

6. 启发式教学法

启发式教学是根据教学目的和内容，通过设计启发、诱导型问题，引导学生养成多思考、善思考、勤思考的习惯，将问题解决贯穿于教学的每一环节，启迪学生思考，活跃学生思维，促进学生身心发展，提高学生学习的主动性、积极性和创造性，更好地激发学生的学习兴趣，加深对课程内容的理解。

7. 线上线下混合教学法

本课程课时量不能完全满足理论与实践同步推进的一体化教学需要，应充分利用在线课程培养学生自主学习能力，把基本理论知识的学习放在课外解决，课堂主要解决关键知识点存在的问题，完成实训任务。教师要利用好线上课程，设计课前、课中、课后环节，利用云课堂布置和批改、评讲作业，为学生打造移动课堂。

七、教学重点难点

1. 教学重点

教学重点：指标体系、评价方法。

教学建议：结合仿真公司业务实训资料，在实训中让学生掌握审计标准、审计目标、审计程序、审计证据和审计方法，进一步掌握审计工作底稿、审计报告等核心知识技能点，让学生在"学中做""做中学"。

2. 教学难点

教学难点：指标体系、评价方法。

教学建议：通过引入适当的案例资料，训练学生的思维能力。

八、教学评价

本课程主要考核学生知识目标、技能目标及素质目标的达标情况。理论知识的掌握情况主要通过期末闭卷考试进行考核，占总成绩的 50%；技能目标主要通过对学生提交的工作成果的完成情况进行考核，占总成绩的 25%；素质目标主要通过对线下出勤与课堂表现、线上学习、团队合作情况进行考核，占总成绩的 25% 。

九、编制说明

1. 编写人员

课程负责人：夏焕秋 广州番禺职业技术学院（执笔）

课程组成员：刘水林 广州番禺职业技术学院

赵茂林 广州番禺职业技术学院

李其骏 广州番禺职业技术学院

2. 审核人员

杨则文 广州番禺职业技术学院

"商业银行综合柜台业务" 课程标准

课程名称：商业银行综合柜台业务
课程类型：专业拓展课
学　　时：54 学时
学　　分：2 学分
适用专业：大数据与会计

一、课程定位

本课程对应商业银行综合柜台业务工作岗位。课程旨在通过完成学习性工作任务的训练，为完成真实性工作任务和岗位工作任务打下基础。在学生掌握初步的金融理论知识和经过基本的财经技能训练的基础上，通过在仿真的商业银行工作场景中运用仿真的商业银行业务软件进行仿真的商业银行业务操作，训练学生熟练从事商业银行综合柜台业务的工作能力。

本课程的前置课程包括："经济学基础""财务会计基础""金融学基础""金融法规"等。同步或后续课程包括："银行信贷实务""商业银行会计""保险实务""证券投资实务""公司理财"等。在课程设计时，应考虑与这些课程的配合问题。

二、课程设计思路

本课程的总体设计思路：以培养完成商业银行综合柜台岗位工作任务所需的职业能力为核心，根据商业银行综合柜台业务岗位的工作内容确定教学内容，根据商业银行综合柜台岗位处理业务的工作顺序组织教学过程，以具备商业银行营业部工作环境并配备相同的设备和软件的商业银行综合柜台业务实训室作为上课场所，以有相关工作经历的教师参与的"双师"结构课程教学团队承担教学任务，采用教、学、练三者结合以练为主的教学方式，以对处理商业银行柜台业务速度和准确度的检验作为成绩考核的主要方式，考核标准参照银行评定柜员等级的标准，最终目的实现基本不需经过任何其他培训直接上岗。

课程设计的目标：通过准确把握课程定位，理清课程设计思路，有针对性地选择适用的教学内容，科学安排课程内容结构，全面建设立体化的教学资源，在行动导向下以任务驱动教学进程，广泛采用现代教育技术手段，充分利用网络教学在促进学生自主学习方面的作用，运用多种科学的教学方法，充分发挥"双师"教学团队的优势，充分利用校内外实践教学条件，完善与行业要求相适应的评价体系，把本课程建设成真正意义上的工学结合的一体化课程，使其在促进更多学生到商业银行就业产生推动作用。

　　课程设置的依据：本课程设置的依据是商业银行综合柜台业务岗位工作任务对职业能力的需要，教学项目设计的依据是该岗位的工作项目，学习性工作任务设计的依据是该岗位的工作任务，教学场所建设的依据是商业银行基层营业场所综合柜台业务的工作环境，课程开发的主体是在学校与商业银行合作基础上的行业专家和专职教师共同组织的团队。课程开发的全过程自始至终贯彻基于商业银行综合柜台业务工作过程的思想，课程开发的立足点是广泛的行业岗位调研和行业专家岗位工作任务分析。

　　课程内容的确定：课程教学内容根据完成商业银行综合柜台业务岗位工作任务对知识、技能和素质的要求以及行业发展的需要来确定，具体内容涵盖银行柜员日常工作的主要内容。根据商业银行综合柜员完成存款、贷款、银行卡和各种中间业务的柜面操作等工作任务的需要，本课程设置了岗前准备、储蓄存款业务、对公存款业务、贷款业务、银行卡业务、支付结算业务、代理业务、日终处理等八个教学项目。在每个教学项目中，再根据工作步骤或业务类别设置相应的模块，使学生通过课程的学习能够全面地模拟综合柜台岗位的全部业务操作。根据学生职业发展的需要，课程内容同时适当考虑了学生从事金融产品营销和理财业务的一些基本环节。课程内容既是从事综合柜员工作必需的，同时也是未来职业发展的需要。教学内容的编排以工作内容的逻辑顺序为依据，在项目顺序上按照工作过程的顺序并由简单业务到复杂业务循序渐进地编排，在每个项目的模块安排上根据柜员接待顾客的工作顺序的时间先后来确定教学内容的先后，同时也适当考虑了教学规律的要求。

三、课程目标

　　通过商业银行综合柜台岗位工作任务引领的教学项目活动，训练处理商业银行综合柜台各项业务的能力，达到我国主要商业银行综合柜员考核标准的要求，符合银行实际工作中的柜员标准，实现与商业银行综合柜员岗位的对接。在此基础上，能够结合本课程内容综合运用金融服务礼仪、金融产品推介、营业现场管理等相关知识，形成在工作环境中待人接物的能力，初步具备对营业现场突发事件的应变能力。

　　职业能力培养目标：

　　1. 知识目标

　　（1）了解国家关于存款、贷款、银行卡、结算业务和中间业务的政策规定及相关知识；

　　（2）熟悉柜员处理相关业务的基本程序和操作规程；

　　（3）熟悉营业现场突发事件处理的程序。

　　2. 技能目标

　　（1）能够熟练操作商业银行营业场所各种设备；

　　（2）能够熟练运用商业银行业务软件；

　　（3）能够熟练运用柜面业务所涉及的会计科目、票据、单证以及专用印章；

　　（4）能按照规定的程序和要求处理银行柜面业务，处理业务的速度和准确度达到银行柜员上岗标准。

3. 素养目标

（1）具有诚恳、热情、谦卑、专业的态度，事事处处能够设身处地为客户着想；

（2）能够结合银行服务礼仪、银行基本技能、金融产品营销等课程内容，提升柜员岗位整体形象。

四、课程内容要求及学时分配

序号	教学单元	教学内容	教学要求		学时
			知识和素养要求	技能要求	
1	岗前准备	1. 柜员岗位设置及服务规范 2. 柜员业务基本操作规程 3. 柜面服务特殊情况处理	1. 了解银行柜员岗位设置和柜面业务的主要内容 2. 了解柜员仪表仪容的基本要求 3. 了解银行员工礼仪规则 4. 熟悉日初处理的基本程序 5. 熟悉现金业务规程 6. 熟悉重要空白凭证管理业务规程 7. 熟悉印章管理业务规程 8. 熟悉账户管理业务规程 9. 了解突发事件的处理程序	1. 会办理签到手续，能够通过签到进入系统 2. 会办理现金和重要凭证的领用与出库 3. 能够运用柜员服务礼仪和服务基本技巧 4. 能够按要求整理仪容仪表 5. 能够按要求管理印章、押数机、密压器、密码、账户等 6. 能够进行岗位常规安全检查，判断有无安全隐患 7. 能够冷静地按照规定的程序处理突发事件	3
2	储蓄存款业务	1. 活期储蓄柜面业务 2. 其他储蓄柜面业务 3. 电子银行业务 4. 智能柜员机业务	1. 了解储蓄的政策原则和储蓄业务的基本规则 2. 熟悉储蓄存款的种类及适用范围 3. 理解个人结算账户与储蓄账户的异同 4. 熟悉客户证件审核的基本要点 5. 熟悉活期储蓄存款业务流程及规定 6. 熟悉定期储蓄存款业务流程及规定 7. 熟悉定活两便、通知存款、教育储蓄业务流程及规定 8. 熟悉储蓄软件系统的界面及操作要点 9. 熟悉国家关于现金管理的法规	1. 能够审核储蓄客户的证件、文本并指导客户填写储蓄存款的各种单据，判断有无风险 2. 能够在系统界面上熟练操作活期存款开户、续存、取款、换折和销户业务的输入、修改、打印、保存 3. 能够在系统上熟练操作定期（双整、零整、存本取息、教育储蓄等）存款开户、销户、部分提前支取业务的输入、修改、打印、保存 4. 能够在系统上熟练操作定活两便储蓄存款、通知存款、外币储蓄业务的输入、修改、打印、保存 5. 能够在系统上熟练操作挂失、查询、冻结、扣划业务的输入、	10

续表

序号	教学单元	教学内容	教学要求		学时
			知识和素养要求	技能要求	
			10. 熟悉存折、存单管理的规定 11. 熟悉客户密码的使用和管理 12. 掌握网上银行业务开通、修改、撤销的业务流程 13. 熟悉智能柜员机业务流程	修改、打印、保存 6. 能够按照要求收付现金、鉴别伪钞，办理顾客签字及各种手续 7. 能熟练办理网上银行业务 8. 熟练操作智能柜员机业务 9. 能够按照要求的态度、规范的语言、标准的流程接待顾客	
3	对公存款业务	1. 单位活期存款业务的处理 2. 单位定期存款业务的处理 3. 单位其他存款业务的处理 4. 单位电子银行业务	1. 了解对公存款的种类及适用范围 2. 熟悉对公存款业务流程及规定，熟悉开户申请书的填写要求 3. 理解基本账户、一般存款账户、临时存款账户、专用存款账户的适用范围和政策规定 4. 掌握定期存款的特点和业务处理流程 5. 掌握单位通知存款、单位协定存款、保证金存款的特点和业务处理流程 6. 了解电子银行业务开通、修改、撤销的业务流程 7. 熟悉预留印鉴及支票防伪鉴别和审查的要点 8. 熟悉对公存款业务系统的界面及操作要点	1. 能够审核对公存款业务的证件、合同、印鉴及文本并指导客户填写对公存款的各种单据，判断有无风险 2. 能够在系统上熟练操作单位活期存款的开户、续存、现金支取、转账、销户业务的输入、修改、打印、保存 3. 能够在系统上熟练操作单位定期存款的开户、部分提支、到期销户业务的输入、修改、打印、保存 4. 能够按照要求收付现金、鉴别伪钞，办理顾客签字及各种手续 5. 能够针对对公业务客户的特点按照要求的态度、规范的语言、标准的流程接待顾客	7
4	贷款业务	1. 个人住房贷款业务的处理 2. 个人汽车贷款业务的处理 3. 单位贷款业务的处理	1. 了解贷款的种类及适用范围 2. 熟悉个人住房贷款的政策规定和个人住房贷款发放需提供的资料 3. 熟悉个人汽车贷款的政策规定和个人汽车贷款发放需提供的资料 4. 熟悉单位贷款的政策规定和单位贷款发放需提供的资料 5. 熟悉信用贷款、担保贷款、票据贴现的含义 6. 熟悉信贷业务柜台处理流程及规定 7. 熟悉贷款业务系统的界面及操作要点	1. 能够审核各种贷款业务的证件、合同及文本并指导客户填写贷款业务的单据，判断有无风险 2. 能够在系统上熟练操作个人住房贷款发放、收回业务的输入、修改、打印、保存 3. 能够在系统上熟练操作个人汽车贷款的发放、收回业务的输入、修改、打印、保存 4. 能够在系统上熟练操作单位贷款的开户、发放、回收业务的输入、修改、打印、保存 5. 能够针对贷款业务客户的特点按照要求的态度、规范的语言、标准的流程接待顾客	6

续表

序号	教学单元	教学内容	教学要求		学时
			知识和素养要求	技能要求	
5	银行卡业务	1. 借记卡业务 2. 信用卡业务	1. 了解银行卡的种类及适用范围 2. 了解银行卡的营销知识和银行卡风险防范知识 3. 熟悉银行卡业务柜台处理流程及规定 4. 熟悉借记卡（活期、整存整取、存本取息、零存整取、整存零取、通知存款和教育储蓄）开户、存款、取款、换卡、挂失、销户等业务流程 5. 熟悉信用卡开卡激活、存取款、挂失、销户等业务流程 6. 熟悉银行卡业务系统的界面及操作要点	1. 能够审核各种银行卡业务的证件并指导客户填写银行卡业务的单据、合同及文本，判断有无风险 2. 能够在系统上熟练操作借记卡（活期、整存整取、存本取息、零存整取、整存零取、通知存款和教育储蓄）开户、存款、取款、换卡、挂失、销户等业务 3. 熟练操作信用卡开卡激活、存取款、挂失、销户等业务 4. 能够针对银行卡业务客户的特点按照要求的态度、规范的语言、标准的流程接待顾客	4
6	支付结算业务	1. 同城票据交换 2. 支票业务 3. 本票业务的办理 4. 银行汇票业务的办理 5. 商业汇票业务的办理 6. 汇兑业务的办理 7. 委托收款、托收承付业务的办理	1. 了解支付结算业务的种类及适用范围 2. 了解同城交换业务程序的要点和同城交换票据的格式和审核要点 3. 熟悉同城业务和辖内业务的处理流程及规定 4. 熟悉电子联行业务的处理流程及规定 5. 熟悉支付结算纪律 6. 熟悉支付结算工具的类别和适用范围、业务处理流程 7. 熟悉转账支票、银行本票、银行汇票、商业汇票防伪的要点 8. 熟悉支付结算业务系统的界面及操作要点	1. 能够审核各种支付结算业务的证件、合同、凭证及文本并指导客户填写支付结算业务的单据 2. 能够在系统上熟练办理辖内同城柜面业务 3. 能够在系统上熟练办理支票、银行本票、银行汇票、商业汇票柜面业务 4. 能够在系统上熟练办理汇兑柜面业务 5. 能够在系统上熟练办理委托收款、托收承付柜面业务 6. 能够针对支付结算业务客户的特点按照要求的态度、规范的语言、标准的流程接待顾客	16
7	代理业务	1. 代收业务的处理 2. 代付业务的处理 3. 代理证券业务的处理 4. 代理外汇买卖业务的处理	1. 了解代理业务的主要类型及基本程序 2. 熟悉代理业务的操作规程及规定 3. 熟悉代收业务、代付业务、代理证券业务、代理外汇买卖业务的种类和适用范围 4. 熟悉代收业务、代付业务、代理证券业务、代理外汇买卖业	1. 能够审核各种代理业务的证件、合同、凭证及文本并指导客户填写代理业务单据，判断有无风险 2. 能够在系统上熟练操作代收天然气费、代收自来水费、代收有线电视用户费、代理移动话费等业务 3. 能够在系统上熟练操作代发	4

续表

序号	教学单元	教学内容	教学要求		学时
			知识和素养要求	技能要求	
			务的政策规定 5. 了解实时交易与委托交易要点 6. 理解汇率及其风险 7. 熟悉代理业务系统的界面及操作要点	工资、代理领取养老金业务的输入、修改、打印、保存 4. 能够在系统上熟练操作代理人民币兑换外币业务的输入、修改、打印、保存 5. 能够针对代理业务客户的特点按照要求的态度、规范的语言、标准的流程接待顾客	
8	日终处理	1. 柜员日终轧账签退处理 2. 营业网点日终业务处理 3. 到商业银行营业部现场考察等	1. 了解日终处理的流程及规定 2. 熟悉日终平账操作要点及注意事项	1. 能够按要求办理结平现金手续 2. 能够按要求核对重要空白凭证 3. 能够按要求结平账务	4

五、教学条件

1. 师资队伍

（1）专任教师。要求具有扎实的金融理财理论功底和一定的银行相关岗位经历，熟悉金融法律法规知识和商业银行综合柜台业务工作流程；能够运用各种教学手段和教学工具指导学生进行商业银行综合柜台业务实践教学。

（2）兼职教师。现任银行柜员、银行会计等职位，要求能进行商业银行综合柜台业务内容的教学。

2. 实践教学条件

（1）理实一体化实训室。

（2）教学软件平台。如智盛银行柜面业务操作系统，可以帮助学生进行银行柜面业务模拟实训操作。

（3）实训指导资料。配备银行柜台业务实训手册等。

3. 教材选用与编写

建议采用中国财政经济出版社出版、杨则文主编的《商业银行综合柜台业务》（第三版）（该教材为教育部国家职业教育"十二五"和"十三五"规划教材）和杨则文、吴娜主编的《商业银行综合柜台业务（第三版）实训与练习》，2019年8月。

4. 教学资源及平台

中国大学MOOC平台：https：//www.icourse163.org/course/GZPYP－1449636161

智慧职教 MOOC 平台：https：//mooc. icve. com. cn/course. html？ cid = SYYGZ576816

六、教学方法

1. 项目教学法

本课程是"教学做"一体化课程，每个项目都是以完成典型工作案例作为线索，结合商业银行综合柜台业务模拟实训软件，让学生在"学"与"练"的过程中提高理财技能。

2. 课堂讲授法

该方法以教师的语言作为主要媒介系统，连贯地向学生讲授基础知识、基本理论或基本流程，帮助学生理解并准确掌握相关知识技能，特别是各个知识技能点之间的有机联系和逻辑关系。

3. 线上线下混合教学法

课程采用线上线下混合教学，充分利用课程的 MOOC 资源，利用智慧职教、中国大学MOOC、手机云课堂等打造"财经职场 + 智慧课堂"的教学形态，提高课堂教学质量。

七、教学重点难点

1. 教学重点

教学重点：掌握银行柜面业务的知识和技能，能够正确为客户办理银行柜面业务。

教学建议：结合银行柜面业务模拟系统和银行柜面业务实训练习题，进行实训演练。

2. 教学难点

教学难点：储蓄存款业务、对公存款业务、贷款业务、银行卡业务、支付结算业务。

教学建议：以竞赛方式完成银行柜台业务综合实训。

八、课程评价

（1）本课程的评价以实际业务操作的熟练程度和准确度作为主要依据，以掌握课程知识作为次要依据，评价的标准按照现行商业银行员工考核标准来确定。

（2）改革传统的学生成绩以结业考试为主平时成绩为辅的评价方法，采用阶段评价、过程评价与目标评价相结合，理论与实践一体化以实际操作达标为主的评价模式。考试方法以上机考试为主，书面考试为辅。

（3）结合课堂提问、平时作业、平时测验、技能竞赛及考试情况，综合评价学生成绩。注重学生动手能力和实践中分析问题、解决问题能力的考核，对在学习和应用上有创新的学生应予特别鼓励，全面综合评价学生能力。

（4）课程期末总评成绩占60%，包括期末考试和上机考试；课程平时成绩占40%，包括个人自评、小组互评和教师评价，主要考核完成学习性工作任务的准确度和速度。

九、编制说明

1. 编写人员

课程负责人：吴　娜　广州番禺职业技术学院（执笔）

课程组成员：邹　韵　广州番禺职业技术学院

　　　　　　邹吉艳　广州番禺职业技术学院

　　　　　　杨　丽　广州番禺职业技术学院

　　　　　　刘毓涛　广州番禺职业技术学院

　　　　　　何　伟　广州番禺职业技术学院

　　　　　　陈　虹　广州番禺职业技术学院

　　　　　　徐　静　华南农业大学（原中国银行柜员）

　　　　　　吴秋蓉　中国人保财险荆州市分公司（原中国银行柜员）

　　　　　　肖　聪　深圳智盛信息技术股份有限公司

　　　　　　李畅道　中国光大银行广州分行

2. 审核人员

　　　　　　杨则文　广州番禺职业技术学院

　　　　　　陈赛红　中国光大银行广州分行

"国际结算业务"课程标准

课程名称：国际结算业务
课程类型：专业拓展课
学　　时：36 学时
学　　分：2 学分
适用专业：大数据与会计、大数据与审计、会计信息管理

一、课程定位

本课程是大数据与会计专业、大数据与审计专业、会计信息管理专业开设的一门专业拓展课。课程从微观角度探讨了国际货币运动理论与实务问题，研究对象主要是支付手段、结算方式和以银行为中心的划拨清算，实务性较强。本课程是理实一体化课程，通过项目教学完成理论知识学习和技能操作训练，让学生掌握银行国际结算业务的基本操作，具备处理中英文双语语境下的国际汇票、本票和支票业务、国际汇款业务、跟单托收业务、信用证业务、银行保函业务、银行保理业务和福费廷业务的能力。在课程设置上，前导课程有"国际贸易实务""国际金融"。

二、设计思路

本课程打破以知识传授为主要特征的传统学科课程模式，转变成以工作项目与任务为中心组织课程内容，教学始终遵循以就业为导向、以培养应用型人才为目标的原则，让学生在完成具体项目的过程中学会完成相应工作任务，并构建相关理论知识，发展职业能力。

根据本课程的特点与人才培养要求，教学内容上围绕目前外贸（银行）国际结算主要业务展开，分为票据、结算方式以及单据三大模块，其中结算方式为中心内容，单据嵌入信用证结算方式合并学习。对每个业务根据教学目标设计具体项目，学习项目是以商业银行一线国际结算业务的类型为线索来设计的，让学生通过项目的学习与训练掌握真实业务处理技能。本课程突出对学生职业能力的训练，理论知识的选取紧紧围绕工作任务完成的需要来进行，同时又充分考虑了高等职业教育对理论知识教授的需要，并融合了相关职业资格证书对知识、技能和态度的要求。

本课程采用情境式教学，根据银行实际岗位设计角色，使学生可以在仿真的环境中感受

外贸跟单或银行工作氛围，培养职业责任感。每名学生都按"轮换制"的方法，以不同的角色来完成课程所设计项目与任务，从而达到对业务的具体流程、处理方法以及各阶段、各时点需注意问题全面了解和掌握的目的。教学方法上采用理论与实践相结合的方式，理论教学以够用为原则，突出实践教学，利用学校现有的模拟银行实验室和引进的国际结算软件，通过情景模拟、角色互换等实训练习，结合案例分析，培养学生胜任银行国际结算岗位的职业能力。教学效果评价采取过程评价与结果评价相结合的方式，理论与实践相结合，重点评价学生的职业能力。

本课程基于混合式教学理念组织教学，坚持以学生为中心，真正做到"教、学、做、评"融为一体，并有机融入课程思政元素。

三、课程目标

本课程在工作项目与任务设计中始终贯彻教学与国际惯例、银行（外贸）国际结算实务相结合的原则，通过任务引领项目活动，学生能更直观地掌握中英文双语语境下国际结算的主要业务并熟悉业务操作中的基本步骤和方法，掌握各种业务操作技巧，并熟悉相关的国际惯例。能使用和审核国际汇票、本票和支票；能熟练掌握国际贸易跟单、制单工作中关于结算的知识和技能，掌握各种国际结算方式的操作方法；能够运用所学的知识进行国际结算的实际操作，掌握银行国际结算部门的职业技能；具备良好的国际结算从业人员职业道德与职业操守，为走上工作岗位、尽快适应工作需要打下扎实的基础。

从内容上看，本课程的实验课设计涵盖了国际结算中票据的制作和处理、汇款业务操作、托收业务操作、信用证业务操作和单据的审核等内容，采用了详尽拟真的实验操作，具有很强的系统性、直观性和创新性。本课程的教学目标包括：

（一）知识目标

（1）了解国际结算的概念及基本认知；

（2）熟悉国际结算中的汇票、本票和支票；

（3）熟悉国际结算的汇款结算方式；

（4）熟悉国际结算的托收结算方式；

（5）熟悉国际结算的信用证结算方式；

（6）了解银行保函和备用信用证；

（7）了解国际保理业务；

（8）掌握福费廷业务。

（二）技能目标

（1）能够填制和使用国际汇票、本票和支票；

（2）能够运用 SWIFT 系统处理国际汇入汇款和汇出汇款业务；

（3）能够运用 SWIFT 系统处理出口托收和进口代收业务；

（4）能够审核开证申请书及相关文件；

（5）能够使用 SWIFT 进行开证、催证、改证；

（6）能进行单证审核，并对不符点进行处理；

（7）能够拟订保函条款，处理进、出口保函业务；

（8）能够拟订保理协议，进行保理融资业务；

（9）能够拟订福费廷协议，熟悉福费廷业务操作（根据实际情况国际保理与福费廷业务二选一）。

（三）素质目标

（1）增强社会主义法制意识，熟悉和运用国际结算惯例及法律、法规；

（2）树立社会主义核心价值观，诚实守信，文明和谐，培养正确的价值观和职业道德；

（3）形成勤勉尽责，忠诚服务的基本职业素养，保持高度的国际结算风险意识，具备良好的国际结算风险防范能力；

（4）养成创新精神，能够不断开拓创新，为客户提供优质产品和服务；

（5）养成劳动精神和工匠精神，精益求精，不断提高业务技能，做到专业胜任，爱岗敬业；

（6）提升自身素质，与客户交往时文明礼貌，善于沟通，与同事合作时团结互助，公平竞争。

四、教学内容要求及学时分配

序号	教学单元	教学内容	教学要求		学时
			知识和素养要求	技能要求	
1	票据业务	1. 汇票及缮制汇票 2. 本票及支票 3. 汇票业务操作	1. 熟练掌握汇票的必要项目 2. 掌握票据处理行为和业务流转程序 3. 理解汇票、本票、支票的异同与优劣 **思政点**：理解国际经济往来活动中如何树立大局意识	1. 能根据不同票据法系规定审核汇票的合格性 2. 能根据业务要求，开立英文汇票、本票及支票 3. 能根据所给条件进行汇票背书、承兑、付款等操作	2
2	汇款业务	1. 汇款的定义 2. 汇款业务的当事人 3. 汇款业务的流程 4. 汇款业务的汇入行工作流程 5. MT103 电文	1. 熟练掌握电汇业务的业务流程 2. 熟练掌握信汇业务的业务流程 3. 熟练掌握票汇业务的业务流程 4. 掌握汇款申请书的项目含义和填制方法 5. 了解汇款业务中汇入行基本工作流程	1. 能正确填制、审核汇款申请书 2. 根据汇款申请书内容，能制作 MT103 报文 3. 能制作信汇委托书 4. 能制作票汇业务所需汇票 5. 能作为汇入行在系统中进行汇入登记操作	5

续表

序号	教学单元	教学内容	教学要求		学时
			知识和素养要求	技能要求	
		6. 汇款业务的退汇 7. 汇款业务的止付	6. 掌握 MT103 电文基本内容 7. 理解汇款业务的退汇与止付 **思政点**：形成基本的职业素养和遵纪守法、诚实守信的意识	6. 能制作银行间偿付指示报文 MT202 7. 作为汇入行在系统中进行款项解付操作	
3	托收业务	1. 托收的含义 2. 托收业务的当事人 3. 托收业务的流程 4. 托收结算方式的应用 5. 进口代收业务付款人操作 6. 进口代收业务的代收行操作 7. 托收面函	1. 熟练掌握跟单托收业务流程 2. 掌握跟单托收申请书的项目含义和填制方法 3. 掌握托收方式对于进出口商的风险及防范措施 4. 熟练掌握托收统一规则（URC522） 5. 掌握进口贸易中托收结算方式的应用 6. 掌握进口代收业务中付款人的操作流程及注意事项 7. 掌握作为代收行处理进口代收业务的银行系统操作流程 8. 掌握托收面函的所有内容 **思政点**：形成基本的职业素养，增强业务能力	1. 能正确填制、审核托收申请书 2. 能处理一般跟单托收、带有押汇的跟单托收项下的汇票 3. 能进行汇票的托收背书 4. 能根据托收申请书内容制作标准格式 SWIFT 电文 5. 能作为代收行进行国际收支网上申报 6. 能处理银行间托收项下偿付指示业务 7. 会填写"对外付款/承兑通知书" 8. 能作为代收行审核客户填写的"对外付款/承兑通知书" 9. 能制作托收面函、缮制到单通知书	5
4	信用证业务	1. 信用证定义、特点、种类 2. 信用证业务的当事人 3. 信用证业务流程 4. 开证行的业务操作（开证，审证，改证等） 5. 通知行的业务操作：通知 6. 通知行的业务操作：审证 7. 通知行的业务操作：改证 8. 缮制商业发票 9. 缮制海运提单 10. 缮制保险单和装箱单等 11. 汇票的缮制要点	1. 了解信用证种类 2. 掌握进口信用证流程 3. 掌握开证申请书的项目含义及填制方法 4. 掌握信用证的修改原则 5. 掌握信用证的修改流程 6. 掌握跟单信用证统一惯例（UCP600） 7. 理解不同类型信用证的区别 8. 掌握四种信用证业务流程 9. 了解银行通知信用证流程 10. 熟练掌握通知行在通知信用证时的注意事项 11. 熟练掌握全套商业单据的缮制要点（商业发票、海运提单、保险单、装箱单等） 12. 熟练掌握相关金融单据的缮制要点（汇票） **思政点**：形成勤勉、吃苦耐劳、注重合规合法等基本的职业素养，增强业务能力	1. 能根据合同，填写"开证申请书" 2. 能以开证行身份，根据开证申请书制作信用证 MT700 报文 3. 会填写"信用证修改申请书" 4. 能够在收到交单行寄出的单据后，在 UCP600 规定的审单期限内审核单据 5. 能以开证行身份，在规定时间对相符交单予以承付 6. 能根据 UCP600 正确审核跟单信用证 7. 能辨识信用证"软条款" 8. 熟悉银行操作画面，能处理向开证行或偿付行（如果有）的寄单索汇业务 9. 能够以出口商角色按信用证要求准备和制作单据，并交单 10. 能作为交单行根据客户要求直接将单据寄开证行或审核发现不符点	8

续表

序号	教学单元	教学内容	教学要求		学时
			知识和素养要求	技能要求	
5	信用证融资业务	1. 打包放款 2. 出口押汇 3. 福费廷业务特点 4. 福费廷业务流程 5. 福费廷业务操作	1. 掌握信用证项下的出口贸易融资方式 2. 掌握信用证项下的进口贸易融资方式 3. 理解各种融资方式之间的区别 4. 了解福费廷业务的近期发展特点 5. 掌握福费廷业务流程及操作要点 6. 了解包买行福费廷项下的风险防范 **思政点：**增强沟通能力和表达能力，形成勤勉、吃苦耐劳、注重合规合法等基本的职业素养	1. 能为出口企业选择适合的出口融资方式 2. 能为进口企业选择适合的进口融资方式 3. 融资银行能针对进出口企业的不同融资需求做出融资安排 4. 能将福费廷与其他支付方式组合使用 5. 能为企业选取合适的融资方式	6
6	支付方式的组合应用	1. 结算方式的类型 2. 结算方式的对比选择 3. 结算方式的组合策略	1. 理解三种结算方式的对比分析 2. 理解国际结算方式的多元化选择的必要性 3. 掌握结算方式组合的方法要点 **思政点：**增强沟通能力和表达能力，形成勤勉、吃苦耐劳、注重合规合法等基本的职业素养	1. 能根据国际结算方式选择需考虑的几个因素，合理选择结算方式 2. 能根据交易特点，将两种或三种不同的结算方式结合使用（信用证与汇款结合、信用证和托收的结合以及汇款、托收、信用证的结合）	6
7	银行保函	1. 银行保函的含义 2. 保函业务的流程 3. 保函业务操作	1. 掌握银行保函的基本内容 2. 掌握银行保函的主要种类 3. 理解银行保函与备用信用证的异同点 4. 熟悉保函的业务流程及操作要点 **思政点：**增强沟通能力和表达能力，形成勤勉、吃苦耐劳、注重合规合法等基本的职业素养	1. 能拟订各类保函条款 2. 能正确审核保函申请书 3. 能设计 O/A、D/A 或 L/C 与银行保函的支付组合产品	4

五、教学条件

1. 师资队伍

（1）专任教师。要求具有扎实的国际金融理论功底和一定的国际结算业务岗位经历，熟悉国家外汇管理和进出口业务法律法规知识和企业国际结算工作流程；能够熟练操作国际结算业务软件，能示范演示各项国际结算业务流程；能够运用各种教学手段和教学工具指导学生进行国际结算知识学习和开展国际结算业务实践教学。

（2）兼职教师。①现任银行国际结算业务岗位工作人员，要求能进行国际结算业务内容的教学；②现任进出口企业工作人员，要求能够针对企业的实际情况进行进出口业务收付款、融资等国际结算业务内容的教学。

2. 实践教学条件

（1）理实一体化实训室。建议在一体化专业实训室或智慧教室进行教学，需要每个座位配置一台电脑，网络应流畅，能播放在线教学视频。有条件的情况下应配备与本课程相适应的智能化教学软件。

（2）教学软件平台。国际结算业务操作平台，可在机上进行无纸化国际结算业务实践操作。借助教学软件虚拟真实的企业、银行的生产环境、进出口业务流程及相关结算单据，帮助学生学习智能化国际结算业务处理。

（3）实训工具设备。配备国际结算工作所需的办公文具，如办公设施、票据、打印机、扫描仪、计算器、文件柜及各种日用耗材。

（4）实训指导资料。配备国际结算业务实务操作手册，相关法律、法规、制度等文档。

3. 教材选用与编写

教材应符合《职业院校教材管理办法》等文件的规定和要求，探索使用新型活页式、工作手册式教材并配套信息化资源。教材编写应以本课程标准为依据，充分体现任务引领、实践导向的设计思想，将国际结算业务岗位工作分解成若干典型的工作项目，按岗位职责和工作项目完成过程来组织教材内容。教材内容应体现新技术、新工艺、新规范。

（1）教材是完成教学过程、达到教学目标的手段和媒介，在编写过程中应充分体现本课程项目设计的理念，依据本课程标准采用任务驱动型模式进行编写。

（2）教材应按国际结算业务岗位的工作内容、操作流程的先后顺序、理解掌握的难易程度等进行编写。

（3）教材编写应根据高职高专学生的特点，从培养技能型人才出发，内容安排上要深入浅出，适度、够用，突出实用，语言组织要简明扼要、科学准确、通俗易懂，形式上应图文并茂、可操作性强，配备大量的实务题，使学生能够在学习完理论知识后及时地得到相应的技能训练。

（4）教材内容应体现先进性、准确性、通用性和实用性，要将最新的国际结算前沿知识及时纳入教材，使教材更贴近本专业的发展和实际需要。

（5）教材中的活动设计内容要具体，并在实训室环境下具有可操作性。教材中的案例可以采用企业真实案例，提高学生业务操作的仿真度。

4. 教学资源及平台

（1）线上教学资源。支持混合教学和 MOOC 开放的公共教学资源库或自建教学资源。建议利用智慧职教等平台建设教学资源库和在线开放课程，为实施线上线下混合教学提供条件。

（2）线上教学平台。采用符合国家有关互联网平台条件的公共教学平台。建议使用智慧职教等教学平台，利用职教云建设在线课程，设计教学活动；利用云课堂实施课堂教学。借助职教云强大的学习活动分析功能关注和分析学生的学习情况，及时解决学生学习中的短板问题。

六、教学方法

1. 项目教学法

项目教学法是以工作任务为依据设计教学项目，以学生为活动主体实施项目的教学方法，也就是将教学内容融入项目实施过程的一种教学方法。项目教学法是以学生为中心的教学模式，这种教学模式中学生是主动的学习者，教师是学生学习的指导者。每个项目的实施都有一个明确的任务、一个完整的过程，能够取得一个标志性成果。

2. 课堂讲授法

课堂讲授法是教师通过口头语言向学生描绘情境、叙述事实、解释概念、论证原理和阐明规律的教学方法。该方法以教师的语言作为主要媒介系统，连贯地向学生讲授基础知识、基本理论或基本流程，帮助学生理解并准确掌握相关知识技能，特别是各个知识技能点之间的有机联系和逻辑关系。

3. 任务驱动法

以职业能力养成为核心，通过设计不同场景的项目任务来组织教学，从获取信息到制订步骤，再到决策和付诸行动，直至检查、反思与评估，完成一个完整的工作过程。教师只扮演一个"咨询者""协调者"和"观察员"的角色，引导学生自主学习，向学生提供资源、给予建议和操作指导，可加深学生对基础知识和基本技能的掌握，也有助于学生职业判断能力、决策能力的提升和团队合作精神的培养。

4. 情境教学法

在教学过程中，教师有目的地引入或采用虚拟企业、虚拟职能部门、虚拟业务流程等现代技术手段，将教学内容以视频、动漫等方式展示，提高学习的现场感、趣味性，激发学生的情感，使学生能够尽快适应、了解和掌握将来所从事的工作所必备的知识和技能，直至熟悉可能遇到的各种方法，帮助学生做出正确的决策，有效调动学生学习的主动性、积极性和创造性，培养学生职业能力。

5. 案例教学法

案例教学法包括讲解案例法和讨论案例法两种。讲解案例法，是将案例教学融入传统的讲授教学法之中的一种方法，教学中使用的案例通常是针对课程知识体系中的重点、难点问题设计的，也称"知识点案例"。讨论案例法，是以学生课堂讨论为主，案例是学生讨论的主题，学生通过对案例的剖析，提出各自的解决方案，并予以充分讨论。

6. 启发式教学法

启发式教学是根据教学目的和内容，通过设计启发、诱导型问题，引导学生养成多思考、善思考、勤思考的习惯，将问题解决贯穿于教学的每一环节，启迪学生思考，活跃学生思维，促进学生身心发展，提高学生学习的主动性、积极性和创造性，更好地激发学生的学习兴趣，加深对课程内容的理解。

7. 分工协作教学法

在国际结算业务学习阶段，可以按工作内容将学生分组，比如银行结算业务部门、进口商、出口商、货运商等，通过分组学习，培养学生分工协作能力。

8. 线上线下混合教学法

本课程课时量不能完全满足理论与实践同步推进的一体化教学需要，应充分利用在线课程培养学生自主学习能力，把基本理论知识的学习放在课外解决，课堂主要解决关键知识点存在的问题，完成实训任务。教师要利用好线上课程，设计课前、课中、课后环节，利用云课堂布置和批改、评讲作业，为学生打造移动课堂。

9. 课程思政实施策略

（1）强化教师课程思政理念，提升教师课程思政能力。教师是开展课程思政工作的主要负责人，他们自身对课程思政的看法直接影响到课程思政工作的开展和学生对课程思政的态度。因此，教师要经常进行课程思政理念的培训和培养，提高自身思想认识水平，不断提升课程思政的能力。

（2）深度挖掘课程思政素材，实现课程与思政的深度融合。课程思政并非在课程教学之外插入思政相关的内容，而是找到课程内容与思政育人密切相关的融入点开展教学，因此需要在教学实践中持续挖掘并更新融入点，理论联系实际，从思政角度分析解决国际结算业务中某些现象和问题，针对不同的知识点开展不同的课程思政内容，帮助学生在系统学习专业知识的同时提升自己的思想政治素质。

（3）把握学生特点，创新课程思政模式。课程思政的效果如何，要以学生的获得感为检验标准。所以需要采取调研、座谈等方式，把握学生特点，关注学生兴趣，因势利导，鼓励学生关注国计民生，做到思政与专业相长。

七、教学重点难点

1. 教学重点

教学重点：国际结算工具（三大票据）的定义与功能；三种基本国际结算方式（汇款、托收、信用证）的组合应用；进口企业、出口企业贸易融资方式的选择与应用等内容。

教学建议：采用增加课时以确保其教学深度，加强实训，反复练习以强调其教学效果等处理方法。

2. 教学难点

教学难点：三种国际结算工具的异同与应用选择；信用证支付方式下如何开展开证、审证、改证以及审单业务；信用证项下的贸易融资在国际贸易中的应用等内容。

教学建议：采用强调课前线上预习活动，加强课中线下难点解析，增加课后线上作业练习等处理方法。

八、教学评价

本课程主要考核学生知识目标、技能目标及素质目标的达标情况。理论知识的掌握情况主要通过期末闭卷考试进行考核，占总成绩的40%；技能目标主要通过对学生的国际结算业务操作平台进行考核，占总成绩的30%；素质目标主要通过对线下出勤与课堂表现、线上学习、团队合作情况进行考核，占总成绩的30%。

九、编制说明

1. 编写人员

课程负责人：王心如　广州番禺职业技术学院（执笔）

课程组成员：王　慧　广州番禺职业技术学院

　　　　　　梁　勇　广州亿沃新能源科技有限公司

2. 审核人员

　　　　　　邓华丽　广州番禺职业技术学院

　　　　　　黎金銮　中国银行番禺支行

"中小企业投融资" 课程标准

课程名称：中小企业投融资
课程类型：专业拓展课
学　　时：36 学时
学　　分：2 学分
适用专业：大数据与会计

一、课程定位

本课程是为适合人工智能背景下会计人才需求发生变更而开设，课程重点培养学生参与企业投融资能力，帮助学生从传统会计职能向参与经济决策等方面转换。课程主要学习如何利用投融资工具为企业开展投融资活动，帮助企业合理运用资金，提高企业资金使用效率，进而提高企业的竞争力。本课程是大数据与会计专业的专业拓展课程。前置课程为"经济学基础""会计学基础""企业财务会计""会计职业道德""经济法"等，后续课程为"出纳实务""成本计算与分析""财务报表分析""企业成本管理""企业财务管理""证券投资实务""财政与金融"。

二、课程设计思路

（1）本课程以企业投融资项目为载体，拓展会计资金管理岗位职能，培养会计人才具备合理运用与管理企业资金的能力。选取 10 个工作项目作为主要教学内容，借助实训中心的软硬件设备、仿真化客户资料，通过设计市场调查、仿真规划、情景模拟等实训练习，结合真实案例的分析，培养学生具备为企业设计投融资方案的能力。

（2）助力企业转型升级，培养高水平技能型人才。课程注重实践项目的设计，在掌握专业知识的基础上，努力提高学生的实践能力，培养学生具备迅速投入企业资金管理岗位工作的能力，为企业创造价值。

（3）推进"课程思政"建设，落实立德树人，从课程的内涵、发展、应用、与社会生活的关系及未来展望等，挖掘课程蕴含的价值观、科学观、哲学、思想和情感要素等，将资金管理岗位标准、爱岗、诚信、严谨等素养要求有机地融入课程教学目标之中，培养学生严谨的工作态度和精益求精的工匠精神。

三、课程目标

本课程旨在培养学生具备为企业开展投融资的能力，具体包括知识目标、技能目标和素质目标。

1. 知识目标

（1）掌握企业投融资的内涵及分类；

（2）掌握企业投资战略的类型；

（3）了解企业融资结构；

（4）掌握内部融资的类型；

（5）掌握借贷融资的类型及流程；

（6）掌握债券融资的类型及流程；

（7）掌握权益融资的内涵及类型；

（8）掌握供应链融资的内涵及模式；

（9）掌握融资租赁融资的内涵及流程；

（10）掌握贸易融资的类型及流程；

（11）理解互联网融资的内涵及分类；

（12）理解政策性融资的内涵及分类；

（13）掌握短期投资、长期投资的内涵；

（14）了解企业投资风险管理方法。

2. 技能目标

（1）能结合企业实际情况制订内部融资方案；

（2）能结合企业实际情况选择合适的借贷融资渠道；

（3）能结合企业实际情况选择合适的债券品种融资；

（4）能结合企业实际情况制订合适的权益融资方案；

（5）能结合企业实际情况制订合适的供应链融资方案；

（6）能结合企业实际情况制订合适的融资租赁融资方案；

（7）能结合企业实际情况选择合适的贸易融资方式；

（8）能结合企业实际情况制订合适的互联网融资方案；

（9）能结合企业实际情况选择合适的政策性扶持基金；

（10）能结合企业实际情况制订合适的投资方案；

（11）能结合企业实际情况制订综合融资方案与投资方案。

3. 素质目标

（1）能具备"诚实守信，德法兼修"的职业素养；

（2）能保持"爱岗敬业，严谨细致"的工作态度；

（3）能弘扬"吃苦耐劳，精益求精"的工匠精神；

（4）能树立"协同合作，共同进步"的合作理念；

（5）能具备"运筹帷幄，防范未然"的风险管理意识。

四、教学内容要求及学时分配

序号	教学单元	教学内容	教学要求		学时
			知识和素养要求	技能要求	
1	企业投融资概述	1. 中小企业的界定 2. 中小企业投资 3. 中小企业融资	1. 了解企业投融资范畴 2. 掌握企业投融资类型 3. 掌握企业投融资分类 **思政点**：培养学习投融资的兴趣与学科认同感	1. 能阐述企业投融资渠道与工具类型 2. 能厘清企业投融资工作任务范畴	2
2	企业内部融资	1. 留存盈余融资 2. 应收账款融资 3. 票据贴现融资 4. 资产典当融资	1. 掌握制定股利政策时需要考虑的因素 2. 了解应收账款融资的内涵 3. 掌握票据贴现的内涵 4. 了解典当融资的内涵 **思政点**：培养严谨细致的工作作风，增强团队合作意识	1. 能为企业制订合适的股利分配方案 2. 能阐述应收账款融资的操作流程 3. 能阐述票据贴现融资的操作流程 4. 能按照典当融资操作流程进行典当模拟	4
3	借贷融资	1. 银行贷款 2. 小额贷款公司贷款 3. 民间借贷	1. 了解银行借款的条件 2. 了解小额贷款公司融资要求及条件 3. 了解民间借贷的风险 **思政点**：提升学生沟通和表达的能力	1. 能绘制银行贷款、小额贷款公司贷款的流程图 2. 能根据企业实际情况制订合适的借贷融资方案	2
4	债券融资	1. 债券融资概述 2. 企业短期融资券融资 3. 中期票据融资 4. 长期债券融资 5. 中小企业集合债券融资 6. 中小企业集合票据融资	1. 理解各类债券的内涵 2. 掌握各类债券的承销方式及特点 **思政点**：培养严谨的工作作风、增强团队合作意识	1. 能对不同债券融资方式进行对比分析 2. 能根据债券发行流程模拟发行债券 3. 能根据企业实际情况制订合适的债券融资方案	6
5	权益融资	1. 权益融资范畴 2. 风险投资 3. 私募股权融资 4. 风险投资 5. 境外上市融资	1. 掌握权益融资的类型 2. 掌握天使投资、风险投资私募股权融资的内涵 3. 熟悉天使投资、风险投资私募股权融资的运作模式 4. 掌握主板、中小板、创业板的内涵 5. 掌握主板上市、中小企业板	1. 能对不同板块上市进行对比分析 2. 能根据企业所处的阶段选择合适的权益融资方式	6

续表

序号	教学单元	教学内容	教学要求		学时
			知识和素养要求	技能要求	
			上市、创业板上市融资、新三板上市融资的条件及程序 6. 掌握境外上市的类型及优缺点 **思政点**：树立运筹帷幄、防患未然的风险管理意识；培养诚实守信、德法兼修的职业素养		
6	供应链融资	1. 供应链融资的概念 2. 供应链融资的运作模式 3. 供应链融资的操作程序 4. 供应链融资的风险控制	1. 掌握供应链融资的内涵 2. 掌握供应链融资的模式 3. 了解供应链融资的风险	1. 能描述供应链融资的操作程序 2. 能根据实际情况，为公司设计供应链融资方案	3
7	融资租赁融资	1. 融资租赁概述 2. 融资租赁租金的计算 3. 融资租赁操作流程	1. 掌握租赁的内涵及分类 2. 掌握融资租赁的特征 **思政点**：小组协作，提升团队沟通、协作能力	1. 能准确计算融资租赁租金 2. 能根据融资租赁的运作程序，为企业设计合适的融资租赁融资方案	3
8	贸易融资	1. 外向型企业的融资渠道 2. 信用证融资 3. 国际保理融资	1. 掌握信用证、国际保理的内涵 2. 熟悉信用证融资、国际保理融资的流程 **思政点**：培养严谨细致的工作态度	1. 能绘制信用证融资、国际保理融资的流程图 2. 能根据企业实际情况为企业设计合适的贸易融资方案	2
9	互联网融资	1. 互联网融资类型 2. 网络贷款 3. 众筹融资	1. 掌握互联网融资的类型 2. 掌握网络贷款、众筹融资的内涵 3. 掌握网络贷款、众筹融资的操作流程	能根据企业实际情况为企业设计合适的互联网融资方案	2
10	政策性融资	1. 政府性融资概述 2. 中小企业发展专项基金 3. 科技型中小企业技术创新基金 4. 中小企业国际市场开拓资金	1. 掌握政府性融资的内涵 2. 掌握政府性基金的支持范围与申报条件 **思政点**：培养深厚的爱国主义情感，培养家国情怀	能根据企业实际情况，为企业选择合适的政策性基金进行融资	2

续表

序号	教学单元	教学内容	教学要求		学时
			知识和素养要求	技能要求	
11	企业投资管理	1. 企业投资的程序 2. 企业短期投资 3. 企业长期投资 4. 企业投资风险管理	1. 掌握企业投资程序 2. 掌握企业长期、短期金融工具类型 3. 了解企业投资的风险 **思政点**：培养严谨的工作作风和吃苦耐劳、精益求精的工匠精神，强化风险意识	1. 能识别不同投资工具的风险 2. 能根据企业实际情况，为企业制订合适的投资方案	4

五、教学条件

1. 师资队伍

（1）专任教师。要求具有扎实的投融资理论功底和一定的投融资经历，熟悉投融资基本理论知识和投融资流程；具备企业融资实践能力，能够熟练计算各种投融资工具的成本与收益，识别各类投融资工具的风险；与时俱进，具备先进的教学理念，能够运用各种教学手段和教学工具指导学生进行投融资知识学习和开展企业投融资模拟教学。

（2）兼职教师。①现任企业投融资经理，要求能针对中小企业的实际情况确定公司投融资等资本运作，能进行企业内部融资、权益融资、债券融资、上市融资、借贷融资、互联网融资、企业投融资工具风险识别与控制等内容的教学；②现任银行风险管理人员，要求能够对贷款融资、融资租赁融资、投融资风险管理等内容进行教学；③现任证券公司固定收益业务部总经理，要求能够进行债券融资、权益融资等方面的教学。

2. 实践教学条件

（1）理实一体化实训室。建议在一体化专业实训室进行教学，需要每个座位配置一台电脑，网络应流畅，能播放在线教学视频。

（2）仿真实训资料。配备各种仿真空白表样的银行贷款合同、股权招标书，各种空白信用证、商业票据。配备仿真的中小企业财务资料及其他相关资料。

（3）实训指导资料。配备投融资操作手册，相关法律、法规、制度等文档。

3. 教材选用与编写

教材应符合《职业院校教材管理办法》等文件的规定和要求。教材编写应以本课程标准为依据，充分体现任务引领、实践导向的设计思想，将企业投融资工作分解成若干典型的工作项目，按投融资职位职责和工作项目完成过程来组织教材内容。教材内容应体现新技术、新工艺、新规范，贴近中小微企业投融资管理需求。

教材应按企业投融资的工作内容、操作流程的先后顺序、理解掌握程度的难易程度等进行编写。结合高职高专学生的特点，从培养技能型人才出发，内容安排上要深入浅出、适度、够用、突出实用，语言组织要简明扼要、科学准确、通俗易懂，形式上应图文并茂、可操作性强，配备大量的在实训室环境下具有可操作性的实务题，使学生能够在学习完理论知识后及时地得到相应的技能训练。教材中的案例可以采用企业真实案例，提高学生对业务操作的仿真度。教材内容应体现先进性、准确性、通用性和实用性，要将最新的投融资前沿知识及时地纳入教材，使教材更贴近本专业的发展和实际需要。

建议采用北京大学出版社出版、杨宜主编的《中小企业投融资管理》，机械工业出版社出版、吴瑕主编的《中小企业融资案例与实务指引》。

4. 教学资源及平台

（1）线上教学资源。支持混合教学和 MOOC 开放的公共教学资源库或自建教学资源。建议利用智慧职教等平台建设教学资源库和在线开放课程，为实施线上线下混合教学提供条件。建议参考智慧职教平台广州番禺职业技术学院邹吉艳主持的"中小企业投融资"课程资源。

（2）线上教学平台。采用符合国家有关互联网平台条件的公共教学平台。建议使用智慧职教等教学平台，利用职教云建设在线课程，设计教学活动；利用云课堂实施课堂教学。借助职教云强大的学习活动分析功能关注和分析学生的学习情况，及时解决学生学习中的短板问题。

六、教学方法

1. 任务驱动法

以学生资金运用能力养成为核心，充分利用实训室的各种设备和软件，通过设计不同企业投融资任务来组织教学，从分析企业基本情况，到企业财务状况评估，再到企业投融资需求、初步设计投融资方案、修订与实施投融资方案，最后到反思与评估，完成一个完整的工作过程。在整个流程中，教师扮演引导者的角色，引导学生自主学习，向学生提供相关资源、给予建议和操作指导，可加深学生对基础知识和基本技能的掌握，提高学生的投融资决策能力，养成团队合作精神。

2. 课堂讲授法

教师通过口头语言向学生进行示范、呈现、讲解和分析企业投融资教学内容，连贯地向学生讲授基础知识、基本理论或基本流程，帮助学生掌握基本知识要点并准确掌握投融资业务相关知识技能，特别是各个知识技能点之间的有机联系和逻辑关系，为学生实践能力的提升打下坚实基础。

3. 案例教学法

针对课程知识体系中的重点、难点问题设计相应案例，可以真实的企业为例，将重难点涵盖在教学案例中，引导学生进行思考与讨论，学生通过对案例的剖析，运用所学知识点提出各自的解决方案，能有效帮助学生理解知识点并提高课堂兴趣。

4. 启发式教学法

根据本课程教学目的和内容，从学生实际出发，通过设计启发、诱导型问题，以启发学生的思维为核心，引导学生养成多思考、善思考、勤思考的习惯，将企业投融资过程中可能面临的问题贯穿于教学的每一环节，启迪学生思考，找到问题的解决方案，提高学生学习的主动性、积极性和创造性，更好地激发学生学习企业投融资业务的兴趣，加深对课程内容的理解。

5. 线上线下混合教学法

本课程是"理论＋实践"一体化课程，课程课时量不能完全满足理论与实践同步推进的一体化教学需要，应充分利用在线课程培养学生自主学习能力，把基本理论知识的学习放在线上课程解决，课堂主要解决关键知识点存在的问题，完成实训任务。教师通过拍摄微课，建设好线上课程，设计课前、课中、课后环节，利用云课堂布置和批改、评讲作业，为学生打造移动课堂，突破教学时间、空间的限制。

6. 角色扮演法

本课程在理论教学的基础上选择与所学知识点高度相关的实际案例，教师讲授、列举典型方案，同时让学生模拟资金需求双方，完成资金的筹集或投资，让学生在"学"与"演"的过程中提高投融资技能。

七、教学重点难点

1. 教学重点

教学重点：权益融资方案、债券融资方案、互联网金融融资方案、货币市场投资组合、资本市场投资组合及综合投融资方案的确定。

教学建议：结合实训资料，以投融资知识为基础，让学生熟练掌握各种融资方式的流程及注意事项。在学生充分理解和掌握融资流程的基础上再利用实训资料或案例进行模拟操作，掌握投融资流程，学会制订各类融资及投资方案。

2. 教学难点

教学难点：金融工具风险与收益的确定、股票及债券发行程序、综合融资方案与投资方案的实施。

教学建议：通过选择合适的案例资料，帮助学生计算金融工具的收益，并评估风险；通过角色扮演等游戏，引导学生模拟股票、债券的发行流程，明确企业应如何借助股票、债券进行融资；通过引入适当的实训资料，训练学生按工作任务步骤，为公司制订合适的投融资方案。

八、教学评价

本课程将建立一套诊断性评价、过程性评价与终结性评价相结合，线上评价与线下评价相结合，自我评价与教师评价、学生互评相结合的多元化考核评价体系。同时注重学习任务和活动设计各环节中学生的表现，在不同教学方法和教学模式之下对每个任务和活动的完成情况进行具体评价；促进学生积极参与自主性学习、过程性学习和体验式学习，取得更好的学习效果，重视在线平台自测、在线辅导反馈、线上讨论、在线作业提交与互评等问题交流和协作平台的建设。具体评价方式如下：

一是理论知识，主要通过期末闭卷考试进行考核，占总成绩的40%；

二是技能目标，主要通过对学生提交的各项投融资方案进行考核，占总成绩的30%；

三是素质目标，主要通过对线下出勤与课堂表现、线上学习、团队合作情况进行考核，占总成绩的30%。

九、编制说明

1. 编写人员

课程负责人：邹吉艳　广州番禺职业技术学院（执笔）

课程组成员：梁穗东　广州番禺职业技术学院

　　　　　　杨　丽　广州番禺职业技术学院

　　　　　　任新立　广州番禺职业技术学院

　　　　　　朱晓婷　广州番禺职业技术学院

　　　　　　陈　虹　广州番禺职业技术学院

　　　　　　何　伟　广州番禺职业技术学院

　　　　　　刘炜亮　广州农村商业银行股份有限公司

2. 审核人员

　　　　　　杨则文　广州番禺职业技术学院

　　　　　　郭振平　国海证券股份有限公司

"个人理财业务"课程标准

课程名称：个人理财业务
课程类型：专业拓展课
学　　时：54 学时
学　　分：2 学分
适用专业：大数据与会计

一、课程定位

本课程对应银行、保险公司、证券公司、第三方理财公司等个人理财工作岗位。课程是在学生已经初步掌握金融理论知识的基础上，通过教师讲授和指导学生在仿真的个人理财工作场景进行仿真的理财业务操作，训练学生熟练从事个人及家庭理财规划业务的能力。通过本课程的学习，学生应达到保险公司、银行、证券公司等个人理财岗位操作的基本要求。

本课程的前置课程包括："经济学基础""财务会计基础""金融学基础""金融法规"等；同步或后续课程包括："保险实务""证券投资实务""公司理财"等。在课程设计时，应考虑与这些课程的配合问题。

二、课程设计思路

本课程标准的总体设计思路是：以个人理财需要掌握的相关知识为教学内容，以培养学生的综合理财能力为目的，通过勤练多练的教学方法，以期达到理想的教学效果。在课程设计中注重理论与实践相结合的原则，以具备保险公司、银行营业部相近的工作环境并配备保险、银行营业部相同的设备和软件的金融项目中心作为实际操作的场所，采用教、学、练三者结合以练为主的教学方式，注重学生综合理财能力的培养。

本课程是一门理论与实务一体化的课程，在教学过程中应恰当运用现代教学方法、技术与手段。在教学过程的组织上，应注重实践教学，努力实现教学过程的实践性、开放性和职业性。教学效果评价采取过程评价与结果评价相结合的方式，通过理论与实践相结合，重点评价学生的理财实践能力。

三、课程目标

通过本课程的学习，要求学生掌握个人或家庭理财规划过程中所涉及的基础知识和技能，掌握理财规划工具的选择与使用，能够制定理财规划方案等具体实务。具体如下：

1. 知识目标

（1）了解个人理财业务；

（2）熟悉个人理财业务岗位；

（3）树立个人理财价值观念；

（4）掌握家庭资产负债表的结构；

（5）掌握家庭收支表的结构；

（6）掌握银行理财产品的种类；

（7）掌握保险理财产品的种类；

（8）掌握证券理财产品的种类；

（9）掌握实物理财产品的种类；

（10）掌握理财八大规划内容。

2. 技能目标

（1）能建立和管理理财客户关系；

（2）能分析与诊断客户财务状况；

（3）能配置银行理财产品；

（4）能配置保险理财产品；

（5）能配置证券理财产品；

（6）能配置实物理财产品；

（7）能进行现金规划设计；

（8）能进行消费支出规划设计；

（9）能进行教育规划设计；

（10）能进行风险管理和保险规划设计；

（11）能进行投资规划设计；

（12）能进行纳税筹划设计；

（13）能进行退休养老规划设计；

（14）能进行财产分配与传承规划设计；

（15）能进行综合理财规划方案设计。

3. 素质目标

培养具备诚实友善，遵纪守法、爱岗敬业，谨慎细心，工匠精神的职业素养。

四、课程内容要求及学时分配

序号	教学单元	教学内容	教学要求		学时
			知识和素养要求	技能要求	
1	走进个人理财业务	1. 认知个人理财业务 2. 认知个人理财服务职业 3. 树立个人理财价值观念	1. 认知个人理财八大规划的内容 2. 认知个人客户经理岗位任务 3. 理解货币的时间价值 4. 理解投资的风险价值 5. 掌握个人客户经理职业道德规范	1. 实地了解银行、证券、保险公司的个人理财业务岗位设置及其日常工作 2. 搜集银行、证券、保险公司的理财报告，了解报告的主要内容	3
2	建立和管理理财客户关系	1. 建立理财客户关系 2. 管理理财客户关系	1. 掌握寻找潜在客户的技巧 2. 了解潜在客户的选择方法 3. 了解客户的风险偏好分类	1. 通过与客户进行多种方式交流，尽可能多地收集客户的财务信息和非财务信息 2. 通过对客户信息的整理、客户关系的维护，更好地判断客户的风险偏好	2
3	分析客户家庭财务状况	1. 编制家庭资产负债表 2. 编制家庭收支表 3. 家庭财务状况分析与诊断	1. 掌握客户家庭资产负债表 2. 掌握客户家庭收支表	1. 通过与客户进行多种方式交流，在收集了客户足够多的财务信息和非财务信息后，编制家庭资产负债表、家庭收支表 2. 利用家庭资产负债表、家庭收支表中的相关数据，计算相关财务分析比率指标数值，并对指标的数值结果进行分析评估，为客户解读指标结果的内涵	6
4	配置银行理财产品	1. 认知银行理财业务 2. 分析银行理财产品 3. 配置合适的银行理财产品	1. 熟悉银行各类储蓄业务及其特点 2. 熟悉银行各类银行卡及主要优势 3. 熟悉银行各类信贷业务及其特点 4. 熟悉人民币和外汇理财产品、QDII产品特点	1. 调查分析各银行推出的储蓄产品、各类银行卡及个人信贷业务 2. 调查分析当前各银行主要人民币理财产品及收益情况 3. 调查分析当前各银行主要的外汇理财产品、QDII产品及收益情况 4. 通过比较不同的银行理财产品，提出适应客户的理财计划	5

续表

序号	教学单元	教学内容	教学要求		学时
			知识和素养要求	技能要求	
5	配置保险理财产品	1. 认知和管理客户家庭风险 2. 分析家庭保险产品 3. 配置合适的家庭保险产品	1. 熟悉保险理财产品的类型 2. 掌握各类保险理财产品的配置技巧	1. 能够判断客户家庭面临的各种风险 2. 到保险公司了解保险理财的业务品种 3. 按照保险公司的要求制作一份保险理财规划书	5
6	配置证券理财产品	1. 认知证券理财业务 2. 分析证券类理财产品 3. 配置合适的证券理财产品	1. 熟悉常见证券理财产品的投资选择 2. 掌握证券理财产品的投资策略	1. 实地考察银行、证券、保险三大金融机构有关证券理财产品的业务流程 2. 能够利用有关证券投资基础知识分析各类证券理财产品 3. 能够完成客户证券理财产品的合理配置，实现客户的理财目标	5
7	配置实物理财产品	1. 选择合适的黄金产品投资 2. 熟悉和开展房地产理财 3. 选择合适的收藏品投资	1. 熟悉黄金产品理财技巧 2. 掌握房地产理财技巧 3. 了解收藏品理财技巧	1. 实地了解黄金产品交易，掌握黄金投资技巧 2. 参观房地产公司和房产局，掌握房地产规划及投资技巧	4
8	专项理财规划方案设计	1. 现金规划设计 2. 消费支出规划设计 3. 教育规划设计 4. 风险管理与保险规划设计 5. 投资规划设计 6. 纳税筹划设计 7. 退休养老规划设计 8. 财产分配与传承规划设计	1. 了解现金规划的内容 2. 了解消费支出规划的内容 3. 了解教育规划的内容 4. 了解风险管理和保险规划的内容 5. 了解投资规划的内容 6. 了解纳税筹划的内容 7. 了解退休养老规划的内容 8. 了解财产分配与传承规划的内容	1. 能进行现金规划设计 2. 能进行消费支出规划设计 3. 能进行教育规划设计 4. 能进行风险管理和保险规划设计 5. 能进行投资规划设计 6. 能进行纳税筹划设计 7. 能进行退休养老规划设计 8. 能进行财产分配与传承规划设计	16
9	综合理财规划方案设计	1. 确定客户的理财目标 2. 制订综合理财规划方案 3. 撰写理财规划建议书	1. 了解客户理财目标 2. 掌握家庭综合理财规划方案的内容	1. 以前期收集整理的客户财务信息和非财务信息为基础，在与客户充分沟通的基础上，了解客户的家庭生命周期和理财需求 2. 为客户量身定做一个可行的综合理财方案	6

续表

序号	教学单元	教学内容	教学要求		学时
			知识和素养要求	技能要求	
10	理财规划方案的实施与后续服务	1. 实施综合理财规划方案 2. 开展理财后续服务	1. 掌握实施理财方案的具体行动步骤 2. 关注环境变化并对原理财规划方案提出合理的调整技巧	1. 与客户沟通并与客户共同理解理财规划方案 2. 取得客户授权并做好实施前的准备工作 3. 确定理财的行动步骤并实施理财计划 4. 评估理财方案的实施效果并及时调整	2

五、教学条件

1. 师资队伍

（1）专任教师。要求具有扎实的金融理财理论功底和一定的理财业务岗位经历，熟悉金融法律法规知识和个人理财业务工作流程；能够运用各种教学手段和教学工具指导学生进行个人理财业务实践教学。

（2）兼职教师。现任金融企业理财经理、客户经理等职位，要求能进行个人理财业务内容的教学。

2. 实践教学条件

（1）理实一体化实训室。

（2）教学软件平台。如智盛个人理财业务操作系统，可以帮助学生进行理财模拟实训操作。

（3）实训指导资料。配备个人理财业务实训手册等。

3. 教材选用与编写

建议选用杨则文主编的《个人理财业务》（第二版），经济科学出版社出版，该教材是财政部"十三五"规划教材，含习题和实训，为本课程配套主教材。

4. 教学资源及平台

中国大学 MOOC 平台：https：//www. icourse163. org/course/GZPYP - 1449638161

智慧职教 MOOC 平台：https：//mooc. icve. com. cn/course. html？cid = GRLGZ721733

六、教学方法

1. 项目教学法

本课程是"教学做"一体化课程，每个项目都是以完成典型工作案例作为线索，结合个人理财业务模拟实训软件，让学生在"学"与"练"的过程中提高理财技能。

2. 课堂讲授法

该方法以教师的语言作为主要媒介系统，连贯地向学生讲授基础知识、基本理论或基本流程，帮助学生理解并准确掌握相关知识技能，特别是各个知识技能点之间的有机联系和逻辑关系。

3. 线上线下混合教学法

课程采用线上线下混合教学，充分利用课程的 MOOC 资源，利用智慧职教、中国大学MOOC、手机云课堂等打造"财经职场＋智慧课堂"的教学形态，提高课堂教学质量和效率。

七、教学重点难点

1. 教学重点

教学重点：现金规划设计、消费支出规划设计、教育规划设计、风险管理与保险规划设计、投资规划设计、纳税筹划设计、退休养老规划设计、财产分配与传承规划设计。

教学建议：结合个人理财业务模拟系统和个人理财业务实训练习题，进行实训演练。

2. 教学难点

教学难点：综合理财规划方案设计。

教学建议：根据个人理财业务不同生命周期的案例，参考优秀的综合理财规划方案，独立完成综合理财规划方案设计。

八、教学评价

1. 综合理财规划方案占比 50%

本课程以学生完成的理财规划方案的适用性及创新性作为主要评价标准，结合应掌握的相关理财知识给出综合评价。

2. 理论与实操考试占比 30%

评价过程中需要采用理论与实践一体化的评价模式，将考试内容分为基础理论考试和实际操作能力考核两个部分，结合学生在理论与实操的水平给出适当的评价。

3. 平时成绩占比 20%

同时还需要采用阶段评价、过程评价与目标评价相结合的方式，结合课堂提问、平时作业、平时测验、技能竞赛及考试情况，综合评价学生成绩。注重学生动手能力和实践中分析问题、解决问题能力的考核，对在学习和应用上有创新的学生应予特别鼓励，全面综合评价学生能力。

九、编制说明

1. 编写人员

课程负责人：吴　娜　广州番禺职业技术学院（执笔）

课程组成员：杨　丽　广州番禺职业技术学院

　　　　　　任新立　广州番禺职业技术学院

　　　　　　张　曦　广州番禺职业技术学院

　　　　　　邹　韵　广州番禺职业技术学院

　　　　　　何　伟　广州番禺职业技术学院

　　　　　　朱晓婷　广州番禺职业技术学院

　　　　　　肖　聪　深圳智盛信息技术股份有限公司

2. 审核人员

　　　　　　杨则文　广州番禺职业技术学院

　　　　　　陈赛红　中国光大银行广州分行

"外汇交易实务"课程标准

课程名称：外汇交易实务
课程类型：专业拓展课
学　　时：36 学时
学　　分：2 学分
适用专业：大数据与会计、大数据与审计、会计信息管理

一、课程定位

本课程依据金融及外贸行业外汇业务岗位对员工的专业能力要求开设，主要学习外汇与汇率的含义，看懂外汇牌价，从外汇市场基本面分析汇率走势，为企业决策者管理外汇风险提供依据，从而帮助企业规避外汇风险。本课程是大数据与会计专业群的专业拓展课程。前置课程为"经济学基础""国际金融基础"，后续课程为"国际结算业务""个人理财业务"。

二、课程设计思路

（1）本课程以外汇交易工作项目为载体，根据外汇交易岗位工作任务要求，选取八个工作项目作为主要教学内容，每个项目由一个或多个独立的具有典型代表性的完整的工作任务贯穿，当项目结束时，工作任务随之完成并获取相应的标志性工作成果，相关理论知识融于工作任务之中。

（2）借鉴"银行业专业人员职业资格"考证要求，选取部分内容融入本课程之中。

（3）教学过程中强调"民族自豪，大国担当"的爱国精神和诚实守信的职业素质；通过反复的计算工作培养学生精益求精的工匠精神和爱岗敬业的劳动精神；通过分组学习与实操，培养学生协作共进、和而不同的团队意识；通过案例学习不断强化外汇风险意识。

三、课程目标

本课程旨在开拓学生国际视野，培养学生国际金融市场敏感度，提升学生应用所学外汇理论知识处理外汇交易业务的能力，具体包括知识目标、技能目标和素质目标。

1. 知识目标

（1）熟悉外汇的含义与形态；

（2）理解外汇交易的特点；

（3）熟悉世界主要的金融中心；

（4）掌握汇率报价；

（5）理解购买力平价理论；

（6）掌握影响汇率变动的因素；

（7）掌握外汇交易的流程及委托方式；

（8）掌握外汇基本面分析方法；

（9）理解技术分析对汇率预测的意义；

（10）理解外汇基本面投资策略。

2. 技能目标

（1）能读懂银行外汇牌价；

（2）能计算购买力平价理论汇率；

（3）能操作外汇行情软件；

（4）能操作外汇模拟交易软件；

（5）能利用各种委托方式完成外汇交易；

（6）能分析经济指标对汇率的影响；

（7）能利用基本面分析方法分析区域货币；

（8）能读懂外汇评论；

（9）能运用外汇交易策略进行投资。

3. 素质目标

（1）能弘扬"民族自豪，大国担当"的民族精神；

（2）能具备"诚实守信，公平公正"的职业素质；

（3）能保持"爱岗敬业，谨慎细心"的工作态度；

（4）能弘扬"精益求精，追求卓越"的工匠精神；

（5）能遵守"协作共进，和而不同"的合作原则；

（6）能具备外汇风险意识，合理规避外汇风险。

四、教学内容要求及学时分配

序号	教学单元	教学内容	教学要求		学时
			知识和素养要求	技能要求	
1	外汇交易基础	1. 外汇的含义与形态 2. 外汇的特征 3. 交易的货币名称及符号 4. 外汇交易的特点 5. 外汇市场的参与者 6. 全球主要金融中心 7. 汇率的定义与分类 8. 汇率报价 9. 影响汇率变动的因素 10. 购买力平价理论	1. 理解外汇含义与形态 2. 熟悉外汇交易的货币名称及符号 3. 掌握外汇交易特点 4. 熟悉外汇市场参与者 5. 掌握汇率的定义与分类 6. 理解影响汇率变动的因素 7. 掌握购买力平价理论 **思政点**：民族自豪：全球十大金融中心我国占四个；人民币加入 SDR 货币篮子	1. 能根据外汇的特征判断一国货币是否是外汇 2. 能分析全球主要金融中心的上榜原因 3. 能看懂外汇牌价 4. 能运用购买力平价理论计算外汇汇率	12
2	外汇交易平台操作	1. 外汇行情软件 2. 个人外汇实盘交易 3. 外汇模拟交易软件	掌握个人外汇交易的原理及委托方式	1. 能操作外汇行情软件 2. 能操作外汇模拟交易软件 3. 能运用外汇交易委托方式完成交易	6
3	外汇市场基本面分析	1. 经济因素分析 2. 非经济因素分析	1. 掌握经济数据的分析方法 2. 掌握非经济因素分析逻辑	1. 能看懂经济日历，并分析经济数据 2. 能根据非经济因素分析汇率走势	4
4	区域货币基本面分析	1. 美洲国家的货币 2. 欧洲国家和地区的货币 3. 亚洲国家的货币 4. 大洋洲国家的货币	1. 了解美洲、欧洲、亚洲和大洋洲各个主流货币的经济和政治概况 2. 掌握上述各个主流货币的基本面分析特点	能根据各个主流货币的基本面分析特点，结合真实经济数据或真实事件分析该货币汇率走势	8
5	外汇市场技术分析	1. 外汇技术分析概述 2. K 线图 3. 趋势分析 4. 形态分析 5. 技术指标分析	1. 理解技术分析对汇率预测的意义 2. 理解 K 线 3. 了解趋势和形态 4. 了解各项技术指标的应用	1. 能看懂 K 线图 2. 能读懂外汇评论 3. 能利用技术分析方法预测汇率走势	2
6	外汇衍生工具交易	1. 远期外汇交易 2. 外汇期货交易 3. 外汇期权交易 4. 外汇掉期交易	了解外汇衍生工具交易的原理	能利用外汇衍生工具进行套期保值和投机	选修

续表

序号	教学单元	教学内容	教学要求		学时
			知识和素养要求	技能要求	
7	外汇交易收益测算与风险管理	1. 外汇交易收益 2. 外汇交易风险分析 3. 外汇交易风险管理	1. 了解外汇交易收益计算方法 2. 了解外汇交易风险	能利用策略管理外汇交易风险	选修
8	外汇交易策略运用	1. 外汇交易基本面策略 2. 外汇交易技术策略	掌握外汇交易基本面策略和外汇交易技术策略的要点	熟练运用外汇交易基本面策略和外汇交易技术策略	选修

五、教学条件

1. 师资队伍

（1）专任教师。要求具有扎实的外汇理论功底和一定的外汇业务岗位经历，熟悉外汇相关法律法规知识和外汇业务工作流程；能够熟练操作外汇报价软件和外汇模拟交易软件，能示范演示外汇交易和外汇市场分析的流程；能够运用各种教学手段和教学工具指导学生进行外汇知识学习和开展外汇业务实践教学。

（2）兼职教师。①现任银行外汇业务办事员，要求能进行外汇与外汇市场、汇率报价、外汇交易平台操作、外汇交易的原理及委托方式等内容的教学；②现任企业外汇风险管理工作人员，要求能够针对中小企业的实际情况进行外汇市场基本面分析、区域货币基本面分析、外汇投资策略运用等内容的教学。

2. 实践教学条件

（1）理实一体化实训室。建议在一体化专业实训室或智慧教室进行教学，需要每个座位配置一台电脑，网络应流畅，能播放在线教学视频和搜集全球经济信息。有条件的情况下应配备与本课程相适应的智能化教学软件。

（2）教学软件平台。外汇行情报价软件、外汇模拟交易软件等，可在机上进行外汇模拟交易操作。

（3）实训指导资料。配备行情软件操作手册，相关法律、法规、制度等文档。

3. 教材选用与编写

教材应符合《职业院校教材管理办法》等文件的规定和要求，探索使用新型活页式、工作手册式教材并配套信息化资源。教材编写应以本课程标准为依据，充分体现任务引领、实践导向的设计思想，将外汇交易过程分解成若干典型的工作项目，按外汇业务工作岗位职责和工作项目完成过程来组织教材内容。教材内容应体现新技术、新工艺、新规范，贴近金融机构和外贸企业外汇交易需求。

（1）教材是完成教学过程、达到教学目标的手段和媒介，在编写过程中应充分体现本课程项目设计的理念，依据本课程标准采用任务驱动型模式进行编写。

（2）教材应按外汇交易的工作内容、操作流程的先后顺序、理解掌握的难易程度等进行编写。

（3）教材编写应根据高职高专学生的特点，从培养技能型人才出发，内容安排上要深入浅出，适度、够用，突出实用，语言组织要简明扼要、科学准确、通俗易懂，形式上应图文并茂、可操作性强，配备大量的实务题，使学生能够在学习完理论知识后及时地得到相应的技能训练。

（4）教材内容应体现先进性、准确性、通用性和实用性，要将外汇交易的前沿知识及时纳入教材，使教材更贴近本专业的发展和实际需要。

（5）教材中的活动设计内容要具体，并在实训室环境下具有可操作性。教材中的案例可以采用企业真实案例，提高学生业务操作的仿真度。

（6）建议采用厦门大学出版社出版，兰容英、倪信琦主编的《外汇交易实务》。

4. 教学资源及平台

（1）线上教学资源。支持混合教学和MOOC开放的公共教学资源库或自建教学资源。建议利用智慧职教等平台建设教学资源库和在线开放课程，为实施线上线下混合教学提供条件。建议采用智慧职教平台或中国大学MOOC平台广州番禺职业技术学院任碧峰主持的"外汇交易实务"课程资源。

（2）线上教学平台。采用符合国家有关互联网平台条件的公共教学平台。建议使用智慧职教等教学平台，利用职教云建设在线课程，设计教学活动；利用云课堂实施课堂教学。借助职教云强大的学习活动分析功能关注和分析学生的学习情况，及时解决学生学习中的短板问题。

六、教学方法

1. 项目教学法

项目教学法是以工作任务为依据设计教学项目，以学生为活动主体实施项目的教学方法，也就是将教学内容融入项目实施过程的一种教学方法。项目教学法是以学生为中心的教学模式，这种教学模式中学生是主动的学习者，教师是学生学习的指导者。每个项目的实施都有一个明确的任务、一个完整的过程，能够取得一个标志性成果。

2. 课堂讲授法

课堂讲授法是教师通过口头语言向学生描绘情境、叙述事实、解释概念、论证原理和阐明规律的教学方法。该方法以教师的语言作为主要媒介系统，连贯地向学生讲授基础知识、基本理论或基本流程，帮助学生理解并准确掌握相关知识技能，特别是各个知识技能点之间的有机联系和逻辑关系。

3. 任务驱动法

该方法是以职业能力养成为核心，通过设计不同场景的项目任务来组织教学，从获取信息到制订步骤，再到决策和付诸行动，直至检查、反思与评估，完成一个完整的工作过程。教师只扮演一个"咨询者""协调者"和"观察员"的角色，引导学生自主学习，向学生提供资源、给予建议和操作指导，可加深学生对基础知识和基本技能的掌握，也有助于学生职业判断能力、决策能力的提升和团队合作精神的培养。

4. 情境教学法

在教学过程中，教师有目的地引入或采用虚拟金融机构、虚拟企业、虚拟业务流程等现代技术手段，将教学内容以视频、动画等方式展示，提高学习的现场感、趣味性，激发学生的情感，使学生能够尽快适应、了解和掌握将来所从事的工作所必备的知识和技能，直至熟悉可以解决问题的各种方法，帮助学生做出正确的决策，有效调动学生学习的主动性、积极性和创造性，培养学生职业能力。

5. 案例教学法

案例教学法包括讲解案例法和讨论案例法两种。讲解案例法，是将案例教学融入传统的讲授教学法之中的一种方法。教学中使用的案例通常是针对课程知识体系中的重点、难点问题设计的，也称"知识点案例"。讨论案例法，是以学生课堂讨论为主，案例是学生讨论的主题，学生通过对案例的剖析，提出各自的解决方案，并予以充分讨论。

6. 启发式教学法

启发式教学是根据教学目的和内容，通过设计启发、诱导型问题，引导学生养成多思考、善思考、勤思考的习惯，将问题解决贯穿于教学的每一环节，启迪学生思考，活跃学生思维，促进学生身心发展，提高学生学习的主动性、积极性和创造性，更好地激发学生的学习兴趣，加深对课程内容的理解。

7. 分工协作教学法

在外汇市场基本面分析学习阶段，可以按工作内容将学生分组，比如美元、英镑、欧元、日元、瑞士法郎等，也可以按工作流程将学生分组，比如经济因素分析和非经济因素分析。通过分组学习，培养学生的分工协作能力。

8. 线上线下混合教学法

本课程课时量不能完全满足理论与实践同步推进的一体化教学需要，应充分利用在线课程培养学生自主学习能力，把基本理论知识的学习放在课外解决，课堂主要解决关键知识点存在的问题，完成实训任务。教师要利用好线上课程，设计课前、课中、课后环节，利用云课堂布置和批改、评讲作业，为学生打造移动课堂。

七、教学重点难点

1. 教学重点

教学重点：外汇的特征、汇率报价、外汇交易原理及委托方式、外汇市场基本面分析方法。

教学建议：结合案例，以外汇和汇率为基础，让学生熟练掌握外汇的特征及汇率报价的各种方法。在学生充分理解和掌握汇率报价的基础上再利用实训平台学习外汇交易原理及委托方式，最后利用实训材料或案例对区域货币进行基本面分析，掌握外汇市场基本面分析方法，学会外汇交易投资策略的运用。

2. 教学难点

教学难点：汇率报价、外汇市场基本面分析方法。

教学建议：通过引入适当的案例和习题，帮助学生理解买入价和卖出价的含义，掌握外汇牌价在不同场景的运用；通过利用实训材料或案例对区域货币进行分析，预测汇率走势，训练学生养成运用外汇基本面分析思维，从经济因素和非经济因素两方面分析汇率变化趋势。

八、教学评价

本课程主要考核学生知识目标、技能目标及素质目标的达标情况。理论知识的掌握情况主要通过期末线上考试进行考核，占总成绩的20%；技能目标主要通过对学生提交的工作成果的完成情况进行考核，占总成绩的50%；素质目标主要通过对线下出勤与课堂表现、线上学习、团队合作情况进行考核，占总成绩的30%。

九、编制说明

1. 编写人员

课程负责人：任碧峰　广州番禺职业技术学院（执笔）

课程组成员：高　燕　广州番禺职业技术学院

朱晓婷　广州番禺职业技术学院

韦　蔚　恒生银行（中国）有限公司

2. 审核人员

杨则文　广州番禺职业技术学院